PONS

SCHULWISSEN XXL

MATHEMATIK

5.–10. Klasse

Der komplette Lernstoff zum Nachschlagen

von
Tanja Reimbold

PONS Langenscheidt GmbH
Stuttgart

Dieses Werk basiert in Teilen auf 978-3-12-926053-1.

3. Auflage 2026

www.pons.com/kontakt

Redaktion: Sylvia Jakuscheit, Berka
Logoentwurf: Erwin Poell, Heidelberg
Logoüberarbeitung: Sabine Redling, Heidelberg
Satz: DTP-Studio Andrea Eckhardt, Göppingen
Druck und Bindung: AZ Druck und Datentechnik GmbH, Kempten

Printed in Germany
ISBN 978-3-12-562608-9

Inhalt

5./6. Klasse

1 Natürliche Zahlen

2 Rechnen in $\mathbb{N}$

3 Teilbarkeit

4 Ganze Zahlen

Inhalt

5 Bruchzahlen

6 Dezimalzahlen

7 Terme und Gleichungen

8 Zuordnungen – Dreisatz

9 Größen und Einheiten

10 Geometrische Grundbegriffe

11 Winkel und Kreis

12 Flächen

13 Körper

7./8. Klasse

14 Prozent- und Zinsrechnung

15 Terme und Gleichungen

16 Funktionen

17 Lineare Gleichungen

18 Reelle Zahlen

19 Potenzfunktionen

20 Quadratische Gleichungen

21 Geometrie

Inhalt

22 Kongruenz

23 Wahrscheinlichkeitsrechnung

9./10. Klasse

28 Funktionsuntersuchungen

29 Funktionstypen

30 Wachstumsvorgänge

31 Strecken und Geraden

32 Objekte im Raum

33 Wahrscheinlichkeit

34 Kombinatorik

35 Binomialverteilung

Vorwort

Lieber Schüler, liebe Schülerin,

in PONS Schulwissen XXL Mathematik kannst du alle wichtigen Themen aus den Klassen 5–10 nachschlagen, die du für die Schule brauchst.

Nach bestimmten Themen suchst du gezielt mit Hilfe des Inhaltsverzeichnisses am Anfang oder im Stichwortverzeichnis am Ende des Buches.

Alle Themen sind in die Schuljahre 5/6, 7/8 und 9/10 eingeteilt.
Jedes Thema ist auf einer Doppelseite ausführlich erklärt.

Verschiedene Zeichen helfen dir, dich schnell zurechtzufinden:

- Regeln, Formeln und Erklärungen sind gelb hervorgehoben.
- Tipps und Tricks sowie Sachverhalte, die du besonders beachten musst, sind violett hinterlegt und mit diesem Zeichen gekennzeichnet. Beispielaufgaben, an denen die Regeln angewendet werden, erkennst du an diesem Stift.
- Jedes Thema endet mit einer kurzen Zusammenfassung Zusammenfassung.

Am Ende der Klassenstufen kannst du dein Wissen mit zahlreichen Testfragen überprüfen. Auch die zugehörigen Lösungen findest du dort.

Ganz hinten im Buch haben wir für dich das Allerwichtigste aus allen Schuljahren nochmal auf „Spickzetteln" zusammengestellt. Du kannst sie ausschneiden und einfach in der Hosentasche mitnehmen.

Wir wünschen dir viel Erfolg!
Deine PONS-Redaktion

5./6. Klasse

Menge der natürlichen Zahlen

Die **Menge der natürlichen Zahlen** wird mit $\mathbb{N}$ bezeichnet und setzt sich aus folgenden Zahlen zusammen: 0; 1; 2; 3; 4; … usw.
Für die Menge der natürlichen Zahlen schreibt man: $\mathbb{N} = \{0; 1; 2; 3; \ldots\}$

Die Menge der natürlichen Zahlen ohne die Null wird mit $\mathbb{N}^* = \mathbb{N} \setminus \{0\}$ bezeichnet.
In manchen Büchern gehört die Null nicht zu den natürlichen Zahlen.
Beides ist richtig.

Alle natürlichen Zahlen sind positiv.
Man kann sie auf einem Zahlenstrahl darstellen als Abfolge von Punkten im gleichen Abstand, meist 1 cm.

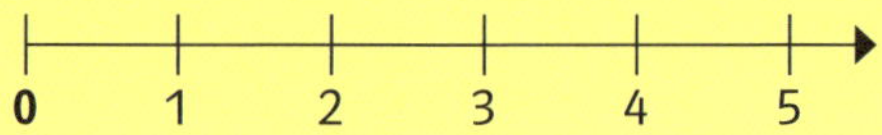

Vorgänger und Nachfolger

Zu jeder natürlichen Zahl kann man 1 hinzuzählen und erhält eine darauffolgende Zahl. Diese Zahl heißt **Nachfolger**. Da jede Zahl einen Nachfolger hat, gibt es keine größte natürliche Zahl.

4 ist also der Nachfolger von 3, da $4 = 3 + 1$.

Von jeder natürlichen Zahl (außer 0) kann man 1 abziehen und erhält die vorangegangene Zahl. Diese Zahl heißt **Vorgänger**. Die Null hat keinen Vorgänger, sie ist die kleinste natürliche Zahl.

6 ist also der Vorgänger von 7, da $6 = 7 - 1$.

Will man natürliche Zahlen miteinander vergleichen, so benutzt man die Begriffe „größer" und „kleiner", d. h. 8 ist größer als 5 oder 7 ist kleiner als 9.
Hierfür wurden in der Mathematik Abkürzungen eingeführt.
Für „8 ist **größer als** 5" schreibt man kurz: $8 > 5$
Für „7 ist **kleiner als** 9" schreibt man kurz: $7 < 9$.

Stellenwertsystem

Mit den 10 Ziffern (0, 1, …, 9) können wir auch größere Zahlen wie z. B. 100 darstellen, denn in unserem Zahlensystem hängt die Bedeutung einer Ziffer von der Stellung innerhalb der Zahl ab. Ein solches System nennt man auch **Stellenwertsystem**.
Unser Stellenwertsystem heißt **Zehnersystem** (Dezimalsystem).
Es gibt aber auch andere Stellenwertsysteme.

Im Zehnersystem werden 10 Einer zu 1 Zehner, 10 Zehner zu 1 Hunderter, 10 Hunderter zu 1 Tausender usw. zusammengefasst.

…	ZT	T	H	Z	E
…	10 000er	1000er	100er	10er	1er
	7	8	5	9	2
		3	4	7	5

$7 \cdot 10\,000 + 8 \cdot 1000 + 5 \cdot 100 + 9 \cdot 10 + 2 \cdot 1 = 78\,592$
$3 \cdot 1000 + 4 \cdot 100 + 7 \cdot 10 + 5 \cdot 1 = 3475$

Zusammenfassung

- Menge der natürlichen Zahlen: $\mathbb{N} = \{0, 1, 2, 3, \ldots\}$
- Jede natürliche Zahl hat einen Nachfolger.
  Es gibt keine größte natürliche Zahl.
- Jede natürliche Zahl außer der Null hat einen Vorgänger.
  Die kleinste natürliche Zahl ist die Null.
- Der Wert einer Ziffer hängt von der Stellung innerhalb der Zahl ab.

Große Zahlen

Um die Weltbevölkerung oder das Weltall beschreiben zu können, brauchen wir große Zahlen. Diese Zahlen haben ihren eigenen Namen und ihre eigene Schreibweise.

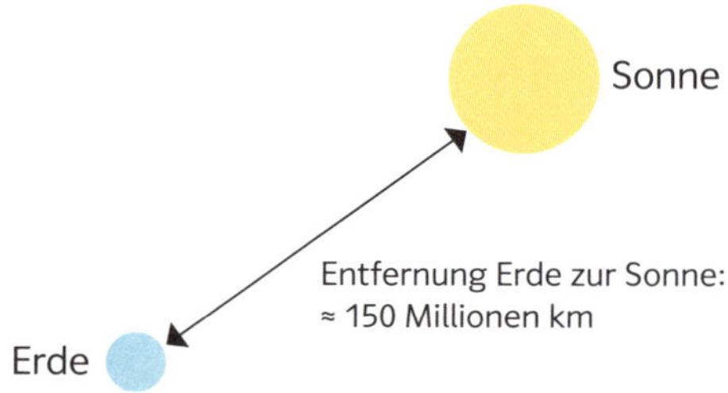

Bezeichnungen für große Zahlen

1 Million	=	1000 Tausender	=	1 000 000
1 Milliarde	=	1000 Millionen	=	1 000 000 000
1 Billion	=	1000 Milliarden	=	1 000 000 000 000
1 Billiarde	=	1000 Billionen	=	1 000 000 000 000 000
1 Trillion	=	1000 Billiarden	=	1 000 000 000 000 000 000
1 Trilliarde	=	1000 Trillionen	=	1 000 000 000 000 000 000 000
1 Quadrillion	=	1000 Trilliarden	=	1 000 000 000 000 000 000 000 000
…				

Schreibweisen für große Zahlen

1000 $= 10^3$ (1 mit 3 Nullen)

10^3 ist die Kurzschreibweise (sprich: „10 hoch 3") für $\underbrace{10 \cdot 10 \cdot 10}_{\text{3-mal}}$.

1 000 000 $= 10^6$ (1 mit 6 Nullen)

1 000 000 000 $= 10^9$ (1 mit 9 Nullen)

1 000 000 000 000 $= 10^{12}$ (1 mit 12 Nullen)

…

Damit man große Zahlen besser und schneller lesen kann, unterteilt man die Ziffern in Dreierpäckchen (von rechts nach links).

Schreibe die Zahlen in Ziffern.

a) siebzigtausend: 70 000 $= 7 \cdot 10^4$

b) sechs Billionen: 6 000 000 000 000 $= 6 \cdot 10^{12}$

c) neun Milliarden: 9 000 000 000 $= 9 \cdot 10^9$

d) vier Trilliarden: 4 000 000 000 000 000 000 000 $= 4 \cdot 10^{21}$

Um eine große Zahl schneller zu erfassen, benutzt man eine Stellentafel (auch Stellenwerttafel). Dabei gibt die Stelle, an der die Ziffer steht, ihre Bedeutung bzw. ihren Wert an.
Da der Wert einer Stelle das Zehnfache der vorangegangenen Stelle ist, hat man hier ein Zehnersystem.

Billion			Milliarde			Million			Tausend					
H	Z	E	H	Z	E	H	Z	E	H	Z	E	H	Z	E
									7	2	3	4	5	0
						5	7	0	8	9	5	4	0	0
				4	3	0	7	0	6	5	4	3	0	2
	3	4	0	0	4	6	2	1	0	9	7	6	0	4

H = Hunderter; Z = Zehner; E = Einer

Tipp:
Zahlen unter eine Million schreibt man zusammen und klein.
Zahlen über einer Million schreibt man getrennt und groß.

Schreibe die Zahlen in Buchstaben.

a) 1 391 600 km
eine Million dreihunderteinundneunzigtausendsechshundert

b) ca. 6 511 600 000
sechs Milliarden fünfhundertelf Millionen sechshunderttausend

c) 760 000
siebenhundertsechzigtausend

Zusammenfassung

- Große Zahlen haben ihre eigenen Bezeichnungen und Schreibweisen.
- Man kann sie besonders übersichtlich in einer Stellentafel darstellen. Hierbei gibt die Position der Ziffer ihre Bedeutung an.
- Im Zehnersystem beträgt der Wert einer Stelle das Zehnfache der vorangegangenen Stelle.

Runden von Zahlen

Bei großen Zahlen ist der genaue Wert der Zahl oft nicht so wichtig.
Deshalb rundet man diese Zahlen: $3\,658\,987 \approx 3\,700\,000$.
Dabei muss man sich entscheiden, auf welche Stelle man die Zahl sinnvoll rundet.
Es gibt immer mehrere Möglichkeiten, eine Zahl zu runden.

Stelle dir vor, deine Eltern kaufen sich ein neues Auto für 34 980 Euro. Dein Freund möchte wissen, was das Auto gekostet hat. Du rundest den Wert auf 35 000 Euro. Auf Zehntausender, d.h. 30 000 Euro zu runden, wäre nicht sinnvoll.

Vorgehensweise beim Runden

1. Wähle eine geeignete Rundungsstelle.
2. Betrachte die Ziffer rechts von der Rundungsstelle.
3. Ist diese Ziffer 0, 1, 2, 3, 4, so wird abgerundet.
   Dabei bleibt die Rundungsziffer erhalten.
   Alle Ziffern rechts davon werden null.
4. Ist diese Ziffer 5, 6, 7, 8, 9, so wird aufgerundet.
   Dabei wird zur Rundungsziffer 1 hinzugezählt. Auch hier werden alle Ziffern rechts davon null.

Tipp:
Handelt es sich bei der Rundungsziffer um eine 9, so musst du aufpassen.
Es verändert sich nämlich nicht nur die Rundungsziffer, sondern auch die Ziffern davor.

Für gerundete Zahlen schreibt man ≈ (sprich „ist ungefähr“ oder „ist rund“): $45\,637 \approx 45\,600$

Runde folgende Zahlen auf Tausender (T), Hunderter (H) und Zehner (Z).

Gegeben	Lösung		
	T	H	Z
1555	2000	1600	1560
7514	8000	7500	7510
26 984	27 000	27 000	26 980
92 349	92 000	92 300	92 350
105 105	105 000	105 100	105 110
499 967	500 000	500 000	499 970

Zusammenfassung

- Ist die Ziffer rechts von der Rundungsstelle 0, 1, 2, 3, 4, so rundet man ab. Die Rundungsziffer bleibt erhalten.
- Ist die Ziffer rechts von der Rundungsstelle 5, 6, 7, 8, 9, so rundet man auf. Zur Rundungsziffer wird 1 addiert.
- Alle Ziffern rechts von der Rundungsstelle werden null.
- Ist die Rundungsziffer eine 9, so musst du genau aufpassen. Es ändert sich auch die Ziffer davor.

Zahlen in Diagrammen darstellen

Um Zahlen bzw. Daten zu vergleichen oder zu veranschaulichen, benutzt man Tabellen oder Diagramme. Du findest Diagramme z. B. in Zeitungen zur Darstellung der Ergebnisse von Umfragen und Wahlen oder in deinem Erdkundebuch bei Temperatur- oder Niederschlagswerten.

In einer **Tabelle** werden Texte und Daten in Form von Zeilen und Spalten dargestellt. Der Text und die Daten beziehen sich aufeinander. Aus einer Tabelle kann man die Zahlen sofort ablesen.

In einem **Diagramm** werden die Zahlen anschaulich verglichen. Bevor man ein Diagramm zeichnet, überlegt man sich mit dem größten vorkommenden Wert einen geeigneten Maßstab.
Man unterscheidet zwischen Säulen- und Balkendiagramm. In einem Säulendiagramm stehen die Säulen senkrecht, in einem Balkendiagramm waagerecht.

Wie erstelle ich ein Diagramm?

- Überlege dir anhand der Tabelle, welche Daten du in einem Diagramm darstellen möchtest.
- Suche zunächst den größten Wert und lege dann einen geeigneten Maßstab fest.
- Zeichne deine beiden Achsen (mit einem Lineal) und beachte dabei deinen Maßstab.
- Nun kannst du die Säulen einzeichnen.

In einer Klasse mit 32 Schülern wird eine Umfrage zur Lieblingsfarbe durchgeführt.
Zehn Schüler gaben rot an, sechs grün, neun gelb, sechs blau und zwei schwarz.
Stelle die Ergebnisse unterschiedlich dar.

1. Tabelle

Lieblingsfarbe	rot	grün	gelb	blau	schwarz
Anzahl	10	6	9	5	2

2. Säulendiagramm

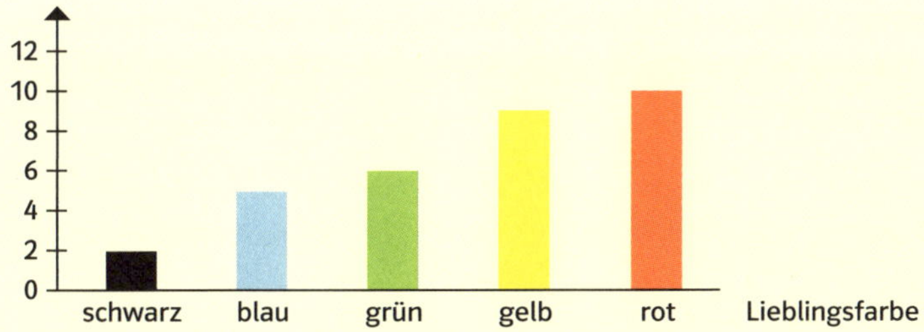

3. Balkendiagramm

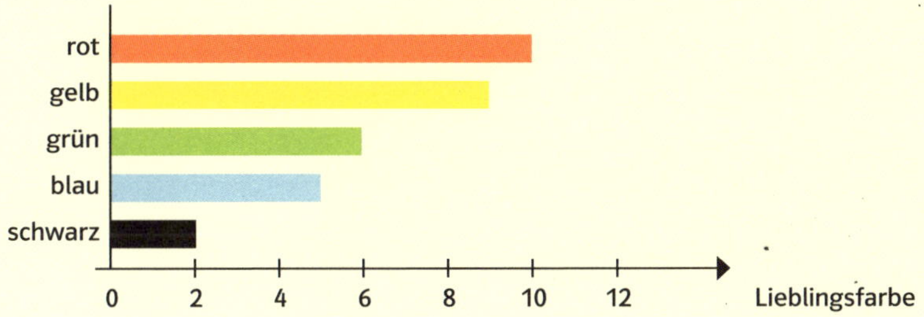

Tipp: Zum Auszählen von Ergebnissen einer Umfrage kann eine Strichliste hilfreich sein. Jeder fünfte Strich wird schräg durch die vorangehenden senkrechten Striche gezogen. Mit einer solchen Strichliste hat man einen guten Überblick quer über die Anzahlen.

Rot ~~||||~~ ~~||||~~ **Grün** ~~||||~~ | **Gelb** ~~||||~~ |||| **Blau** ~~||||~~ **Schwarz** ||

Zusammenfassung

- In einer Tabelle kann man die einzelnen Zahlen sehr schnell ablesen.
- Ein Diagramm dient zur Veranschaulichung von Zahlen. Zunahmen oder Abnahmen sind sofort ersichtlich.

Stellenwertsysteme

Der Computer kennt nur 2 Ziffern, 0 und 1. Mit diesen Ziffern muss er alle Zahlen darstellen können. Um dies zu bewältigen, benutzt er das so genannte Zweiersystem, auch Binär- oder Dualsystem genannt.

Wie wir von unserem Zahlensystem, dem **Zehnersystem** wissen, hängt die Bedeutung einer Ziffer von der Stellung innerhalb der Zahl ab. Es gibt außer dem Zehnersystem weitere **Stellenwertsysteme**.

Im Alltag rechnen wir im Zehnersystem, also einem System mit 10 Zahlzeichen 0, …, 9. Alle höheren Zahlen werden als Kombination aus diesen Zahlen geschrieben. Die ersten 20 Zahlen im Zehnersystem lauten: 1, 2, 3, 4, 5, 6, 7, 8, 9, 10, 11, 12, 13, 14, 15, 16, 17, 18, 19, 20.

Der Computer hingegen verwendet das Zweiersystem, d. h. er stellt alle Zahlen mithilfe der Ziffern 0 und 1 dar. Die ersten 20 Zahlen im Zweiersystem lauten: 1, 10, 11, 100, 101, 110, 111, 1000, 1001, 1010, 1011, 1100, 1101, 1110, 1111, 10000, 10001, 10010, 10011, 10100

Zehnersystem

Hier werden 10 Einer zu 1 Zehner, 10 Zehner zu 1 Hunderter, 10 Hunderter zu 1 Tausender usw. zusammengefasst. Man erhält den Wert einer Stelle, indem man die vorangegangene Stelle mit 10 multipliziert.

	·10 ←	·10 ←	·10 ←	·10 ←	
…	**10 000er**	**1000er**	**100er**	**10er**	**1er**
	7	8	5	9	2
		3	4	7	5

$7 \cdot 10\,000 + 8 \cdot 1000 + 5 \cdot 100 + 9 \cdot 10 + 2 \cdot 1 = 78\,592$
$3 \cdot 1000 + 4 \cdot 100 + 7 \cdot 10 + 5 \cdot 1 = 3475$

Zweiersystem

Im Zweiersystem werden 2 Einer zu 1 Zweier, 2 Zweier zu 1 Vierer, 2 Vierer zu 1 Achter usw. zusammengefasst. Man erhält den Wert einer Stelle, indem man die vorangegangene Stelle mit 2 multipliziert.

...	32er	16er	8er	4er	2er	1er
			1	0	1	1
	1	0	1	1	0	0

$$
\begin{aligned}
(1011)_2 &= 1 \cdot 8 + 0 \cdot 4 + 1 \cdot 2 + 1 \cdot 1 \\
&= 8 + 2 + 1 \\
&= 11
\end{aligned}
$$

$$
\begin{aligned}
(101100)_2 &= 1 \cdot 32 + 0 \cdot 16 + 1 \cdot 8 + 1 \cdot 4 + 0 \cdot 2 + 0 \cdot 1 \\
&= 32 + 8 + 4 \\
&= 44
\end{aligned}
$$

Fünfersystem

...	125er	25er	5er	1er
	2	0	4	3
		4	3	0

$$
\begin{aligned}
(2043)_5 &= 2 \cdot 125 + 0 \cdot 25 + 4 \cdot 5 + 3 \cdot 1 \\
&= 250 + 20 + 3 \\
&= 273
\end{aligned}
$$

$$
\begin{aligned}
(430)_5 &= 4 \cdot 25 + 3 \cdot 5 + 0 \cdot 1 \\
&= 100 + 15 \\
&= 115
\end{aligned}
$$

Man kann sich auf diese Weise jede Art von System bauen.

Zusammenfassung

- Das Zehner- und das Zweiersystem sind Stellenwertsysteme.
- Der Wert einer Ziffer hängt von der Stelle ab, an der die Ziffer in einer Zahl steht.

Addition und Subtraktion

Im Alltag benutzen wir die vier Grundrechenarten ständig, z. B. beim Einkaufen.
Dazu gehören das Addieren und Subtrahieren, sowie das Multiplizieren und Dividieren.

Addieren

Addiert man zwei Zahlen, so nennt man das Ergebnis eine **Summe**.

So sagt man z. B.:
Wenn man 245 und 34 miteinander addiert, so erhält man die Summe 279.
Die beiden Zahlen 245 und 34 heißen **Summanden**.

245	+	34	=	279
1. Summand		**2. Summand**		**Summe**

Bei der Addition gibt es für die Zahlen nur einen Namen, da es beim Rechnen auf die Reihenfolge **nicht** ankommt.

Subtrahieren

Subtrahiert man zwei Zahlen, so nennt man das Ergebnis eine **Differenz**.

So sagt man z. B.:
Wenn man 75 von 275 subtrahiert, so erhält man die Differenz 200.
Die Zahl 275 nennt man **Minuend**, die Zahl 75 **Subtrahend**.

275	–	75	=	200
Minuend		**Subtrahend**		**Differenz**

Bei der Subtraktion haben die Zahlen unterschiedliche Namen, da es beim Rechnen auf die Reihenfolge ankommt.

Die verwendeten Begriffe kommen aus der lateinischen Sprache und haben folgende Bedeutung:

Summand: hinzuzählende Zahl
Summe: Gesamtzahl
Minuend: Zahl, von der etwas abgezogen wird
Subtrahend: Zahl, die abgezogen wird
Differenz: Unterschied

Zusammenhang zwischen Addition und Subtraktion

Bei diesen beiden Rechenarten handelt es sich um entgegengesetzte Rechenoperationen. So kann das Addieren einer Zahl durch das Subtrahieren dieser Zahl rückgängig gemacht werden.
Das Subtrahieren einer Zahl kann durch das Addieren derselben Zahl rückgängig gemacht werden.
Diese Eigenschaft kann dir bei der Kontrolle von Ergebnissen hilfreich sein oder beim Finden von gesuchten Zahlen.

a) Berechne 423 − 48 und kontrolliere dein Ergebnis mit der entgegengesetzten Rechenoperation.

423 − 48 = 375	Subtraktion
Umgekehrte Rechenart: 375 + 48 = 423	Addition

b) Bestimme die gesuchte Zahl.
_____ − 4000 = 6872

Mit der entgegengesetzten Rechenoperation, in diesem Fall der Addition, kannst du das Ergebnis ganz einfach bestimmen:

6872 + 4000 = 10 872,
also ist
10 872 − 4000 = 6872

Zusammenfassung

- Die Addition und die Subtraktion sind entgegengesetzte Rechenoperationen und gehören zu den vier Grundrechenarten.
- Bei der Addition nennt man das Ergebnis Summe und die zu addierenden Zahlen Summanden.
- Bei der Subtraktion nennt man das Ergebnis Differenz und die beiden Zahlen Minuend und Subtrahend.

Schriftliches Addieren

Bei großen Zahlen ist es schwierig, diese im Kopf zu addieren. Durch schriftliches Addieren kannst du dir das Rechnen erleichtern.

Um Zahlen **schriftlich zu addieren**, schreibst du die Zahlen entsprechend ihrem Stellenwert untereinander, d. h. Einer unter Einer, Zehner unter Zehner, Hunderter unter Hunderter usw. Die Rechenkästchen in deinem Heft können dir dabei helfen.

Nun addierst du zuerst die Einer miteinander, dann die Zehner, Hunderter usw. Dabei können Überträge entstehen.

	T	H	Z	E
	2	5	8	9
+		3	8	7
		1	1	
	2	9	7	6

Wir addieren:
1. Einer: 7 + 9 = 16, schreibe 6 übertrage 1
2. Zehner: 1 + 8 + 8 = 17, schreibe 7 übertrage 1
3. Hunderter: 1 + 3 + 5 = 9, schreibe 9
4. Tausender: 0 + 2 = 2, schreibe 2

Um dein Ergebnis zu kontrollieren, kann dir eine Überschlagsrechnung helfen.

Überschlagsrechnung

Du musst zuerst überlegen, wie genau dein Überschlag sein soll. Mache den Überschlag so, dass du ihn gut im Kopf berechnen kannst.
Du kannst auf Zehner oder Hunderter überschlagen:

Zehner:
2590 + 390 = 2980

Hunderter:
2600 + 400 = 3000

Berechne schriftlich, führe zuerst eine Überschlagsrechnung durch.

a) **8224 + 2346**

Überschlag: 8200 + 2300 = 10 500

Schriftliche Rechnung:

	T	H	Z	E
	8	2	2	4
+	2	3	4	6
1			1	
1	0	5	7	0

b) **34 692 + 208 905 + 3287 + 57 922**

Überschlag: 35 000 + 209 000 + 3000 + 58 000 = 305 000

Schriftliche Rechnung:

	HT	ZT	T	H	Z	E
		3	4	6	9	2
+	2	0	8	9	0	5
+			3	2	8	7
+		5	7	9	2	2
	1	2	2	2	1	
	3	0	4	8	0	6

Zusammenfassung

- Schriftliches Addieren erfolgt, indem man die Zahlen stellenwertgerecht untereinanderschreibt.
- Bei der Addition zählst du zuerst die Einer, dann die Zehner, Hunderter, usw. zusammen. Beachte dabei die Überträge.

Schriftliches Subtrahieren

Wie bei der schriftlichen Addition schreibst du beim **schriftlichen Subtrahieren** die Zahlen entsprechend ihrem Stellenwert untereinander.
Bei der Subtraktion gibt es zwei Verfahren: schriftliches Subtrahieren durch Ergänzen (Ergänzungsverfahren) oder schriftliches Subtrahieren durch Abziehen (Abziehverfahren).

Schriftliches Subtrahieren durch Ergänzen

Hierbei nutzt du den Zusammenhang zwischen Addition und Subtraktion aus.
Wir wissen: Die Subtraktion ist die Umkehrung der Addition. Anstatt die Einer von den Einern zu subtrahieren, suchst du eine Zahl, die die Einer ergänzt. Ebenso verfährst du bei den Zehnern, Hundertern, usw.

	T	H	Z	E
	6	0	4	5
-	3	2	8	4
	1	1		
	2	7	6	1

Wir ergänzen:
1. Einer: 4 + **1** = 5, schreibe **1**
2. Zehner: 8 + **6** = 14, schreibe **6**, übertrage 1
3. Hunderter: 1 + 2 + **7** = 10, schreibe **7**, übertrage 1
4. Tausender: 1 + 3 + **2** = 6, schreibe **2**

Subtrahieren durch Abziehen

	T	H	Z	E
	2		3	
	~~3~~	5	~~4~~	2
-	1	6	2	5
	1	9	1	7

1. Einer: 2 − 5 geht nicht, 1 von 4 Z herüber, bleibt 3 Z
   12 − 5 = **7**
2. Zehner: 3 − 2 = **1**
3. Hunderter: 5 − 6 geht nicht, 1 von 3 T herüber
   bleibt 2 T; 15 − 6 = **9**
4. Tausender: 2 − 1 = **1**

Hierbei musst du überlegen, wie genau dein Überschlag sein soll. Mache den Überschlag so, dass du ihn gut im Kopf berechnen kannst.
Du kannst auf Zehner oder Hunderter überschlagen:

Zehner:
3540 − 1630 = 1910

Hunderter:
3500 − 1600 = 1900

Um dein Ergebnis zu kontrollieren, hilft dir eine Überschlagsrechnung.

Berechne **10 101 – 2512 – 348** schriftlich. Führe zuerst eine Überschlagsrechnung durch.

Überschlag: 10 100 – 2500 – 300 = 7300

Schriftliche Rechnung durch Ergänzen:

	ZT	T	H	Z	E
	1	0	1	0	1
–		2	5	1	2
–			3	4	8
	1	1	1	1	
		4	2	4	1

Wir ergänzen:

1. Einer:	8 + 2 + **1** = 11 schreibe 1, übertrage 1
2. Zehner:	1 + 4 + 1 + **4** = 10, schreibe 4, übertrage 1
3. Hunderter:	1 + 3 + 5 + **2** = 11, schreibe 2, übertrage 1
4. Tausender:	1 + 2 + **7** = 10, schreibe 7, übertrage 1
5. Zehntausender:	1 + 0 = 1

Schriftliche Rechnung durch Abziehen:

	ZT	T	H	Z	E
	0	9	0	9	
	~~1~~	~~0~~	~~1~~	~~0~~	1
–		2	5	1	2
–			3	4	8
		7	2	4	1

1. Einer:	1 – (8 + 2) geht nicht, 1 von 0 Z herüber, bleibt 9 Z und 0 H. 11 – (8 + 2) = **1**
2. Zehner:	9 – (4 + 1) = **4**
3. Hunderter:	0 – (5 + 3) geht nicht, 1 von 0 T herüber, bleibt 9 T und 0 ZT. 10 – (5 + 3) = **2**
4. Tausender:	9 – 2 = **7**

Zusammenfassung

- Schriftliches Subtrahieren erfolgt am einfachsten, indem du die Zahlen stellenwertgerecht untereinanderschreibst.
- Beim Ergänzungsverfahren ergänzt du zuerst die Einer, dann die Zehner, Hunderter usw. Achte dabei auf Überträge.
- Beim Subtrahieren durch Abziehen subtrahierst du die Einer, Zehner, … Kannst du die Subtraktion nicht durchführen, musst du von der nächsthöheren Stelle 1 übertragen.

Multiplikation und Division

Multiplikation und Division gehören wie Addition und Subtraktion zu den vier Grundrechenarten. Auch hier existieren Fachausdrücke, die in der Mathematik verwendet werden.

Multiplikation

Multipliziert man zwei Zahlen, so nennt man das Ergebnis ein **Produkt**.

So sagt man z. B.:
Wenn man 25 mit 6 multipliziert, so erhält man das Produkt 150.
Die beiden Zahlen 25 und 6 heißen **Faktoren**. Zwischen den beiden Faktoren steht ein Malzeichen.

25	·	6	=	150
1. Faktor		**2. Faktor**		**Produkt**

Bei der Multiplikation gibt es wie bei der Addition für die Zahlen nur einen Namen, da es beim Rechnen **nicht** auf die Reihenfolge ankommt.

Division

Dividiert man zwei Zahlen, so nennt man das Ergebnis einen **Quotienten**.

So sagt man z. B.:
Wenn man 500 durch 50 dividiert, so erhält man den Quotienten 10.
Die Zahl 500 heißt **Dividend**, die Zahl 50 heißt **Divisor**.

500	:	50	=	10
Dividend		**Divisor**		**Quotient**

Bei der Division haben die Zahlen wie bei der Subtraktion unterschiedliche Namen, da es beim Rechnen auf die Reihenfolge ankommt.

Die verwendeten Begriffe kommen aus der lateinischen Sprache und haben die folgende Bedeutung:

Produkt: das Erzeugte
Faktor: derjenige, der etwas tut
Dividend: die zu teilende Zahl
Divisor: die teilende Zahl

Zusammenhang zwischen Multiplikation und Division

Die Multiplikation und die Division sind wie die Addition und die Subtraktion entgegengesetzte Rechenarten.
Das Multiplizieren mit einer Zahl wird durch das Dividieren dieser Zahl rückgängig gemacht.
Ebenso kann das Dividieren durch eine Zahl durch das Multiplizieren mit dieser Zahl rückgängig gemacht werden.
Dieser Zusammenhang kann zur Kontrolle von Ergebnissen genutzt werden.

a) Berechne $240 : 20$ und kontrolliere dein Ergebnis mit der entgegengesetzten Rechenoperation.

$240 : 20 = 12$	Division
entgegengesetzte Rechenart:	Multiplikation $20 \cdot 12 = 240$

b) Wie lautet das Produkt aus 4 und 12?

Rechnung: $4 \cdot 12 = 48$	
entgegengesetzte Rechenart:	Division $48 : 12 = 4$

Beim Multiplizieren und Dividieren gibt es **wichtige Regeln** zu beachten:
- Ist bei der Multiplikation einer der beiden Faktoren 0, so ist auch das Produkt 0.
- Dividiert man 0 durch eine andere Zahl, so ist der Quotient ebenso 0.
- Durch 0 darfst du **niemals dividieren**.
- Multipliziert man eine Zahl mit 1, so ist der erste Faktor mit dem Produkt identisch.
- Dividiert man eine Zahl durch 1, so ist der Dividend mit dem Quotienten identisch.

Beispiele:
a) $35 \cdot 0 = 0$
b) $0 : 721 = 0$
c) $721 : 0$ ist verboten!
d) $35 \cdot 1 = 35$
e) $721 : 1 = 721$

Zusammenfassung

- Multiplikation und Division sind entgegengesetzte Rechenarten.
- Das Ergebnis bei einer Multiplikation heißt Produkt, die zu multiplizierenden Zahlen nennt man Faktoren.
- Das Ergebnis einer Division heißt Quotient, die beiden Zahlen nennt man Dividend und Divisor.

Schriftliches Multiplizieren

Multiplizierst du mehrstellige Faktoren miteinander, musst du konzentriert und sorgfältig arbeiten. Nutze dazu die Rechenkästchen in deinem Heft und schreibe die Zahlen sauber untereinander.

Multiplikation mit einem einstelligen Faktor

Wir zerlegen unseren 1. Faktor in Einer, Zehner, Hunderter usw.

2	3	4	8	·	5
	1	1	2	4	
	1	1	7	4	0

Einer:	$5 \cdot 8 = 40$	schreibe 0, übertrage 4
Zehner:	$5 \cdot 4 + 4 = 24$	schreibe 4, übertrage 2
Hunderter:	$5 \cdot 3 + 2 = 17$	schreibe 7, übertrage 1
Tausender:	$5 \cdot 2 + 1 = 11$,	schreibe 11

Multiplikation mit einem mehrstelligen Faktor

Dabei führst du das oben vorgestellte Verfahren mehrfach durch.

5	4	8	2	·	4	3	2	
	2	1	9	2	8	0	0	$5482 \cdot 400$
+		1	6	4	4	6	0	$5482 \cdot 30$
+			1	0	9	6	4	$5482 \cdot 2$
		1		2	1			
	2	3	6	8	2	2	4	

Um dein Ergebnis zu kontrollieren, kannst du eine Überschlagsrechnung durchführen.

Hierbei musst du überlegen, wie genau dein Überschlag sein soll. Mache den Überschlag so, dass du ihn gut im Kopf berechnen kannst.
Du kannst auf Zehner oder Hunderter überschlagen:

Hunderter:
$5500 \cdot 400 = 2\,200\,000$
anders gerundet: $5000 \cdot 400 = 2\,000\,000$

Tipp bei der Multiplikation

Es kann vorteilhaft sein, wenn du die Zahl mit folgenden Eigenschaften als **zweiten Faktor** verwendest:

- **gleiche** Ziffern
- **weniger Stellen** als die andere Zahl
- **Nullen** als Ziffern

Kommen **Nullen als Ziffern in deinen Faktoren** vor, musst du beim Multiplizieren aufpassen!

Berechne schriftlich, mache zuerst einen Überschlag.

a) Nullen im 2. Faktor: $476 \cdot 301$

Überschlag: $500 \cdot 300 = 150\,000$

Schriftliche Rechnung:

4	7	6	·	3	0	1
	1	4	2	8	0	0
+			0	0	0	0
+				4	7	6
			1			
	1	4	3	2	7	6

b) Nullen in beiden Faktoren: $50 \cdot 502$

Hinweis: Hier ist es vorteilhaft, die Faktoren zu tauschen.

Überschlag: $500 \cdot 50 = 25\,000$

Schriftliche Rechnung:

5	0	2	·	5	0
	2	5	1	0	0
+			0	0	0
	2	5	1	0	0

Zusammenfassung

Beim schriftlichen Multiplizieren mit mehrstelligen Faktoren multiplizierst du zuerst die 1. Ziffer des 2. Faktors mit dem 1. Faktor, dann die 2. Ziffer des 2. Faktors mit dem 1. Faktor usw. Dann addierst du die erhaltenen Zahlen.

Schriftliches Dividieren

Wie bei allen schriftlichen Rechenarten musst du konzentriert und sorgfältig arbeiten. Nutze dazu die Rechenkästchen in deinem Heft und schreibe die Zahlen sauber untereinander.

Division ohne Rest

```
  7 4 1 6 : 1 8 = 4 1 2
- 7 2
-----
    2 1
  - 1 8
  -----
      3 6
    - 3 6
    -----
        0
```

18 geht 4-mal in 74, schreibe 4.
Subtrahiere $4 \cdot 18 = 72$ von 74.
Rest 2, hole die 1 herunter.
18 geht 1-mal in 21, schreibe 1.
Subtrahiere $1 \cdot 18 = 18$ von 21.
Rest 3, hole die 6 herunter.
18 geht 2-mal in 36, schreibe 2.
Subtrahiere $2 \cdot 18 = 36$ von 36.

Division mit Rest

```
  5 5 2 9 : 1 7 = 3 2 5  Rest 4
- 5 1                      ↑
-----                      |
    4 2                    |
  - 3 4                    |
  -----                    |
      8 9                  |
    - 8 5                  |
    -----                  |
        4 -----------------+
```

17 geht 3-mal in 55, schreibe 3.
Subtrahiere $3 \cdot 17 = 51$ von 55.
Rest 4, hole die 2 herunter.
17 geht 2-mal in 42, schreibe 2.
Subtrahiere $2 \cdot 17 = 34$ von 42.
Rest 8, hole die 9 herunter.
17 geht 5-mal in 89, schreibe 5.
Subtrahiere $5 \cdot 17 = 85$ von 89.
Es bleibt 4 übrig. Also **Rest 4**.

Eine Überschlagsrechnung hilft dir, dein Ergebnis zu kontrollieren.
Außerdem ist es sinnvoll, eine Probe durchzuführen. Dabei musst du den Rest beachten!
Beim Dividieren musst du bei Nullen immer wachsam sein!

Berechne 51 069 : 17. Führe zuerst eine Überschlagsrechnung durch und überprüfe zum Schluss dein Ergebnis durch eine Probe.

Überschlag: 51 000 : 17 = 3000

Schriftliche Rechnung:

	5	1	0	6	9	:	1	7	=	3	0	0	4 Rest 1
−	5	1											
		0	0										Auch die 0 muss beachtet werden.
	−	0	0										
			0	6									17 ist 0-mal in 6 enthalten.
		−	0	0									
				6	9								
			−	6	8								
					1								

Probe:

$$\begin{array}{r} \underline{3004 \cdot 17} \\ 30040 \\ \underline{+\ \ 21028} \\ 51068 \end{array}$$

51 068 + 1 = 51 069 ✓

Zusammenfassung

- Beim Dividieren überlegst du dir, wie oft die Zahl in der zu dividierenden Zahl enthalten ist.
- Eine Überschlagsrechnung sowie eine Probe, die die entgegengesetzte Rechenart, die Multiplikation, ausnutzt, helfen dir, dein Ergebnis zu kontrollieren.

Rechenausdrücke (Terme)

Terme sind Rechenausdrücke, die aus Zahlen und Rechenzeichen bestehen. Man kann einen Rechenweg durch einen einzigen Rechenausdruck darstellen. Das Ergebnis ist dann der Wert des Terms.

Berechnet man einen Term, so muss man folgende **Rechenregeln und Reihenfolgen** einhalten:

- Zuerst berechnet man die Klammern.
- Gibt es Klammern innerhalb von Klammern, so berechnet man die inneren Klammern zuerst.
- Punktrechnung (Multiplikation bzw. Division) kommt immer vor Strichrechnung (Addition bzw. Subtraktion).
- Kommen bei einer Strichrechnung (oder Punktrechnung) keine Klammern vor, so rechnet man von links nach rechts.

Berechne.

Klammern zuerst ausrechnen

a) $248 - (60 + 98)$
$= 248 - 158$
$= 90$

b) $5 \cdot (13 + 8)$
$= 5 \cdot 21$
$= 105$

c) $(14 + 6) \cdot (23 + 2)$
$= 20 \cdot 25$
$= 500$

Punkt- vor Strichrechnung

a) $5 + 5 \cdot 7$
$= 5 + 35$
$= 40$

b) $2 \cdot 3 + 24 : 6$
$= 6 + 4$
$= 10$

c) $5 \cdot 8 - 10 + 4 \cdot 7$
$= 40 - 10 + 28$
$= 58$

Verwendung beider Regeln

$22 + (76 - 36 : 6) \cdot 2$	Punkt- vor Strichrechnung in der Klammer
$= 22 + (76 - 6) \cdot 2$	Klammer berechnen
$= 22 + 70 \cdot 2$	Punkt- vor Strichrechnung
$= 22 + 140$	
$= 162$	

Klammern innerhalb von Klammern

$[80 - (1 + 9) \cdot 2] : 3$	Zuerst die innere Klammer berechnen
$= [80 - 10 \cdot 2] : 3$	Punkt vor Strichrechnung in der Klammer
$= [80 - 20] : 3$	Äußere Klammer berechnen
$= 60 : 3$	
$= 20$	

Achtung:
Der Term vor und hinter dem Gleichheitszeichen muss immer den gleichen Wert haben.

Beispiele:

a) $\underbrace{215 - 53 + 23 - 8}_{177} = \underbrace{162 + 23}_{185}$, also $177 \neq 185$

In diesem Fall steht links vom Gleichheitszeichen **nicht** das Gleiche wie rechts davon.

b) Typische Fehler sind sogenannte Gleichungsketten:

$5 \cdot 8 - 10 + 4 \cdot 7 = \underbrace{40 - 10}_{30} = \underbrace{30 + 28}_{58} = 58$

Hier steht links vom Gleichheitszeichen **nicht** das Gleiche wie rechts davon.

Zusammenfassung

Beim Rechnen mit Termen musst du die folgenden wichtigen Rechengesetze beachten:

- Klammern werden zuerst berechnet.
- Innere Klammern werden vor äußeren Klammern berechnet.
- Es gilt: Punkt- vor Strichrechnung.

Kommutativ- und Assoziativgesetz

Die folgenden Rechengesetze helfen dir, (Kopfrechen-)Aufgaben schneller zu lösen.

Für die **Addition** gilt:

Kommutativgesetz

Der Begriff „kommutativ" kommt aus dem Lateinischen und bedeutet „vertauschen".
Für die Addition bedeutet dies, dass man die beiden **Summanden vertauschen** darf.

Sind **a** und **b** natürliche Zahlen, so gilt:

$$\mathbf{a + b = b + a}$$

Assoziativgesetz

Der Begriff „assoziativ" kommt auch aus dem Lateinischen und bedeutet „verbindend".
Für die Addition bedeutet dies, dass man bei einer Summe mit 3 oder mehr Summanden an beliebigen Stellen Klammern setzen darf. Dadurch verändert sich der Wert der Summe nicht. Aus diesem Grund darf man die Klammern auch weglassen.

Sind **a**, **b** und **c** natürliche Zahlen, so gilt:

$$\mathbf{(a + b) + c = a + (b + c) = a + b + c}$$

Diese beiden Gesetze darfst du auf **keinen Fall** bei der **Subtraktion** anwenden, denn hier ist es nicht egal, ob du $7 - 4$ oder $4 - 7$ rechnest.

Berechne. Beachte beim Rechnen die Rechenvorteile.

a) $3 + 8 = 8 + 3$
$11 = 11$

b) $25 + 38 + 62 = 25 + (38 + 62)$ Das Assoziativgesetz erlaubt dir, Klammern zu setzen.
$= 25 + 100$
$= 125$

c) $5 + 47 + 35 + 3 = 5 + 35 + 47 + 3$ Kommutativgesetz
$= (5 + 35) + (47 + 3)$ Assoziativgesetz
$= 40 + 50 = 90$

Für die **Multiplikation** gilt:

Kommutativgesetz

Wie bei der Addition bedeutet das Kommutativgesetz bei der Multiplikation, dass man bei einem Produkt die beiden Faktoren vertauschen darf.

Sind **a** und **b** natürliche Zahlen, so gilt:

$$\mathbf{a \cdot b = b \cdot a}$$

Assoziativgesetz

Auch das Assoziativgesetz lässt sich von der Addition auf die Multiplikation übertragen. So darf man bei einem Produkt aus drei oder mehreren Faktoren beliebig Klammern setzen, ohne dass sich das Produkt verändert. Man kann auch die Klammern weglassen.

Sind **a**, **b** und **c** natürliche Zahlen, so gilt:

$$\mathbf{(a \cdot b) \cdot c = a \cdot (b \cdot c) = a \cdot b \cdot c}$$

Achtung: So wie du nicht einfach die Gesetze der Addition auf die Subtraktion übertragen darfst, musst du hier auch bei der Division vorsichtig sein.
Diese beiden Gesetze gelten **nicht** für die **Division**, denn $15 : 3$ ist nicht gleich $3 : 15$.

Berechne.

a) $4 \cdot 8 = 8 \cdot 4$
$32 = 32$

b) $(2 \cdot 8) \cdot 3 = 2 \cdot (8 \cdot 3)$
$16 \cdot 3 = 2 \cdot 24$
$48 = 48$

Zusammenfassung

- Für die Addition gilt:
  Kommutativgesetz: $a + b = b + a$
  Assoziativgesetz: $(a + b) + c = a + (b + c) = a + b + c$
- Für die Multiplikation gilt:
  Kommutativgesetz: $a \cdot b = b \cdot a$
  Assoziativgesetz: $(a \cdot b) \cdot c = a \cdot (b \cdot c) = a \cdot b \cdot c$

Distributivgesetz

Die Rechenarten Addition, Subtraktion, Multiplikation und Division treten nicht nur getrennt auf, sondern auch in Verbindung miteinander. Dann musst du besonders gut aufpassen und auf Klammern und Vorzeichen achten. Das zugehörige Gesetz heißt **Distributivgesetz**. Der Begriff „distributiv" kommt aus dem Lateinischen und bedeutet „verteilend".

Distributivgesetz für Multiplikation und Addition

Es ist egal, ob du zuerst die Summe berechnest und diese dann mit dem Faktor multiplizierst, oder ob du erst beide Summanden mit dem Faktor multiplizierst und dann die beiden Zahlen addierst.

Sind **a**, **b** und **c** natürliche Zahlen, so gilt:

$$\mathbf{a \cdot (b + c) = a \cdot b + a \cdot c}$$

Berechne.

a) $2 \cdot (8 + 13) = 2 \cdot 21 = 42$ oder $2 \cdot (8 + 13) = 2 \cdot 8 + 2 \cdot 13 = 16 + 26 = 42$

b) $(15 + 10) \cdot 3 = 25 \cdot 3 = 75$ oder $(15 + 10) \cdot 3 = 15 \cdot 3 + 10 \cdot 3 = 45 + 30 = 75$

Das Distributivgesetz nutzt du beim Kopfrechnen, wenn du zweistellige Zahlen multiplizieren musst.

Beispiele:

a) $7 \cdot 43 = 7 \cdot (40 + 3) = 7 \cdot 40 + 7 \cdot 3 = 280 + 21 = 301$

b) $12 \cdot 24 = 12 \cdot (20 + 4) = 12 \cdot 20 + 12 \cdot 4 = 240 + 48 = 288$

Distributivgesetz für Multiplikation und Subtraktion

Auch hier ist es egal, ob du zuerst die Differenz berechnest und diese dann mit dem Faktor multiplizierst, oder ob du erst Minuend und Subtrahend mit dem Faktor multiplizierst und dann subtrahierst.

Sind **a**, **b** und **c** natürliche Zahlen, so gilt:

$$\mathbf{a \cdot (b - c) = a \cdot b - a \cdot c}$$

Berechne.

$15 \cdot (20 - 4)$	oder	$15 \cdot (20 - 4)$
$= 15 \cdot 16$		$= 15 \cdot 20 - 15 \cdot 4$
$= 240$		$= 300 - 60$
		$= 240$

Distributivgesetz für Division und Addition/Subtraktion

Auch hier ist es egal, ob du zuerst die Summe oder Differenz berechnest und dann dividierst, oder erst die Division für beide Zahlen durchführst und dann die Summe bzw. Differenz berechnest.

Sind **a**, **b** und **c** natürliche Zahlen, so gilt:

$$\mathbf{(a + b) : c = a : c + b : c} \quad \text{bzw.} \quad \mathbf{(a - b) : c = a : c - b : c}$$

Berechne.

a) $(16 + 64) : 8$	oder	$(16 + 64) : 8$
$= 80 : 8$		$= 16 : 8 + 64 : 8$
$= 10$		$= 2 + 8$
		$= 10$
b) $(12 - 6) : 3$	oder	$(12 - 6) : 3$
$= 6 : 3$		$= 12 : 3 - 6 : 3$
$= 2$		$= 4 - 2$
		$= 2$

Potenzen

Die Zahl 1024 kann man auch schreiben als $2 \cdot 2 \cdot 2 \cdot 2 \cdot 2 \cdot 2 \cdot 2 \cdot 2 \cdot 2 \cdot 2$.
Da dies jedoch sehr viel Schreibarbeit ist, hat man eine vereinfachte Schreibweise dafür entwickelt.

Ein Produkt aus lauter gleichen Faktoren, z. B. $2 \cdot 2 \cdot 2 \cdot 2 \cdot 2 \cdot 2 \cdot 2 \cdot 2 \cdot 2 \cdot 2$ kann man auch als **Potenz** schreiben: $\mathbf{2^{10}}$ (*sprich:* „2 hoch 10")

Man sagt auch: Die Zahl 2 wird mit 10 potenziert.

Sind a und n natürliche Zahlen, so gilt für die Potenz a^n:

$$a^n = \underbrace{a \cdot a \cdot a \cdot \ldots \cdot a}_{\text{n-mal}}$$

a^n bedeutet, dass a n-mal mit sich selbst malgenommen wird.

Man nennt

Exponent (Hochzahl)

$$5^2 = 25$$

Basis (Grundzahl) Potenzwert

Festlegungen:
- Eine Zahl hoch 1 ist immer die Zahl, also $a^1 = a$,
- Eine Zahl hoch 0 ist immer 1, also $a^0 = 1$

Beispiele:

a) $4^3 = 4 \cdot 4 \cdot 4 = 64$

b) $13^2 = 13 \cdot 13 = 169$

c) $2^5 = 2 \cdot 2 \cdot 2 \cdot 2 \cdot 2 = 32$

d) $9^0 = 1$, denn eine Zahl hoch 0 ist immer 1.

e) $15^1 = 15$, denn eine Zahl hoch 1 ist immer die Zahl selbst.

Treten in Rechenausdrücken Potenzen auf, so haben diese Vorrang.

Es gilt:
- Potenzen vor Punktrechnung
- Potenzen vor Strichrechnung

Nicht vergessen: Auch bei Potenzen haben die Klammern Vorrang.

Berechne.

a) $7 \cdot 2^4 = 7 \cdot 16 = 112$

b) $5^3 \cdot 2 - 6 \cdot 2^2 = 125 \cdot 2 - 6 \cdot 4 = 250 - 24 = 226$

c) $(15 - 5)^3 = 10^3 = 1000$

d) $$\begin{aligned} 5 \cdot (3^4 + 36 : 4) &= 5 \cdot (81 + 36 : 4) \\ &= 5 \cdot (81 + 9) \\ &= 5 \cdot 90 \\ &= 450 \end{aligned}$$

e) $$\begin{aligned} 3^3 + (7 \cdot 2^2 - 4^2)^2 &= 3^3 + (7 \cdot 4 - 16)^2 \\ &= 3^3 + (28 - 16)^2 \\ &= 3^3 + 12^2 \\ &= 27 + 144 \\ &= 171 \end{aligned}$$

Zusammenfassung

- Wird eine Zahl mehrfach mit sich selbst multipliziert, so kann man sie durch eine Potenz darstellen.

  $\mathbf{3^4 = 3 \cdot 3 \cdot 3 \cdot 3 = 81}$
- Die Zahl 3 heißt Basis oder Grundzahl, die Zahl 4 heißt Exponent oder Hochzahl.

  Es gilt: $\mathbf{3^1 = 3}$; $\mathbf{3^0 = 1}$

Teiler und Vielfache

Wird eine Zahl durch eine andere geteilt, so kann die Division aufgehen oder ein Rest übrig bleiben. Teilt eine natürliche Zahl eine andere natürliche Zahl ohne Rest, so ist sie ein Teiler der Zahl.

Teiler

Ist eine natürliche Zahl **a** ohne Rest durch eine natürliche Zahl **b** teilbar, so nennt man **b** einen **Teiler** von **a**.
Man sagt auch **b** teilt **a**.
Jede natürliche Zahl hat mindestens 2 Teiler, nämlich 1 und die Zahl selbst.

Vielfache

Multipliziert man eine natürliche Zahl **a** nacheinander mit 1, 2, 3, 4, …, so erhält man die **Vielfachen** der Zahl **a**.
Jede Zahl hat unendlich viele Vielfache.

Zusammenhang zwischen Teiler und Vielfachem

Ist die natürliche Zahl **b** ein Teiler der natürlichen Zahl **a**, dann ist **a** auch ein Vielfaches der Zahl **b**.

a) Ist 4 ein Teiler von 24?
24 ist ohne Rest durch 4 teilbar, denn $24 : 4 = 6$.
Also ist 4 ein Teiler von 24.

b) Ist 9 ein Teiler von 35?
35 ist nicht ohne Rest durch 9 teilbar, denn $35 : 9 = 3$ Rest 8.
Also ist 9 kein Teiler von 35.

c) Ist 7 ein Teiler von 49 und ist 49 ein Vielfaches von 7?
7 ist ein Teiler von 49.
49 ist ein Vielfaches von 7, da $7 \cdot 7 = 49$.

d) Ist 5 ein Vielfaches von 15?
15 ist ein Vielfaches von 5, denn $15 = 3 \cdot 5$.
125 ist auch ein Vielfaches von 5, denn $125 = 25 \cdot 5$.

Teilbarkeitsregeln

Teiler	Teilbarkeitsregel	Beispiel
2	Eine natürliche Zahl ist immer dann durch 2 teilbar, wenn die letzte Ziffer durch 2 teilbar ist, also 0, 2, 4, 6, 8 (gerade Zahlen).	456 6 : 2 = 3 Also ist 456 durch 2 teilbar. 456 : 2 = 228
3	Eine natürliche Zahl ist immer dann durch 3 teilbar, wenn die Summe aller Ziffern (Quersumme) durch 3 teilbar ist.	723 7 + 2 + 3 = 12 12 : 3 = 4 Also ist 723 durch 3 teilbar. 723 : 3 = 241
4	Eine natürliche Zahl ist immer dann durch 4 teilbar, wenn die letzten beiden Ziffern eine durch 4 teilbare Zahl sind.	6532 32 : 4 = 8 Also ist 6532 durch 4 teilbar. 6532 : 4 = 1633
5	Eine natürliche Zahl ist immer dann durch 5 teilbar, wenn die letzte Ziffer eine 0 oder 5 ist.	4860 Letzte Ziffer ist eine 0. Also ist 4860 durch 5 teilbar. 4860 : 5 = 972
6	Eine natürliche Zahl ist immer dann durch 6 teilbar, wenn sie sowohl durch 2 als auch durch 3 teilbar ist.	132 132 : 2 = 66 132 : 3 = 44 Also ist 132 durch 6 teilbar. 132 : 6 = 22
8	Eine natürliche Zahl ist immer dann durch 8 teilbar, wenn die letzten drei Ziffern eine durch 8 teilbare Zahl sind.	7520 520 : 8 = 65 Also ist 7520 durch 8 teilbar. 7520 : 8 = 940
9	Eine natürliche Zahl ist immer dann durch 9 teilbar, wenn die Summe aller Ziffern (Quersumme) durch 9 teilbar ist.	3168 3 + 1 + 6 + 8 = 18 18 : 9 = 2 Also ist 3168 durch 9 teilbar. 3168 : 9 = 352

Zusammenfassung

- Eine Zahl **b** heißt Teiler einer Zahl **a**, wenn **b** die Zahl **a** ohne Rest teilt.
- Eine Zahl **b** ist ein Vielfaches von **a**, wenn **a** mit 1, 2, 3, 4, … multipliziert die Zahl **b** ergibt.
- Ist **b** ein Teiler von **a**, so ist **a** auch ein Vielfaches von **b**.

Primzahlen

Teilt man eine natürliche Zahl durch eine andere natürliche Zahl, so kann es passieren, dass ein Rest übrig bleibt. Es gibt natürliche Zahlen, bei denen immer ein Rest übrig bleibt, außer man teilt diese durch 1 oder sich selbst. Solche Zahlen nennt man **Primzahlen**.

Primzahlen sind natürliche Zahlen, die nur durch sich selbst und durch 1 teilbar sind.
Sie besitzen also **genau 2 Teiler**.
Die Zahl 1 erfüllt diese Bedingung nicht, denn sie besitzt nur einen Teiler, nämlich die 1.
Es gibt **unendlich viele Primzahlen**. Die größte bekannte Primzahl ist eine Zahl mit 12 978 189 Stellen.

Die Primzahlen unter den ersten 100 Zahlen sind farbig:

1 **2** **3** 4 **5** 6 **7** 8 9 10 **11** 12 **13** 14 15 16 **17** 18 **19** 20

21 22 **23** 24 25 26 27 28 **29** 30 **31** 32 33 34 35 36 **37**

38 39 40 **41** 42 **43** 44 45 46 **47** 48 49 50 51 52 **53** 54

55 56 57 58 **59** 60 **61** 62 63 64 65 66 **67** 68 69 70 **71**

72 **73** 74 75 76 77 78 **79** 80 81 82 **83** 84 85 86 87 88

89 90 91 92 93 94 95 96 **97** 98 99 100

Primfaktorzerlegung

Du kannst jede natürliche Zahl als Produkt von Primzahlen schreiben.
Dieses Produkt heißt die **Primfaktorzerlegung der Zahl**.
Es existiert für jede Zahl nur **eine Möglichkeit**, sie als Produkt von Primzahlen zu schreiben.

Beispiele:

$12 = 4 \cdot 3 = 2 \cdot 2 \cdot 3$

$85 = 5 \cdot 17$

$770 = 2 \cdot 5 \cdot 7 \cdot 11$

Vorgehensweise bei der Primfaktorzerlegung

1. Du gehst bei der Primzahl 2 beginnend die einzelnen Primzahlen durch und prüfst, ob diese die zu zerlegende Zahl ohne Rest teilen.
2. Hast du eine Primzahl gefunden, so schreibst du diese auf und teilst die zu zerlegende Zahl durch die Primzahl.
3. Nun hast du eine neue zu zerlegende Zahl gefunden. Für diese neue Zahl suchst du wieder eine Primzahl, die diese ohne Rest teilt.

Dieses Verfahren wendest du so lange an, bis am Schluss nur noch eine Primzahl übrig bleibt.

a) Zerlege die Zahl 1638 in Primfaktoren.

- 1638 ist teilbar durch die Primzahl 2.
  Diese Zahl 2 merken wir uns und berechnen $1638 : 2 = 819$.
- 819 ist nicht mehr durch 2 teilbar, aber durch die Primzahl 3.
  Also 3 merken und $819 : 3 = 273$ berechnen.
- 273 ist noch mal durch 3 teilbar.
  Also 3 merken und $273 : 3 = 91$ berechnen.
- 91 ist nicht mehr durch 3 teilbar, auch nicht durch 5, aber durch 7.
  Wir merken uns die 7 und berechnen $91 : 7 = 13$.
  Die Zahl 13 ist eine Primzahl und somit nicht mehr zerlegbar.

Die Primfaktorzerlegung der Zahl 1638 lautet also:
$1638 = 2 \cdot 3 \cdot 3 \cdot 7 \cdot 13$

b) Teilt 21 die Zahl 84?

Hierbei hilft dir auch eine Primfaktorzerlegung: $84 = 2 \cdot 2 \cdot 3 \cdot 7$
Da 84 durch 3 und 7 teilbar ist, ist sie auch durch das Produkt aus diesen beiden Zahlen, d.h. $3 \cdot 7 = 21$ teilbar.

Zusammenfassung

- Primzahlen sind natürliche Zahlen, die genau zwei Teiler besitzen, nämlich sich selbst und die Zahl 1.
- Die Zahl 1 ist **keine** Primzahl.
- Es gibt unendlich viele Primzahlen.

Größter gemeinsamer Teiler und kleinstes gemeinsames Vielfaches

Beim Rechnen mit natürlichen Zahlen suchst du häufig nach gemeinsamen Teilern oder Vielfachen. Eine besondere Bedeutung bekommen dabei ggT und kgV.

Der größte gemeinsame Teiler (ggT)

Für eine ganze Zahl können mehrere ganze Zahlen existieren, die die Zahl ohne Rest teilen. Für eine zweite ganze Zahl können auch ganze Zahlen existieren, die sie ohne Rest teilen, die mit den Teilern der ersten Zahl identisch sind.

Teilermenge von 6: $T_6 = \{1; 2; 3; 6\}$
Teilermenge von 14: $T_{14} = \{1; 2; 7; 14\}$

Der gemeinsame Teiler der beiden Zahlen ist die Zahl 2.

oder

Teilermenge von 14: $T_{14} = \{1; 2; 7; 14\}$

Teilermenge von 28: $T_{28} = \{1; 2; 4; 7; 14; 28\}$

Die gemeinsamen Teiler der beiden Zahlen sind die Zahlen 2, 7 und 14.
Die größte Zahl der gemeinsamen Teiler ist in unserem Fall die Zahl 14.
Man nennt sie auch den **größten gemeinsamen Teiler**, kurz **ggT** von 14 und 28.

Schreibweise:
ggT(14; 28) = 14

Haben Zahlen keinen gemeinsamen Teiler, so beträgt der ggT 1.
Man nennt sie dann auch **teilerfremd**.

Bei den obigen Beispielen kann man den ggT erraten. Kann man dies nicht, so kann man zur Bestimmung des ggT die Primfaktorzerlegung benutzen.

Bestimme den ggT von 24, 40 und 56 mit Hilfe der Primfaktorzerlegung.

- Zerlege dazu die Zahlen mithilfe der Primfaktorzerlegung:
  $24 = 2 \cdot 2 \cdot 2 \cdot 3$
  $40 = 2 \cdot 2 \cdot 2 \cdot 5$
  $56 = 2 \cdot 2 \cdot 2 \cdot 7$
- Suche bei den Primfaktorzerlegungen nach gemeinsamen Teilern.
  Alle drei Zahlen haben $2 \cdot 2 \cdot 2 = 8$ gemeinsam.
- Somit lautet der ggT: ggT(24; 40; 56) = 8

Das kleinste gemeinsame Vielfache (kgV)

Beim kleinsten gemeinsamen Vielfachen handelt es sich um die kleinste natürliche Zahl, die ein gemeinsames Vielfaches zweier ganzer Zahlen ist.

Die Vielfachen von 2 sind: 2, 4, 6, 8, 10, 12, 14, 16, 18, …
Die Vielfachen von 3 sind: 3, 6, 9, 12 ,15, 18, …
Die gemeinsamen Vielfachen von 2 und 3 sind: 6, 12, 18, …
Das kleinste gemeinsame Vielfache von 2 und 3 ist 6.

Schreibweise:
kgV (2; 3) = 6

Auch hier kann man die Primfaktorzerlegung zur Bestimmung benutzen.

Bestimme das kgV von 24 und 36 mithilfe der Primfaktorzerlegung.

- Zerlege dazu die Zahlen mithilfe der Primfaktorzerlegung:
  $24 = 2 \cdot 2 \cdot 2 \cdot 3$
  $36 = 2 \cdot 2 \cdot 3 \cdot 3$
- Trage nun die Primfaktoren in eine Tabelle ein. In der unteren Zeile werden alle Primfaktoren eingetragen.

24 =	2	2	2	3		
36 =		2	2	3	3	
kgV	2	2	2	3	3	= 72

- Somit lautet das kgV: kgV (24; 36) = 72

Zusammenfassung

- Der ggT ist der größte gemeinsame Teiler.
- Das kgV ist das größte gemeinsame Vielfache.
- Zur Bestimmung kann man in beiden Fällen die Primfaktorzerlegung verwenden.

Negative Zahlen

Erweitern wir unseren Zahlenstrahl um den Bereich links von der Null zu einer **Zahlengeraden**, so erhalten wir die **negativen Zahlen**.
Diese Zahlen kleiner als 0 schreibt man mit einem Minuszeichen, z. B. -5.
Dieses Minuszeichen ist kein Rechenzeichen, sondern ein **Vorzeichen**.
Zahlen mit einem Pluszeichen davor, z. B. $+7$, heißen **positive Zahlen**.
Die Null ist weder positiv noch negativ.

Erweitert man die natürlichen Zahlen (0; 1; 2; 3; …) um die negativen Zahlen (-1; -2; -3; …), so erhält man einen neuen Zahlenbereich, die **ganzen Zahlen**.

Für die ganzen Zahlen schreibt man:

$\mathbb{Z} = \{\ldots; -3; -2; -1; 0; 1; 2; 3 \ldots\}$

„Zahlen kleiner als 0" **„Zahlen größer als 0"**

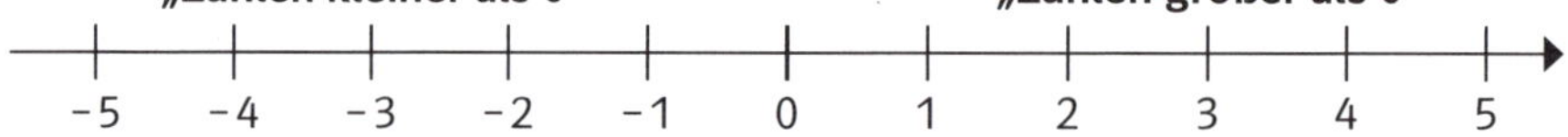

Negative Zahlen stehen links von der 0. Sie haben das Vorzeichen –.

Positive Zahlen stehen rechts von der 0. Sie haben das Vorzeichen +.

Die Zahl, die auf einer Zahlengeraden **weiter links liegt**, ist **kleiner**, z. B. ist -5 kleiner als -1.

Auch unser Koordinatensystem kann auf diese Weise erweitert werden.
Dazu verlängert man die x-Achse links von der Null und die y-Achse unterhalb der Null.
Jede Achse hat nur einen Pfeil, der immer in positive Richtung zeigt.

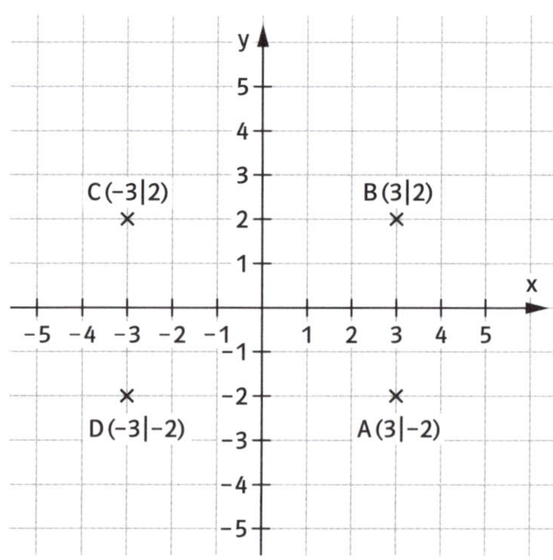

Gegenzahl und Betrag

Zu jeder positiven Zahl gibt es die negative **Gegenzahl**, d.h. zur Zahl +7 gibt es die Gegenzahl −7.
Genauso existiert zu jeder negativen Zahl eine positive Gegenzahl, d.h. zur Zahl −9 heißt die Gegenzahl +9.
Zahl und Gegenzahl haben jeweils den gleichen Abstand zur 0.
Dieser Abstand zur Null heißt **Betrag** der Zahl. Es ist $|+7| = |-7| = 7$.

a) Ordne die Zahlen −89; +65; −112; 0; +89; +5 nach ihrer Größe.

$-112 < -89 < 0 < 5 < 65 < 89$

b) Welche Zahlen haben den Betrag 17?

+17 und −17

c) Wie heißt die Gegenzahl von −25?

+25

d) Welche Aussage ist richtig?
$-63 < 15$ oder $15 < -63$

Die Aussage $-63 < 15$ ist richtig, weil −63 weiter links auf der Zahlengeraden liegt als 15.

Zusammenfassung

- Negative Zahlen entstehen, indem man einen Zahlenstrahl nach links zu einer Zahlengeraden erweitert.
- Der Abstand einer Zahl zu 0 heißt Betrag der Zahl.
- Zu jeder Zahl existiert eine Zahl mit umgekehrtem Vorzeichen, sie heißt Gegenzahl.

Addieren und Subtrahieren

Addieren einer positiven Zahl

Um zu einer negativen Zahl eine positive Zahl zu addieren, bewegen wir uns von der negativen Zahl aus um die positive Zahl nach **rechts** (Fig. 1). Dabei kann es vorkommen, dass die Null überschritten wird (Fig. 2).

$-7 + 3 = -4$

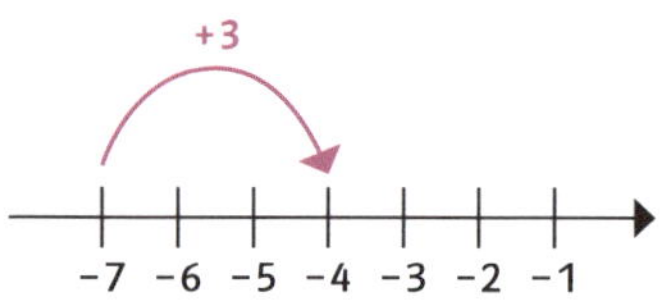

Fig. 1

$-4 + 6 = 2$

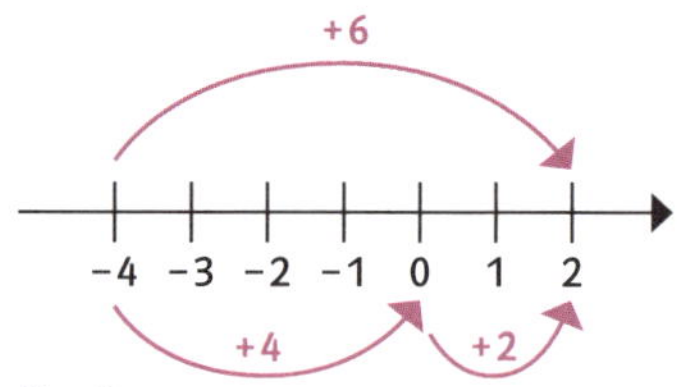

Fig. 2

Subtrahieren einer positiven Zahl

Um von einer negativen Zahl eine positive Zahl zu subtrahieren, bewegen wir uns auf der Zahlengeraden um die positive Zahl nach **links**. Die dabei entstehende Zahl ist wieder negativ (Fig. 3).
Sind beide Zahlen positiv, so kann das Ergebnis dennoch negativ sein. Dies ist der Fall, wenn der Subtrahend größer ist als der Minuend (Fig. 4).

$-3 - (+6) = -3 - 6 = -9$

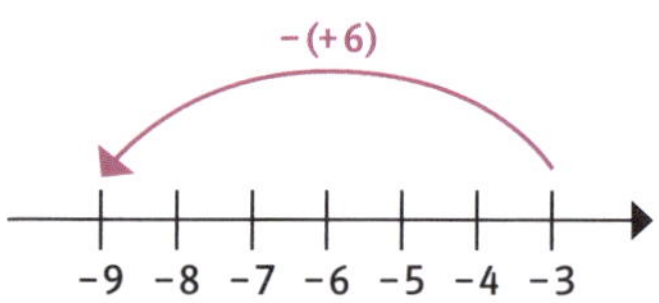

Fig. 3

$4 - (+6) = 4 - 6 = -2$

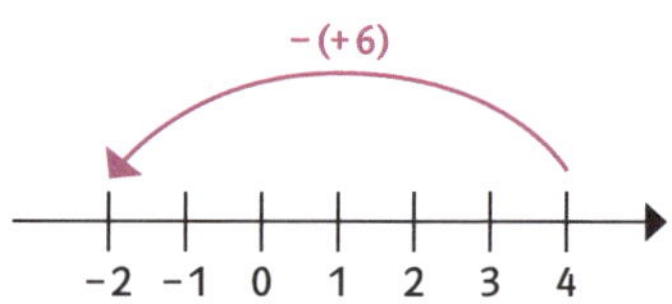

Fig. 4

Addieren einer negativen Zahl

Um zu einer Zahl eine negative Zahl zu addieren, bewegt man sich auf der Zahlengeraden nach **links** (Fig. 5 und Fig. 6).

$+4 + (-7) = 4 - 7 = -3$

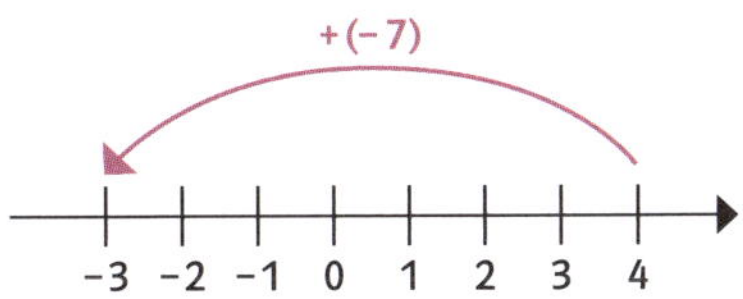

Fig. 5

$-2 + (-8) = -2 - 8 = -10$

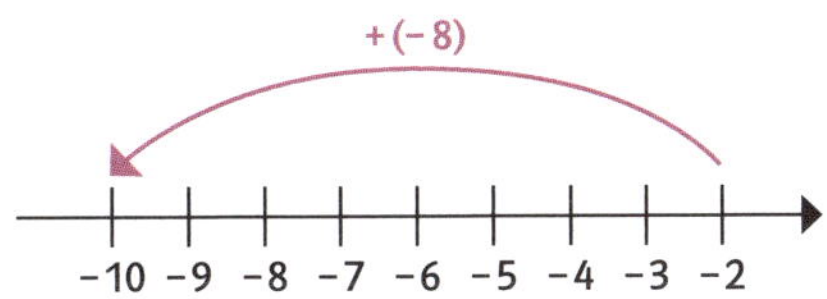

Fig. 6

Vergleicht man die Figuren 5 und 6 mit den Figuren 3 und 4, so erkennt man:
Addieren einer negativen Zahl zu einer Zahl entspricht dem Subtrahieren einer positiven Zahl, also dem Subtrahieren der Gegenzahl.

Subtrahieren einer negativen Zahl

Um von einer Zahl eine negative Zahl zu subtrahieren, bewegt man sich auf der Zahlengeraden nach **rechts** (Fig. 7 und Fig. 8).

$3 - (-8) = 3 + 8 = 11$

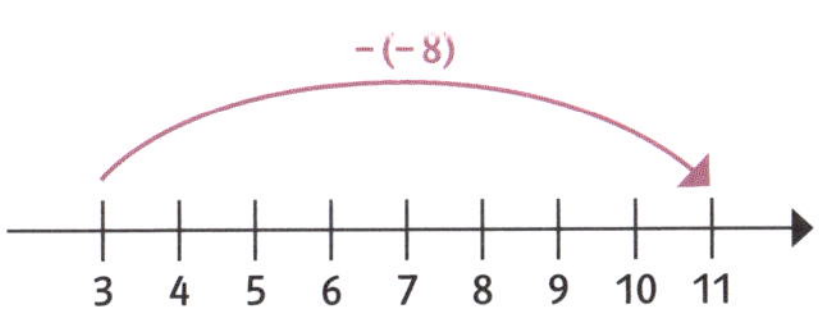

Fig. 7

$-4 - (-9) = -4 + 9 = 5$

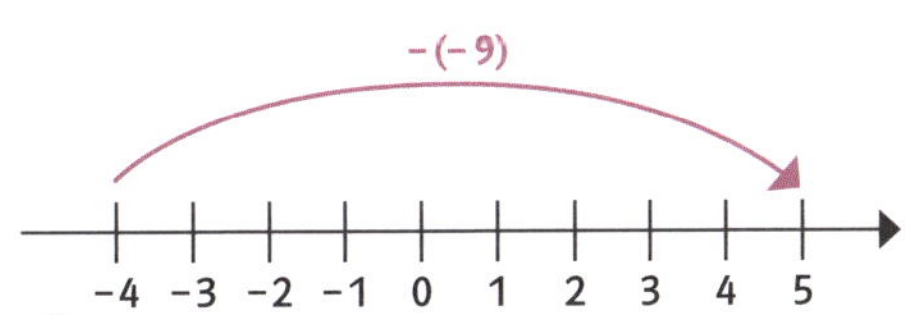

Fig. 8

Vergleicht man die Figuren 7 und 8 mit den Figuren 1 und 2, so erkennt man:
Subtrahieren einer negativen Zahl von einer Zahl entspricht dem Addieren einer positiven Zahl, also dem Addieren der Gegenzahl.

Zusammenfassung

- Addieren einer negativen Zahl ist dasselbe wie das Subtrahieren der Gegenzahl.
- Subtrahieren einer negativen Zahl ist dasselbe wie das Addieren der Gegenzahl.

Multiplizieren und Dividieren

Multiplizieren von ganzen Zahlen

Multipliziert man **zwei positive Zahlen**, so ist das Produkt auch **positiv**. $5 \cdot 3 = 15$

Multipliziert man **zwei negative Zahlen**, so ist ihr Produkt **positiv**. $(-5) \cdot (-3) = 15$

Multipliziert man zwei Zahlen mit **unterschiedlichem** Vorzeichen, so ist das Produkt **negativ**. $(-5) \cdot 3 = 5 \cdot (-3) = -15$

Dividieren von zwei ganzen Zahlen

Dividiert man **zwei positive Zahlen**, so ist ihr Quotient **positiv**. $9 : 3 = 3$

Dividiert man **zwei negative Zahlen**, so ist der Quotient **positiv**. $(-9) : (-3) = 3$

Dividiert man zwei Zahlen mit **unterschiedlichem** Vorzeichen, so ist der Quotient **negativ**. $(-9) : 3 = 9 : (-3) = -3$

Zusammenfassung

Für die Vorzeichen einer Zahl gilt:

- plus mal plus ergibt plus $\oplus \cdot \oplus = \oplus$
- minus mal minus ergibt plus $\ominus \cdot \ominus = \oplus$
- plus mal minus ergibt minus $\oplus \cdot \ominus = \ominus$
- minus mal plus ergibt minus $\ominus \cdot \oplus = \ominus$
- plus geteilt durch plus ergibt plus $\oplus : \oplus = \oplus$
- minus geteilt durch minus ergibt plus $\ominus : \ominus = \oplus$
- minus geteilt durch plus ergibt minus $\ominus : \oplus = \ominus$
- plus geteilt durch minus ergibt minus $\oplus : \ominus = \ominus$

Rechenausdrücke mit ganzen Zahlen

Bei der Berechnung von Termen mit ganzen Zahlen gelten die gleichen **Regeln** wie bei den natürlichen Zahlen.

- Klammern werden zuerst berechnet, dabei gilt: innere Klammern zuerst, dann die äußeren Klammern.
- Punktrechnung (· und :) erfolgt vor Strichrechnung (+ und –).

Beachte:
Will man bei der Addition oder Subtraktion die Reihenfolge der Zahlen vertauschen, so muss man die Vorzeichen (Plus- und Minuszeichen) vor jeder Zahl mitnehmen.

$\mathbf{-16 + 12 = +12 - 16}$ oder $\mathbf{+76 - 12 = -12 + 76}$

Berechne.

a) $-18 + 60 - (24 - 10)$
$= -18 + 60 - (14)$
$= +42 - 14$
$= 28$

b) $(-13 + 28) - 49 + 25 - (18 - 27)$
$= 15 - 49 + 25 - (-9)$
$= -34 + 25 + 9$
$= -9 + 9$
$= 0$

c) $(24 - 42) \cdot (-3 - 2)$
$= -18 \cdot (-5)$
$= 90$

d) $-120 : (-27 - 33) - 11$
$= -120 : (-60) - 11$
$= 2 - 11$
$= -9$

e) $(-21 + 6 \cdot (-7)) : (-9)$
$= (-21 + (-42)) : (-9)$
$= -63 : (-9)$
$= 7$

Zusammenfassung

Bei Rechenausdrücken mit ganzen Zahlen gilt:
- Klammern zuerst berechnen, dabei von innen nach außen arbeiten.
- Es gilt Punktrechnung vor Strichrechnung.
- Beim Vertauschen der Reihenfolge von Zahlen muss man die Vorzeichen vor jeder Zahl mitnehmen.

Bruchteile

Um **Anteile eines Ganzen** zu beschreiben, benutzt man Brüche, z. B. $\frac{1}{2}$; $\frac{2}{7}$; $\frac{3}{11}$; …
Die Zahl oberhalb des Striches heißt **Zähler**, die Zahl unterhalb des Striches heißt **Nenner** des Bruches.

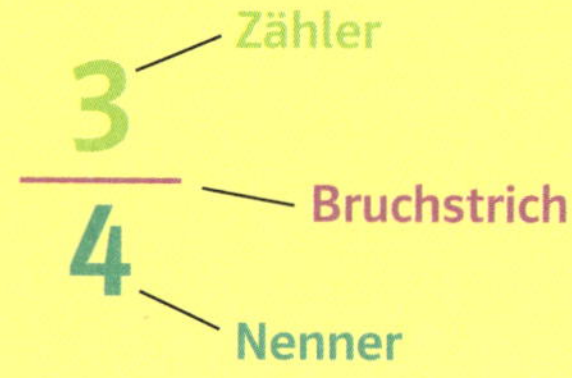

Der Bruchstrich hat die gleiche Bedeutung wie das Geteiltzeichen. Er teilt den Zähler durch den Nenner. Da man nicht durch null dividieren darf, darf im Nenner nie eine Null stehen.

Bestimmen von Anteilen

Ein Kuchen soll gleichmäßig auf 4 Kinder verteilt werden, jedes Kind erhält **ein Viertel des Kuchens** ($\frac{1}{4}$ des Kuchens).
Teilt man den Kuchen gleichmäßig auf 8 Kinder auf, so erhält jedes Kind **ein Achtel des Kuchens** ($\frac{1}{8}$ des Kuchens).

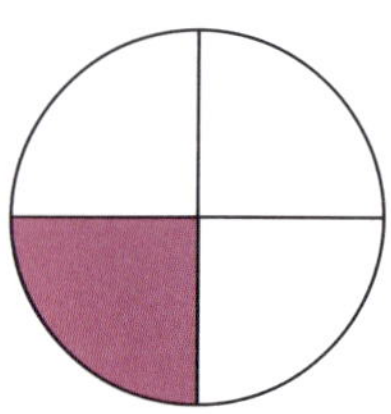

$\frac{1}{4}$ des Kuchens

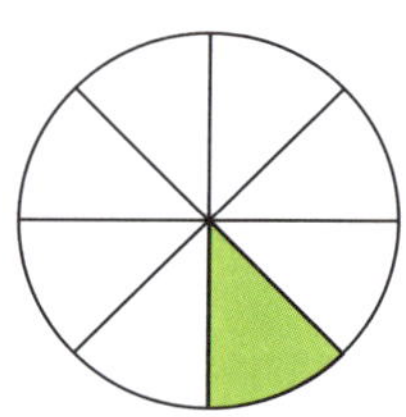

$\frac{1}{8}$ des Kuchens

Wenn nur drei der vier bzw. acht Kinder ihr Kuchenstück essen, so fehlt im einen Fall $\frac{3}{4}$ des Kuchens, im anderen Fall $\frac{3}{8}$ des Kuchens.

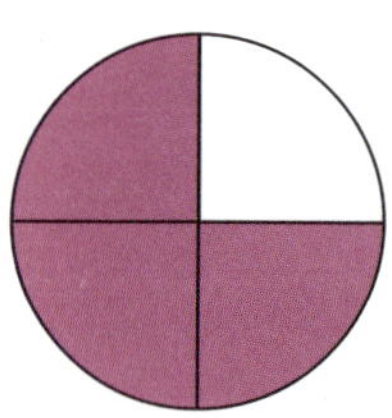

$\frac{3}{4}$ des Kuchens

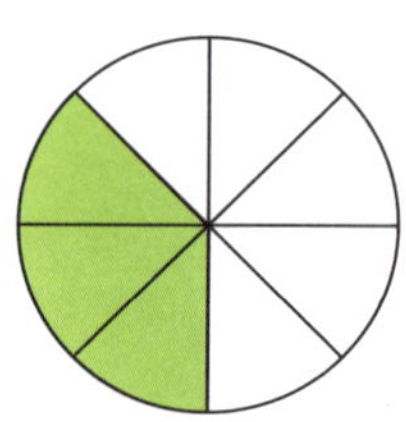

$\frac{3}{8}$ des Kuchens

Berechne jeweils den Bruchteil.

a) Wie viel ist $\frac{1}{4}$ m?

Dazu teilt man 1 Meter in vier gleich lange Teile.
Ein Teil davon ist nun ein Viertel des ganzen Meters.

Da $1\,\text{m} = 100\,\text{cm}$, ist $\frac{1}{4}\,\text{m} = \frac{100}{4}\,\text{cm} = 25\,\text{cm}$.

b) Wie viel ist $\frac{3}{10}$ kg?

Dazu teilt man 1 Kilogramm in zehn gleich schwere Teile.
Dann nimmt man drei von diesen zehn Teilen.

Da $1\,\text{kg} = 1000\,\text{g}$, ist $\frac{1}{10}\,\text{kg} = \frac{1000}{10}\,\text{g} = 100\,\text{g}$ und $\frac{3}{10}\,\text{kg} = 3 \cdot 100\,\text{g} = 300\,\text{g}$.

Brüche, bei denen der Zähler kleiner ist als der Nenner, nennt man **echte Brüche**.
Ist der Zähler größer oder gleich dem Nenner, so heißen sie **unechte Brüche**.
Haben mehrere Brüche den gleichen Nenner, nennt man sie **gleichnamig**.
Brüche mit dem Zähler 1 heißen **Stammbrüche**.

Echte Brüche:	$\frac{2}{3}; \frac{10}{21}; \frac{1}{9}$
Unechte Brüche:	$\frac{5}{4}; \frac{23}{23}; \frac{9}{7}$
Gleichnamige Brüche:	$\frac{2}{3}; \frac{10}{3}; \frac{35}{3}$
Stammbrüche:	$\frac{1}{2}; \frac{1}{10}; \frac{1}{15}$

Zusammenfassung

- Brüche beschreiben den Anteil an einem Ganzen.
- Die untere Zahl heißt Nenner; sie gibt an, in wie viele gleich große Teile das Ganze zerlegt wird.
- Die obere Zahl heißt Zähler; sie gibt an, wie viele von den gleich großen Teilen genommen werden sollen.

Erweitern und Kürzen

Verschiedene Brüche können den gleichen Anteil an einem Ganzen darstellen.

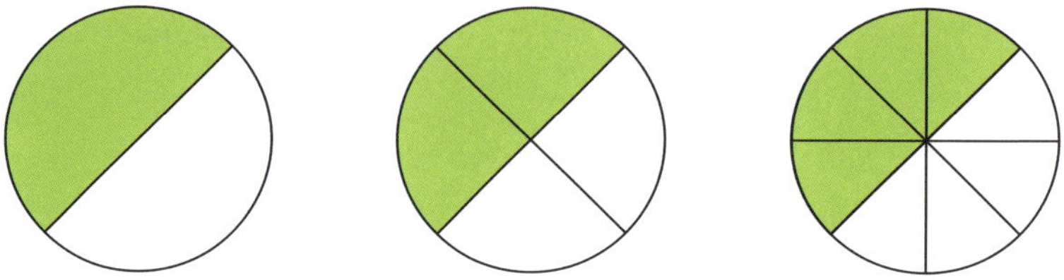

$\frac{1}{2} = \frac{2}{4} = \frac{4}{8}$

Wie wandelt man diese Brüche ineinander um?

Wie wird aus dem Bruch $\frac{1}{2}$ der Bruch $\frac{4}{8}$?

Erweitern

Multipliziert man den Zähler und den Nenner eines Bruches mit der gleichen Zahl, so sagt man, der Bruch wurde **erweitert**.

$$\frac{1}{2} = \frac{1 \cdot 4}{2 \cdot 4} = \frac{4}{8}$$

Kürzen

Dividiert man den Zähler und den Nenner durch die gleiche Zahl, so sagt man, der Bruch wurde **gekürzt**.

$$\frac{4}{8} = \frac{4 : 4}{8 : 4} = \frac{1}{2}$$

Wird ein Bruch erweitert oder gekürzt, so haben der ursprüngliche und der entstandene Bruch denselben Wert.

- Jeder Bruch kann mit einer beliebigen natürlichen Zahl größer als 1 erweitert werden.
- Einen Bruch kann man nur durch eine Zahl dividieren, mit der man den Nenner und Zähler ohne Rest dividieren kann.
  Man nennt diese Zahl auch den **gemeinsamen Teiler** von Zähler und Nenner.

Kürzen ist die Umkehrung des Erweiterns und Erweitern ist die Umkehrung des Kürzens.

Tipp:
Da beim Kürzen durch einen gemeinsamen Teiler von Zähler und Nenner dividiert wird, können dir zum Finden des gemeinsamen Teilers die Teilbarkeitsregeln helfen.

a) Erweitere den Bruch $\frac{5}{9}$ mit der Zahl 7.

$\frac{5}{9} = \frac{5 \cdot 7}{9 \cdot 7} = \frac{35}{63}$

b) Kürze den Bruch $\frac{48}{56}$ mit der Zahl 8.

$\frac{48}{56} = \frac{48 : 8}{56 : 8} = \frac{6}{7}$

c) Schreibe den Bruch $\frac{4}{7}$ mit dem Nenner 35.

$\frac{4}{7} = \frac{4 \cdot 5}{7 \cdot 5} = \frac{20}{35}$

d) Sind die Brüche $\frac{5}{9}$ und $\frac{60}{108}$ gleich groß?

$\frac{5}{9}$ auf den Nenner 108 erweitern:

$\frac{5}{9} = \frac{5 \cdot 12}{9 \cdot 12} = \frac{60}{108}$

Also sind $\frac{5}{9}$ und $\frac{60}{108}$ gleich groß.

Zusammenfassung

- **Erweitern**: Zähler und Nenner mit der gleichen natürlichen Zahl multiplizieren.
- **Kürzen**: Zähler und Nenner durch die gleiche Zahl dividieren.
- **Gemeinsamer Teiler**: Die Zahl, durch die man den Zähler und Nenner ohne Rest dividieren kann.

Brüche vergleichen

Bei zwei natürlichen Zahlen sieht man sofort, welche von den beiden die größere Zahl ist. Bei Brüchen hingegen ist das nicht so offensichtlich.

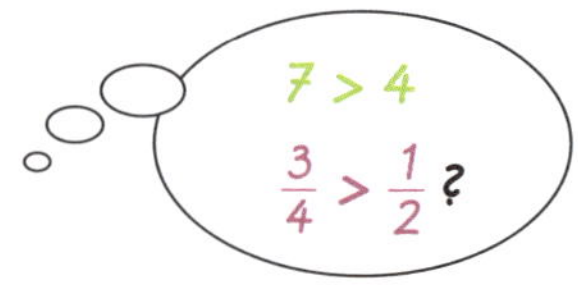

Brüche kann man genauso wie natürliche oder ganze Zahlen auf einer Zahlengeraden anordnen. Dabei ordnet man einem Punkt auf der Zahlengeraden eine **Bruchzahl** zu.

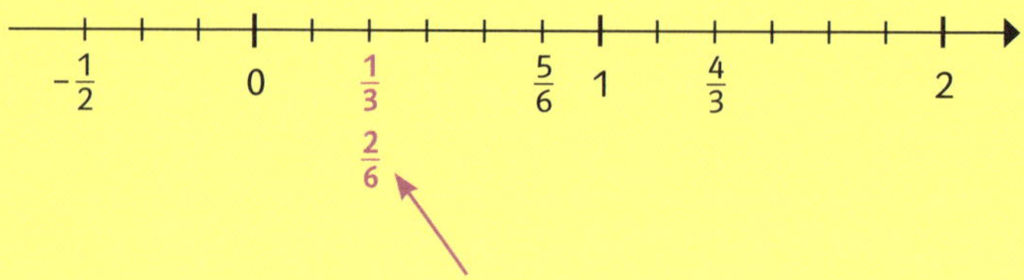

Durch Erweitern oder Kürzen eines Bruches können zu einem Punkt auf der Zahlengeraden verschiedene Brüche gehören.

Diejenige Zahl, die auf der Zahlengeraden weiter rechts liegt, ist die größere Zahl. Was aber, wenn du die Brüche nicht auf einer Zahlengeraden einzeichnen kannst? Dann gibt es drei Möglichkeiten:

Beispiele:

1. Ein Bruch mit **gleichem Nenner** ist größer, wenn der **Zähler größer** ist.

   $\frac{5}{6} > \frac{4}{6}$, da es mehr Anteile sind.

2. Ein Bruch mit **gleichem Zähler** ist größer, wenn der **Nenner kleiner** ist.

   $\frac{2}{4} > \frac{2}{5}$, da die Stücke größer sind.

3. Brüche mit **verschiedenen Zählern und Nennern** musst du durch Erweitern und Kürzen zuerst gleichnamig machen. Dann ist der Bruch mit dem größeren Zähler auch die größere Zahl.

   $\frac{3}{8} < \frac{2}{5}$, da

   $\frac{3 \cdot 5}{8 \cdot 5} = \frac{15}{40} < \frac{2 \cdot 8}{5 \cdot 8} = \frac{16}{40}$

Vergleiche die folgenden Brüche.

a) $\frac{3}{4}$; $\frac{4}{5}$

Durch Erweitern der Brüche auf den gleichen Nenner folgt:

$\frac{3}{4} = \frac{3 \cdot 5}{4 \cdot 5} = \frac{15}{20}$ und $\frac{4}{5} = \frac{4 \cdot 4}{5 \cdot 4} = \frac{16}{20}$.

Da bei dem zweiten Bruch der Zähler größer ist, ist er auch der größere Bruch.

Also $\frac{3}{4} < \frac{4}{5}$.

b) $\frac{1}{4}$; $\frac{28}{80}$

Durch Erweitern des einen Bruches auf den gleichen Nenner folgt:

$\frac{1}{4} = \frac{1 \cdot 20}{4 \cdot 20} = \frac{20}{80}$

$\frac{1}{4} < \frac{28}{80}$.

c) $\frac{12}{18}$; $\frac{8}{10}$

Durch Kürzen der beiden Brüche ergibt sich:

$\frac{12}{18} = \frac{12:6}{18:6} = \frac{2}{3}$ und $\frac{8}{10} = \frac{8:2}{10:2} = \frac{4}{5}$.

Nun sieht man, dass der gemeinsame Nenner 15 ist, d.h.

$\frac{2}{3} = \frac{2 \cdot 5}{3 \cdot 5} = \frac{10}{15}$ und $\frac{4}{5} = \frac{4 \cdot 3}{5 \cdot 3} = \frac{12}{15}$.

Also ist $\frac{2}{3} < \frac{4}{5}$

Hinweis:
Brüche, die 1 ergeben $\left(\text{z.B. } \frac{4}{4} \text{ oder } \frac{7}{7}\right)$ oder größer sind als 1, kann man auch in **gemischter Schreibweise** angeben. Es handelt sich dabei um eine Schreibweise aus einer ganzen Zahl und einem Bruch kleiner 1.

Beispiel: $\frac{4}{3} = \frac{3}{3} + \frac{1}{3} = 1 + \frac{1}{3} = 1\frac{1}{3}$

Zusammenfassung

Brüche vergleicht man, indem man sie durch Erweitern oder Kürzen oder beides hintereinander ausgeführt, auf den gleichen Nenner bringt. Dann ist der Bruch mit dem größeren Zähler auch der größere Bruch.

Brüche und Prozente

Für die Beschreibung von Anteilen kannst du neben Brüchen auch die Prozentschreibweise verwenden. Diese Schreibweise findest du oft bei Ergebnissen von Umfragen oder Wahlen.

Prozent

Eine besondere Schreibweise von Anteilen sind Prozente (kurz %). Als Prozent bezeichnet man den **Anteil an einem Ganzen in Hundertsteln**.

Es ist 1 Prozent $= 1\,\% = \frac{1}{100}$ und $p\,\% = \frac{p}{100}$.

Promille

Mit Promille bezeichnet man den Anteil an einem Ganzen in Tausendstel.

Es ist 1 Promille $= \frac{1}{1000} = 1\,‰$.

Brüche in Prozentschreibweise angeben

Willst du einen beliebigen Bruch in Prozent angeben, gehst du so vor:

Beispiel: $\frac{7}{20}$

1. Zuerst musst du den Bruch so erweitern, dass im Nenner 100 steht.
   $\frac{7}{20} = \frac{7 \cdot 5}{20 \cdot 5} = \frac{35}{100}$
2. Der Zähler liefert dir die Prozentzahl.
   35 %

Prozentangaben in Brüche umwandeln

Willst du eine Prozentangabe in Bruchschreibweise angeben, gehst du so vor:

Beispiel: 2 %

1. Schreibe die Prozentzahl in den Zähler und 100 in den Nenner.
   $2\,\% = \frac{2}{100}$
2. Kürze den Bruch vollständig.
   $\frac{1}{50}$

Anteile in Prozent bestimmen

Die Schüler einer Klasse wurden nach ihrem Lieblingshobby gefragt. Die Tabelle zeigt das Ergebnis der Umfrage.

Lieblingshobby	Sport	PC	Lesen	TV
Anzahl	12	9	6	3

1. Zähle alle Stimmen zusammen, so erhältst du das Ganze. Diese Zahl muss im Nenner stehen!
   $12 + 9 + 6 + 3 = 30$
2. Schreibe die Anteile als Bruch mit dem Umfrageergebnis im Zähler und wandle den Bruch in eine Prozentangabe um.

   Sport: $\frac{12}{30} = \frac{2}{5} = \frac{40}{100} = 40\,\%$ PC: $\frac{9}{30} = \frac{3}{10} = \frac{30}{100} = 30\,\%$

   Lesen: $\frac{6}{30} = \frac{1}{5} = \frac{20}{100} = 20\,\%$ TV: $\frac{3}{30} = \frac{1}{10} = \frac{10}{100} = 10\,\%$

Prozentangaben von Größen berechnen

Beispiel: Wie viel sind 75 % von 360 €?

1. Wandle die Prozentangabe in einen vollständig gekürzten Bruch um.
   $75\,\% = \frac{75}{100} = \frac{3}{4}$
2. Dividiere die Größe durch den Nenner und multipliziere mit dem Zähler.
   $360\,€ \cdot \frac{3}{4} = 90\,€ \cdot 3 = 270\,€$

a) Schreibe die Anteile in Prozent.

$\frac{22}{100} = 22\,\%$; $\frac{60}{200} = \frac{30}{100} = 30\,\%$; $\frac{4}{20} = \frac{20}{100} = 20\,\%$

b) Schreibe die Anteile als vollständig gekürzten Bruch.

$3\,\% = \frac{3}{100}$; $80\,\% = \frac{80}{100} = \frac{4}{5}$; $75\,\% = \frac{75}{100} = \frac{3}{4}$

c) Wie viel sind 15 % von 50 €?

$15\,\% = \frac{15}{100}$ $\frac{15}{100}$ von 50 € sind $15 \cdot \frac{50}{100}\,€ = 15 \cdot 50\,€ : 100 = 7{,}50\,€$

Zusammenfassung

- Anteile können auch als Prozente angegeben werden.
  Dabei bedeutet $1\,\% = \frac{1}{100}$.
- Um einen Anteil in Prozent angeben zu können, muss man den Bruch zuerst so erweitern oder kürzen, dass der Nenner 100 beträgt.

Brüche addieren und subtrahieren

Brüche mit dem **gleichen Nenner** addiert bzw. subtrahiert man, indem man die Zähler addiert bzw. subtrahiert und den Nenner beibehält.

Beispiele:

a) $\frac{5}{3} + \frac{1}{3} = \frac{5+1}{3} = \frac{6}{3} = 2$

b) $\frac{21}{15} - \frac{13}{15} = \frac{21-13}{15} = \frac{8}{15}$

Brüche mit **verschiedenen Nennern** kann man erst addieren bzw. subtrahieren, wenn sie den gleichen Nenner haben.
Durch Erweitern oder Kürzen bringt man die beiden Brüche auf den gleichen Nenner. Dann kann man sie wie oben addieren bzw. subtrahieren.

Beispiele:

a) $\frac{7}{12} + \frac{1}{3} = \frac{7}{12} + \frac{1 \cdot 4}{3 \cdot 4} = \frac{7}{12} + \frac{4}{12} = \frac{11}{12}$

b) $\frac{5}{18} - \frac{2}{9} = \frac{5}{18} - \frac{2 \cdot 2}{9 \cdot 2} = \frac{5}{18} - \frac{4}{18} = \frac{1}{18}$

Auf dem **Zahlenstrahl** lässt sich das so darstellen:

$\frac{1}{8} + \frac{5}{8} = \frac{6}{8}$

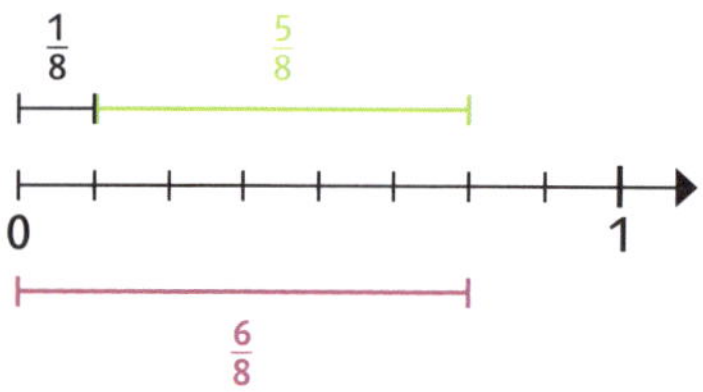

$\frac{9}{10} - \frac{3}{10} = \frac{6}{10}$

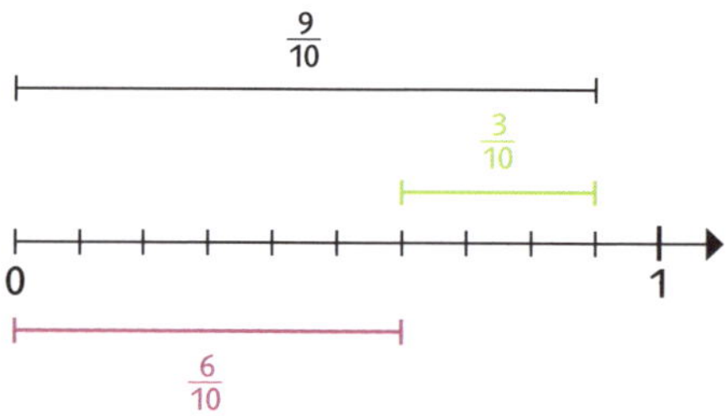

Für Bruchzahlen gelten bei der Addition und Subtraktion die gleichen Rechenregeln wie bei der Addition und Subtraktion von ganzen Zahlen.

Berechne.

a) $\frac{3}{2}+\frac{3}{7}+\frac{1}{2}$

$=\frac{3}{2}+\frac{1}{2}+\frac{3}{7}=\frac{4}{2}+\frac{3}{7}$

$=\frac{4\cdot 7+3\cdot 2}{14}=\frac{28+6}{14}$

$=\frac{34}{14}=\frac{17}{7}$

b) $1-\frac{1}{7}=\frac{7}{7}-\frac{1}{7}$

$=\frac{7-1}{7}=\frac{6}{7}$

c) $\frac{4}{45}+\frac{4}{90}$

$=\frac{4}{45}+\frac{4:2}{90:2}=\frac{4}{45}+\frac{2}{45}$

$=\frac{4+2}{45}=\frac{6}{45}=\frac{2}{15}$

Addieren und Subtrahieren mit negativen Brüchen

d) $-\frac{15}{12}+\frac{1}{8}=-\frac{15\cdot 2}{12\cdot 2}+\frac{1\cdot 3}{8\cdot 3}$

$=-\frac{30}{24}+\frac{3}{24}=\frac{-30+3}{24}=-\frac{27}{24}=-\frac{9}{8}=-1\frac{1}{8}$

e) $-\frac{1}{6}-\left(-\frac{1}{9}\right)=-\frac{1}{6}+\frac{1}{9}$

$=-\frac{1\cdot 3}{6\cdot 3}+\frac{1\cdot 2}{9\cdot 2}=-\frac{3}{18}+\frac{2}{18}$

$=\frac{-3+2}{18}=-\frac{1}{18}$

Zusammenfassung

Addieren bzw. Subtrahieren von Brüchen

- Bringe die Brüche auf den gleichen Nenner.
- Schreibe die Zähler auf einen gemeinsamen Bruchstrich.
- Vergiss dabei die Minus- und Pluszeichen nicht.
- Berechne den Zähler und behalte den Nenner bei.
- Kürze dein Ergebnis vollständig.

Brüche mit einer ganzen Zahl multiplizieren und dividieren

Multiplizieren von Brüchen mit einer Zahl

Multipliziert man einen Bruch mit einer **natürlichen Zahl**, so wird der Zähler mit dieser Zahl multipliziert und der Nenner beibehalten.

Multipliziert man einen Bruch mit einer **ganzen Zahl**, so bestimmt man zuerst das Vorzeichen des Ergebnisses und rechnet dann wie bei natürlichen Zahlen.

Beispiele:

a) $5 \cdot \frac{1}{12} = \frac{5 \cdot 1}{12} = \frac{5}{12}$

b) $-3 \cdot \frac{1}{8} = -\frac{3 \cdot 1}{8} = -\frac{3}{8}$

Dividieren von Brüchen durch eine Zahl

Dividiert man einen Bruch durch eine **natürliche Zahl**, so gibt es zwei Möglichkeiten:

1. Möglichkeit:
Nur anzuwenden, wenn der Zähler durch die natürliche Zahl ohne Rest teilbar ist.
Man dividiert den Zähler durch die natürliche Zahl und behält den Nenner bei.

2. Möglichkeit:
Immer anwendbar.
Man multipliziert den Nenner mit der natürlichen Zahl und behält den Zähler bei.

Beispiele:

1. Möglichkeit: $\frac{6}{11} : 2 = \frac{6 : 2}{11} = \frac{3}{11}$

2. Möglichkeit: $\frac{3}{7} : 5 = \frac{3}{7 \cdot 5} = \frac{3}{35}$

Dividiert man einen Bruch durch eine **ganze Zahl**, so bestimmt man zuerst das Vorzeichen des Ergebnisses und rechnet dann wie gewohnt.

Beispiel: $\frac{1}{2} : (-3) = -\frac{1}{2 \cdot 3} = -\frac{1}{6}$

Tipp:
Bevor man den Zähler oder Nenner mit einer Zahl multipliziert, ist es sinnvoll zu überprüfen, ob man kürzen kann.

Beispiel: $5 \cdot \frac{3}{25} = \frac{{}^{1}\cancel{5} \cdot 3}{\cancel{25}_{5}} = \frac{3}{5}$

Berechne.

a) $\frac{8}{27} \cdot 6$

$= \frac{8 \cdot \cancel{6}^{2}}{\cancel{27}_{9}} = \frac{16}{9}$

b) $\frac{56}{59} : 7$

$= \frac{\cancel{56}^{8}}{59 \cdot \cancel{7}_{1}} = \frac{8}{59}$

c) $-\frac{5}{8} \cdot (-12)$

$= \frac{5}{8} \cdot 12 = \frac{5 \cdot 12}{8} = \frac{5 \cdot 3 \cdot 4}{2 \cdot 4} = \frac{15}{2} = 7\frac{1}{2}$

d) $\frac{-12}{7} : 4$

$= -\frac{12}{7} : 4 = -\frac{12 : 4}{7} = -\frac{3}{7}$

Zusammenfassung

- Brüche werden mit einer ganzen Zahl multipliziert, indem man den Zähler mit der Zahl multipliziert und den Nenner beibehält.
- Brüche werden durch eine ganze Zahl dividiert, indem man den Nenner mit der Zahl multipliziert und den Zähler beibehält.
- Auf Vorzeichen muss dabei geachtet werden.

Brüche multiplizieren und dividieren

Multiplizieren von Brüchen

Brüche werden multipliziert, indem man Zähler mit Zähler sowie Nenner mit Nenner multipliziert.

Haben die Brüche negative Vorzeichen, so berechnet man zuerst das Vorzeichen des Ergebnisses.

Beispiel: $\frac{2}{3} \cdot \frac{1}{2} = \frac{2 \cdot 1}{3 \cdot 2} = \frac{2}{6} = \frac{1}{3}$

Dividieren von Brüchen

Brüche werden dividiert, indem man den ersten Bruch mit dem Kehrwert des zweiten Bruches multipliziert.
Den Kehrwert eines Bruches erhält man, indem man den Zähler mit dem Nenner vertauscht.

Beispiel: $\frac{3}{5} : \frac{7}{8} = \frac{3}{5} \cdot \frac{8}{7} = \frac{3 \cdot 8}{5 \cdot 7} = \frac{24}{35}$

Doppelbrüche

Man kann eine Division auch durch einen **Doppelbruch** darstellen. Ein Doppelbruch ist ein Quotient aus Bruchzahlen. Ein Bruchstrich ersetzt hierbei das Divisionszeichen.

Beispiel: $\frac{5}{9} : \frac{7}{4} = \frac{\frac{5}{9}}{\frac{7}{4}}$

Beachte:
Ist bei einer Multiplikation ein Faktor 0, so ist das Produkt auch 0.
Ist bei einer Division, der Dividend 0, so ist der Quotient auch 0.
Bei einer Division darf der Divisor nie 0 sein.

Multipliziert man eine Zahl mit einem Bruch größer 1, so ist das Ergebnis größer als die Zahl. Multipliziert man dagegen die Zahl mit einem Bruch kleiner 1, so ist das Ergebnis kleiner als die Zahl.

Berechne.

a) $\frac{3}{4} \cdot 2\frac{3}{9} = \frac{3}{4} \cdot \frac{21}{9} = \frac{{}^{1}\not{3} \cdot 21}{4 \cdot \not{9}_{3}} = \frac{21}{12} = \frac{7}{4} = 1\frac{3}{4}$

$1\frac{3}{4} > \frac{3}{4}$

b) $3 \cdot \frac{2}{3} = \frac{3 \cdot 2}{3} = \frac{6}{3} = 2$

$2 < 3$

c) $\frac{3}{4} \cdot 0 = \frac{3 \cdot 0}{4} = 0$

Dividiert man eine Zahl durch einen Bruch größer 1, so ist das Ergebnis kleiner als die Zahl. Dividiert man eine Zahl mit einem Bruch zwischen 0 und 1, so ist das Ergebnis größer als die Zahl.

Berechne.

a) $\frac{9}{5} : 1\frac{1}{2} = \frac{9}{5} : \frac{3}{2} = \frac{9}{5} \cdot \frac{2}{3} = \frac{18}{5} = \frac{6}{5}$

$\frac{6}{5} < \frac{9}{5}$

b) $\frac{3}{7} : \frac{2}{3} = \frac{3}{7} \cdot \frac{3}{2} = \frac{9}{14}$

$\frac{9}{14} > \frac{3}{7} = \frac{6}{14}$

c) $\frac{0}{7} = 0 : 7 = 0$

d) $\frac{8}{0}$ **geht nie!**

Zusammenfassung

- Brüche werden multipliziert, indem man den Zähler mit dem Zähler und den Nenner mit dem Nenner multipliziert.
- Brüche werden dividiert, indem man den ersten Bruch mit dem Kehrwert des zweiten Bruches multipliziert.

Gemischte Zahlen

Unechte Brüche, d. h. Brüche, bei denen der Zähler größer ist als der Nenner, z. B. $\frac{7}{5}$, kann man auch als **gemischte Zahl** darstellen.

Bei einer gemischten Zahl handelt es sich um eine Zahl, die aus einer ganzen Zahl und einem Bruch besteht, z. B. $1\frac{2}{5}$.

Zur Veranschaulichung betrachten wir Kuchen.

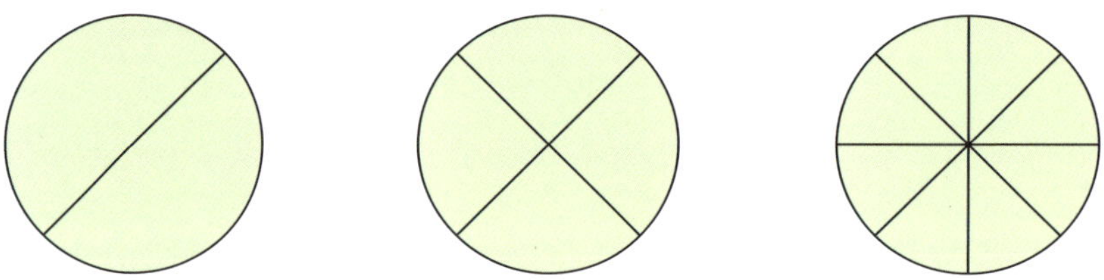

$\frac{2}{2} = 1$ $\frac{4}{4} = 1$ $\frac{8}{8} = 1$

Teilen wir unseren Kuchen in 2 gleich große Teile, so besteht unser ganzer Kuchen aus 2 Stücken. Als Bruch geschrieben: $\frac{2}{2}$.

Teilt man ihn in 4 gleich große Teile, so besteht er aus 4 Stücken, also $\frac{4}{4}$:
Der Nenner des Bruches gibt dabei die Anzahl der Teile an, in die der Kuchen geteilt wurde und der Zähler, wie viele Teile man hat.

Schreibt man also **1 Ganzes** als Bruch, so sind Zähler und Nenner identisch.

Hat man mehrere Kuchen und teilt jeden in 4 gleich große Teile, so hat man:

- bei 2 Kuchen: $\frac{4}{4} + \frac{4}{4} = \frac{8}{4} = 2$
- bei 3 Kuchen: $\frac{4}{4} + \frac{4}{4} + \frac{4}{4} = \frac{12}{4} = 3$
- bei 2 Kuchen und einem halben Kuchen: $\frac{4}{4} + \frac{4}{4} + \frac{2}{4} = \frac{10}{4} = 2\frac{1}{2}$

Umwandlung eines unechten Bruches in eine gemischte Zahl und umgekehrt

Beispiel: Wandle $\frac{14}{3}$ in eine gemischte Zahl um.

Überlege: Wie oft passt ein Ganzes, also $\frac{3}{3}$ in den Bruch $\frac{14}{3}$?

1. Dividiere den Zähler durch den Nenner: $14 : 3 = 4$ Rest 2
2. Schreibe den Quotienten als gemischte Zahl. Das Ergebnis ist die ganze Zahl, den Rest schreibt man in den Zähler, der Nenner ist der gleiche wie bei dem Bruch.
   $\frac{14}{3} = 4\frac{2}{3}$

Wandle die gemischten Zahlen in Brüche um.

a) $1\frac{3}{7} = 1 + \frac{3}{7}$
   $= \frac{7}{7} + \frac{3}{7} = \frac{10}{7}$

b) $2\frac{3}{5} = 2 + \frac{3}{5}$
   $= \frac{10}{5} + \frac{3}{5} = \frac{13}{5}$

Wandle die unechten Brüche in gemischte Zahlen um.

c) $\frac{17}{4} = \frac{16}{4} + \frac{1}{4}$
   $= 4 + \frac{1}{4} = 4\frac{1}{4}$

d) $\frac{126}{10} = \frac{120}{10} + \frac{6}{10}$
   $= 12 + \frac{6}{10} = 12 + \frac{3}{5}$
   $= 12\frac{3}{5}$

Zusammenfassung

- Eine gemischte Zahl besteht aus einer ganzen Zahl und einem Bruch, z. B. $5\frac{2}{7}$.
- Ein unechter Bruch ist ein Bruch, bei dem der Zähler größer ist als der Nenner, z. B. $\frac{8}{5}$.

Gemischte Zahlen addieren und subtrahieren

Addieren von Brüchen zu einer ganzen Zahl

Addiert man einen Bruch zu einer natürlichen Zahl, so kann man das Pluszeichen einfach weglassen, es entsteht dabei eine gemischte Zahl.

Beispiel: $2 + \frac{3}{4} = 2\frac{3}{4}$

Addieren eines Bruches zu einer gemischten Zahl

Addiert man einen Bruch zu einer gemischten Zahl, so behält man die ganze Zahl des gemischten Bruches bei und addiert die beiden Brüche miteinander.

Beispiel:

$2\frac{1}{3} + \frac{1}{4}$

Nebenrechnung: $\frac{1}{3} + \frac{1}{4} = \frac{4}{12} + \frac{3}{12} = \frac{7}{12}$

Also: $2\frac{1}{3} + \frac{1}{4} = 2\frac{7}{12}$

Man kann auch die gemischte Zahl in einen Bruch umwandeln und dann die beiden Brüche addieren.

$2\frac{1}{3} + \frac{1}{4} = \frac{7}{3} + \frac{1}{4} = \frac{28}{12} + \frac{3}{12} = \frac{31}{12} = 2\frac{7}{12}$

Addieren von gemischten Zahlen

Addiert man zwei gemischte Zahlen, so addiert man die ganzen Zahlen und die beiden Brüche. Dann addiert man die beiden Ergebnisse.

Beispiel:

$2\frac{1}{4} + 3\frac{1}{6}$

Nebenrechnungen: $2 + 3 = 5$; $\frac{1}{4} + \frac{1}{6} = \frac{3}{12} + \frac{2}{12} = \frac{5}{12}$

$2\frac{1}{4} + 3\frac{1}{6} = 5 + \frac{5}{12} = 5\frac{5}{12}$

Auch hier kann man die gemischten Zahlen in Brüche umwandeln und addieren.

$2\frac{1}{4} + 3\frac{1}{6} = \frac{9}{4} + \frac{19}{6} = \frac{27}{12} + \frac{38}{12} = \frac{65}{12} = 5\frac{5}{12}$

Subtrahieren von Brüchen und Zahlen

Subtrahiert man einen Bruch von einer ganzen Zahl oder einer gemischten Zahl bzw. umgekehrt, so wandelt man die ganze bzw. gemischte Zahl in einen Bruch um und verfährt wie bei der Subtraktion von zwei Brüchen.

Beispiele:

a) $2 - \frac{3}{4} = \frac{8}{4} - \frac{3}{4} = \frac{5}{4} = 1\frac{1}{4}$

b) $2\frac{1}{3} - \frac{1}{4} = \frac{7}{3} - \frac{1}{4} = \frac{28}{12} - \frac{3}{12} = \frac{25}{12} = 2\frac{1}{12}$

c) $2\frac{2}{3} - 4 = \frac{8}{3} - \frac{12}{3} = -\frac{4}{3}$

Subtrahieren gemischter Zahlen

Subtrahiert man zwei gemischte Zahlen voneinander, so wandelt man beide gemischte Zahlen in einen Bruch um und subtrahiert sie voneinander.

Beispiele:

a) $4\frac{4}{5} - 2\frac{3}{6} = \frac{24}{5} - \frac{15}{6}$

$= \frac{144}{30} - \frac{75}{30}$

$= \frac{69}{30} = \frac{23}{10}$

$= 2\frac{3}{10}$

b) $2\frac{1}{4} - 3\frac{1}{6} = \frac{9}{4} - \frac{19}{6}$

$= \frac{27}{12} - \frac{38}{12}$

$= -\frac{11}{12}$

Zusammenfassung

- Bei der Addition von Brüchen mit gemischten Zahlen behält man die ganze Zahl bei und addiert die Brüche miteinander.
- Bei der Addition von gemischten Zahlen addiert man die ganzen Zahlen und die Brüche getrennt voneinander.
- Bei der Subtraktion wandelt man die ganzen bzw. gemischten Zahlen in Brüche um und subtrahiert die Brüche voneinander.

Gemischte Zahlen multiplizieren und dividieren

Multiplizieren von Brüchen mit einer Zahl

Multipliziert man einen Bruch mit einer **natürlichen Zahl**, so wird der Zähler mit dieser Zahl multipliziert und der Nenner beibehalten.
Multipliziert man einen Bruch mit einer **ganzen Zahl**, so bestimmt man zuerst das Vorzeichen des Ergebnisses und rechnet dann, wie bei natürlichen Zahlen.

Beispiele:

a) $5 \cdot \frac{1}{12} = \frac{5 \cdot 1}{12} = \frac{5}{12}$

b) $-3 \cdot \frac{1}{8} = -\frac{3 \cdot 1}{8} = -\frac{3}{8}$

Multiplizieren von Brüchen mit einer gemischten Zahl oder von zwei gemischten Zahlen

Multipliziert man einen Bruch mit einer gemischten Zahl oder zwei gemischte Zahlen miteinander, so wandelt man die gemischten Zahlen in Brüche um und multipliziert sie miteinander.

Beispiele:

a) $3\frac{1}{8} \cdot \frac{2}{3} = \frac{25}{8} \cdot \frac{2}{3} = \frac{50}{24} = \frac{25}{12} = 2\frac{1}{12}$

b) $2\frac{1}{2} \cdot 5\frac{3}{4} = \frac{5}{2} \cdot \frac{23}{4} = \frac{115}{8} = 14\frac{3}{8}$

Dividieren von Brüchen durch eine Zahl

Dividiert man einen Bruch durch eine **natürliche Zahl**, so gibt es zwei Möglichkeiten.

1. Möglichkeit:
Nur anzuwenden, wenn der Zähler durch die natürliche Zahl ohne Rest teilbar ist.
Man dividiert den Zähler durch die natürliche Zahl und behält den Nenner bei.

2. Möglichkeit:
Immer anwendbar.
Man multipliziert den Nenner mit der natürlichen Zahl und behält den Zähler bei.

Beispiele:

a) $\frac{6}{11} : 2 = \frac{6 : 2}{11} = \frac{3}{11}$

b) $\frac{3}{7} : 5 = \frac{3}{7 \cdot 5} = \frac{3}{35}$

Dividiert man einen Bruch durch eine **ganze Zahl**, so bestimmt man zuerst das Vorzeichen des Ergebnisses und rechnet dann wie gewohnt.

Beispiel: $\frac{1}{2} : (-3) = -\frac{1}{2 \cdot 3} = -\frac{1}{6}$

Dividieren eines Bruches durch eine gemischte Zahl oder umgekehrt bzw. Dividieren von zwei gemischten Zahlen

Dividiert man einen Bruch von einer gemischten Zahl oder umgekehrt bzw. dividiert man zwei gemischte Zahlen, so wandelt man die gemischten Zahlen in einen Bruch um und dividiert sie.

Beispiele:

a) $3\frac{1}{8} : \frac{2}{3} = \frac{25}{8} : \frac{2}{3} = \frac{25}{8} \cdot \frac{3}{2} = \frac{75}{16} = 4\frac{11}{16}$

b) $2\frac{1}{2} : 5\frac{3}{4} = \frac{5}{2} : \frac{23}{4} = \frac{5}{2} \cdot \frac{4}{23} = \frac{20}{46} = \frac{10}{23}$

Tipp:
Bevor man den Zähler oder Nenner mit einer Zahl multipliziert, ist es immer sinnvoll zu überprüfen, ob man kürzen kann.

Zusammenfassung

- Brüche werden mit einer ganzen Zahl multipliziert, indem man den Zähler mit der Zahl multipliziert und den Nenner beibehält.
- Brüche werden durch eine ganze Zahl dividiert, indem man den Nenner mit der Zahl multipliziert und den Zähler beibehält.
- Auf Vorzeichen muss dabei geachtet werden.
- Ein Bruch und eine gemischte Zahl werden multipliziert oder dividiert, indem man die gemischte Zahl in einen Bruch umwandelt und dann multipliziert oder dividiert.
- Zwei gemischte Zahlen werden multipliziert oder dividiert, indem man die gemischten Zahlen in Brüche umwandelt und dann multipliziert oder dividiert.

Dezimalschreibweise

Die **Dezimalschreibweise** ist eine weitere Möglichkeit, einen Bruch darzustellen.
So kann man statt $\frac{1}{10}$ auch 0,1 schreiben.
Bei dieser Schreibweise trennt ein Komma die ganzen Zahlen von den Bruchteilen, deshalb spricht man auch von einem **Dezimalbruch**.
Die Ganzen werden als eine Zahl gelesen, die Ziffern nach dem Komma einzeln aufgezählt.

Beispiele:
a) 0,23 null Komma zwei drei
b) 25,31 fünfundzwanzig Komma null drei eins

Umformen einer Dezimalzahl in einen Bruch

Die Anzahl der Stellen hinter dem Komma bestimmt den Nenner des Bruches.
Hat die Dezimalzahl ein, zwei, drei, … Stellen hinter dem Komma, so hat der Bruch den Nenner 10; 100; 1000; …. In den Zähler kommt die Zahl ohne Komma.

Beispiele:

a) $7{,}5 = \frac{75}{10} = \frac{15}{2}$ b) $3{,}25 = \frac{325}{100} = \frac{13}{4} = 3\frac{1}{4}$

Umformen eines Bruches in eine Dezimalzahl

Will man aus einem Bruch eine Dezimalzahl machen, so kann man den Bruch erweitern, bis der Nenner eine Zehnerpotenz ist. Beträgt der Nenner des Bruches 10; 100; 1000; …, so hat die Dezimalzahl eine, zwei, drei, … Stellen hinter dem Komma.
Manche Brüche, z. B. mit Nenner 3; 6; 7; 9 … kann man nicht auf eine Zehnerpotenz erweitern. Dann muss man den Zähler durch den Nenner dividieren. Dezimalzahlen, bei denen sich die Stellen nach dem Komma wiederholen, nennt man **periodische Dezimalzahlen**.

Beispiele:

a) $\frac{1}{5} = \frac{2}{10} = 0{,}2$ b) $\frac{2}{3} = 2 : 3 = 0{,}6666\ldots = 0{,}\overline{6}$

Dezimalzahlen können in eine Stellenwerttafel eingetragen werden. Dabei stehen rechts vom Komma die Zehntel, Hundertstel, Tausendstel usw. z. B. 23,147.

…	100er	10er	1er	10tel	100stel	1000stel	…
…	H	Z	E	z	h	t	…
		2	3	1	4	7	

Liegen Größen, z. B. kg oder m, in Dezimalschreibweise vor, so entspricht die Umwandlung von einer kleineren zu einer größeren Maßeinheit einer Kommaverschiebung nach links. Die Umwandlung von einer größeren zu einer kleineren Maßeinheit entspricht einer Kommaverschiebung nach rechts.

Beispiele:
a) 2,53 dm = 0,253 m
b) 5,7 kg = 5700 g

Hängt man an eine Dezimalzahl Nullen rechts vom Komma an oder lässt diese weg, so verändert dies **nicht** den **Wert** der Dezimalzahl.

Beispiel: 6,70 = 6,700 = 6,7

a) Schreibe 0,58 als Bruch.	$0{,}58 = \frac{58}{100} = \frac{29}{50}$
b) Schreibe $\frac{5}{8}$ als Dezimalzahl.	$\frac{5}{8} = \frac{5 \cdot 125}{8 \cdot 125} = \frac{625}{1000} = 0{,}625$
c) Wandle 420 m^2 in a um.	$420\,m^2 = 4{,}20\,a = 4{,}2\,a$
e) Wandle 0,458 m in dm, cm und mm um.	$0{,}458\,m = 4{,}58\,dm = 45{,}8\,cm = 458\,mm$
f) Schreibe 1 m^3 3 dm^3 in m^3.	$1\,m^3\;3\,dm^3 = 1003\,dm^3 = 1{,}003\,m^3$

Zusammenfassung

- Dezimalzahlen sind eine andere Möglichkeit, Brüche darzustellen.
- Will man aus einer Dezimalzahl einen Bruch machen, so hat dieser Bruch je nach Anzahl der Nachkommastellen den Nenner 10; 100; 1000; …
- Will man aus einem Bruch eine Dezimalzahl machen, so muss man den Bruch erst durch Erweitern oder Kürzen auf den Nenner 10; 100; 1000; … bringen. Die Dezimalzahl hat dann entsprechend eine, zwei, drei, … Nachkommastellen.

Dezimalzahlen addieren und subtrahieren

Die Addition und Subtraktion von Dezimalzahlen funktioniert genauso wie mit ganzen Zahlen.

Man schreibt die Dezimalzahlen so untereinander, dass immer die gleichen Stellen untereinander stehen und addiert bzw. subtrahiert dann die entsprechenden Dezimalstellen.

Beachte: Beim schriftlichen Rechnen muss **Komma unter Komma stehen!**

Berechne im Kopf.

a) $0{,}5 + 2{,}4 = 2{,}9$

b) $-0{,}4 + 3{,}6 = 3{,}6 - 0{,}4 = 3{,}2$

c) $-16{,}5 - 23{,}2 = -39{,}7$

d) $-25 + 13{,}3 = -11{,}7$

Berechne schriftlich.

e) $8{,}65 + 3{,}46 = 12{,}11$

$$\begin{array}{r} 8{,}65 \\ +\ 3{,}46 \\ \hline 12{,}11 \end{array}$$

f) $38{,}246 - 10{,}041 = 28{,}205$

$$\begin{array}{r} 38{,}246 \\ -\ 10{,}041 \\ \hline 28{,}205 \end{array}$$

g) $6{,}3 - 2{,}58 = 3{,}72$

Tipp: Um Fehler zu vermeiden, musst du Nullen ergänzen.

$$\begin{array}{r} 6{,}30 \\ -\ 2{,}58 \\ \hline 3{,}72 \end{array}$$

Um ein Ergebnis zu überprüfen, ist es oft ausreichend, die Rechnung zu überschlagen, d.h. mit gerundeten Werten zu rechnen.

Dezimalzahlen runden

Das Runden von Dezimalzahlen funktioniert wie das Runden von natürlichen Zahlen. Zuerst legst du fest, auf wie viele Nachkommastellen das Ergebnis gerundet werden soll.

1. Suche also die Rundungsstelle und unterstreiche sie.
2. Betrachte die Ziffer **rechts** von der Rundungsstelle:
   Ist diese Ziffer eine 0, 1, 2, 3 oder 4 **rundest** du **ab**, d.h. die Rundungsstelle bleibt erhalten.
   Ist diese Ziffer eine 5, 6, 7, 8 oder 9 **rundest** du **auf**, d.h. die Rundungsstelle wird um 1 erhöht.
   Beachte: Alle Ziffern rechts von der Rundungsstelle werden 0. Bei Dezimalzahlen kannst du die Nullen am Ende weglassen.

a) Runde 2,863 auf Zehntel.

$2{,}\underline{8}63 \approx 2{,}9$ (die Ziffer 8 entscheidet)

b) Runde 6,5478 auf Hundertstel.

$6{,}5478 \approx 6{,}55$ (die Ziffer 7 an der Tausendstelstelle entscheidet)

c) Runde 6,543 m auf dm.

$6{,}543\,\text{m} \approx 65\,\text{dm}$ (die Ziffer 4 an der cm-Stelle entscheidet)

d) Überschlage.

$47{,}47 + 52{,}52 - 19{,}19 - 63{,}63$

$\approx 50 + 50 - 20 - 60$

$= 20$ (genauer Wert: 17,17)

Zusammenfassung

- Das Addieren und Subtrahieren funktioniert wie bei natürlichen Zahlen, indem man die entsprechenden Stellen untereinander schreibt.
- Man muss beachten, dass beim schriftlichen Rechnen Komma unter Komma steht.
- Will man Dezimalzahlen runden, geht man wie bei den natürlichen Zahlen vor. Ist die Ziffer rechts von der Rundungsstelle eine 0, 1, 2, 3, 4, rundet man ab, ist die Ziffer eine 5, 6, 7, 8 oder 9, rundet man auf.

Dezimalzahlen multiplizieren

Lena will 5 Tüten Milch kaufen.
Eine Tüte kostet 0,99 €.
Wie viel Geld muss sie mitnehmen?

0,99 € · 5 = 4,95 €

Lena muss mindestens 4,95 € zum Einkaufen mitnehmen.

Multiplizieren einer Dezimalzahl mit einer Zehnerpotenz

Multipliziert man eine Dezimalzahl mit einer Zehnerpotenz, d.h. 10; 100; 1000; …, so verschiebt sich das Komma der Dezimalzahl um 1; 2; 3; … Stellen **nach rechts**.

Beispiel:
3,456 · 10 = 34,56
3,456 · 100 = 345,6
3,456 · 1000 = 3456
3,456 · 10 000 = 34 560

Vorgehensweise beim Multiplizieren einer Dezimalzahl mit einer Dezimalzahl

1. Bestimme das Vorzeichen deines Ergebnisses
2. Multipliziere die Zahlen ohne Berücksichtigung des Kommas
3. Setze das Komma so, dass das Ergebnis genau so viele Stellen hinter dem Komma hat wie die beiden Faktoren zusammen.

Beispiel:
2,5 · 1,5 = 3,75

2 Nachkommastellen

Berechne.

a) $8{,}569 \cdot 10^3 = 8{,}569 \cdot 1000 = 8569$
Das Komma wird um drei Stellen nach rechts verschoben.

b) $2{,}36 \cdot 10^4 = 2{,}36 \cdot 10\,000 = 23\,600$
Damit du das Komma vier Stellen nach rechts verschieben kannst, musst du zwei zusätzliche Nullen anfügen.

c)
$$\begin{array}{r} \underline{25{,}74 \cdot 15} \\ 2574 \\ \underline{+\ 12870} \\ 386{,}10 \end{array}$$

Der 1. Faktor hat zwei Nachkommastellen, der 2. Faktor keine, damit hat das Ergebnis auch zwei Nachkommastellen.

d)
$$\begin{array}{r} \underline{2{,}358 \cdot 0{,}65} \\ 14148 \\ \underline{+\ \ 11790} \\ 1{,}53270 \end{array}$$

Der 1. Faktor hat drei Nachkommastellen, der 2. Faktor hat zwei Nachkommastellen, also hat das Ergebnis fünf Nachkommastellen.

Zusammenfassung

Multiplizierst du eine Dezimalzahl mit
- einer Zehnerpotenz, so verschiebst du das Komma um die entsprechenden Stellen nach rechts.
- einer Dezimalzahl, so multiplizierst du die beiden Faktoren zuerst ohne Komma. Das Komma setzt du dann so, dass das Ergebnis so viele Nachkommastellen hat wie die Faktoren zusammen.

Dezimalzahlen dividieren

Dividieren einer Dezimalzahl durch eine Zehnerpotenz

Dividiert man eine Dezimalzahl durch eine Zehnerpotenz, d.h. 10; 100; 1000; …,
so verschiebt sich das Komma der Dezimalzahl um eins; zwei; drei; … Stellen **nach links**.

Beispiel:
3456 : 10 = 345,60
3456 : 100 = 34,560
3456 : 1000 = 3,456
3456 : 10 000 = 0,3456

Vorgehensweise beim Dividieren einer Dezimalzahl durch eine ganze Zahl

1. Bestimme zuerst das Vorzeichen deines Ergebnisses.
2. Dividiere die Zahlen wie bei natürlichen Zahlen. Sobald du das Komma überschreitest, musst du auch ein Komma im Ergebnis setzen.

Beispiel:
```
8,8 : 4 = 2,2
-8
  8     Komma setzen!
 -8
  0
```

Vorgehensweise beim Dividieren einer Dezimalzahl durch eine Dezimalzahl

1. Bestimme das Vorzeichen deines Ergebnisses.
2. Verschiebe das Komma beider Dezimalzahlen so weit nach rechts bis der Divisor eine ganze Zahl ist.
3. Dann verfährst du wie beim Dividieren durch eine ganze Zahl.

Beispiel: 24,3 : 0,05
```
2430 : 5 = 486
20
 43
 40
  30
```

Berechne.

a) $0{,}456 : 10^2 = 0{,}456 : 100 = 0{,}00456$
Damit du das Komma zwei Stellen nach links verschieben kannst, musst du zwei zusätzliche Nullen davor schreiben.

b)
```
  9,2 : 8 = 1,15
 -8
  12          Komma setzen!
 - 8
   40
  -40
    0
```

c) $8{,}395 : 3{,}65$

```
  839,5 : 365 = 2,3
 - 730
  1095        Komma setzen!
 - 1095
     0
```

Zusammenfassung

Dividierst du eine Dezimalzahl durch
- eine Zehnerpotenz, so verschiebst du das Komma um die entsprechenden Stellen nach links.
- eine ganze Zahl, so rechnest du wie bei ganzen Zahlen und setzt, sobald du das Komma überschreitest, auch ein Komma in deinem Ergebnis.
- eine Dezimalzahl, so verschiebst du bei beiden Zahlen das Komma, bis der Divisor ein ganze Zahl ist.

Zahlenbereiche

Du hast schon verschiedene Zahlen kennengelernt, z. B. Brüche, negative Zahlen, Dezimalzahlen usw. Diese kannst du zusammenfassen und ordnen.

Die natürlichen Zahlen $\mathbb{N} = \{0; 1; 2; 3; \ldots\}$

In der Grundschule hast du mit natürlichen Zahlen 0; 1; 2; 3 … gerechnet.
Es hat sich gezeigt, dass die Addition und Multiplikation von natürlichen Zahlen wieder eine natürliche Zahl ergibt.
Beim Subtrahieren und Dividieren ist das nicht immer der Fall.

Die ganzen Zahlen $\mathbb{Z} = \{\ldots; -2; -1; 0; 1; 2; 3; \ldots\}$

Bei der Subtraktion von natürlichen Zahlen hast du gemerkt, dass das Ergebnis manchmal eine negative Zahl ist.
Deshalb wurde der Zahlenbereich um diese Zahlen erweitert, und es entstand ein neuer Zahlenbereich, die ganzen Zahlen. Nun erhält man bei der Subtraktion auch wieder eine ganze Zahl.

Die rationalen Zahlen $\mathbb{Q}$

Dies führte dazu, dass der Zahlenbereich noch weiter vergrößert werden musste. Es kamen die Bruchzahlen und Dezimalzahlen dazu. Dabei hast du festgestellt, dass jede Bruchzahl als Dezimalzahl dargestellt werden kann und umgekehrt.
Die Bruch- oder Dezimalzahlen bilden den Zahlenbereich der rationalen Zahlen.

Für alle drei Zahlenbereiche gelten die Rechengesetze:
- Kommutativgesetz der Addition und Multiplikation
- Assoziativgesetz der Addition und Multiplikation
- Distributivgesetz

Eine grafische Darstellung dieser Zahlenbereiche zeigt folgende Eigenschaft:
Es existieren Zahlen, die zu den rationalen Zahlen gehören, aber nicht zu den ganzen oder natürlichen Zahlen, z. B. $\frac{1}{3}$.

In der Mathematik hat man zwei Symbole $\in$ (Element) und $\notin$ (kein Element) eingeführt, die diesen Sachverhalt ausdrücken.

Man schreibt:

$\frac{1}{3} \in \mathbb{Q}$: $\frac{1}{3}$ ist **Element** der rationalen Zahlen.

$\frac{1}{3} \notin \mathbb{Z}$: $\frac{1}{3}$ ist **kein Element** der ganzen Zahlen.

$\frac{1}{3} \notin \mathbb{N}$: $\frac{1}{3}$ ist **kein Element** der natürlichen Zahlen.

Es gibt aber auch Zahlen, die zu allen drei Zahlenbereichen gehören, wie z. B. 2.
Man schreibt: $2 \in \mathbb{N}$; $2 \in \mathbb{Z}$; $2 \in \mathbb{Q}$.

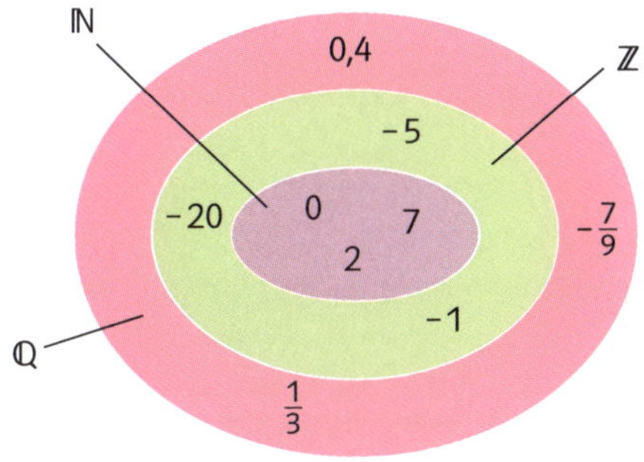

Zusammenfassung

	Zahlenbereich	Immer ausführbar	Nicht immer ausführbar
$\mathbb{N}$	Natürliche Zahlen z. B. 0; 6; 140	Addition, Multiplikation	Subtraktion (z. B. 5 – 8) Division (z. B. 4 : 5)
$\mathbb{Z}$	Ganze Zahlen z. B. –14; 7; 0	Addition, Subtraktion, Multiplikation	Division (z. B. 4 : 5)
$\mathbb{Q}$	Rationale Zahlen z. B. –3; 5; –0,3; $\frac{4}{9}$	Addition, Subtraktion, Multiplikation, Division (außer durch 0)	

Grundregeln für das Rechnen mit Termen

Ein **Term** ist ein mathematischer **Rechenausdruck**, der aus Zahlen, Variablen, mathematischen Verknüpfungen (+; –; …) und Klammern bestehen kann. Er enthält jedoch **keine** Relationszeichen (=; >; <; …).

Es gilt:
1. Klammern immer zuerst berechnen. Innere vor äußeren Klammern.
2. Punktrechnung vor Strichrechnung.
3. Kommen keine Klammern vor, so wird von links nach rechts gerechnet.

Für das Berechnen von Klammern gilt:

Minusklammerregel
Eine Minusklammer löst man auf, indem man bei den Zahlen in der Klammer aus den Pluszeichen ein Minuszeichen und aus den Minuszeichen ein Pluszeichen macht. Das Minuszeichen vor der Klammer und die Klammer werden weggelassen.

Plusklammerregel
Eine Plusklammer löst man auf, indem man das Pluszeichen vor der Klammer und die Klammer weglässt.

Manchmal ist es sinnvoller, geschickt und richtig zusammenzufassen, als von links nach rechts zu rechnen. Dabei wendet man folgende Gesetze an:

- **Kommutativgesetz** der Addition und Multiplikation
  $a + b = b + a$; $a \cdot b = b \cdot a$
- **Assoziativgesetz** der Addition und Multiplikation
  $(a + b) + c = a + (b + c)$; $(a \cdot b) \cdot c = a \cdot (b \cdot c)$
- **Distributivgesetz:**
  $a \cdot (b + c) = a \cdot b + a \cdot c$; $a \cdot (b - c) = a \cdot b - a \cdot c$

Ausmultiplizieren und Ausklammern

Nach dem Distributivgesetz kann man für den Term $9 \cdot (8 - 3)$ auch $9 \cdot 8 - 9 \cdot 3$ schreiben. Man sagt, es wurde **ausmultipliziert**.

Macht man das Ausmultiplizieren rückgängig, $8 \cdot 4 + 8 \cdot 6 = 8 \cdot (4 + 6)$, so sagt man, es wurde **ausgeklammert**.

Berechne.

a) Minusklammer auflösen

$35 - (25 - 5)$
$= 35 - (+25 - 5)$
$= 35 - 25 + 5 = 15$

b) Plusklammer auflösen

$35 + (25 - 5)$
$= 35 + (+25 - 5)$
$= 35 + 25 - 5 = 55$

c) Verschiedene Wege führen hier zum gleichen Ergebnis.

Klammern berechnen

$12 \cdot (25{,}3 - 5{,}3)$
$= 12 \cdot 20 = 240$

Ausmultiplizieren

$12 \cdot (25{,}3 - 5{,}3)$
$= 303{,}6 - 63{,}6 = 240$

d) Rechenvorteile nutzen

$1{,}2 \cdot 106 - 6 \cdot 1{,}2$
$= 1{,}2 \cdot (106 - 6) = 1{,}2 \cdot 100 = 120$

Hier ist das Ausklammern geschickt, da die Klammer 100 ergibt.

Zusammenfassung

Regeln für das Rechnen mit Termen

1. Klammern
2. Punkt- vor Strichrechnung
3. Ohne Klammern von links nach rechts rechnen.

- Minusklammer auflösen:
  $10 - (5 - 3) = 10 - 5 + 3 = 8$
- Plusklammer auflösen:
  $3 + (-2 + 7) = 3 - 2 + 7 = 8$

Terme mit einer Variablen

Ein Term kann eine Variable enthalten.
Eine Variable ist eine Größe, die verschiedene Werte annehmen kann.
Man nennt sie auch Unbekannte oder Platzhalter. Eine Zahl vor der Variablen nennt man **Koeffizient**.

$$5 \cdot x = 5x$$

Koeffizient (5) – Variable (x)

Setzt man für Variable x Zahlen ein, kann man den Wert des Terms berechnen.

Beispiel: $5x$
Setzt man für $x = 3$ ein, so nimmt der Term den Wert 15 an: $5 \cdot 3 = 15$.
Setzt man für $x = 56$ ein, so nimmt der Term den Wert 280 an: $5 \cdot 56 = 280$.

Tipps:

- Befindet sich zwischen einer Zahl und einer Variablen ein Malzeichen, so kannst du dieses einfach weglassen: $2 \cdot x = 2x$.
- Setzt man für x eine negative Zahl ein, so muss man eine Klammer um die Zahl setzen.
  Setze in den Term $3x + 12$ für x die Zahl -6 ein.
  $= 3 \cdot (-6) + 12$
  $= -18 + 12$
  $= -6$
- Kommt in einem Term mehrfach die Variable x vor, so muss man für jedes x die gleiche Zahl einsetzen.
  Setze in den Term $3x + 2x + 4$ die Zahl 2 ein.
  $= 3 \cdot 2 + 2 \cdot 2 + 4$
  $= 6 + 4 + 4$
  $= 14$
- Terme mit Variablen treten häufig bei Textaufgaben auf.

Berechne den Wert des Terms.

a) Setze dafür in die angegebenen Terme nacheinander die Zahlen 3; 12 und (− 0,5) für x ein.

Term	3	12	− 0,5
$2 + 5x$	$2 + 5 \cdot 3 = 17$	$2 + 5 \cdot 12 = 62$	$2 + 5 \cdot (-0{,}5) = -0{,}5$
$5 + 4 \cdot (x - 2)$	$5 + 4 \cdot (3 - 2) = 9$	$5 + 4 \cdot (12 - 2) = 45$	$5 + 4 \cdot (-0{,}5 - 2) = -5$
$4x + 7x$	$4 \cdot 3 + 7 \cdot 3 = 33$	$4 \cdot 12 + 7 \cdot 12 = 132$	$4 \cdot (-0{,}5) + 7 \cdot (-0{,}5) = -5{,}5$
$(-2)x + 5x$	$(-2) \cdot 3 + 5 \cdot 3 = 9$	$(-2) \cdot 12 + 5 \cdot 12 = 36$	$(-2) \cdot (-0{,}5) + 5 \cdot (-0{,}5) = -1{,}5$

b) Lena aus der 10. Klasse hat einen Ferienjob beim Hausmeister ihrer Schule ergattert. Sie bekommt für jeden Ferientag, an dem sie zum Arbeiten kommt, pauschal 4 €. Zusätzlich bekommt sie pro Stunde, die sie tatsächlich arbeitet, nochmal 0,70 €. Der Term zur Berechnung sieht so aus: $4 + 0{,}7x$.
Wie viel Geld erhält sie pro Tag?

1. Ferientag – 4 Stunden: 4 € + 0,70 € x 4 = 4 € + 2,80 € = 6,80 €
2. Ferientag – 3,5 Stunden: 4 € + 0,70 € x 3,5 = 4 € + 2,45 € = 6,45 €
3. Ferientag – 5 Stunden: 4 € + 0,70 € x 5 = 4 € + 3,50 € = 7,50 €
4. Ferientag – 2 Stunden: 4 € + 0,70 € x 2 = 4 € + 1,40 € = 5,40 €

Zusammenfassung

- Rechenausdrücke wie $3x$; $7x + 5$; … nennt man Terme mit einer Variablen x.
- Für x kann man verschiedene Werte einsetzen.
- Es entsteht jedes Mal ein neuer Rechenausdruck.

Gleichungen

Sucht man eine Variable x, für die ein Term einen bestimmten Wert annimmt, so stellt man zur Berechnung von x eine Gleichung auf. Eine Gleichung ist ein mathematischer Ausdruck, bei dem auf beiden Seiten des Gleichheitszeichens der gleiche Wert steht, oder kurz: linke Seite = rechte Seite.

Die Zahl, die man für x einsetzt und die die Gleichung erfüllt, nennt man die **Lösung der Gleichung**.

Es gibt zwei Möglichkeiten, die Lösung einer Gleichung zu bestimmen:

1. **Geschicktes Probieren:**
   Man setzt systematisch verschiedene Werte für x ein und probiert so lange, bis der Term den gewünschten Wert annimmt.

2. **Rückwärtsrechnen:**
   Zuerst entnimmt man der Gleichung, wie man von x aus zum richtigen Ergebnis kommt. Man sagt, nach x umstellen oder x freistellen. Dann *rechnet* man *rückwärts*. Das bedeutet: Aus + wird − und umgekehrt, aus · wird : und umgekehrt.

Beispiel:
Für welche Variable x nimmt der Term $3 + 5x$ den Wert 28 an ?
Gleichung aufstellen: $3 + 5x = 28$.

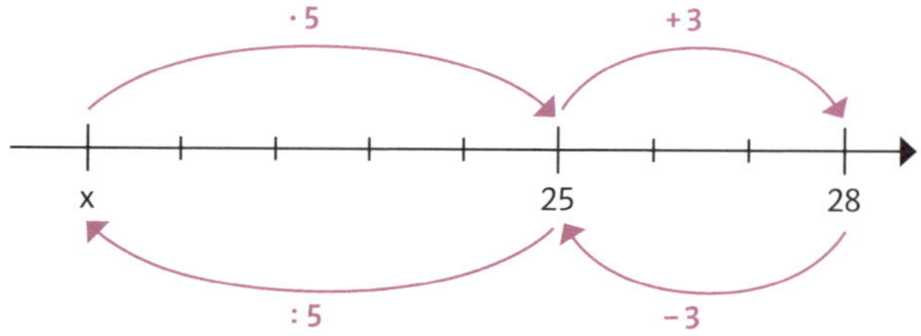

Dann geht man rückwärts vor.

$3 + 5x = 28 \quad \mid -3$	Man subtrahiert zuerst 3 von 28.
$5x = 28 - 3$	Dann bleiben 25 übrig.
$5x = 25 \quad \mid :5$	Die 25 teilt man durch 5 und erhält
$x = 5$	5 als Lösung der Gleichung.

Um zu prüfen, ob das Ergebnis richtig ist, kann man eine Probe machen. Dazu setzt man den Wert, den man für x erhalten hat, in die Gleichung ein und vergleicht mit dem Ergebnis.

Probe: $3 + 5 \cdot 5 = 28$ ✓

a) Löse die Gleichung $4x - 5 = 7$ und überprüfe dein Ergebnis mit einer Probe.

1. Probieren:

x	4x − 5
1	−1
2	3
3	7

Lösung: $x = 3$

2. Rückwärtsrechnen:

$$4x - 5 = 7$$
$$7 + 5 = 12$$
$$12 : 4 = 3$$

Lösung: $x = 3$

Probe: Einsetzen von $x = 3$ in die Gleichung $4x - 5 = 7$

$4 \cdot 3 - 5 = 12 - 5 = 7$

Also ist 3 eine Lösung der Gleichung. ✓

b) Löse die Gleichung $\frac{3}{4}x - 17 = -11$ durch Rückwärtsrechnen.

$$\frac{3}{4}x - 17 = -11 \qquad | +17$$
$$\frac{3}{4}x = -11 + 17$$
$$\frac{3}{4}x = 6 \qquad | : \frac{3}{4}$$
$$x = 6 : \frac{3}{4}$$
$$x = \cancel{6}^{2} \cdot \frac{4}{\cancel{3}} = 8$$
$$x = 8$$

Probe: $\frac{3}{\cancel{4}} \cdot \cancel{8}^{2} - 17 = -11$

$6 - 17 = -11$

Also ist 8 eine Lösung der Gleichung. ✓

Zusammenfassung

- Soll ein Term einen bestimmten Wert annehmen, so beschreibt man den Sachverhalt als Gleichung.
- Die Zahl x, für die der Term den Wert annimmt, nennt man Lösung der Gleichung.
- Eine Lösung kann man durch Probieren oder Rückwärtsrechnen bestimmen.

Terme aufstellen

Leider werden Terme bei Aufgaben nicht immer mitgeliefert, sondern du musst erst einen Term aufstellen, bevor du das Ergebnis berechnen kannst.
Hier findest du eine Vorgehensweise, die dir das Aufstellen von Termen erleichtern soll.

Vorgehensweise beim Aufstellen von Termen

Du möchtest dir ein Buch für 30 € kaufen. Dazu nimmst du dir vor, jeden Monat 5 € von deinem Taschengeld zu sparen. 10 € hast du zum Geburtstag bekommen.
Wie lange musst du noch sparen?

1. Überlege dir, für welche Größe der Term aufgestellt werden soll. > Es soll ein Term für den gesparten Betrag aufgestellt werden

2. Überlege dir, wovon die gesuchte Größe abhängt. > Der gesparte Betrag hängt von der Anzahl der Monate ab.

3. Untersuche das Problem für kleine Zahlen. Eine Tabelle kann dir dabei helfen. >

Monate	Term	Betrag
0		10
1	$10 + 1 \cdot 5$	15
2	$10 + 2 \cdot 5$	20

4. Beschreibe in Worten, wie du die gesuchte Größe berechnest. > Der Betrag ist 10 + (Monate · 5)

5. Überlege dir, wofür deine Variable stehen muss. > x steht für die Monate.

6. Stelle den Term auf. > Der Betrag nach x Monaten ist: $10 + x \cdot 5 = 30$

7. Rechne den Wert des Terms aus. >

$$\begin{aligned} 10 + x \cdot 5 &= 30 \\ x \cdot 5 &= 20 \\ x &= 4 \end{aligned}$$

Du musst also 4 Monate sparen.

a) Wie lautet der zugehörige Term?
Denke dir eine Zahl, multipliziere sie mit 5 und addiere 19.

x sei die gedachte Zahl
Term: $x \cdot 5 + 19$

b) Wie lautet der zugehörige Term?
Denke dir eine Zahl, addiere 7 und multipliziere das Ergebnis mit 4.

x sei die gedachte Zahl
Term: $(x + 7) \cdot 4$

c) Wie groß ist der Umfang der Figur, wenn alle Maßzahlen in cm angegeben sind?

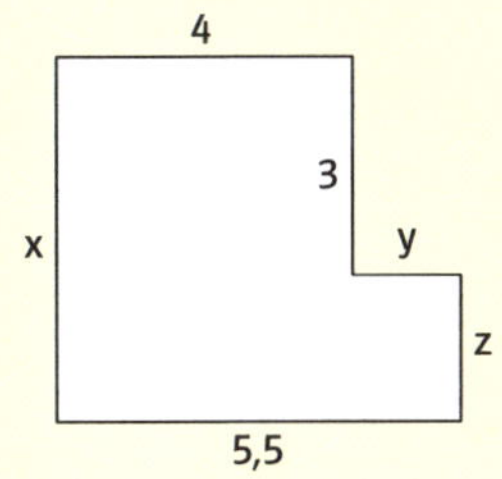

$u = x + 4 + 3 + y + z + 5{,}5$

y lässt sich aus der Zeichnung bestimmen: $y = 5{,}5 - 4$
$= 1{,}5$

Für z lässt sich folgender Term aufstellen: $z = x - 3$

Somit ergibt sich:
$$\begin{aligned} u &= x + 4 + 3 + 1{,}5 + (x - 3) + 5{,}5 \\ &= x + (x - 3) + 14 \\ &= 2x - 3 + 14 \\ &= 2x + 11 \end{aligned}$$

Der Umfang u ist also $u = 2x + 11$.

Für $x = 5\,\text{cm}$ ergibt sich z. B. ein Umfang von 21 cm.

Zusammenfassung

Um zu einer Aufgabe einen Term zu finden, gehe so vor:
- Für welche Größe will ich den Term aufstellen?
- Wovon hangt die Größe ab?
- Das Problem/den Sachverhalt für kleine Zahlen lösen.
- Eine Variable einführen.
- Den Term mithilfe der Variablen formulieren.

Zuordnungen

Mithilfe einer Tabelle oder eines Diagramms können wir Abhängigkeiten von Größen darstellen, z. B. den Preis in Abhängigkeit vom Gewicht oder die Temperatur in Abhängigkeit von der Uhrzeit.

Schule mit Schulweg	Hausaufgaben	Freizeit	Essen, Schlafen …
7 h	1 h 30 min	6 h	9 h 30 min

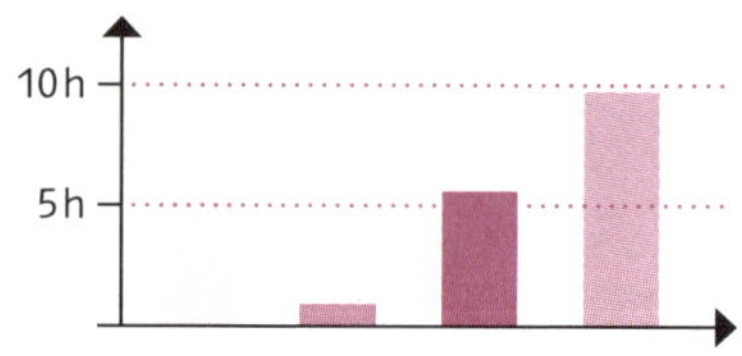

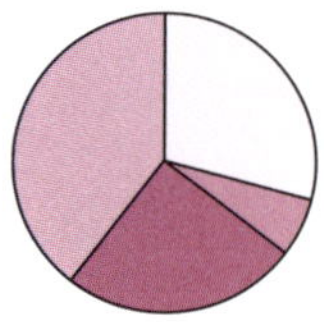

In einer **Zuordnungstabelle** beschreibt man, wie eine Größe von einer anderen Größe abhängt. Man ordnet also einer Ausgangsgröße eine andere Größe zu.

Diese Abhängigkeit bzw. Zuordnung kann man auch in einem **Diagramm** darstellen. Dazu trägt man die eine Größe auf der x-Achse ab und die andere Größe auf der y-Achse. Abhängigkeiten kannst du oft **in Worten** formulieren.

Manchmal existiert eine **Zuordnungsvorschrift**. Mit dieser kann man mithilfe der Ausgangsgröße die zugeordnete Größe berechnen.

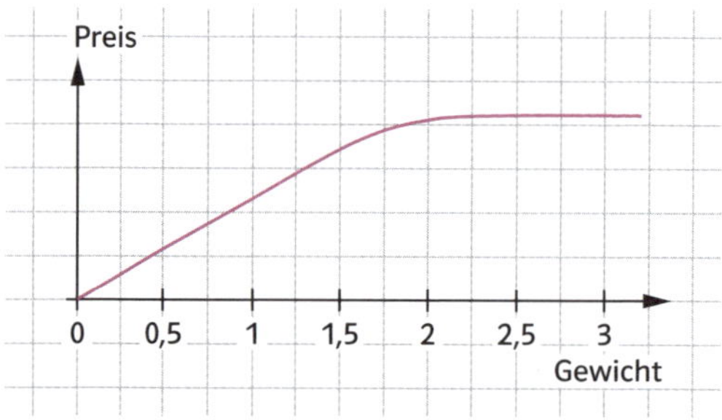

Liniendiagramm

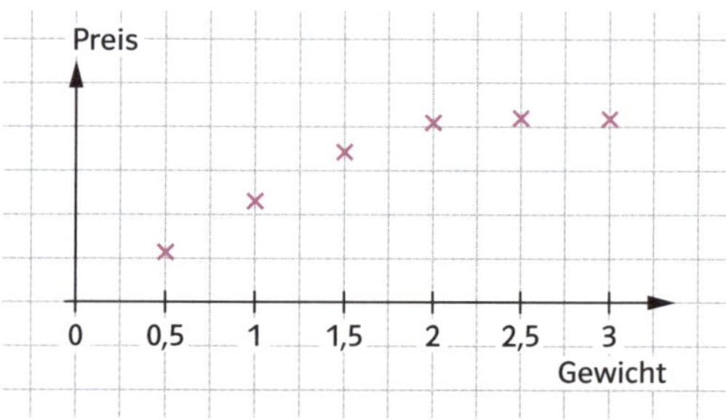

Punktdiagramm

Die Diagramme können aus Punkten oder Linien bestehen.
Bei Liniendiagrammen werden die einzelnen Punkte miteinander verbunden.
Linien sind dann sinnvoll, wenn auch Zwischenwerte gefragt sind.

Die Tabelle gibt die Temperatur eines Sommertages in Abhängigkeit von der Tageszeit wieder. Zeichne ein Diagramm, in dem man diese Abhängigkeit erkennen kann.

Uhrzeit	6.00	8.00	10.00	12.00	14.00	16.00	18.00	20.00	22.00
T in °C	12	14	18	23	28	29	26	23	20

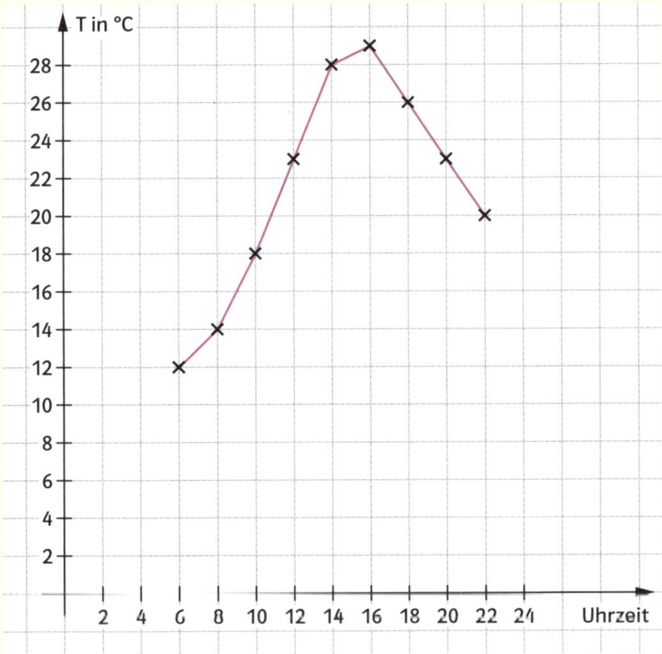

Zusammenfassung

- Mit Zuordnungstabellen und Diagrammen kann man Abhängigkeiten zwischen zwei Größen darzustellen.
- Dazu trägt man eine Größe auf der x-Achse und die andere, davon abhängige Größe auf der y-Achse ab.
- Es gibt Punkt- und Liniendiagramme.

Proportionale Zuordnungen

Eine Größe ist **proportional** zu einer zugeordneten Größe, wenn gilt:
- Verdoppelt (verdreifacht, vervierfacht, ...) man die erste Größe, so verdoppelt (verdreifacht, vervierfacht, ...) sich auch die zweite Größe.
- Halbiert (drittelt, viertelt, ...) man die erste Größe, so halbiert (drittel, viertelt, ...) sich auch die zweite Größe.

Proportionale Zuordnungen nennt man auch **Je-mehr-desto-mehr-Zuordnungen**, z. B. je mehr Kartoffeln du kaufst, desto mehr musst du bezahlen.

Zeichnet man für diese proportionale Zuordnung ein Diagramm, so erhält man eine **Halbgerade**, die im Ursprung beginnt.

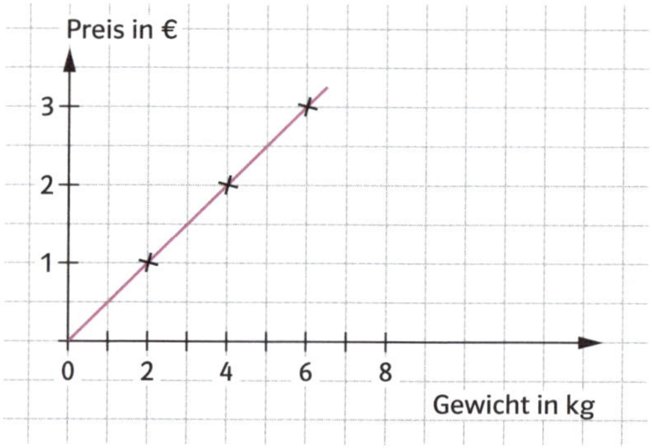

Bei einer proportionalen Zuordnung kann man die gesuchte Größe auch ohne Diagramm durch Rechnung bestimmen. Dazu benutzt man den sogenannten **Dreisatz**.
Um den Dreisatz anwenden zu können, muss man vorher prüfen, ob es sich um eine proportionale Zuordnung handelt.

Lösungsverfahren

- Trage in einer Tabelle die zusammengehörenden Größenangaben ein. Die gesuchte Größe steht in der rechten Spalte.

Größe 1	Größe 2
Gegeben	Gegeben
...	...
Gegeben	Gesucht

- Suche durch Dividieren bzw. Multiplizieren einen geeigneten Zwischenwert.
- Berechne durch Multiplizieren bzw. Dividieren das Endergebnis.

Ein Auto braucht für 100 km 8 l Benzin.
a) Wie viel Benzin braucht das Auto für 350 km?
b) Wie weit kann das Auto mit 55 l Benzin fahren?

a)

Kilometer	Benzin
100	8
350	28

(· 3,5 auf beiden Seiten)

Das Auto braucht 28 l Benzin für 350 km.

b)

Benzin	Kilometer
8	100
1	12,5
55	687,5

(: 8 und · 55 auf beiden Seiten)

Mit 55 l Benzin kann das Auto 687,5 km fahren.

Zusammenfassung

- Proportionale Zuordnungen heißen auch „Je-mehr-desto-mehr-Zuordnungen".
- Verdoppelt (verdreifacht, vervierfacht, …) man den Wert einer Größe, so verdoppelt (verdreifacht, vervierfacht, …) sich auch der Wert der zugeordneten Größe.
- Halbiert (drittelt, viertelt, …) man den Wert einer Größe, so halbiert (drittelt, viertelt, …) sich auch der Wert der zugeordneten Größe.
- Mit dem Dreisatz kann man bei proportionalen Zuordnungen mittels zweier zusammengehörender Größenangaben weitere Werte berechnen.

Lösungsstrategie:

- Gegebene und gesuchte Werte in eine Tabelle eintragen.
- Mittels Division bzw. Multiplikation einen Zwischenwert berechnen.
- Mittels Multiplikation bzw. Division das Endergebnis bestimmen.

Antiproportionale Zuordnungen

Eine Größe ist **antiproportional** zu einer zugeordneten Größe, wenn gilt:
- Verdoppelt (verdreifacht, vervierfacht, …) man die erste Größe, so halbiert (drittelt, viertelt, …) sich die zweite Größe.
- Halbiert (drittelt, viertelt, …) man die erste Größe, so verdoppelt (verdreifacht, vervierfacht, …) sich die zweite Größe.

Antiproportionale Zuordnungen nennt man auch **Je-mehr-desto-weniger-Zuordnungen**, z. B. je mehr Zuleitungen du benutzt, desto schneller ist dein Becken gefüllt.

Zeichnet man für diese antiproportionale Zuordnung ein Diagramm, so erhält man eine **Hyperbel**.

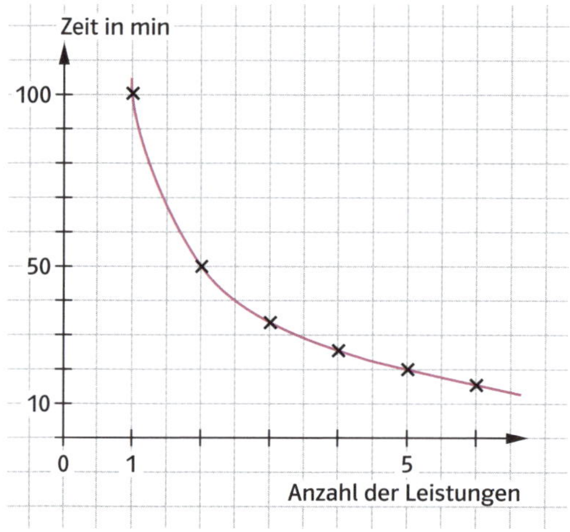

Lösungsverfahren

- Trage in einer Tabelle die zusammengehörenden Größenangaben ein.
  Die gesuchte Größe steht in der rechten Spalte.

Größe 1	**Größe 2**
Gegeben	Gegeben
…	…
Gegeben	Gesucht

- Suche durch Dividieren bzw. Multiplizieren einen geeigneten Zwischenwert.
- Berechne durch Multiplizieren bzw. Dividieren das Endergebnis.

Du liest ein Buch mit 120 Seiten. Wenn du jeden Tag 10 Seiten liest, bist du in 12 Tagen mit dem Buch fertig.

a) Wie viele Seiten musst du jeden Tag lesen, damit du nach 8 Tagen damit fertig bist?

	Zeit in Tagen	Seiten pro Tag	
	12	10	
: 3	4	30	· 3
· 2	8	15	: 2

Du musst jeden Tag 15 Seiten lesen, damit du in 8 Tagen fertig bist.

b) Wie viele Tage musst du lesen, wenn du jeden Tag nur 6 Seiten schaffst?

	Seiten pro Tag	Zeit in Tagen	
	10	12	
: 5	2	60	· 5
· 3	6	20	: 3

Wenn du jeden Tag 6 Seiten liest, dann brauchst du 20 Tage.

Zusammenfassung

- Antiproportionale Zuordnungen heißen auch „Je-mehr-desto-weniger-Zuordnungen".
- Verdoppelt (verdreifacht, vervierfacht, …) man den Wert einer Größe, so halbiert (drittelt, viertelt, …) sich der Wert der anderen Größe.
- Halbiert (drittelt, viertelt, …) man den Wert einer Größe, so verdoppelt (verdreifacht, vervierfacht, …) sich der Wert der anderen Größe.
- Mit dem Dreisatz kann man bei antiproportionalen Zuordnungen mittels zweier zusammengehörender Größenangaben weitere Werte berechnen.

Lösungsstrategie:

- Gegebene und gesuchte Werte in eine Tabelle eintragen.
- Mittels Division bzw. Multiplikation einen Zwischenwert berechnen.
- Mittels Multiplikation bzw. Division das Endergebnis bestimmen.

9 Größen und Einheiten

Länge, Gewicht und Zeit

Mit **Einheiten** bist du in der Lage, Größenangaben miteinander zu vergleichen.

Du kannst z. B. **Längeneinheiten** aber nur dann vergleichen, wenn beide zu vergleichenden Werte für eine Entfernung in der gleichen Einheit, also z. B. entweder in Meter (m) oder in Kilometer (km) angegeben werden.

Auch **Gewichts-** oder **Zeitangaben** können nur bei gleicher Einheit wie z. B. Kilogramm (kg) oder Stunden (h) miteinander in Bezug gesetzt werden.

Längeneinheiten

Kilometer Mikrometer

Zentimeter Zoll Elle Meile Millimeter

Gewichte

Tonne Kilogramm Mikrogramm Pfund Gramm Milligramm

Zeitangaben

Tag Stunde Sekunde Jahr Minute Monat

Im Alltag gebräuchliche Einheiten sind
Längeneinheiten: Kilometer (km), Meter (m), Dezimeter (dm), Zentimeter (cm) und Millimeter (mm)
Gewichte: Tonne (t), Kilogramm (kg), Gramm (g) und Milligramm (mg)
Zeitangaben: Tag (d), Stunde (h), Minute (min) und Sekunde (s)

Umrechnen von Längeneinheiten

1 km =	1000 m =	10 000 dm =	100 000 cm =	1 000 000 mm
	1 m =	10 dm =	100 cm =	1000 mm
		1 dm =	10 cm =	100 mm
			1 cm =	10 mm

Umrechnen von Gewichten

1 t =	1000 kg =	1 000 000 g =	1 000 000 000 mg
	1 kg =	1000 g =	1 000 000 mg
		1 g =	1000 mg

Umrechnen von Zeitdauern

1 d = 24 h
1 h = 60 min
1 min = 60 s

Beispiele:

a) 6 km = 6000 m; 80 dm = 8 m; 5 dm = 500 mm; 3 m 2 dm = 32 dm

b) 2 t = 2000 kg; 5000 mg = 5 g; 3570 g = 3 kg 570 g; 5 g 10 mg = 5010 mg

c) 120 min = 2 h; 360 s = 6 min; 2 d 3 h = 51 h; 3600 s = 1 h

Zusammenfassung

Eine Einheit gibt uns die Möglichkeit, Größen miteinander vergleichen zu können.
- Längeneinheiten: km, m, dm, cm, mm
- Gewichte: t, kg, g, mg
- Zeitangaben: d, h, min, s

Größen mit Komma

Manchmal ist es sinnvoll, Größen in Kommaschreibweise anzugeben, z. B. 350 cm = 3,5 m. Im Alltag findest du häufig Größen in Kommaschreibweise, z. B. Gewichtsangaben im Supermarkt oder Längenangaben bei Möbeln.

Um Größen, die in Kommaschreibweise angegeben sind, in Größen ohne Komma umzuwandeln oder auch umgekehrt, benutzt du am besten eine Stellenwerttafel.

Umwandeln von Größen mit Komma in Größen ohne Komma

t			kg			g			mg			
H	Z	E	H	Z	E	H	Z	E	H	Z	E	
					4	8	7	5				4,875 kg = 4 kg 875 g = 4875 g
	1	2	6	5	8							12,658 t = 12 t 658 kg = 12 658 kg
								3	4	6	9	3,469 g = 3 g 469 mg = 3469 mg

km			m			dm	cm	mm	
H	Z	E	H	Z	E	E	E	E	
		9	7	3	2				9,732 km = 9 km 732 m= 9732 m
					3	2	8	5	32,85 dm = 32 dm 85 mm = 3285 mm
				4	0	1	0	5	40,105 m = 40 m 105 mm = 40 105 mm

Umwandeln von Größen ohne Komma in Größen mit Komma

t			kg			g			mg			
H	Z	E	H	Z	E	H	Z	E	H	Z	E	
				6	5	4	8	9				65 489 g = 65 kg 489 g = 65,489 kg
		4	8	6	9							4869 kg = 4 t 869 kg = 4,869 t
								1	5	8	5	1585 mg = 1 g 585 mg = 1,585 g

km			m			dm	cm	mm	
H	Z	E	H	Z	E	E	E	E	
	7	0	2	3	6				70 236 m = 70 km 236 m = 70,236 km
				4	7	1	0		4710 cm = 471 dm = 47 m 1 dm = 47,1 m
				6	8	5	2	1	68 521 mm = 685 dm 21 mm = 685,21 dm

Um mit Größen in Kommaschreibweise zu rechnen, d.h. diese zu addieren, subtrahieren, multiplizieren oder dividieren, schreibt man sie zunächst ohne Komma und in der gleichen Einheit. Hast du das Ergebnis bestimmt, kannst du es wieder in Kommaschreibweise bringen.

Berechne.

a) 5,6 g + 78,6 g = 5600 mg + 78 600 mg = 84 200 mg = 84,2 g

b) 8,5 kg − 65 g = 8500 g − 65 g = 8435 g = 8,435 kg

c) 2,4 m : 6 = 24 dm : 6 = 4 dm = 0,4 m

d) 22,5 cm · 3 = 225 mm · 3 = 675 mm = 67,5 cm = 6,75 dm

Zusammenfassung

- Um Größen ohne Komma in Größen mit Komma umzuwandeln oder umgekehrt, benutzt du am besten eine Stellenwerttafel.
- Damit du Größen mit Komma leichter addieren, subtrahieren, multiplizieren oder dividieren kannst, wandelst du sie in Größen ohne Komma um und rechnest damit wie bisher.
  Dein Ergebnis kannst du am Ende wieder in Kommaschreibweise umformen.

Flächeneinheiten

Um Flächen miteinander vergleichen zu können, hat man wie bei Längen und Gewichten Maßeinheiten eingeführt.
Zu jeder Längeneinheit gibt es eine zugehörige Flächeneinheit, z. B. zur Längeneinheit cm gehört die Flächeneinheit cm^2; zur Längeneinheit m die Flächeneinheit m^2 usw.

Um die Maßeinheit für Flächen zu beschreiben, greift man auf den Flächeninhalt von Quadraten zurück. Die Seiten von Quadraten können die Längeneinheiten mm, cm, dm, m, km haben.

Ein **Quadrat** mit der Seitenlänge **1 cm** hat den Flächeninhalt **1 cm^2**.
Nun kann man den Flächeninhalt von anderen Flächen beschreiben, indem man sich überlegt, wie oft das Quadrat mit 1 cm^2 in die andere Fläche passt.
Hast du z. B. ein Quadrat mit der Seitenlänge von 1 dm, so hat dieses Quadrat einen Flächeninhalt von 100 cm^2, da das Quadrat mit dem Flächeninhalt von 1 cm^2 100-mal hineinpasst.

Übersicht über die verschiedenen Flächeneinheiten

Seitenlänge des Quadrats	1 mm	1 cm	1 dm	1 m	10 m	100 m	1 km
Flächeneinheit	1 mm^2	1 cm^2	1 dm^2	1 m^2	1 a	1 ha	1 km^2
Name	Quadrat-milli-meter	Quadrat-zenti-meter	Quadrat-dezi-meter	Quadrat-meter	Ar	Hektar	Quadrat-kilometer
Beispiel	Steck-nadelkopf	Finger-nagel	Hand-fläche	Tafel-flügel	Klassen-zimmer	Fußball-feld	Dorf

Beachte:
Zwischen den Längeneinheiten m und km liegen bei Flächeneinheiten noch zwei weitere Einheiten, nämlich Ar (a) und Hektar (ha).

Umrechnen von Flächeneinheiten

So wie ein Quadrat mit dem Flächeninhalt von $1\,cm^2$ 100-mal in ein Quadrat mit der Seitenlänge 10 cm hineinpasst, passt auch ein Quadrat mit dem Flächeninhalt von $1\,dm^2$ 100-mal in ein Quadrat mit der Seitenlänge von $1\,m = 10\,dm$.

Da $1\,m^2 = 1\,m \cdot 1\,m = 10\,dm \cdot 10\,dm = 100\,dm^2$ ist, ist die **Umrechnungszahl** bei Flächeneinheiten immer **100**.

$1\,km^2 = 100\,ha$

$1\,ha = 100\,a$

$1\,a = 100\,m^2$

$1\,m^2 = 100\,dm^2$

$1\,dm^2 = 100\,cm^2$

$1\,cm^2 = 100\,mm^2$

Beispiele:

a) $0{,}54\,m^2 = 54\,dm^2 = 5400\,cm^2 = 540\,000\,mm^2$

b) $0{,}089\,km^2 = 8{,}9\,ha = 890\,a = 89\,000\,m^2$

Zusammenfassung

- Der Flächeninhalt gibt an, wie groß eine Fläche ist.
- Um Flächen miteinander vergleichen zu können, braucht man einheitliche Maßeinheiten.
- Flächeneinheiten sind: mm^2, cm^2, dm^2, m^2, a, ha, km^2
- Die Umrechnungszahl bei Flächeneinheiten beträgt immer 100.

Volumeneinheiten

Um zwei Körper miteinander zu vergleichen, muss man den **Rauminhalt** bzw. **das Volumen** der beiden Körper kennen.
Eine Möglichkeit ist, einen (Hohl-)Körper mit Wasser zu füllen, und durch Umfüllen in einen zweiten Körper festzustellen, ob genauso viel Wasser hineinpasst.

Um das Volumen eines Körpers zu beschreiben, greift man auf den Rauminhalt von Würfeln zurück. Hat ein Würfel eine Kantenlänge von 1 cm, so hat er ein Volumen von 1 cm^3 (Kubikzentimeter).

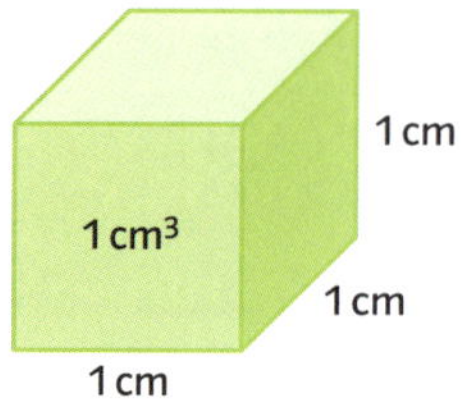

Das **Volumen V** (also der Rauminhalt) wird berechnet, indem man die Länge a, Breite b und Höhe c des Quaders miteinander multipliziert:

$$\mathbf{V = a \cdot b \cdot c}.$$

Da bei einem **Würfel** alle Kanten (Länge, Breite, Höhe) gleich lang sind, gilt hier:

$$\mathbf{V = a \cdot a \cdot a = a^3}.$$

Will man nun das Volumen anderer Körper bestimmen, so schaut man, wie oft der Würfel mit 1 cm^3 in den Körper hineinpasst.
In einen Quader mit der Seitenlänge 10 cm = 1 dm passen 1000 Würfel mit dem Rauminhalt 1 cm^3.
Also gilt:
$$\begin{aligned} V &= 1\,dm \cdot 1\,dm \cdot 1\,dm \\ &= 10\,cm \cdot 10\,cm \cdot 10\,cm \\ &= 1000\,cm^3 \\ &= 1\,dm^3 \end{aligned}$$

Übersicht über die verschiedenen Volumeneinheiten

Kantenlänge des Würfels	1 mm	1 cm	1 dm	1 m
Volumen-einheit	$1\,mm^3$	$1\,cm^3$	$1\,dm^3$ oder 1 l	$1\,m^3$
Name	Kubikmillimeter	Kubikzentimeter	Kubikdezimeter oder Liter	Kubikmeter
Beispiel	Laus	Würfelzucker	Milchtüte	Kühlschrank

Wie bei Längen- und Flächeneinheiten müssen die Rauminhalte in der gleichen Einheit angegeben sein, wenn man sie vergleichen will.

Umrechnen von Volumeneinheiten

So wie ein Würfel mit einem Volumen von $1\,cm^3$ 1000-mal in einen Würfel mit der Seitenlänge 10 cm hineinpasst, passt auch ein Würfel mit dem Volumen von $1\,dm^3$ 1000-mal in einen Würfel mit der Seitenlänge von 1 m.
Da $1\,m^3 = 1\,m \cdot 1\,m \cdot 1\,m = 10\,dm \cdot 10\,dm \cdot 10\,dm = 1000\,dm^3 = 1\,m^3$ ist, ist die **Umrechnungszahl** bei Volumeneinheiten immer **1000**.

$1\,m^3 = 1000\,dm^3$
$1\,dm^3 = 1000\,cm^3$
$1\,cm^3 = 1000\,mm^3$

$1\,l = 1\,dm^3 = 1000\,cm^3 = 1000\,ml$
$1\,cm^3 = 1\,ml$

Beispiele:

a) $5\,m^3 = 5000\,dm^3$

b) $350\,dm^3 = 0{,}35\,m^3$

c) $0{,}754\,m^3 = 754\,dm^3 = 754\,000\,cm^3$

d) $3\,l = 3000\,ml$

Zusammenfassung

- Volumen eines Quaders: $V = a \cdot b \cdot c$
- Volumeneinheiten sind: mm^3, cm^3, dm^3, m^3
- Die Umrechnungszahl bei Volumeneinheiten beträgt immer 1000.

Punkte

Punkte im Koordinatensystem

Ein Punkt ist ein Objekt ohne Ausdehnung.
Um die Lage eines Punktes zu beschreiben, benutzt man ein **Koordinatensystem**.

Eigenschaften eines Koordinatensystems
- Die horizontale Achse nennt man x-Achse.
- Die vertikale Achse nennt man y-Achse.
- Den Schnittpunkt beider Achsen nennt man Ursprung.
- Auf der x-Achse werden nach rechts die positiven Zahlen und nach links die negativen Zahlen aufgetragen.
- Auf der y-Achse werden nach oben die positiven Zahlen und nach unten die negativen Zahlen aufgetragen.

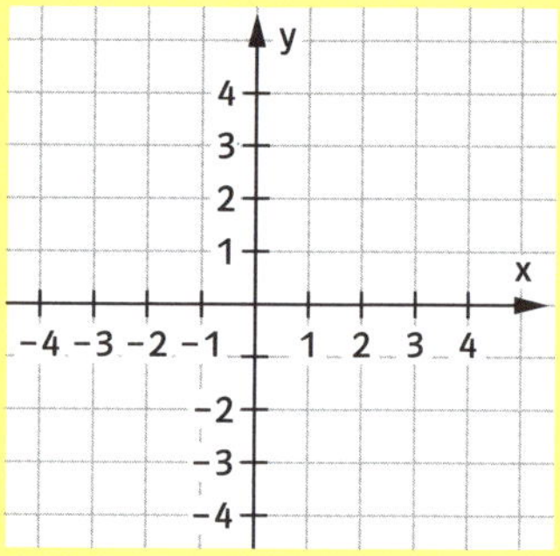

Beschreibung eines Punktes in einem Koordinatensystem

Ein Punkt in einem Koordinatensystem wird durch einen Großbuchstaben und zwei Zahlen (Koordinaten) beschrieben.

Beispiel: P(5 | 3)

Die beiden Koordinaten beschreiben, wie man vom Ursprung aus zu diesem Punkt gelangt. Der erste Wert (hier 5) gibt an, dass man 5 Einheiten auf der x-Achse nach rechts laufen muss. Man nennt diesen Wert **x-Koordinate**. Der zweite Wert (hier 3) gibt an, dass man 3 Einheiten parallel zur y-Achse nach oben laufen muss. Diesen Wert nennt man **y-Koordinate**.

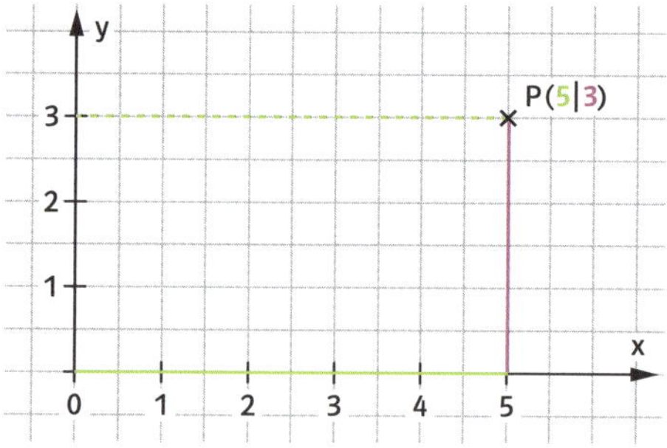

Zeichne die Punkte A(2 | 3); B(6 | 1,5); C(6 | 6); D(3 | 6) in ein Koordinatensystem.

Verbinde anschließend Punkt A mit C und B mit D.
Bestimme den Schnittpunkt S dieser beiden Linien.

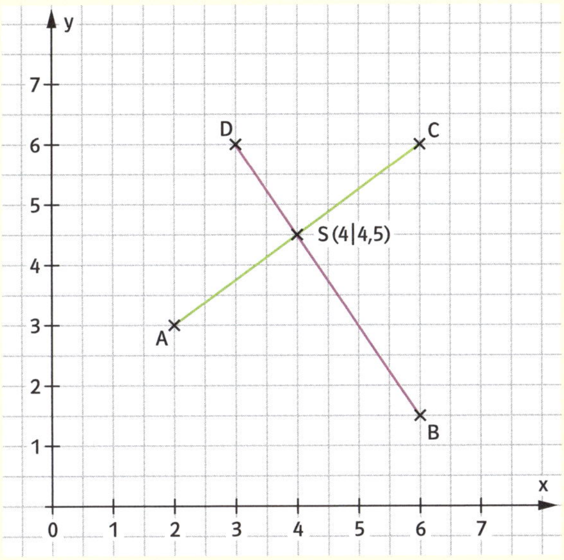

Zusammenfassung

- Mithilfe eines Koordinatensystems kann man die Lage eines Punktes beschreiben.
- Der Punkt wird mit zwei Zahlen beschrieben. Diese beiden Zahlen heißen Koordinaten.
- Die erste Zahl, die x-Koordinate, gibt an, wie weit du vom Ursprung aus auf der x-Achse nach rechts bzw. nach links laufen musst.
- Die zweite Zahl, die y-Koordinate, gibt an, wie weit du vom Ursprung aus auf der y-Achse senkrecht nach oben bzw. unten laufen musst.

Strecken und Geraden

In der Geometrie gibt es nicht nur Punkte, sondern auch Verbindungslinien zwischen den Punkten. Diese Linien heißen **Strecken**.

Strecken

Verbindest du 2 Punkte mit einer geraden Linie, so erhältst du eine **Strecke**.
Eine Strecke hat immer einen **Anfangspunkt** und einen **Endpunkt**.

Hat eine Strecke den Anfangspunkt A und den Endpunkt B, so nennt man sie die Strecke $\overline{AB}$ und schreibt: $\overline{AB}$.

Hat eine Strecke eine Länge z. B. 4 cm, so schreibt man: $\overline{AB} = 4\,cm$.

Verbindet man mehrere Punkte miteinander durch Strecken, so erhält man einen **Streckenzug**.

Geraden

Verlängert man eine Strecke über ihre Endpunkte hinaus, so erhält man eine **Gerade**.
Eine Gerade hat somit keinen Anfang und kein Ende, sie ist **unendlich lang**.

Die beiden Punkte A und B liegen auf der Geraden. Deshalb sagt man auch, die Gerade geht durch die Punkte A und B.

Geraden werden immer mit kleinen Buchstaben bezeichnet, z. B. g, h, …

10 Geometrische Grundbegriffe

Verlängert man eine Strecke nur auf einer Seite, so erhält man eine **Halbgerade** oder einen **Strahl**. Eine Halbgerade hat einen Anfang, aber kein Ende.
Eine Halbgerade wird auch mit einem kleinen Buchstaben bezeichnet.

Welche Linien sind Strecken, Geraden oder Halbgeraden?

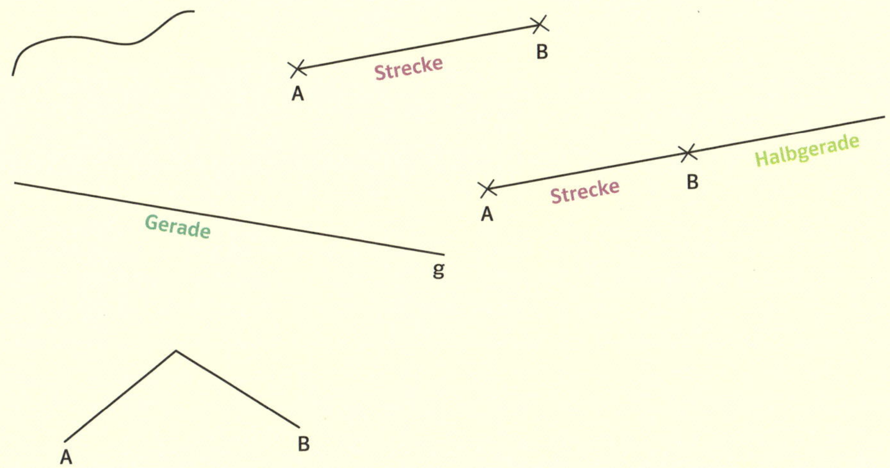

Zusammenfassung

- Strecken haben einen Anfangs- und Endpunkt. Man schreibt z. B.: $\overline{AB}$.
- Für die Länge der Strecke schreibt man: $\overline{AB}$
- Geraden haben keinen Anfangs- und Endpunkt, sie sind unendlich lang. Man bezeichnet sie mit kleinen Buchstaben.
- Eine Halbgerade hat einen Anfangspunkt, aber keinen Endpunkt. Auch sie wird durch kleine Buchstaben beschrieben.

Lage von Geraden

Zwei **Geraden** können in verschiedenen Beziehungen zueinander stehen. Sie können sich schneiden oder sie können parallel zueinander sein.

Schnittpunkt von Geraden

Haben Geraden einen gemeinsamen Punkt, sagt man, die Geraden schneiden sich. Den Punkt bezeichnet man als Schnittpunkt.

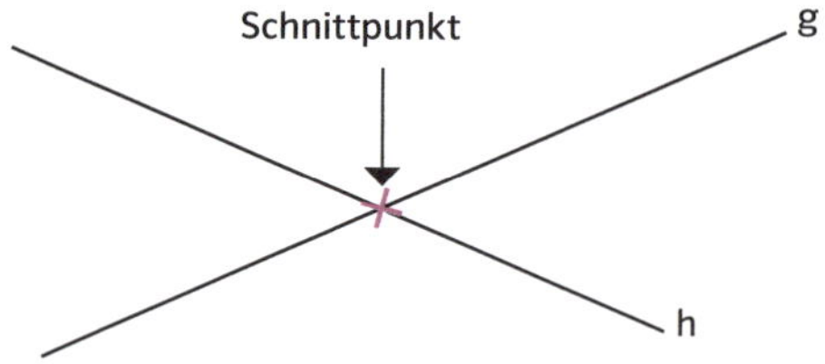

Orthogonale Geraden

Schneiden sich die Geraden in einem rechten Winkel, so sagt man auch, die Geraden sind **orthogonal** zueinander.
Man schreibt dafür: $g \perp h$.
In der Zeichnung kennzeichnest du es mit folgendem Zeichen: ⦜

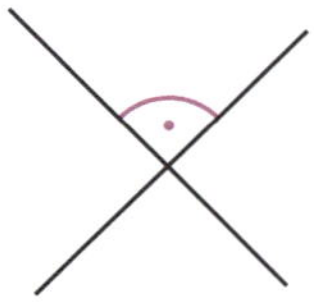

Mit dem Geodreieck zeichnest du orthogonale Geraden, indem du die Mittellinie des Geodreiecks auf eine Gerade legst.

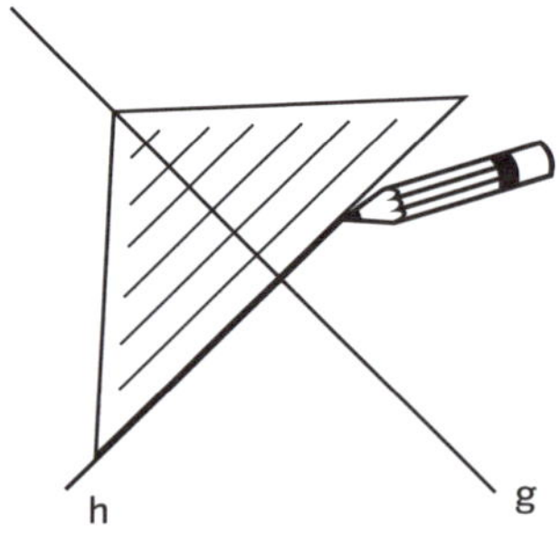

Parallele Geraden

Haben Geraden keinen Schnittpunkt, so sagt man, die Geraden sind **parallel** zueinander. Man schreibt dafür $g \parallel h$.

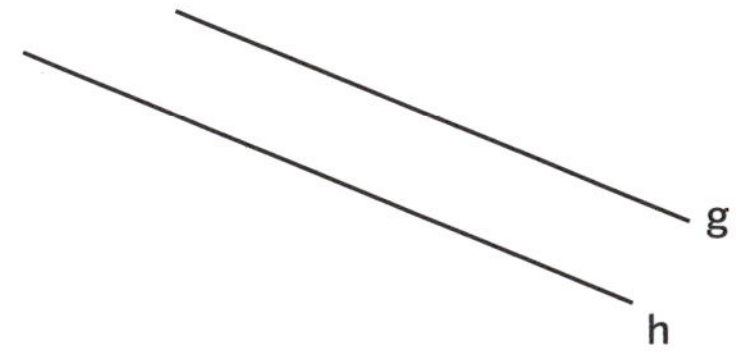

Mit dem Geodreieck zeichnest du parallele Geraden mithilfe der parallelen Linien auf deinem Geodreieck.

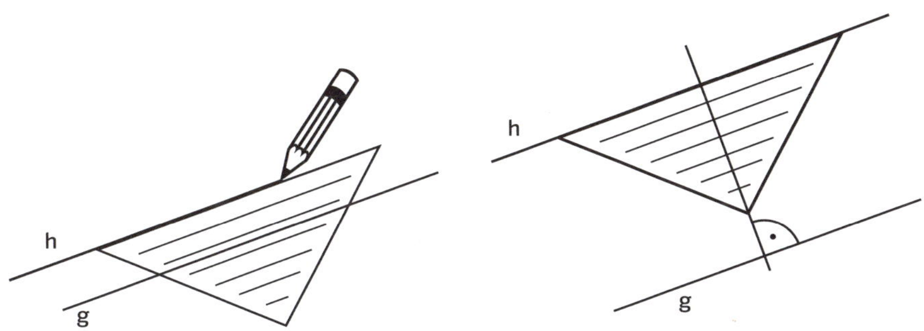

Tipp:
Ist $g \perp h$ und $h \perp i$, dann ist $g \parallel i$.

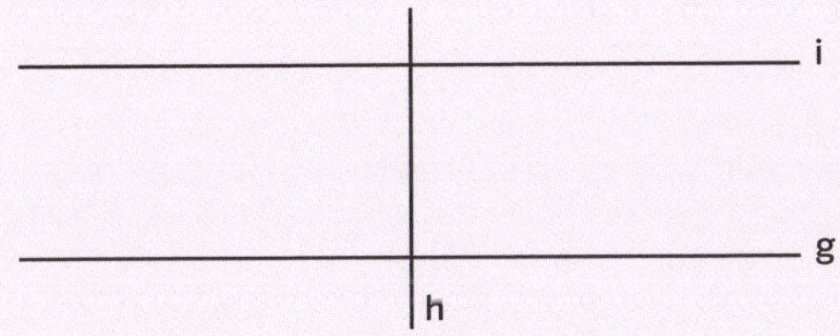

Zusammenfassung

Geraden können verschiedene Beziehungen zueinander haben.
- Sie können sich in einem Punkt schneiden.
- Sie können orthogonal zueinander sein, d. h., sich in einem rechten Winkel schneiden.
- Sie können parallel zueinander sein, d. h. sie haben keinen Schnittpunkt.

Achsensymmetrie

Faltest du ein Blatt Papier und schneidest eine Figur aus, so erhältst du nach dem Aufklappen eine Figur, die aus zwei gleichen Hälften besteht.

Eine Faltlinie, die eine Figur in zwei identische Hälften teilt, nennt man **Symmetrieachse**.

Die Figur nennt man **achsensymmetrisch**.

Legt man an die Symmetrieachse einen Spiegel, so erhält man auch zwei identische Hälften, deshalb nennt man die Symmetrieachse auch **Spiegelachse**.

Eigenschaften achsensymmetrischer Figuren

- Verbindet man zwei gegenüberliegende Eckpunkte einer achsensymmetrischen Figur miteinander, so steht die Verbindungslinie senkrecht zur Symmetrieachse.
- Die beiden Eckpunkte haben außerdem den gleichen Abstand zur Symmetrieachse.

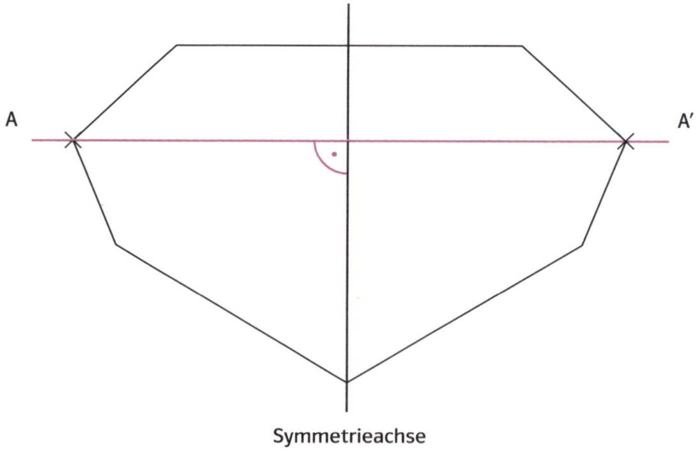

Zeichnen von achsensymmetrischen Figuren

- Lege eine Symmetrie- bzw. Spiegelachse fest.
- Bezeichne die Eckpunkte der Figur mit Namen, z. B. A, B, …
- Zeichne eine zur Symmetrieachse orthogonale Gerade durch den Eckpunkt A. Diese dient als Hilfslinie.
- Lege den Spiegelpunkt A′ so auf der Hilfslinie fest, dass er zur Symmetrieachse den gleichen Abstand hat, wie der Punkt A.
- Wiederhole das Verfahren für alle Eckpunkte.
- Am Schluss verbindest du die Spiegelpunkte in der richtigen Reihenfolge.

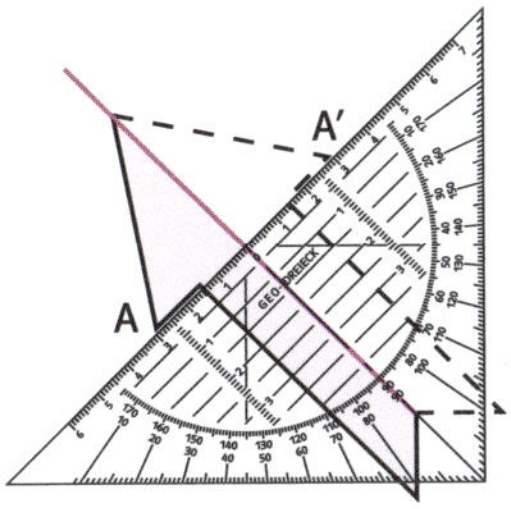

Manchmal kannst du eine achsensymmetrische Figur auch durch Kästchenzählen zeichnen.

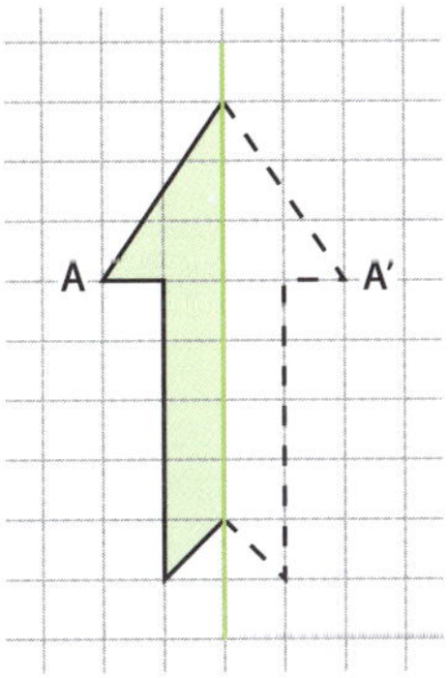

Zusammenfassung

- Kann man eine Figur durch eine Gerade in zwei identische Figuren zerlegen, so nennt man die Figur achsensymmetrisch.
- Die Gerade nennt man Spiegelachse oder Symmetrieachse.

Punktsymmetrie

Verbindet man in einer Figur zwei entsprechende Punkte miteinander und schneiden sich diese Verbindungslinien alle in einem Punkt, so nennt man die Figur punktsymmetrisch.

Der Punkt, in dem sich alle Verbindungslinien schneiden, heißt **Symmetriezentrum Z**.

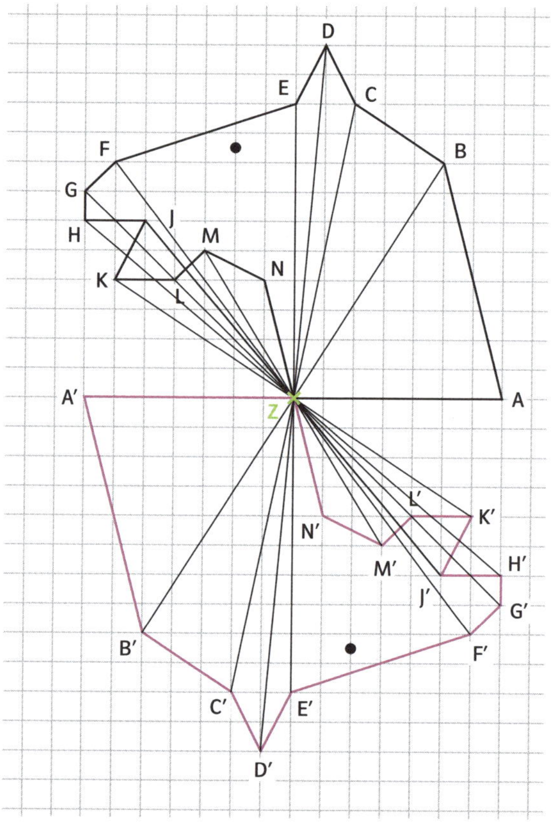

Eigenschaften einer punktsymmetrischen Figur

- Die Verbindungslinien des Punktes mit dem Spiegelpunkt schneiden sich alle im Symmetriezentrum Z.
- Der Abstand vom Symmetriezentrum zum Punkt ist genauso groß wie der Abstand vom Symmetriezentrum zum Spiegelpunkt.

Zeichnen von punktsymmetrischen Figuren

- Zuerst legst du das Spiegelzentrum Z fest.
- Du verbindest den Eckpunkt A deiner Figur mit dem Spiegelzentrum Z und verlängerst diese Linie über den Punkt Z hinaus.
- Nun misst du die Länge der Strecke $\overline{AZ}$ und trägst diese Länge nochmals an Z an. Der Endpunkt dieser Strecke ist A'.
- Wiederhole dieses Verfahren für alle Eckpunkte.
- Verbinde die Eckpunkte in der richtigen Reihenfolge.

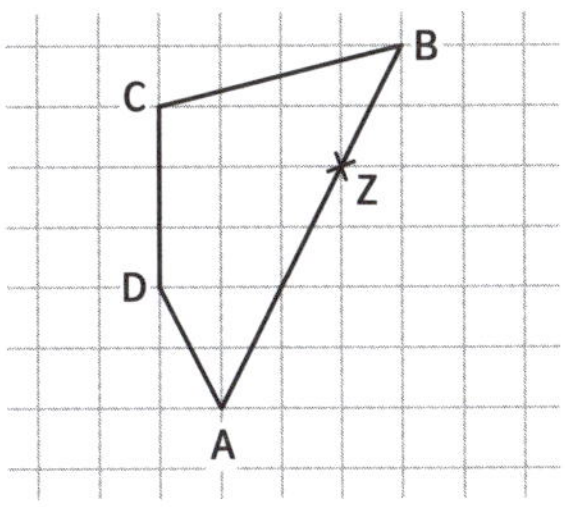

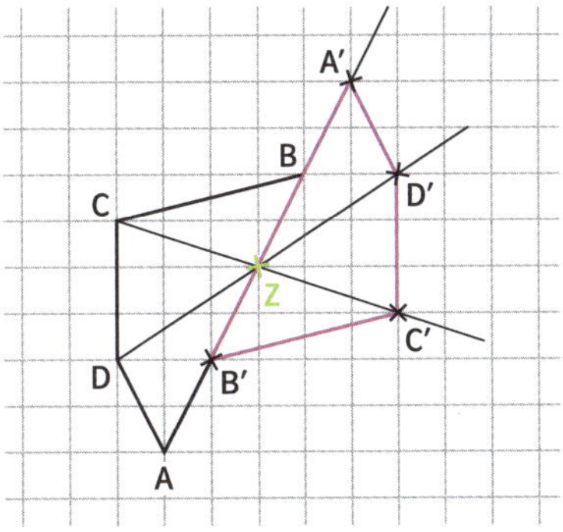

Im Gegensatz zu achsensymmetrischen Figuren ist das Zeichnen von punktsymmetrischen Figuren durch Kästchenzählen nur sehr schwer möglich.

Zusammenfassung

- Schneiden sich die Verbindungslinien der Eckpunkte mit den entsprechenden Spiegelpunkten alle in einem Punkt, so nennt man die Figur punktsymmetrisch.
- Der Spiegelpunkt heißt Symmetriezentrum Z.
- Z ist der Mittelpunkt der Verbindungslinien.

Winkel

In vielen Situationen des Lebens treten Winkel auf, z. B. beim Fußball erfolgt der Torschuss innerhalb eines Torwinkels oder das Dach eines Hauses besitzt einen Neigungswinkel.

Zwei unterschiedliche Halbgeraden mit gleichem Anfangspunkt bilden einen Winkel. Den Anfangspunkt nennt man in diesem Fall **Scheitel S** des Winkels.

Die beiden Halbgeraden heißen **Schenkel** des Winkels.

Winkel bezeichnet man mit griechischen Buchstaben:
α – Alpha
β – Beta
γ – Gamma
δ – Delta

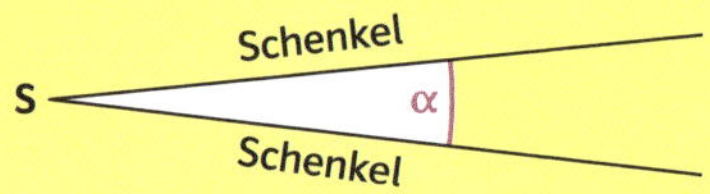

Winkel messen

Die Weite eines Winkels wird in **Grad** angegeben.
Teilt man einen Kreis in 360 gleiche Kreisausschnitte, so entsteht ein Winkel von einem Grad (1°).

1. Du legst dein Geodreieck mit der Grundseite an einen Schenkel des Winkels. Wichtig ist dabei, dass der Nullpunkt deines Geodreiecks mit dem Scheitel S des Winkels übereinstimmt.
2. Lies nun auf der Skala die Winkelweite ab. Dabei benutzt du immer die Skala, bei der vom ersten zum zweiten Schenkel die Werte immer größer werden.

   Der Winkel unten hat eine Weite von 32°.

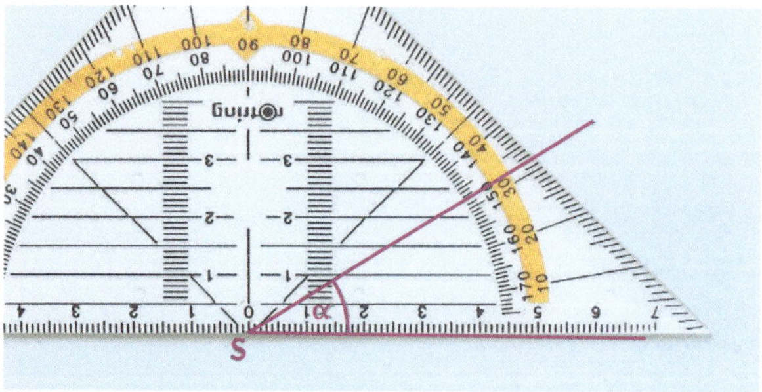

Winkel zeichnen

Beim Zeichnen eines Winkels gibt es zwei Möglichkeiten. In beiden Fällen liegt der Nullpunkt deines Geodreiecks auf dem Scheitel.

1. Nun drehst du das Geodreieck so lange, bis die Skala der gesuchten Winkelweite auf dem ersten Schenkel liegt.
2. Du machst bei der gewünschten Winkelweite mit den Bleistift einen kleinen Punkt. Diesen Punkt verbindest du nun mit dem Scheitel.

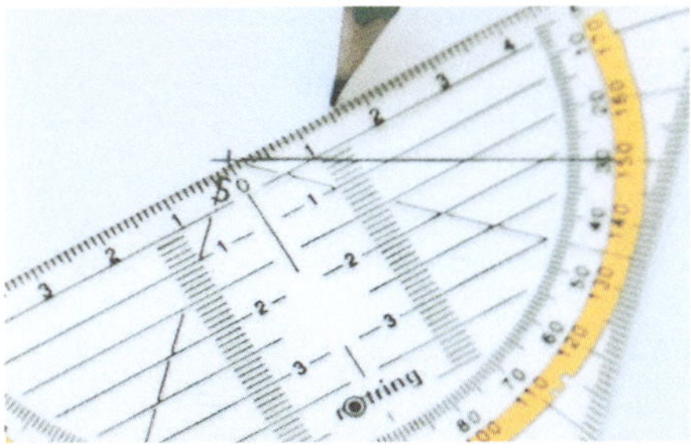

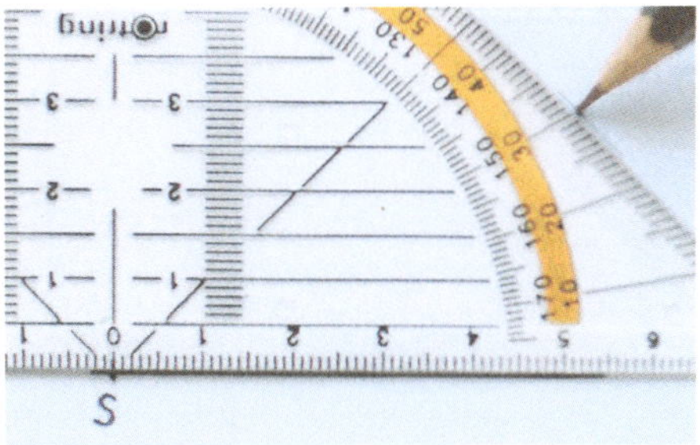

Winkelarten

Rechter Winkel	Gestreckter Winkel	Vollwinkel
Die Schenkel sind orthogonal zueinander ($\alpha = 90°$).	Die Schenkel bilden eine Gerade ($\alpha = 180°$).	Die Schenkel liegen aufeinander ($\alpha = 360°$).
Spitzer Winkel	**Stumpfer Winkel**	**Überstumpfer Winkel**
Die Weite des Winkels liegt zwischen 0° und 90°.	Die Weite des Winkels liegt zwischen 90° und 180°.	Die Weite des Winkels liegt zwischen 180° und 360°.

Zusammenfassung

- Ein Winkel besteht aus zwei Schenkeln und einem Scheitel.
- Man misst Winkel mit dem Geodreieck in Grad.
- Bezeichnet werden Winkel mit kleinen griechischen Buchstaben.

Kreise und Kreisausschnitte

Bezeichnungen am Kreis

Auf einem **Kreis** liegen alle Punkte, die von einem Punkt M den gleichen Abstand r haben.

Der Punkt M wird **Mittelpunkt des Kreises** genannt.

Der Abstand r wird **Radius des Kreises** genannt.

Zeichnet man eine Strecke durch den Mittelpunkt des Kreises, so erhält man den **Durchmesser d**. Der Durchmesser ist doppelt so lang wie der Radius.

d = 2r

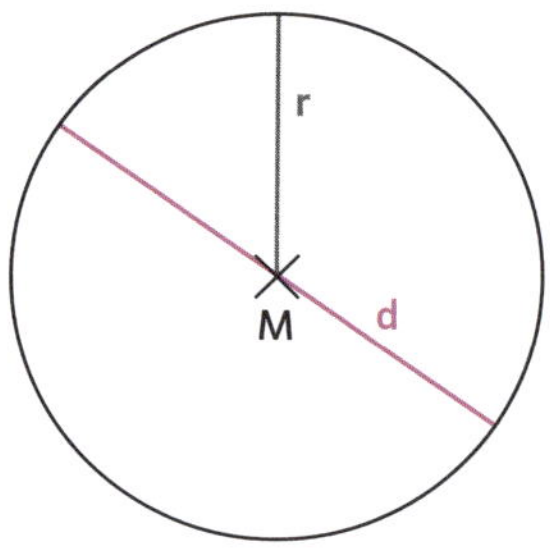

Kreisausschnitte

Zeichnest du in einen Kreis zweimal den Radius ein, so erhältst du einen **Kreisausschnitt**. Dabei ist der Mittelpunkt des Kreises auch der Scheitel eines Winkels. Dieser Winkel heißt **Mittelpunktswinkel**.

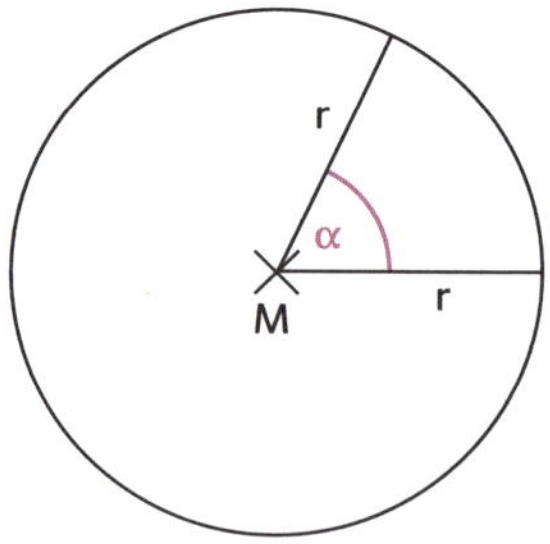

α = Mittelpunktswinkel

Umfang und Flächeninhalt eines Kreises

Der **Umfang** eines Kreises ist etwa dreimal so groß wie der Durchmesser des Kreises. Das Verhältnis von Kreisumfang und Kreisdurchmesser wird mit π (sprich: pi) dargestellt und beträgt gerundet auf zwei Stellen nach dem Komma 3,14.

$$\mathbf{u = \pi \cdot d = \pi \cdot 2r = 2 \cdot \pi \cdot r}$$

Für den **Flächeninhalt** gilt:

$$\mathbf{A = \pi \cdot r^2}$$

Berechne den Umfang und den Flächeninhalt eines Kreises mit dem Radius $r = 5\,\text{cm}$.

$$\begin{aligned} u &= 2 \cdot \pi \cdot r \\ &= 2 \cdot \pi \cdot 5\,\text{cm} \\ &= \pi \cdot 10\,\text{cm} \\ &\approx 31{,}42\,\text{cm} \end{aligned}$$

$$\begin{aligned} A &= \pi \cdot r^2 \\ &= \pi \cdot (5\,\text{cm})^2 \\ &= \pi \cdot 25\,\text{cm}^2 \\ &\approx 78{,}54\,\text{cm}^2 \end{aligned}$$

Zusammen-fassung

- Ein Kreis ist eine Fläche, bei der alle Punkte auf der Kreislinie den gleichen Abstand r zum Mittelpunkt haben.
- Zwei Radien schneiden aus einem Kreis einen Kreisausschnitt aus. Der entstehende Winkel heißt Mittelpunktswinkel.

Vielecke

In unserem Alltag treffen wir häufig auf Flächen, z. B. die Tischplatte oder eine Seite deines Heftes.

Eine geschlossene Linie in einer Ebene bildet eine Fläche. In der Geometrie nennt man eckige Flächen auch **Polygone** oder **n-Ecke**.
Jede Figur, die du mit einer geschlossenen Linie auf ein Blatt Papier zeichnen kannst, ist eine Fläche.

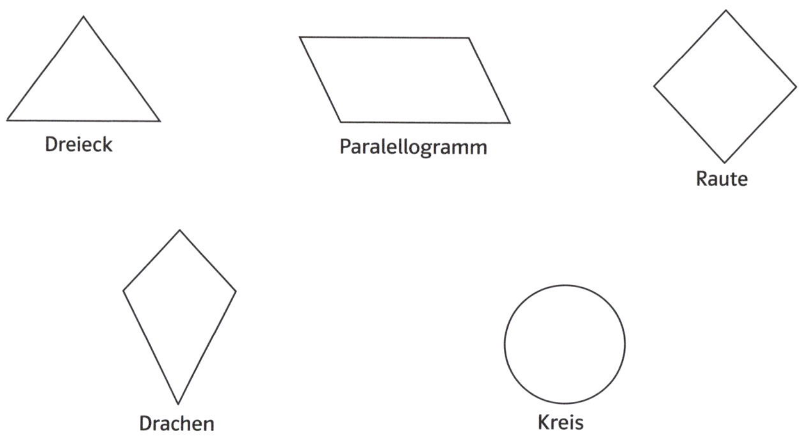

Jede Fläche, die durch Strecken begrenzt ist, bezeichnet man als **Figur** oder **Vieleck**.
Die Strecken, die das Vieleck begrenzen, heißen **Seiten**.

Häufig auftretende Vielecke sind
Dreieck: wird durch drei Seiten begrenzt und hat drei Eckpunkte
Viereck: wird durch vier Seiten begrenzt und hat vier Eckpunkte
Fünfeck: wird durch fünf Seiten begrenzt und hat fünf Eckpunkte
Sechseck: wird durch sechs Seiten begrenzt und hat sechs Eckpunkte

Bezeichnungen bei Figuren

- Eckpunkte werden mit großen Buchstaben gekennzeichnet.
- Seiten werden mit kleinen Buchstaben bezeichnet.
- Verbindet man gegenüberliegende Eckpunkte miteinander, so nennt man die entstehende Strecke **Diagonale**.
- Addiert man alle Seitenlängen, so erhält man den **Umfang** der Figur.

a) Zeichne ein Viereck mit den angegebenen Seitenlängen.

$\overline{AB} = 3\,cm$
$\overline{BC} = 4\,cm$
$\overline{CD} = 3\,cm$
$\overline{DA} = 4\,cm$

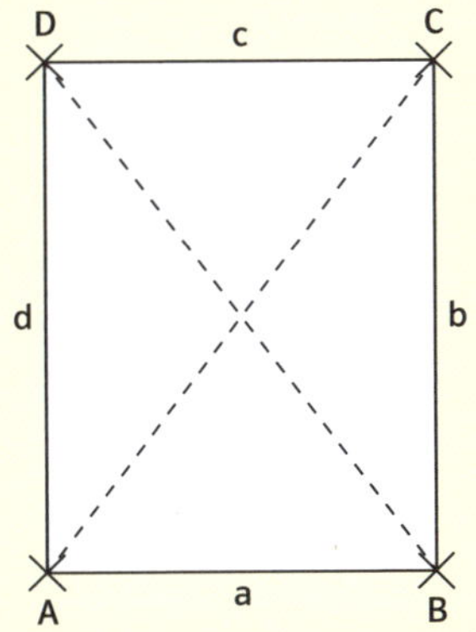

b) Zeichne die Diagonalen in das Viereck ein und miss ihre Länge.
Diagonalen: BD= 5 cm; AC = 5 cm

c) Bestimme den Umfang des Vierecks.
Umfang:
$u = a + b + c + d$
$= 3\,cm + 4\,cm + 3\,cm + 4\,cm$
$= 14\,cm$

Zusammenfassung

- Jede eckige Fläche mit einer geschlossenen Linie in der Ebene ist ein Vieleck.
- Jede Fläche wird durch Strecken begrenzt.
- Verbindet man bei einem Vieleck gegenüberliegende Eckpunkte miteinander, so entstehen neue Strecken, die Diagonalen.

Besondere Vierecke

In der Natur gibt es viele verschiedene **Vierecke**.
Die im Alltag gebräuchlichen hat man mit verschiedenen Namen versehen.
Dazu gehören das **Quadrat**, das **Rechteck**, das **Parallelogramm** und die **Raute**.

Parallelogramm

Ein Parallelogramm erkennst du daran, dass gegenüberliegende Seiten parallel zueinander sind.

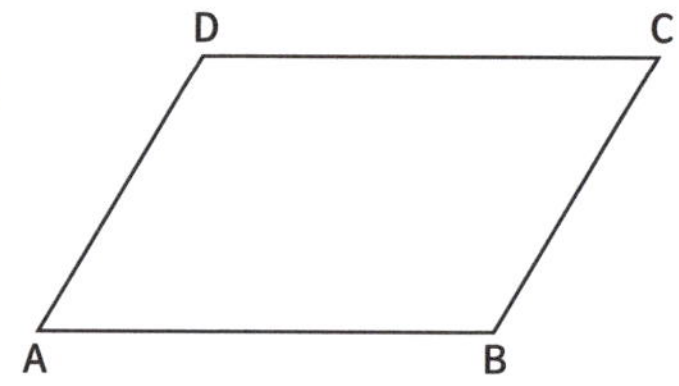

AB || CD
und
BC || AD

In einem Parallelogramm gilt außerdem:
Die gegenüberliegenden Seiten sind gleich lang,
d.h. AB = CD und BC = AD.

Rechteck

Ein Rechteck ist ein besonderes Parallelogramm, denn hier muss zusätzlich gelten:
Benachbarte Seiten sind orthogonal zueinander.

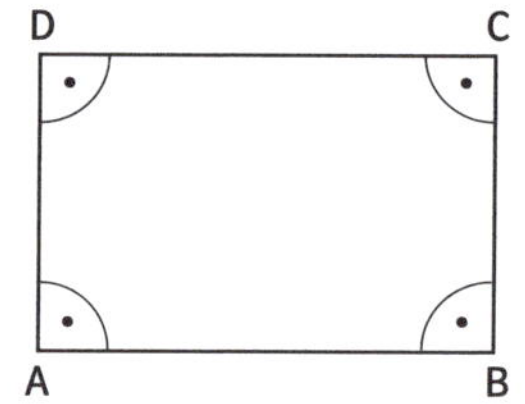

AB || CD
und
BC || AD
AB ⊥ BC
BC ⊥ DC
DC ⊥ AD
AD ⊥ AB

Quadrat

Ein Quadrat ist ein besonderes Rechteck, da zusätzlich alle vier Seiten gleich lang sind.
Da jedes Rechteck ein Parallelogramm ist, ist auch jedes Quadrat ein Parallelogramm.

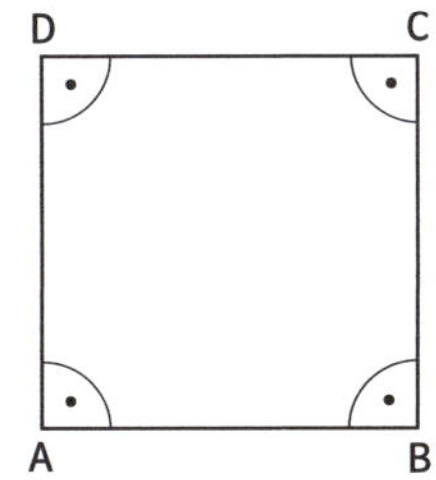

$AB = BC = CD = AD$

$AB \perp BC$
$BC \perp CD$
$CD \perp DA$
$DA \perp AB$

Raute

Eine Raute ist ein besonderes Parallelogramm, es müssen zusätzlich alle vier Seiten gleich lang sein.

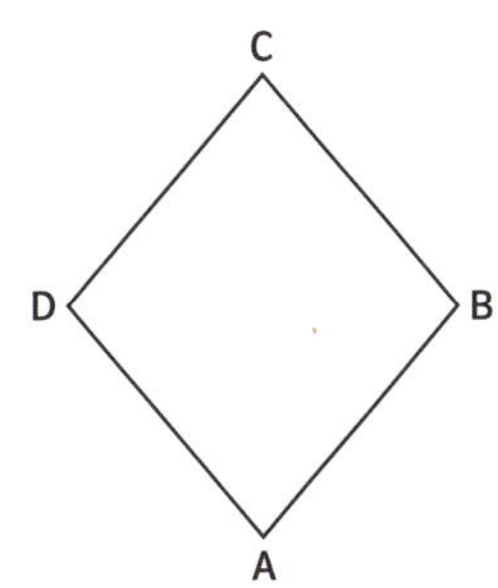

$AB \parallel DC$
$CB \parallel DA$
und
$AB = BC = CD = AD$

Beachte: Da bei einer Raute benachbarte Seiten nicht orthogonal sein müssen, muss sie kein Quadrat sein. Ist dies jedoch der Fall, so ist sie auch ein Quadrat. Somit ist jedes Quadrat auch eine Raute.

Zusammenfassung

- Ein Viereck mit vier gleich langen Seiten und rechten Winkeln zwischen benachbarten Seiten heißt Quadrat.
- Ein Viereck, bei dem gegenüberliegende Seiten parallel und gleich lang sind, heißt Parallelogramm.
- Ein Parallelogramm, bei dem zusätzlich benachbarte Seiten orthogonal zueinander sind, heißt Rechteck.
- Ein Parallelogramm mit vier gleich langen Seiten heißt Raute.

Rechteck

Um verschiedene Rechtecke miteinander vergleichen zu können, muss man ihren Flächeninhalt berechnen.
Auch der Umfang eine Figur kann im Alltag eine wichtige Rolle spielen.
Will man z. B. ein Grundstück mit einem Zaun umgeben, so muss man den Umfang des Grundstückes kennen.

Flächeninhalt

Um den Flächeninhalt A eines Rechteckes berechnen zu können, muss man zuerst die Seitenlängen des Rechtecks mit dem Geodreieck bestimmen. Es ist wichtig, dass die Seitenlängen die gleiche Längeneinheit haben.

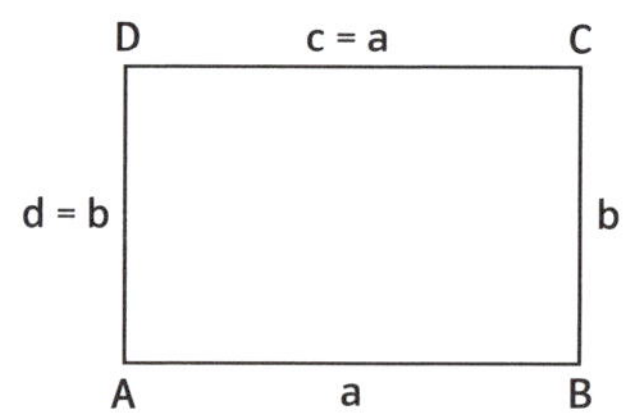

Den **Flächeninhalt** des Rechteckes erhält man, indem man die beiden Seitenlängen miteinander multipliziert.

$$\mathbf{A = a \cdot b}$$

Umfang

Um den Umfang u eines Rechteckes zu berechnen, misst man die Seitenlängen des Rechteckes a, b, c, d und addiert diese.
Da bei einem Rechteck die gegenüberliegenden Seiten immer gleich lang sind, gilt:
$a = c$ und $b = d$.

Es folgt für den **Umfang**:

$$\begin{aligned} \mathbf{u} &= a + b + c + d \\ &= a + b + a + b \\ &= 2 \cdot a + 2 \cdot b \\ &= \mathbf{2\,(a + b)} \end{aligned}$$

Ein besonderes Rechteck ist das Quadrat. Bei ihm sind alle vier Seiten gleich lang.
Somit gilt für den **Flächeninhalt A und den Umfang u eines Quadrats**:

$$A = a \cdot a = a^2 \qquad \text{bzw.} \qquad u = a + a + a + a = 4 \cdot a$$

Berechne den Flächeninhalt der Rechtecke mit den angegebenen Maßen.

a) Rechteck mit $a = 3\,cm$; $b = 5\,cm$

$A = a \cdot b$
$= 3\,cm \cdot 5\,cm$
$= 15\,cm^2$

b) Quadrat mit $a = 6\,cm$

$A = 6\,cm \cdot 6\,cm$
$= 36\,cm^2$

Berechne den Umfang der Rechtecke mit den angegebenen Maßen.

a) Rechteck mit $a = 12\,cm$; $b = 5\,cm$

$u = 2 \cdot 12\,cm + 2 \cdot 5\,cm$
$= 24\,cm + 10\,cm$
$= 34\,cm$

b) Quadrat mit $a = 7\,cm$

$u = 4 \cdot 7\,cm$
$= 28\,cm$

Zusammenfassung

- Für ein Rechteck mit den Seitenlängen a und b gilt:
  Flächeninhalt $A = a \cdot b$
  Umfang $u = 2 \cdot a + 2 \cdot b = 2(a + b)$
- Für ein Quadrat mit den Seitenlängen a gilt:
  Flächeninhalt $A = a \cdot a = a^2$
  Umfang $u = 4 \cdot a$

Parallelogramm

Oft sind Grundstücke oder andere Flächen nicht rechteckig. Häufiger sind viereckige Flächen, die ein Parallelogramm sind. Für den Umfang ist dies kein Problem. Wie sieht es jedoch mit dem Flächeninhalt aus?

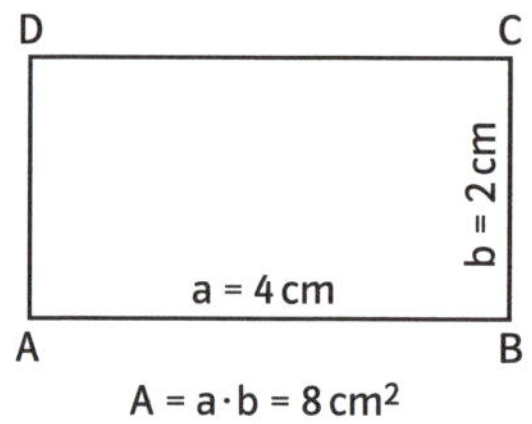

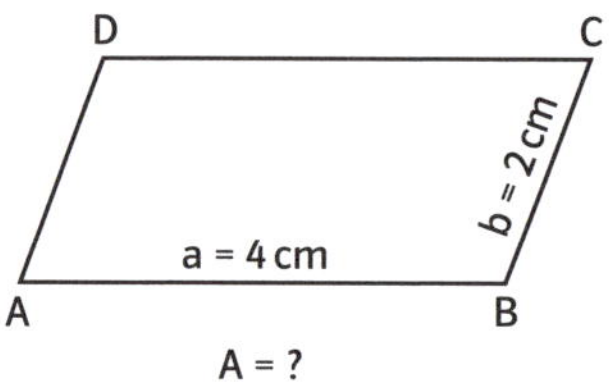

Flächeninhalt und Umfang

Um den Flächeninhalt A eines Parallelogramms berechnen zu können, musst du die Länge der Grundseite a und die Höhe h_a des Parallelogramms mit dem Geodreieck bestimmen. Es ist wichtig, dass die beiden Längen die gleiche Längeneinheit haben. Die Höhe h steht immer senkrecht auf der Grundseite.

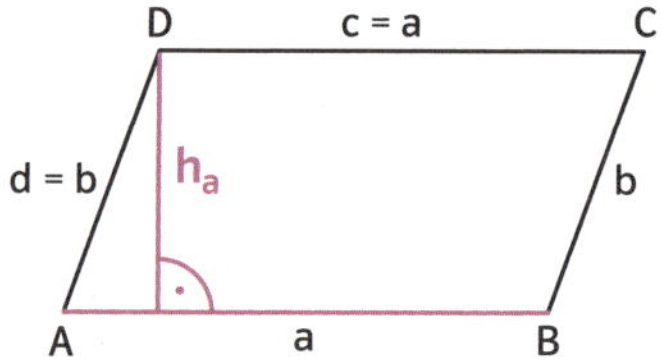

Den **Flächeninhalt** berechnet man, indem man die Grundseite a mit der Höhe h_a multipliziert.

$$\mathbf{A = a \cdot h_a}$$

Der **Umfang** berechnet man wie beim Rechteck, indem man die Längen der vier Seiten addiert:

$$\mathbf{u = 2a + 2b = 2(a + b)}$$

a) Berechne den Flächeninhalt und den Umfang des Parallelogramms mit $a = 42\,cm$; $b = 3{,}4\,dm$; $h_a = 250\,mm$.

$A = a \cdot h_a$
$= 42\,cm \cdot 250\,mm$
$= 42\,cm \cdot 25\,cm$
$= 1050\,cm^2 = 10{,}5\,dm^2$

$u = 2 \cdot a + 2 \cdot b$
$= 2 \cdot 42\,cm + 2 \cdot 3{,}4\,dm$
$= 2 \cdot 42\,cm + 2 \cdot 34\,cm$
$= 152\,cm = 15{,}2\,dm$

b) Welche Längenangaben brauchst du, um den Flächeninhalt und den Umfang des Parallelogramms zu berechnen?

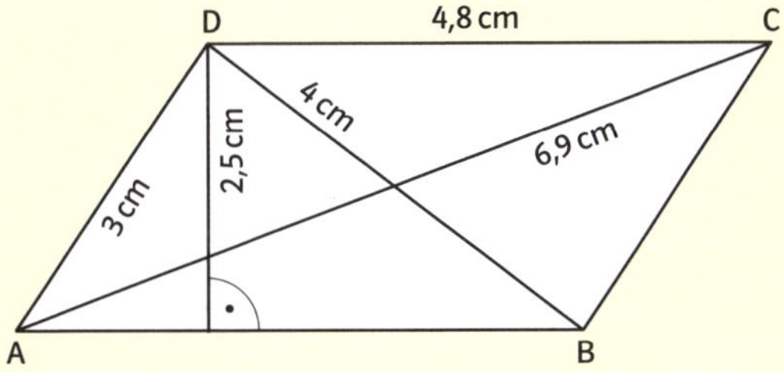

Für den Flächeninhalt:
$a = 4{,}8\,cm$ und $h_a = 2{,}5\,cm$
$A = 4{,}8\,cm \cdot 2{,}5\,cm$
$= 12\,cm^2$

Für den Umfang:
$a = 4{,}8\,cm$ und $b = 3\,cm$
$u = 2 \cdot 4{,}8\,cm + 2 \cdot 3\,cm$
$= 15{,}6\,cm$

Zusammenfassung

Für ein Parallelogramm mit den Seitenlängen a und b und der Höhe h gilt:
- Flächeninhalt $A = a \cdot h_a$
- Umfang $u = 2 \cdot a + 2 \cdot b = 2(a + b)$

Dreieck

Flächeninhalt und Umfang

Um den Flächeninhalt A eines Dreiecks berechnen zu können, musst du die Länge der Grundseite c und die Höhe h_c des Dreiecks mit dem Geodreieck bestimmen. Es ist wichtig, dass die beiden Längen die gleiche Längeneinheit haben. Die Höhe h_c steht immer senkrecht auf der Grundseite.

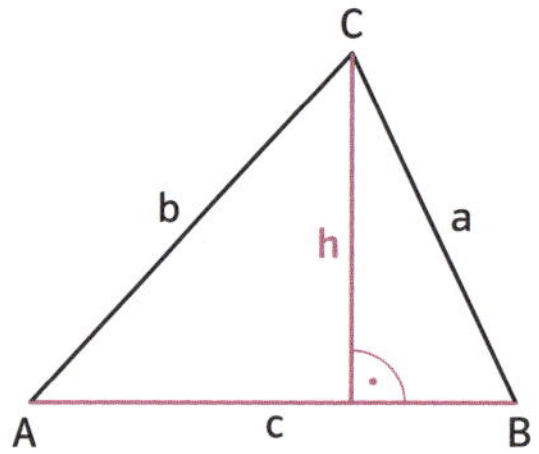

Der **Flächeninhalt** berechnet man, indem man die Grundseite c mit der Höhe h multipliziert und das Ergebnis durch 2 dividiert.

$$A = \frac{1}{2} c \cdot h_c$$

Den **Umfang** berechnet man aus den Längen der drei Seiten:

$$u = a + b + c$$

Vergleichst du ein Parallelogramm mit einem Dreieck, so erkennst du:
Ein Parallelogramm entsteht aus zwei zueinander punktsymmetrischen Dreiecken.
Deshalb ist der Flächeninhalt eines Dreiecks halb so groß wie der des Parallelogramms.

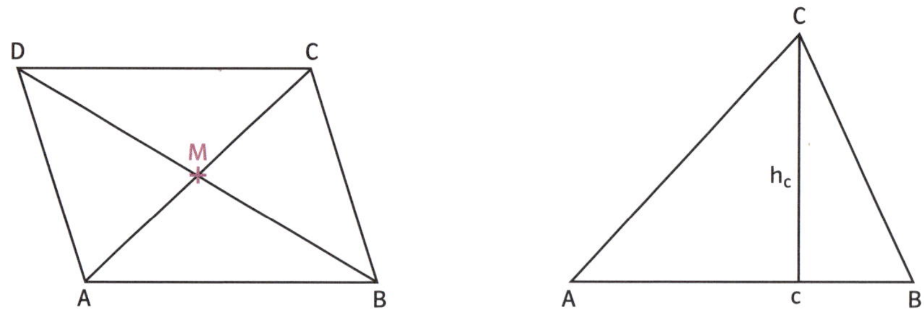

Berechne den Flächeninhalt und den Umfang des Dreiecks mit $a = 2{,}4\,cm$; $b = 37\,mm$; $c = 4\,cm$; $h_c = 22\,mm$.

$$
\begin{aligned}
A &= \tfrac{1}{2} c \cdot h_c \\
&= \tfrac{1}{2} \cdot 4\,cm \cdot 22\,mm \\
&= \tfrac{1}{2} \cdot 40\,mm \cdot 22\,mm \\
&= 440\,mm^2 \\
&= 4{,}4\,cm^2
\end{aligned}
$$

$$
\begin{aligned}
u &= a + b + c \\
&= 2{,}4\,cm + 37\,mm + 4\,cm \\
&= 2{,}4\,cm + 3{,}7\,cm + 4\,cm \\
&= 10{,}1\,cm
\end{aligned}
$$

Zusammenfassung

Für ein Dreieck mit den Seitenlängen a, b, c und der Höhe h_c gilt:

- Flächeninhalt $A = \frac{1}{2} c \cdot h_c$
- Umfang $u = a + b + c$

Körper

Da wir in einer dreidimensionalen Welt leben, haben wir es meistens mit Körpern zu tun. Diese Körper unterscheiden sich in ihrer Größe, Farbe, Gewicht usw. In der Geometrie kommt es jedoch nur auf die Form der Körper an.

Ein Körper ist ein **dreidimensionaler Gegenstand**, der durch Flächen begrenzt wird.
Die Begrenzungsflächen, auch **Oberflächen** genannt, können eben oder gekrümmt sein.

Geometrische Grundkörper

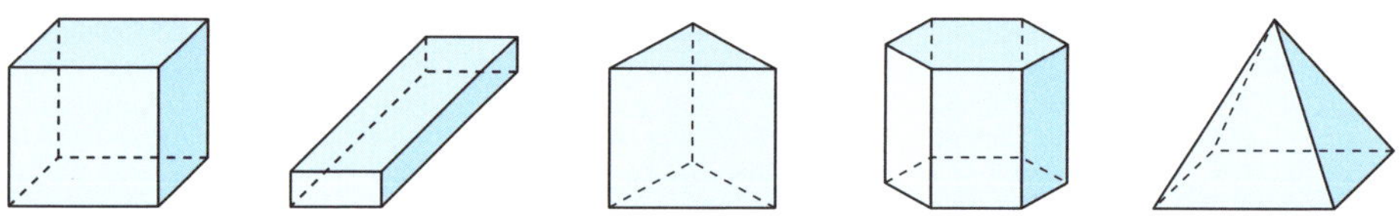

Würfel | Quader | Prisma (dreieckige Grundfläche) | Prisma (sechseckige Grundfläche) | Pyramide (viereckige Grundfläche)

Zylinder | Kegel | Kugel | Halbkugel | Ring

Die Stelle, an der zwei Flächen aufeinandertreffen, heißt **Kante**.
Die Stelle, an der mehrere Kanten aufeinandertreffen, nennt man **Ecke**.

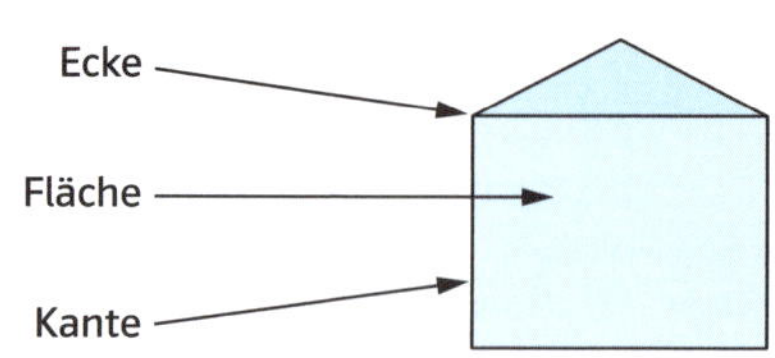

Kann man einen Körper entlang einer Kante aufschneiden und auf einer Fläche ausbreiten, so entsteht ein **Netz des Körpers**.

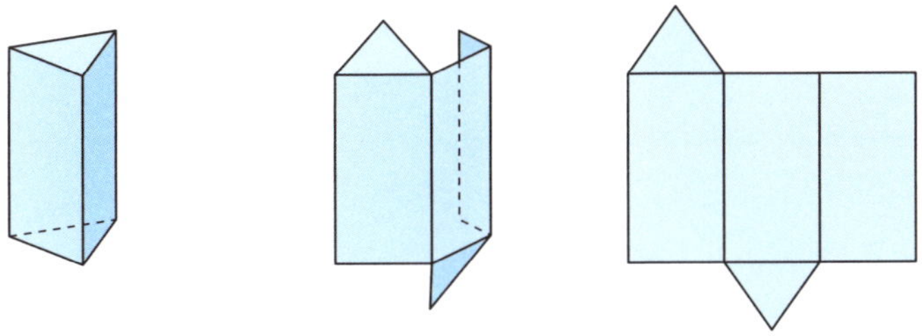

Prisma | aufgeschnittenes Prisma | Netz des Prismas

Durch Zusammensetzen der verschiedenen geometrischen Grundkörper kannst du neue Körper bilden.

a) Aus welchen Grundkörpern setzt sich das Haus zusammen?

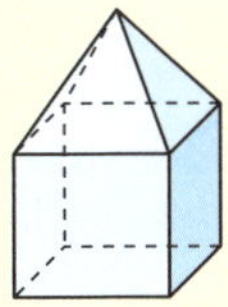

Das Haus setzt sich zusammen aus einem Würfel und einer Pyramide.

b) Aus welchen Grundkörpern setzt sich die Tasse zusammen?

Die Tasse besteht aus zwei Zylindern und einem Ring als Henkel.

Zusammenfassung

- Ein Körper ist dreidimensional und wird durch Flächen begrenzt.
- Treffen zwei Flächen aufeinander, so entsteht eine Kante.
- Treffen mehrere Kanten aufeinander, so entsteht eine Ecke.
- Kann man einen Körper aufschneiden und auf einer Fläche ausbreiten, so entsteht ein Netz des Körpers.

Quader und Würfel

Ein **Quader** ist ein Körper, der durch sechs Rechtecke begrenzt wird.
Er ist durch **Länge**, **Breite und Höhe** eindeutig bestimmt.

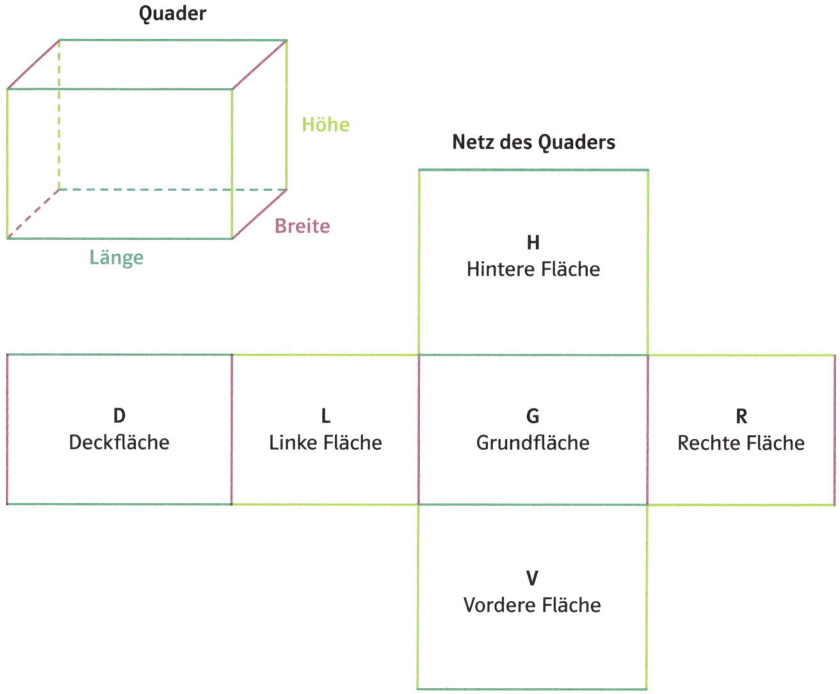

Eigenschaften eines Quaders

- Ein Quader hat acht Ecken.
- Ein Quader hat zwölf Kanten.
  Jeweils vier Kanten sind parallel zueinander. Diese parallelen Kanten sind alle gleich lang.
  Benachbarte Kanten sind orthogonal zueinander.
- Ein Quader wird durch sechs Rechtecke begrenzt.
  Gegenüberliegende Rechtecke sind gleich groß (siehe Netz des Quaders).

Ein Spezialfall eines Quaders ist der **Würfel**.
Er wird von sechs quadratischen Flächen begrenzt.

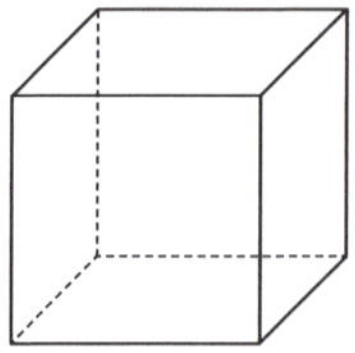

Einen gezeichneten Körper kann man sich am besten vorstellen, wenn man ihn als **Schrägbild** zeichnet.

Ein Schrägbild zeichnen

- Du beginnst mit der Vorderseite deines Quaders. Diese wird in der wahren Größe gezeichnet.
- Als Nächstes zeichnest du die nach hinten laufenden Kanten, also die Breite deines Quaders. Damit die Zeichnung echter aussieht, zeichnet man diese Kanten schräg nach hinten laufend und verkürzt. Man verwendet dabei für 1 cm Seitenlänge eine Kästchendiagonale. Die nach hinten laufenden Kanten, die man nicht sieht, werden gestrichelt gezeichnet.
- Verbindest du nun die Endpunkte deiner nach hinten laufenden Kanten miteinander, entsteht dabei die Rückseite deines Quaders. Auch hier zeichnest du die nicht sichtbaren Kanten gestrichelt.

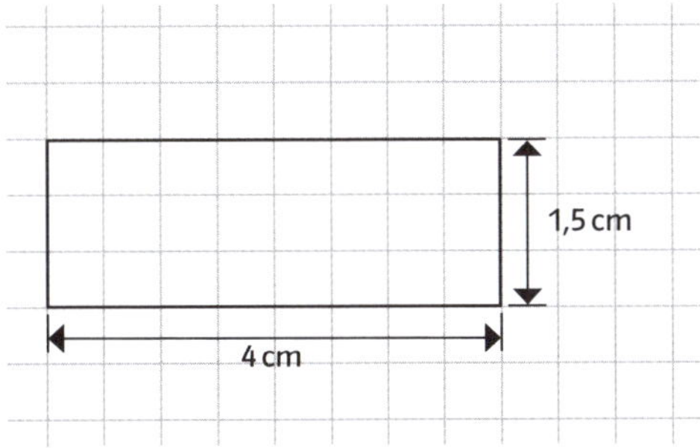

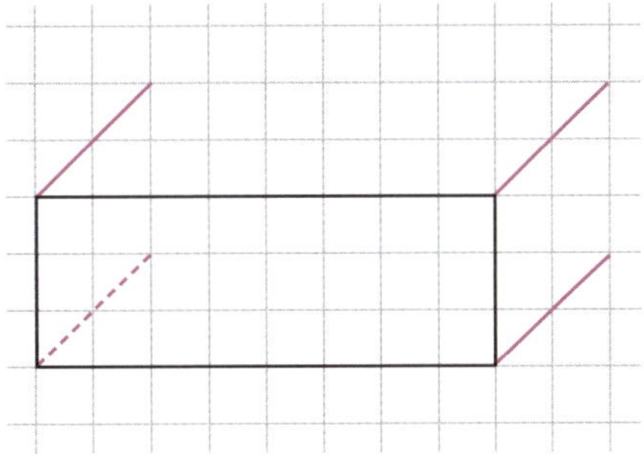

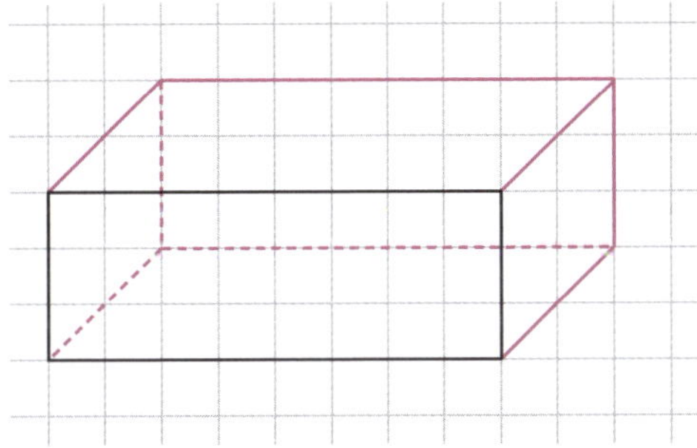

2 cm ≙ 2 Kästchendiagonalen

Zusammenfassung

- Ein Quader ist ein geometrischer Körper mit acht Eckpunkten, zwölf Kanten und sechs rechteckigen Flächen.
- Ein Würfel ist ein Spezialfall eines Quaders. Er besteht aus sechs quadratischen Flächen.
- Zur räumlichen Darstellung eines Quaders kann man ein Schrägbild zeichnen.

Wissenstest

1 Was versteht man unter der Menge der natürlichen Zahlen?

2 Wie kann man die Zahl 1 Billion darstellen?

3 Wie gehst du beim Runden von Zahlen vor?

4 Wie rechnet man Längeneinheiten um?

5 Wie rechnet man Gewichte um?

6 Wie rechnet man Zeitangaben um?

7 Was versteht man unter den Begriffen Summe und Summand?

8 Was versteht man unter den Begriffen Differenz, Minuend und Subtrahend?

9 Was versteht man unter den Begriffen Produkt und Faktor?

10 Was versteht man unter den Begriffen Quotient, Dividend und Divisor?

11 Welche Reihenfolge und Regeln gelten bei Rechenausdrücken?

12 Was versteht man unter dem Kommutativgesetz?

13 Was versteht man unter dem Assoziativgesetz?

14 Was versteht man unter dem Distributivgesetz?

15 Was bedeutet der Begriff Potenz in der Mathematik?

16 Woran erkennt man, ob eine Zahl durch 2 oder 3 teilbar ist?

17 Wie zeichnet man den Punkt P(7|3) in ein Koordinatensystem ein?

18 Worin unterscheiden sich Strecken von Geraden?

19 Wie können zwei Geraden g und h zueinander liegen?

20 Nenne die Eigenschaften von achsensymmetrischen Figuren.

21 Nenne die Eigenschaften einer punktsymmetrischen Figur.

22 Was zeichnet ein Parallelogramm aus?

23 Wodurch ist eine Raute gekennzeichnet?

24 Wie rechnet man Flächeneinheiten um?

25 Wie berechnet man den Flächeninhalt und Umfang eines Rechtecks?

26 Wie berechnet man den Flächeninhalt und Umfang eines Parallelogramms?

27 Wie berechnet man den Flächeninhalt und Umfang eines Dreiecks?

28 Wie lauten die Eigenschaften eines Quaders?

29 Wie berechnet man den Rauminhalt bzw. Volumen eines Quaders?

30 Wie rechnet man Volumeneinheiten um?

31 Was ist der Bereich der ganzen Zahlen?

32 Was ist der Betrag einer Zahl?

33 Vervollständige den Satz:
Addieren einer negativen Zahl ist dasselbe wie das ________________ der Gegenzahl.

34 Vervollständige den Satz:
Subtrahieren einer negativen Zahl ist dasselbe wie das ________________ der Gegenzahl.

35 Ist das Ergebnis positiv oder negativ?

	positiv	negativ	Ergebnis
$5 \cdot 3$			
$4 \cdot (-6)$			
$-3 \cdot 8$			
$-3 \cdot (-2)$			

36 Ist das Ergebnis positiv oder negativ?

	positiv	negativ	Ergebnis
$18 : 9$			
$24 : (-6)$			
$-35 : 7$			
$-72 : (-8)$			

37 Was beschreibt ein Bruch in der Mathematik?

38 Was beschreiben Zähler und Nenner eines Bruches?

39 Was versteht man unter dem Erweitern eines Bruches?

40 Was versteht man unter dem Kürzen eines Bruches?

41 Wann kann man Brüche vergleichen? Ist $\frac{1}{5}$ oder $\frac{2}{15}$ größer?

42 Wie rechnet man Brüche in Prozent um?

43 Wie addiert oder subtrahiert man Brüche?

44 Wie multipliziert man einen Bruch mit einer ganzen Zahl?

45 Wie dividiert man einen Bruch durch eine ganze Zahl?

46 Wie multipliziert man Brüche?

47 Wie dividiert man Brüche?

48 Wie wandelt man einen Bruch in eine Dezimalzahl um?

49 Wie wandelt man eine Dezimalzahl in einen Bruch um?

50 Was muss man beim Addieren und Subtrahieren von Dezimalzahlen beachten?

51 Was passiert, wenn man eine Dezimalzahl mit einer Zehnerpotenz multipliziert?

Wissenstest

52 Wie multipliziert man Dezimalzahlen?

53 Was passiert, wenn man eine Dezimalzahl durch eine Zehnerpotenz dividiert?

54 Wie dividiert man eine Dezimalzahl durch eine ganze Zahl?

55 Wie dividiert man eine Dezimalzahl durch eine Dezimalzahl?

56 Was besagt die Minusklammerregel?

57 Was besagt die Plusklammerregel?

58 Welche Winkelarten gibt es?

59 Was ist der Mittelpunkt und der Radius eines Kreises?

60 Wie berechnet man den Flächeninhalt und den Umfang eines Kreises?

61 Was versteht man unter eine Zuordnungstabelle und einer Zuordnungsvorschrift?

62 Was ist eine proportionale Zuordnung?

63 Was ist eine antiproportionale Zuordnung?

Lösung 1
$\mathbb{N} = \{0; 1; 2; 3; 4; 5; \ldots\}$
Alle natürlichen Zahlen (außer der Null) sind positiv.

Lösung 2
$1\,000\,000\,000\,000 = 10^{12}$

Lösung 3
1. Rundungsstelle wählen
2. Ziffer rechts von der Rundungsstelle betrachten.
3. Ist diese 0, 1, 2, 3, 4, so wird abgerundet.
   Die Rundungsziffer bleibt erhalten, alle Ziffern rechts davon werden 0.
4. Ist diese 5, 6, 7, 8, 9, so wird aufgerundet.
   Die Rundungsziffer erhöht sich um 1, alle Ziffern rechts davon werden 0.

Lösung 4
1 km = 1000 m
1 m = 10 dm = 100 cm = 1000 mm
1 dm = 10 cm = 100 mm
1 cm = 10 mm

Beispiele:
3500 cm = 350 dm = 35 m
47 dm = 470 cm = 4700 mm

Lösung 5
1 t = 1000 kg
1 kg = 1000 g
1 g = 1000 mg

Beispiele:
3 t = 3000 kg
65 000 mg = 65 g

Lösung 6
1 d = 24 h
1 h = 60 min
1 min = 60 s

Beispiele:
3 h = 180 min
420 s = 7 min

Lösung 7

Die Summe ist das Ergebnis einer Addition.
Die beiden Zahlen, die addiert werden, heißen Summanden.

12	+	7	=	19
1. Summand		2. Summand		Summe

Lösung 8

Die Differenz ist das Ergebnis einer Subtraktion.
Die Zahl, von der subtrahiert wird, heißt Minuend.
Die Zahl, die abgezogen wird, heißt Subtrahend.

43	–	12	=	31
Minuend		Subtrahend		Differenz

Lösung 9

Das Produkt ist das Ergebnis einer Multiplikation.
Die beiden Zahlen, die multipliziert werden, heißen Faktoren.

3	·	4	=	12
1. Faktor		2. Faktor		Produkt

Lösung 10

Der Quotient ist das Ergebnis einer Division.
Die Zahl, die geteilt wird, heißt Dividend.
Die Zahl, durch die geteilt wird, heißt Divisor.

24	:	8	=	3
Dividend		Divisor		Quotient

Lösung 11

Mit Klammern

1. Klammern zuerst berechnen
2. Innerhalb von Klammern gilt Punkt- vor Strichrechnung.
3. Innere Klammern werden zuerst berechnet.

Ohne Klammern

1. Von links nach rechts rechnen
2. Punkt- vor Strichrechnung

Lösung 12

Es heißt Vertauschungsgesetz und gilt bei der Addition und Multiplikation.

Sind a und b natürliche Zahlen, so gilt: $a + b = b + a$
$a \cdot b = b \cdot a$

Lösung 13

Sind a und b natürliche Zahlen, so gilt:

$a + (b + c) = (a + b) + c$

$a \cdot (b \cdot c) = (a \cdot b) \cdot c$

Es gilt bei der Addition und der Multiplikation.

Lösung 14

Sind a und b natürliche Zahlen, so gilt:

$a \cdot (b + c) = a \cdot b + a \cdot c$

$a \cdot (b - c) = a \cdot b - a \cdot c$

$(a + b) : c = a : c + b : c$

$(a - b) : c = a : c - b : c$

Dieses Gesetz gilt bei allen vier Grundrechenarten.

Lösung 15

Ein Produkt aus gleichen Faktoren kann man als Potenz schreiben.

$4^3 = \underbrace{4 \cdot 4 \cdot 4}_{\text{3 Faktoren}} = 64$

4 nennt man die Basis; 3 nennt man Exponent.

Lösung 16

Eine Zahl ist durch 2 teilbar, wenn die letzte Ziffer durch 2 teilbar ist, also 0, 2, 4, 6, 8 Ist.

Eine Zahl ist durch 3 teilbar, wenn die Quersumme, also die Summe aller Ziffern durch 3 teilbar ist.

Lösung 17

Vom Ursprung aus geht man auf der x-Achse 7 Längeneinheiten nach rechts und parallel zur y-Achse 3 Längeneinheiten nach oben.

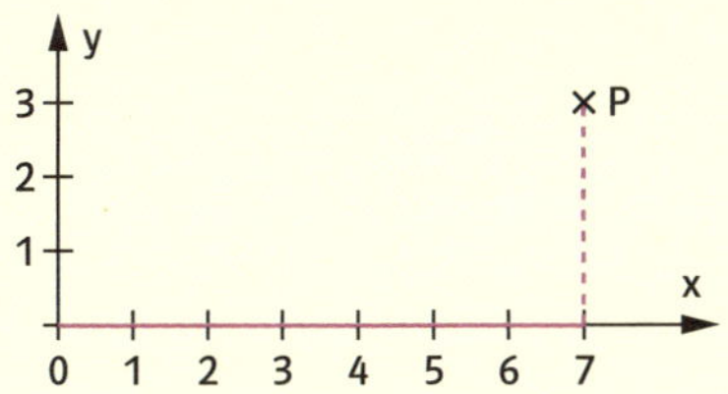

Lösung 18

Strecken haben einen Anfangs- und einen Endpunkt. Man schreibt für die Strecke mit Anfangspunkt A und Endpunkt B: $\overline{AB}$.
Geraden haben keinen Anfangs- und keinen Endpunkt. Sie werden mit Kleinbuchstaben bezeichnet.

Lösung 19

g und h können parallel sein: $g \parallel h$

g und h können senkrecht zueinander sein: $g \perp h$

g und h können sich unter einem beliebigen Winkel schneiden.

Lösung 20

- Die Verbindungslinie eines Punktes mit seinem Spiegelpunkt steht senkrecht zur Symmetrieachse.
- Punkt und Spiegelpunkt sind gleich weit von der Symmetrieachse entfernt.

Lösung 21

- Die Verbindungslinien eines Punktes mit seinem Spiegelpunkt schneiden sich im Symmetriezentrum Z.
- Punkt und Spiegelpunkt sind gleich weit vom Symmetriezentrum entfernt.

Lösung 22

Bei einem Parallelogramm sind gegenüberliegende Seiten parallel und gleich lang.

Die Diagonalen schneiden sich in einem Punkt und halbieren sich. Deshalb ist ein Parallelogramm punktsymmetrisch.

Lösung 23

Bei einer Raute sind gegenüberliegende Seiten parallel und alle vier Seiten sind gleich lang.

Jede Raute ist auch ein Parallelogramm.

Lösung 24

$1\,km^2 = 100\,ha$

$1\,ha = 100\,a$

$1\,a = 100\,m^2$

$1\,m^2 = 100\,dm^2$

$1\,dm^2 = 100\,cm^2$

$1\,cm^2 = 100\,mm^2$

Lösung 25

Für ein Rechteck mit den Seitenlängen a und b gilt:

Flächeninhalt: $A = a \cdot b$

Umfang: $u = 2 \cdot a + 2 \cdot b$

Lösung 26

Für ein Parallelogramm mit den Seitenlängen a und b und der Höhe h_a gilt:

Flächeninhalt: $A = a \cdot h_a$

Umfang: $u = 2 \cdot a + 2 \cdot b$

Lösung 27

Für ein Dreieck mit den Seitenlängen a, b, c und der Höhe h_c gilt:

Flächeninhalt: $A = \frac{1}{2} c \cdot h_c$

Umfang: $u = a + b + c$

Lösung 28

- Ein Quader hat 8 Ecken mit 12 Kanten.
- Jeweils vier Kanten sind parallel zueinander.
- Parallele Kanten sind gleichlang.
- Benachbarte Kanten sind orthogonal zueinander.
- Er wird durch sechs Rechtecke begrenzt.
- Gegenüberliegende Rechtecke sind gleich groß.

Lösung 29

Wenn a die Länge, b die Breite und c die Höhe des Quaders ist, gilt:

$V = a \cdot b \cdot c$

Lösung 30

$1\,m^3 = 1000\,dm^3$

$1\,dm^3 = 1000\,cm^3$

$1\,cm^3 = 1000\,mm^3$

$1\,l = 1\,dm^3 = 1000\,cm^3 = 1000\,ml$

$1\,cm^3 = 1\,ml$

Beispiele:

$35\,m^3 = 35\,000\,dm^3$

$45\,000\,cm^3 = 45\,dm^3$

Lösung 31

Nimmt man zu den natürlichen Zahlen 0; 1; 2; 3; … die negativen Zahlen −1; −2; −3; … hinzu, so erhält man den Bereich der ganzen Zahlen.

Lösung 32

Der Abstand der Zahl von der 0 heißt Betrag der Zahl.

Beispiele:
Der Betrag von −78 ist 78, kurz $|-78| = 78$.
Der Betrag von +5 ist 5, kurz $|+5| = 5$.

Lösung 33

Addieren einer negativen Zahl ist dasselbe wie das **Subtrahieren** der Gegenzahl.

Beispiel: $8 + (-4) = 8 - 4 = 4$

Lösung 34

Subtrahieren einer negativen Zahl ist dasselbe wie das **Addieren** der Gegenzahl.

Beispiel: $8 - (-7) = 8 + 7 = 15$

Lösung 35

	positiv	negativ	Ergebnis
$5 \cdot 3$	×		$5 \cdot 3 = 15$
$4 \cdot (-6)$		×	$4 \cdot (-6) = -24$
$-3 \cdot 8$		×	$-3 \cdot 8 = -24$
$-3 \cdot (-2)$	×		$-3 \cdot (-2) = 6$

Lösung 36

	positiv	negativ	Ergebnis
$18 : 9$	×		$18 : 9 = 2$
$24 : (-6)$		×	$24 : (-6) = -4$
$-35 : 7$		×	$-35 : 7 = -5$
$-72 : (-8)$	×		$-72 : (-8) = 9$

Lösung 37

Ein Bruch beschreibt den Anteil an einem Ganzen, z. B. $\frac{3}{4}$ von einem ganzen Kuchen.

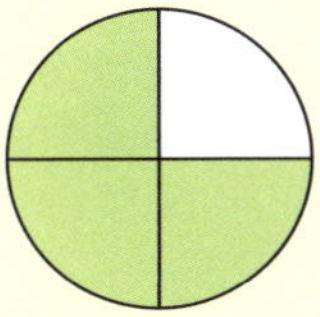

Lösung 38

Der Nenner gibt an, in wie viele gleich große Teile das Ganze zerlegt wird.

Der Zähler gibt an, wie viele von den gleich großen Teilen genommen werden.

Lösung 39

Man erweitert einen Bruch, indem man den Nenner und den Zähler mit der gleichen Zahl multipliziert.
Ein Bruch kann mit jeder natürlichen Zahl außer null erweitert werden.

Beispiel: $\frac{2}{4} = \frac{2 \cdot 4}{4 \cdot 4} = \frac{8}{16}$

Lösung 40

Man kürzt einen Bruch, indem man den Nenner und den Zähler durch die gleiche Zahl ungleich null dividiert.

Beispiel: $\frac{4}{12} = \frac{4:4}{12:4} = \frac{1}{3}$

Lösung 41

Brüche kann man nur vergleichen, wenn sie den gleichen Nenner besitzen.
Bei gleichem Nenner ist der Bruch mit dem größeren Zähler der größere Bruch.

Beispiel: $\frac{1}{5} = \frac{3}{15}$; $\frac{3}{15} > \frac{2}{15}$; $\frac{1}{5} > \frac{2}{15}$

Lösung 42

Um einen Bruch in Prozent umzurechnen, muss man den Nenner auf 100 erweitern oder kürzen.

Es gilt dann: $1\,\% = \frac{1}{100}$

Beispiel: $\frac{3}{4} = \frac{75}{100} = 75\,\%$

Lösung 43

1. Bringe die Brüche zuerst auf den gleichen Nenner.
2. Schreibe die Brüche auf den gleichen Bruchstrich.
3. Berechne den Zähler und behalte den Nenner bei.
4. Kürze den Bruch vollständig.

Beispiel: $\frac{2}{3} + \frac{5}{4} = \frac{8}{12} + \frac{15}{12} = \frac{8+15}{12} = \frac{23}{12}$

Lösung 44

Man multipliziert den Zähler des Bruches mit der Zahl und behält den Nenner bei.

Beispiel: $-5 \cdot \frac{3}{7} = -\frac{15}{7}$

Lösung 45

Man multipliziert den Nenner des Bruches mit der Zahl und behält den Zähler bei.

Beispiel: $\frac{7}{8} : 6 = \frac{7}{8 \cdot 6} = \frac{7}{48}$

Lösung 46

Man multipliziert die Zähler und die Nenner miteinander.

Beispiel: $\frac{3}{8} \cdot \frac{4}{5} = \frac{3 \cdot 4}{8 \cdot 5} = \frac{12}{40} = \frac{3}{10}$

Lösung 47

Brüche werden dividiert, indem man den ersten Bruch mit dem Kehrwert des zweiten Bruches multipliziert.

Beispiel: $\frac{9}{5} : \frac{5}{6} = \frac{9}{5} \cdot \frac{6}{5} = \frac{54}{25}$

Lösung 48

Man muss den Bruch erweitern, bis der Nenner eine Zehnerpotenz ist.
Die Anzahl der Nullen bestimmen die Stellen hinter dem Komma.

Beispiel: $\frac{9}{8} = \frac{9 \cdot 125}{8 \cdot 125} = \frac{1125}{1000} = 1{,}125$

Lösung 49

Die Anzahl der Stellen hinter dem Komma bestimmt die Zehnerpotenz des Nenners.
Hat die Dezimalzahl 1, 2, 3, … Nachkommastellen, so hat der Bruch den Nenner 10, 100, 1000, …

Beispiel: $2{,}25 = \frac{225}{100} = \frac{9}{4}$

Lösung 50
Man darf nur entsprechende Dezimalstellen miteinander addieren oder subtrahieren. Beim schriftlichen Rechnen müssen die Kommas untereinander stehen.

Beispiel: $7{,}35 + 2{,}43 = 9{,}78$

Lösung 51
Multipliziert man eine Dezimalzahl mit einer Zehnerpotenz, so verschiebt sich das Komma nach rechts. Multipliziert man den Bruch mit 10, 100, 1000, …, so verschiebt sich das Komma um ein, zwei, drei, … Stellen nach rechts. Für fehlende Stellen muss man Nullen anfügen.

Beispiel: $8{,}35 \cdot 1000 = 8350$

Lösung 52
1. Multipliziere die Zahlen ohne Komma.
2. Setze dein Komma so, dass das Ergebnis genau so viele Stellen hinter dem Komma hat wie die beiden Faktoren zusammen.

Lösung 53
Dividiert man eine Dezimalzahl durch eine Zehnerpotenz, so verschiebt sich das Komma nach links. Dividiert man den Bruch durch 10, 100, 1000, …, so verschiebt sich das Komma um ein, zwei, drei, … Stellen nach links. Für fehlende Stellen muss man Nullen anfügen.

Beispiel: $8{,}35 : 100 = 0{,}0835$

Lösung 54
1. Dividiere die Zahlen wie bei natürlichen Zahlen.
2. Sobald du das Komma überschreitest, setzt du auch das Komma im Ergebnis.

Lösung 55
1. Verschiebe bei beiden Dezimalzahlen das Komma, bis der Divisor eine ganze Zahl ist.
2. Dividiere dann wie bei ganzen Zahlen.

Lösung 56
Steht ein Minuszeichen vor einer Klammer, so löst man dieses auf, indem man bei den Zahlen in der Klammer aus den Minuszeichen ein Pluszeichen und aus den Pluszeichen ein Minuszeichen macht.

Das Minuszeichen und die Klammer fallen dann weg.

Lösung 57

Steht ein Pluszeichen vor einer Klammer, so löst man dieses auf, indem man das Pluszeichen und die Klammer weglässt.

Lösung 58

Rechter Winkel: $\alpha = 90°$

Gestreckter Winkel: $\alpha = 180°$

Vollwinkel: $\alpha = 360°$

Spitzer Winkel: $0° < \alpha < 90°$

Stumpfer Winkel: $90° < \alpha < 180°$

Überstumpfer Winkel: $180° < \alpha < 360°$

Lösung 59

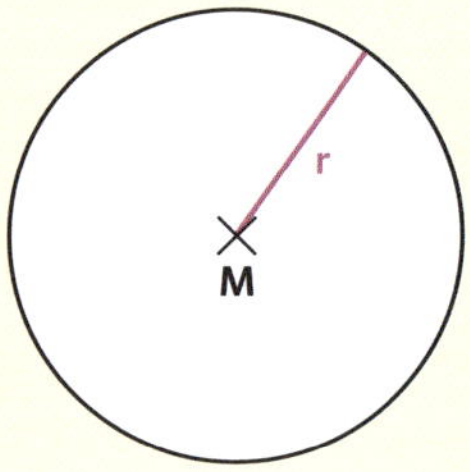

M: Mittelpunkt
r: Radius

Lösung 60

Für den Flächeninhalt eines Kreises mit dem Radius r gilt:

$A = \pi \cdot r^2$

Für den Umfang eines Kreises mit dem Radius r gilt:

$u = 2 \cdot \pi \cdot r = \pi \cdot d$

Lösung 61

Eine Zuordnungstabelle ist eine Tabelle, die beschreibt wie eine Größe von einer anderen Größe abhängt.

Mit einer Zuordnungsvorschrift kann man mit einer Ausgangsgröße die zugeordnete Größe berechnen.

Lösung 62

Verdoppelt (verdreifacht, vervierfacht, …) man die erste Größe, so verdoppelt (verdreifacht, vervierfacht, …) sich auch die zweite Größe

Halbiert (drittelt, viertelt, …) man die erste Größe, so halbiert (drittel, viertelt, …) sich auch die zweite Größe.

Lösung 63

Verdoppelt (verdreifacht, vervierfacht, …) man die erste Größe, so halbiert (drittelt, viertelt, …) sich die zweite Größe.

Halbiert (drittelt, viertelt, …) man die erste Größe, so verdoppelt (verdreifacht, vervierfacht, …) sich die zweite Größe.

7./8. Klasse

Anteile und Prozente

Anteile kann man als Bruch oder in Prozent angeben.
Im Alltag begegnet dir das Wort „Prozent" oder das Zeichen „%" auf vielfältige Weise, z. B. bei reduzierten Preisen, Abstimmungsergebnissen, dem Fettgehalt von Lebensmitteln oder Zinsen.

Prozente erkennst du an dem Symbol **%** (sprich: Prozent).
Ein **Prozent** bedeutet „eins von Hundert", also ein **Hundertstel**, kurz $1\,\% = \frac{1}{100} = 0{,}01$.
Es gilt also: $p\,\% = \frac{p}{100}$.

$\frac{1}{4}$ bedeutet z. B. $\frac{1}{4}$ eines ganzen Kuchens oder in Prozent 25 % eines ganzen Kuchens.

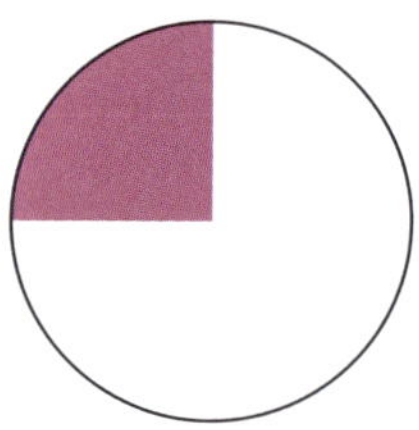

$\frac{1}{4}$

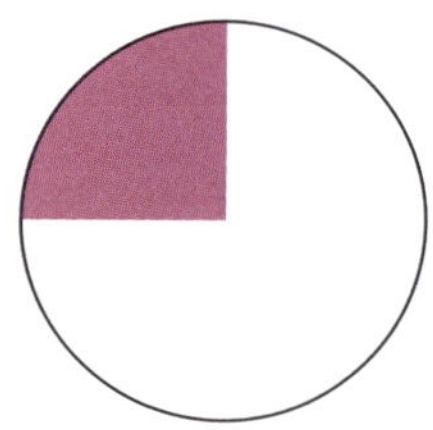

25 %

Für 25 % schreibt man auch $\frac{25}{100} = \frac{1}{4}$.

Prozentangaben umwandeln

Beim **Umwandeln** von Prozentangaben **in einen Bruch** ersetzt du einfach das %-Symbol durch den Bruch $\frac{1}{100}$.

Beispiele:

$5\,\% = \frac{5}{100} = \frac{1}{20}$; $25\,\% = \frac{25}{100} = \frac{1}{4}$; $2{,}3\,\% = \frac{2{,}3}{100} = \frac{23}{1000}$

Beim **Umwandeln** von Prozentangaben **in eine Dezimalzahl** verschiebst du das Komma um 2 Stellen nach links.

Beispiele:
5 % = 0,05; 25 % = 0,25; 2,3 % = 0,023

1. Brüche in Prozentschreibweise umrechnen

Gib die folgenden Brüche in Prozent an.

a) $\frac{3}{5} = \frac{60}{100} = 60\,\%$

b) $\frac{17}{80} = 17 : 80 = 0{,}2125 = \frac{21{,}25}{100} = 21{,}25\,\%$

c) $\frac{1}{6} = 1 : 6 = 0{,}1666666\ldots \approx 0{,}167 = \frac{16{,}7}{100} = 16{,}7\,\%$

2. Prozente in Brüche umwandeln

Wandle die Prozentangaben in Brüche um und kürze diese vollständig.

a) $15\,\% = \frac{15}{100} = \frac{3}{20}$

b) $3{,}6\,\% = \frac{3{,}6}{100} = \frac{36}{1000} = \frac{9}{250}$

c) $27\,\% = \frac{27}{100}$

3. Anteile vergleichen

Welche Zahl ist größer: 30 % oder $\frac{2}{5}$?

Prozentangabe in einen Bruch umwandeln: $30\,\% = \frac{30}{100} = \frac{3}{10}$

Hauptnenner 10: $\frac{2}{5} = \frac{4}{10}$

Brüche vergleichen: $\frac{3}{10} < \frac{4}{10}$

Antwort: $\frac{2}{5}$ ist größer als 30 %.

Zusammenfassung

Anteile an einem Ganzen kann man in Prozent angeben.

Dabei bedeutet: $p\,\% = \frac{p}{100}$.

Grundbegriffe

Wie in der Bruchrechnung werden auch in der Prozentrechnung Anteile an einem Ganzen berechnet. Deswegen kann man die Begriffe der Bruchrechnung auf die Prozentrechnung übertragen.

Bruchrechnung: $\frac{3}{4}$ von 100 g sind 75 g.

- $\frac{3}{4}$ → Anteil
- 100 g → Ganzes
- 75 g → Anteil am Ganzen

Prozentrechnung: 75 % von 100 g sind 75 g.

- 75 % → Prozentsatz p %
- 100 g → Grundwert G
- 75 g → Prozentwert W

Dabei entspricht der Grundwert G dem Ganzen bzw. der Gesamtmenge.

Zusammenfassung

- In der Prozentrechnung gibt es folgende Grundbegriffe:
  Prozentsatz p %; Prozentwert W; Grundwert G.
- Die Gesamtmenge entspricht immer 100 %.

Prozentwert

Berechnung des Prozentwertes

Wie viel sind p% von G?

$$W = p\% \cdot G = \frac{p}{100} \cdot G = \frac{p \cdot G}{100}$$

Beispiel: Wie viel sind 30% von 270?

$W = p\% \cdot G = 30\% \cdot 270 = \frac{30}{100} \cdot 270 = 81$

Tipp:
Du kannst den Prozentwert auch mithilfe des Dreisatzes berechnen.

1. Berechnung des Prozentwertes mit der Formel

Wie viel sind 20% von 780€?

$p\% = 20\%$; $G = 780€$

$W = \frac{p \cdot G}{100} = \frac{20 \cdot 780€}{100} = 156€$

2. Berechnung des Prozentwertes mit dem Dreisatz

Wie viel sind 30% von 690 g?

: 100	100%	690 g	: 100
· 30	1%	6,9 g	· 30
	30%	207 g	

Zusammenfassung

Den Prozentwert berechnet man, indem man den Prozentsatz mit dem Grundwert multipliziert.

$$W = p\% \cdot G = \frac{p}{100} \cdot G = p \cdot \frac{G}{100}$$

Prozentsatz

Berechnung des Prozentsatzes

Wie viel Prozent sind W von G?

$$p = \frac{W}{G} \cdot 100 \quad \text{bzw.} \quad p\% = \frac{W}{G} \cdot 100\%$$

Beispiel: Wie viel Prozent sind 40 von 200?

$$p = \frac{W}{G} \cdot 100 = \frac{40}{200} \cdot 100 = 20 \quad \text{bzw.} \quad p\% = \frac{W}{G} \cdot 100\% = \frac{40}{200} \cdot 100\% = 20\%$$

Tipp:
Du kannst den Prozentwert auch mithilfe des Dreisatzes berechnen.

1. **Berechnung des Prozentsatzes mit der Formel**

   Wie viel Prozent sind 56 von 287?

   W = 56; G = 287

   $$p\% = \frac{W}{G} \cdot 100\% = \frac{56}{287} \cdot 100\% = 19{,}5\%$$

2. **Berechnung des Prozentsatzes mit dem Dreisatz**

   Wie viel Prozent sind 88 von 445?

	445	100 %	
: 445	1	$\frac{100}{445}$ %	: 445
· 88	88	$88 \cdot \frac{100}{445}$ % = 19,8 %	· 88

Zusammenfassung

Den Prozentsatz berechnet man, indem man den Prozentwert durch den Grundwert dividiert und das Ergebnis mit 100 % multipliziert.

$$p\% = \frac{W}{G} \cdot 100\%$$

Grundwert

Berechnung des Grundwertes

Wie groß ist G, wenn p % von G gleich W ist?

$$G = W : p\,\% = W : \frac{p}{100} = W \cdot \frac{100}{p}$$

Beispiel: Wie groß ist der Grundwert, wenn 20 % vom Grundwert 48 beträgt?

$G = W : p\,\% = 48 : 20\,\% = 48 : \frac{20}{100} = 48 \cdot \frac{100}{20} = 240$

Auch hier kannst du den Dreisatz verwenden.

1. Berechnung des Grundwertes mit der Formel

Wie groß ist G, wenn 125 km 35 % von G sind?

$W = 125\,\text{km};\; p\,\% = 35\,\%$

$G = W \cdot \frac{100}{p} = 125\,\text{km} \cdot \frac{100}{35} = 357\,\text{km}$

2. Berechnung des Grundwertes mit dem Dreisatz

43 € sind 78 % von G. Wie groß ist G?

	78 %	43 €	
: 78	1 %	$\frac{43\,€}{78} = 0{,}5513\,€$	: 78
· 100	100 %	$\frac{43\,€}{78} \cdot 100 = 55{,}13\,€$	· 100

3. Der Preis eines T-Shirts wurde um 45 % gesenkt. Das bedeutet eine Ersparnis um 9 €. Berechne den ursprünglichen Preis.

$p\,\% = 45\,\%;\; W = 9\,€$

$G = W \cdot \frac{100}{p} = 9\,€ \cdot \frac{100}{45} = \frac{900\,€}{45} = 20\,€$

Das T-Shirt kostete ursprünglich 20 €.

Zusammenfassung

Den Grundwert berechnet man, indem man den Prozentwert durch den Prozentsatz dividiert.

$$G = \frac{W}{p\%} = W \cdot \frac{100}{p}$$

Zinsen als besondere Prozente

Wenn du einer Bank dein Geld zur Verfügung stellst, zahlt sie dir dafür **Zinsen** (von lat. *census* = Abgabe). Die Zinsrechnung ist eine Anwendung der Prozentrechnung und damit der Bruchrechnung.

Folgende **Begriffe** der Prozent- und Zinsrechnung entsprechen einander:

Prozentsatz p%	Zinssatz p%	Prozentuale Änderung des Kapitals/Darlehens
Grundwert G (das Ganze)	Kapital K oder Guthaben	Geld, das man bei der Bank für Zinsen anlegt
	Darlehen K	Geld, das man von der Bank gegen Zahlung von Zinsen geliehen bekommt
Prozentwert W (der Anteil)	(Jahres-)Zinsen Z	Geld, das die Bank für das angelegte Kapital bezahlt bzw. das der Kunde der Bank für die Überlassung eines Darlehens bezahlt.

Berechnet man das Kapital für mehrere Jahre, so werden am Ende des Jahres die Zinsen berechnet und dem Guthaben hinzugefügt. Werden diese Zinsen in den darauffolgenden Jahren auch mitverzinst, spricht man von **Zinseszinsen**.

Grundlage der Zinsrechnung ist die Formel

$$\mathbf{p\,\% = \frac{Z}{K} \cdot 100\,\%}$$

(Jährlichen) Zinssatz berechnen

Beispiel:
Jonas hat 250 € auf seinem Sparbuch. Nach einem Jahr erhält er von der Bank dafür 1,25 € Zinsen. Wie hoch ist der Zinssatz bei seiner Bank?

1. Bestimme das Kapital K und schreibe es in den Nenner.

   $K = 250\,€;\ \frac{}{250\,€}$

2. Schreibe die Zinsen in den Zähler.

   $Z = 1{,}25\,€;\ \frac{1{,}25\,€}{250\,€}$

3. Berechne mit der Formel $p\,\% = \frac{Z}{K} \cdot 100\,\%$ (und deinem Taschenrechner) den Zinssatz.

   $p\,\% = \frac{1{,}25\,€}{250\,€} \cdot 100\,\% = \frac{1{,}25 \cdot 100}{250}\,\% = \frac{125}{250}\,\% = 0{,}5\,\%$

a) Emma erhält für die 600 €, die sie bei der Bank angelegt hat, 7,50 € Zinsen.
Zu welchem Zinssatz hat sie das Geld angelegt?

$$p\,\% = \frac{Z}{K} \cdot 100\,\%$$
$$= \frac{7{,}50\,€}{600\,€} \cdot 100\,\%$$
$$= 1{,}25\,\%$$

Emma erhält also 1,25 % Zinsen.

b) Ein Guthaben von 5230 € wächst in einem Jahr auf 5266,61 €. Wie hoch ist die jährliche Verzinsung?

5266,61 € − 5230 € = 36,61 €
Es gibt also 36,61 € Zinsen für 1 Jahr.

$$p\,\% = \frac{Z}{K} \cdot 100\,\%$$
$$= \frac{36{,}61\,€}{5230\,€} \cdot 100\,\%$$
$$= 0{,}7\,\%$$

Der jährliche Zinssatz beträgt also 0,7 %.

Zusammenfassung

- In der Zinsrechnung geht man genauso vor wie in der Prozentrechnung. Es werden jedoch andere Begriffe verwendet.
- Dem Guthaben oder Kapital entspricht der Grundwert, den Zinsen der Prozentwert und dem Zinssatz der Prozentsatz.
- Werden Zinsen im nächsten Jahr mitverzinst, so spricht man von Zinseszinsen.
- Zur Berechnung eines Zinssatzes gilt folgende Formel:

  $$p\,\% = \frac{Z}{K} \cdot 100\,\%.$$

Kapital und Jahreszinsen

Oft sind der (jährliche) Zinssatz und die Zinsen bekannt, und es soll das Kapital oder Darlehen berechnet werden.

Kapital K

Wenn man die Formel $p\,\% = \frac{Z}{K} \cdot 100\,\%$ umstellt, erhält man die Gleichung

$$\textbf{Kapital} = \frac{\textbf{Zinsen}}{\textbf{Zinssatz}} \text{ oder } \mathbf{K = \frac{Z}{p}}.$$

Diese Rechnung geht einfacher, wenn man den Zinssatz in einen **Bruch** umwandelt. Dann lautet die zugehörige Gleichung kurz

$$\mathbf{K = Z \cdot \frac{100}{p}} \text{ oder } \mathbf{K = \frac{Z}{p\,\%}}.$$

Beispiel:
Wenn man sich bei einer Bank Geld leihen möchte (Darlehen), muss man der Bank dafür Zinsen bezahlen.
Familie Brielmaier braucht zur Finanzierung eines neuen Autos ein Darlehen von der Bank, das sie nach einem Jahr wieder zurückzahlen möchte. Sie können 240 € an Zinsen zahlen. Wie hoch ist das Darlehen, wenn die Bank einen Zinssatz von 4 % verlangt?

1. Bestimme die gegebenen Größen.

   $Z = 240\,€;\; p = 4\,\%$

2. Rechne mit der Formel $\mathbf{K = Z \cdot \frac{100}{p}}$.

   $K = 240\,€ \cdot \frac{100}{4}$

   $= \frac{24\,000\,€}{4}$

   $= 6000\,€$

Das Darlehen beträgt also 6000 €.

Sind das Kapital und der Zinssatz gegeben, kann man die Zinsen berechnen.

Jahreszinsen Z

Wenn man die Formel $p\,\% = \frac{Z}{K} \cdot 100\,\%$ umstellt, erhält man die Gleichung

Zinsen = Kapital · Zinssatz oder $\mathbf{Z = K \cdot p}$.

Diese Rechnung geht einfacher, wenn man den Zinssatz in einen Bruch umwandelt.

Dann lautet die zugehörige Gleichung

$$\textbf{Zinsen} = \textbf{Kapital} \cdot \frac{\textbf{Prozentsatz}}{\textbf{100}} \quad \text{oder kurz} \quad \mathbf{Z = K \cdot \frac{p}{100}} \quad \text{bzw.} \quad \mathbf{Z = \frac{K \cdot p}{100}}.$$

Tipp:
Wenn du den Zinssatz in eine Dezimalzahl umwandelst, kannst du mit dem Taschenrechner die Zinsen ganz einfach berechnen mit der Formel $Z = K \cdot p$. Achte darauf, dass $p < 1$ ist!

Beispiel:
Alex hat 400 € auf seinem Sparbuch. Wie viel Zinsen erhält er nach einem Jahr bei einem Zinssatz von 2 %?

1. Bestimme die gegebenen Größen.

   $K = 400\,€;\ p = 2\,\%$

2. Rechne mit der Formel $Z = K \cdot \frac{p}{100}$.

   $Z = 400\,€ \cdot \frac{2}{100}$

3. Wandle gegebenenfalls den Bruch in eine Dezimalzahl um, indem du bei der Zahl im Zähler das Komma um 2 Stellen nach links verschiebst.

   $= \frac{800\,€}{100} = 8\,€$

   Mit dem Taschenrechner kannst du verkürzt rechnen.
   $2\,\% = 0{,}02$; also rechne $400 \cdot 0{,}02 = 8$.

Zusammenfassung

- Für die Berechnung des Kapitals K gilt folgenden Formel:

  $\text{Kapital} = \frac{\text{Zinsen}}{\text{Zinssatz}}$ oder $K = Z \cdot \frac{100}{p}$.

- Für die Berechnung der Jahreszinsen Z gilt folgende Formel:

  Zinsen = Kapital · Zinssatz oder $Z = K \cdot \frac{p}{100}$.

Zinsen und Kapital in Abhängigkeit von der Zeit

Der Zinssatz wird im Allgemeinen für den Zeitraum von einem Jahr angegeben. Doch im Alltag bleibt Geld oft für einen kürzeren Zeitraum auf dem Konto. Auch für diesen kurzen Zeitraum gibt die Bank Zinsen. Diese Zinsen nennt man **Tageszinsen**.
Bei Banken gelten folgende Vereinbarungen: Ein Bankjahr entspricht in Deutschland 360 Tagen bzw. 12 Monaten und ein Monat entspricht 30 Tagen.

Berechnung von Tageszinsen und Jahreszinsen

Man ermittelt die **Tageszinsen Z_t**, indem man die Jahreszinsen Z durch 360 teilt und mit der Anzahl der Tage d multipliziert, für die das Kapital verzinst wird. Es gilt also

$$Z_t = Z \cdot \frac{d}{360}.$$

Umgekehrt erhältst du die **Jahreszinsen Z**, indem du die Tageszinsen Z_t mit 360 multiplizierst und durch die Anzahl der Tage d teilst. Es gilt also

$$Z = Z_t \cdot \frac{360}{d} = \frac{Z_t \cdot 360}{d}.$$

Die **Zinsen Z** berechnest du mit der Formel $Z = K \cdot p\%$.

Sind das Kapital K und die Zeit gegeben, für die das Geld angelegt ist, kannst du die Tageszinsen Z_t direkt berechnen, indem du in der Formel für die Tageszinsen statt Z die Formel für Z einsetzt.
Damit gilt für die Berechnung der **Tageszinsen Z_t**: $Z_t = \underbrace{K \cdot p\%}_{Z} \cdot \frac{d}{360}$

$Z_t = K \cdot \frac{p}{100} \cdot \frac{d}{360} = \frac{K \cdot p \cdot d}{100 \cdot 360}$ wenn du mit Brüchen rechnest oder

$Z_t = K \cdot p \cdot d : 360$ mit dem Taschenrechner, wenn du p als Dezimalzahl umwandelst

Beispiel:

Ein Guthaben von 5000 € wird bei einem Zinssatz von 1,75 % für 200 Tage angelegt.
Wie hoch sind die Zinsen?

1. Bestimme die gegebenen Größen. K = 5000 €; p = 1,75 %; d = 200
2. Rechne mit der Formel $Z_t = \frac{K \cdot p \cdot d}{100 \cdot 360}$. $Z_t = \frac{5000\,€ \cdot 1{,}75 \cdot 200}{100 \cdot 360} \approx 48{,}61\,€$

   Mit dem Taschenrechner und p = 0,0175 rechnest du schneller:
   $Z_t = 5000 \cdot 0{,}0175 \cdot 200 : 360$.

Die Zinsen betragen also 48,61 €.

Berechnung des zeitabhängigen Kapitals

Manchmal sind der (jährliche) Zinssatz, die Zinsen und die Zeit der Verzinsung gegeben und das Kapital oder Darlehen soll berechnet werden.
Wenn du die Tageszinsformel umstellst, erhältst du die Formel zum Berechnen des Kapitals in Abhängigkeit von der Zeit.

Es gilt:

$$\textbf{Kapital} = \frac{\text{Tageszinsen}}{\text{Zinssatz}} \cdot \frac{360}{\text{Tage}} \quad \text{oder kurz} \quad K = \frac{Z_t}{p\,\%} \cdot \frac{360}{d}$$

$$K = Z_t \cdot \frac{100}{p} \cdot \frac{360}{d} = \frac{Z_t \cdot 100 \cdot 360}{p \cdot d}$$ wenn du mit Brüchen rechnest

$$K = Z_t : p \cdot 360 : d = Z_t \cdot 360 : p : d$$ mit dem Taschenrechner, wenn du p als Dezimalzahl umwandelst

Beispiel:
Welches Kapital bringt in 5 Monaten bei einem Zinssatz von 4 % einen Zins von 4,68 €?

1. Bestimme die gegebenen Größen.
   $Z = 4{,}68\,€$; $p\,\% = 4\,\%$; $d = 5$ Monate $= 5 \cdot 30$ Tage $= 150$ Tage

2. Rechne mit der Formel $K = \frac{Z_t \cdot 100 \cdot 360}{p \cdot d}$.

   $$K = \frac{4{,}68\,€ \cdot 100 \cdot 360}{4 \cdot 150} = 280{,}80\,€$$

   Beachte: Wenn du den Rechenweg in den Taschenrechner eintippen willst, musst du den Nenner in Klammern eingeben, also $4{,}68 \cdot 100 \cdot 360 : (4 \cdot 150)$.
   Mit dem Taschenrechner und $p = 0{,}04$ rechnest du schneller: $K = 4{,}68 : 0{,}04 \cdot 360 : 150$.

Zusammenfassung

- Muss man Zinsen oder das Kapital in Abhängigkeit von der Zeit berechnen, muss der Anteil der Tage am Jahr in der Formel enthalten sein.
- Für die Berechnung der Tageszinsen gilt:

  $$Z_t = \underbrace{K \cdot p\,\%}_{Z} \cdot \frac{d}{360} \quad \text{oder kurz} \quad Z_t = K \cdot \frac{p}{100} \cdot \frac{d}{360}$$

- Für die Berechnung des Kapitals gilt:

  $$\text{Kapital} = \frac{\text{Tageszinsen}}{\text{Zinssatz}} \cdot \frac{d}{360} \quad \text{oder kurz} \quad K = Z_t \cdot \frac{100}{p} \cdot \frac{360}{d} = \frac{Z_t \cdot 100 \cdot 360}{p \cdot d}$$

Zinseszinsen

Wird ein Kapital für einen längeren Zeitraum bei einer Bank angelegt, erhält man jedes Jahr Zinsen dafür. Werden die Zinsen nicht ausbezahlt, dann wächst das angelegte Kapital und im darauf folgenden Jahr werden Zinsen nicht nur für das angelegte Kapital berechnet, sondern auch noch für die Zinsen des ersten Jahres.
Solche Zinsen, die auf Kapital und frühere Zinsen anfallen, nennt man **Zinseszinsen**.

Berechnung des Kapitals mit Zinsen nach einem Jahr

Ein Kapital K wird zu einem Zinssatz p% angelegt. Will man nach einem Jahr das neue Kapital K_{neu} berechnen, kann man das schrittweise tun.

Man rechnet

$$\mathbf{K_{neu} = K + Z = K + K \cdot p\%}$$

$= K \cdot (100\% + p\%)$ wenn du mit Prozenten rechnest

$= K \cdot \left(1 + \frac{p}{100}\right)$ wenn du mit Brüchen rechnest

$= K \cdot (1 + p)$ wenn du den Zinssatz als Dezimalzahl umgewandelt hast

Berechnung des Kapitals mit Zinseszinsen nach mehreren Jahren

Das neue Kapital K_{neu} mit einem Zinssatz von $\frac{p}{100}$ (p%) und einer Laufzeit (Dauer) von n Jahren berechnet man so:

$$K_{neu} = K \cdot \underbrace{\underbrace{\underbrace{\left(1 + \frac{p}{100}\right)}_{\text{nach 1 Jahr}} \cdot \left(1 + \frac{p}{100}\right)}_{\text{nach 2 Jahren}} \cdot \left(1 + \frac{p}{100}\right) \cdot \ldots \cdot \left(1 + \frac{p}{100}\right)}_{\text{nach n Jahren}}$$

oder kurz:

$$\mathbf{K_{neu} = K \cdot \left(1 + \frac{p}{100}\right)^n}$$ mit Kapital K; Zinssatz p%; Dauer n Jahre

a) 10 000 € werden 4 Jahre zu 3 % Zinsen fest angelegt.
Wie hoch ist der Betrag, der nach 4 Jahren ausbezahlt wird?

$K = 10\,000\,€;\ \ p\,\% = 3\,\%;\ \ n = 4$

$$K_{neu} = K \cdot \left(1 + \frac{p}{100}\right)^n$$
$$= 10\,000\,€ \cdot \left(1 + \frac{3}{100}\right)^4$$
$$\approx 11\,255{,}09\,€$$

b) Wie viel Zinsen erhält Frau Müller, wenn sie 2000 € für 5 Jahre zu einem Zinssatz von 2,5 % anlegt, sich die Zinsen aber jedes Jahr ausbezahlen lässt?

$Z_J = 5 \cdot Z$

$5 \cdot 2000\,€ \cdot \frac{2{,}5}{100} = 250\,€$

Frau Müller erhält also 250 € Zinsen.

c) Wie viel Zinsen erhält Frau Müller, wenn sie ihre 2000 € für 5 Jahre zu einem Zinssatz von 2,5 % fest anlegt und sich die Zinsen jedes Jahr nicht ausbezahlen, sondern bei der Anlage lässt?

$K_{neu} - K = 2000\,€ \cdot 1{,}025^5 - 2000\,€ = 262{,}82\,€$

Frau Müller erhält dann 262,82 € Zinsen.

Zusammenfassung

Für die Berechnung eines Kapitals K mit Zinsenzinsen nach mehreren Jahren mit Kapital K, Zinssatz p %, Dauer n Jahre gilt:

$$K_{neu} = K \cdot \left(1 + \frac{p}{100}\right)^n$$

Terme

Terme mit mehreren Variablen

Unter einem **Term** versteht man einen sinnvollen Rechenausdruck, der neben Rechenzeichen und Zahlen auch Buchstaben als Platzhalter, sogenannte Variablen, enthalten kann. Setzt man für diese Variablen Zahlen ein, so erhält man als Ergebnis den Wert des Terms.

Es gelten die gleichen Rechenregeln bei Termen mit einer Variablen wie bei Zahltermen:

1. Klammern werden zuerst berechnet.
2. Es gilt Potenz- vor Punkt- vor Strichrechnung.
3. Bei Termen ohne Klammern, die nur Punkt- und Strichrechnungen enthalten, rechnet man von links nach rechts.

Enthält der Term mehrfach die **gleiche Variable**, so setzt man für diese Variable **immer die gleiche Zahl** ein.
Enthält der Term verschiedene Variablen, so kann man für diese unterschiedlichen Variablen auch unterschiedliche Zahlen einsetzen.

Tipp:
Zwischen der Zahl und der Variablen darf der Malpunkt weggelassen werden: $5 \cdot x = 5x$

1. Berechne jeweils den Term.

a) $-45x + (x + y) + 36y$ für $x = 1$ und $y = 2$

$$-45 \cdot 1 + (1 + 2) + 36 \cdot 2$$
$$= -45 + 3 + 72$$
$$= 30$$

b) $22x + 3 \cdot x \cdot y + 3x^2$ für $x = 3$ und $y = -1$

$$22 \cdot 3 + 3 \cdot 3 \cdot (-1) + 3 \cdot 3^2$$
$$= 66 - 9 + 3 \cdot 9$$
$$= 66 - 9 + 27$$
$$= 84$$

2. Stelle jeweils einen Term auf.

   a) Addiere x zur Summe aus 7 und 8.
   $(7 + 8) + x = 15 + x$

   b) Subtrahiere y vom Produkt aus a und 6.
   $a \cdot 6 - y = 6a - y$

3. Oma Gertrud hat für ihr Telefon einen neuen Vertrag mit Seniorentarif abgeschlossen. Sie zahlt eine monatliche Grundgebühr von 19 €. In dieser Grundgebühr sind 20 Freiminuten enthalten. Für alle weiteren Gespräche zahlt Oma Gertrud 3 Cent pro Minute.

   a) Stelle einen Term für die monatlichen Kosten auf.

   Gegeben: Grundgebühr 19 €; 20 Freiminuten; 3 Cent pro Minute
   Gesucht: zugehöriger Term
   Antwort: x sei die Variable für die Minuten
   Term: $(x - 20) \cdot 0{,}03\,€ + 19\,€$ mit $x > 20$

   b) Wie hoch ist die Rechnung, wenn Oma Gertrud im Monat 3 Stunden telefoniert?

   Gesucht: Kosten für 3 h
   Rechnung: $x = 3\,h = 3 \cdot 60\,min = 180\,min$
   $(180 - 20) \cdot 0{,}03\,€ + 19\,€ = 160 \cdot 0{,}03\,€ + 19\,€$
   $= 4{,}80\,€ + 19\,€ = 23{,}80\,€$
   Antwort: Oma Gertrud bezahlt 23,80 €.

Zusammenfassung

- Terme sind Rechenausdrücke mit Buchstaben als Platzhaltern (Variablen).
- Terme können mehrere Variablen enthalten. Durch Einsetzen von Zahlen für die Variablen erhält man den Wert des Terms.
- Für gleiche Variablen muss man die gleiche Zahl einsetzen.

Termumformungen

Terme können sehr lang sein, deshalb versucht man, die Terme zu vereinfachen. Dabei sind jedoch einige Regeln zu beachten.

Setzt man in zwei Terme jeweils die gleiche Zahl für die Variable ein und erhält in beiden Fällen den gleichen Wert, so sagt man: Die beiden Terme sind **gleichwertig** oder **äquivalent**.

Einen Term formt man so um, dass der ursprüngliche Term und der umgeformte Term gleichwertig sind.

Rechenregeln

- Gleiche Variablen können miteinander addiert oder voneinander subtrahiert werden. Dazu addiert bzw. subtrahiert man die **Koeffizienten.**

  Beispiele:
  $3a + 5a = 8a$
  $7a - 2a = 5a$
  $5a + 4b + 2b + a = 6a + 6b$
  $9a + 6b - 5a - 3b = 4a + 3b$

- Variablen können multipliziert und dividiert werden. Dazu multipliziert bzw. dividiert man die Koeffizienten und die Variablen.

  Beispiele:
  $5a \cdot 7b = 5 \cdot 7 \cdot a \cdot b = 35ab$
  $15a : 5a = 3$
  $20a : 10b = 2\frac{a}{b}$

- **Kommutativgesetz**: $a + b = b + a$ bzw. $a \cdot b = b \cdot a$
- **Assoziativgesetz**: $(a + b) + c = a + (b + c)$ bzw. $(a \cdot b) \cdot c = a \cdot (b \cdot c)$
- **Distributivgesetz**: $a \cdot (b + c) = a \cdot b + a \cdot c$ bzw. $a \cdot (b - c) = a \cdot b - a \cdot c$

1. Vereinfache folgende Terme.

a) $x + y \cdot 4 \cdot 3 - 6y + 6 \cdot 4 - 2x$
$= x + 12y - 6y + 24 - 2x$ (vereinfachen)
$= x - 2x + 12y - 6y + 24$ (ordnen)
$= -x + 6y + 24$ (zusammenfassen)

b) $2 + (4a - 3)$
$= 2 + 4a - 3 = 2 - 3 + 4a$
$= -1 + 4a$

c) $4 \cdot (3x + 7y)$
$= 12x + 28y$

d) $(4x + 15y) \cdot 3 - 4x - 10y$
$= 12x + 45y - 4x - 10y$
$= 12x - 4x + 45y - 10y$
$= 8x + 35y$

2. Zeige, dass die beiden Terme gleichwertig sind.

$(3 \cdot b + 5) + 10 \cdot b$ und $13 \cdot b + 5$

$(3 \cdot b + 5) + 10 \cdot b$
$= (3b + 5) + 10b$
$= 3b + 5 + 10b$
$= 3b + 10b + 5$
$= 13b + 5$

$13 \cdot b + 5 = 13b + 5$ ✓

Zusammenfassung

- Zwei Terme, die beim Einsetzen der gleichen Zahl für die gleiche Variable denselben Wert besitzen, nennt man gleichwertig oder äquivalent.
- Rechenregeln:
  - Gleiche Variablen dürfen addiert und subtrahiert werden.
  - Variablen dürfen multipliziert und dividiert werden.
  - Es gilt das Kommutativ-, Assoziativ- und Distributivgesetz.

Lösen von Gleichungen: Äquivalenzumformungen

Zum Lösen von Gleichungen benutzt man sogenannte **Äquivalenzumformungen.**
Das sind Umformungen, bei denen die Lösung der Gleichung erhalten bleibt und keine weiteren Lösungen hinzugefügt werden. Die ursprüngliche Gleichung ist dann gleichwertig oder äquivalent zur umgeformten Gleichung.

Äquivalenzumformungen

- Zusammenfassen der Terme auf beiden Seiten der Gleichung.
- Addieren bzw. Subtrahieren der gleichen Zahl oder des gleichen Terms auf beiden Seiten.
- Multiplizieren bzw. Dividieren von beiden Seiten mit dem gleichen Faktor bzw. Divisor. Diese Zahl darf jedoch nicht null betragen.
- Vertauschen der beiden Seiten der Gleichung.

1. Löse die Gleichung $5 \cdot (2v - 7) = 4v - 17$ durch Äquivalenzumformungen.

$$
\begin{aligned}
5 \cdot (2v - 7) &= 4v - 17 && | \text{ ausmultiplizieren} \\
10v - 35 &= 4v - 17 && | -4v \\
6v - 35 &= -17 && | +35 \\
6v &= 18 && | :6 \\
v &= 3
\end{aligned}
$$

$L = \{3\}$

Eine Probe kann dir zeigen, ob du die Gleichung richtig gelöst hast.

Dazu setzt du dein Ergebnis, hier $v = 3$, in die ursprüngliche Gleichung ein:

$$
\begin{aligned}
5 \cdot (2 \cdot 3 - 7) &= 4 \cdot 3 - 17 \\
5 \cdot (6 - 7) &= 12 - 17 \\
5 \cdot (-1) &= -5 \\
-5 &= -5 \quad ✓
\end{aligned}
$$

Da für $v = 3$ beide Seiten das gleiche Ergebnis liefern, ist die Gleichung richtig gelöst.

2. Zeige, dass beide Gleichungen äquivalent sind.

$2x + 3 - x = -5x$ und $x + 4 = -2 - 11x$

Um dies zu zeigen, löst man beide Gleichungen nach x auf:

$$\begin{aligned} 2x + 3 - x &= -5x \\ x + 3 &= -5x && \mid -x \\ 3 &= -6x && \mid :(-6) \\ -\frac{1}{2} &= x \end{aligned}$$

$$\begin{aligned} x + 4 &= -2 - 11x && \mid +11x \\ 12x + 4 &= -2 && \mid -4 \\ 12x &= -6 && \mid :12 \\ x &= -\frac{1}{2} \end{aligned}$$

Da beide Gleichungen die gleiche Lösung besitzen, sind sie äquivalent.

Zusammenfassung

- Gleichungen löst man mithilfe von Äquivalenzumformungen.
- Äquivalenzumformungen sind:
  - beide Seiten mit der gleichen Zahl oder dem gleichen Term addieren bzw. subtrahieren,
  - beide Seiten mit der gleichen Zahl ($\neq 0$) multiplizieren bzw. dividieren.

Lösen von Ungleichungen: Äquivalenzumformungen

Auch zum Lösen von Ungleichungen benutzt man Äquivalenzumformungen.
Das sind Umformungen, bei denen die Lösung der Ungleichung erhalten bleibt und keine weiteren Lösungen hinzugefügt werden. Die ursprüngliche Ungleichung ist dann gleichwertig oder äquivalent zur umgeformten Ungleichung.

Äquivalenzumformungen

- Zusammenfassen der Terme auf beiden Seiten der Ungleichung.
- Addition oder Subtraktion desselben Terms auf beiden Seiten der Ungleichung.
- Multiplikation beider Seiten der Ungleichung mit derselben **positiven** Zahl.
- Division beider Seiten der Ungleichung durch dieselbe **positive** Zahl.
- Bei der Multiplikation bzw. Division mit einer **negativen** Zahl muss das dazwischen stehende Zeichen der Ungleichung, also > oder <, **umgedreht werden**.

Ungleichungen können mehrere Lösungen besitzen. Diese Lösungen schreibt man als Lösungsmenge. Eine Lösungsmenge kann man an einer Zahlengeraden veranschaulichen.

Beispiele:

a)

$2x - 2 \le 4$	$\mid +2$
$2x - 2 + 2 \le 4 + 2$	$\mid$ zusammenfassen
$2x \le 6$	$\mid :2$
$x \le 3$	

Darstellung der Lösung auf einer Zahlengeraden:

Darstellung als Lösungsmenge: $L = \{x \mid x \le 3\}$
Beachte: Die Zahl 3 ist Bestandteil der Lösung!

b)

$-3x + 7 < 10$	$\mid -7$
$-3x + 7 - 7 < 10 - 7$	$\mid$ zusammenfassen
$-3x < 3$	$\mid : (-3)$ **Achtung!**
$x > -1$	

Darstellung der Lösung auf einer Zahlengeraden:

Darstellung als Lösungsmenge: $L = \{x \mid x > -1\}$
Beachte: Die Zahl −1 ist nicht Bestandteil der Lösung!

Bestimme die Lösungen der Ungleichungen und veranschauliche die Lösungsmenge an einer Zahlengeraden.

a)
$$\begin{aligned} 22a + 21 - 20a &< -13 + 20 - 5a && \mid \text{zusammenfassen} \\ 2a + 21 &< 7 - 5a && \mid +5a \\ 7a + 21 &< 7 && \mid -21 \\ 7a &< -14 && \mid :7 \\ a &< -2 \end{aligned}$$

Lösungsmenge: $L = \{a \in \mathbb{Q} \mid a < -2\}$

Lösungen sind alle rationalen Zahlen kleiner als −2.

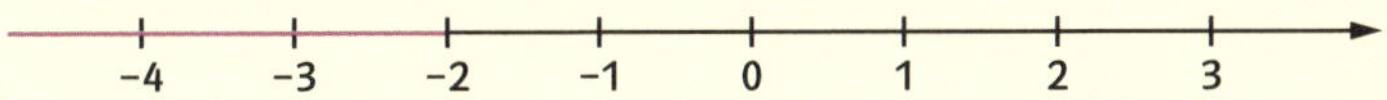

b)
$$\begin{aligned} 5 \cdot (2x + 11) &\geq 27 - 3x - 2 \cdot (1 + x) && \mid \text{ausmultiplizieren} \\ 10x + 55 &\geq 27 - 3x - 2 - 2x && \mid \text{zusammenfassen} \\ 10x + 55 &\geq 25 - 5x && \mid -10x \\ 55 &\geq 25 - 15x && \mid -25 \\ 30 &\geq -15x && \mid :(-15) \quad \textbf{Achtung!} \\ -2 &\leq x \end{aligned}$$

Lösungsmenge: $L = \{x \in \mathbb{Q} \mid x \geq -2\}$

Lösungen sind alle rationalen Zahlen größer oder gleich −2.

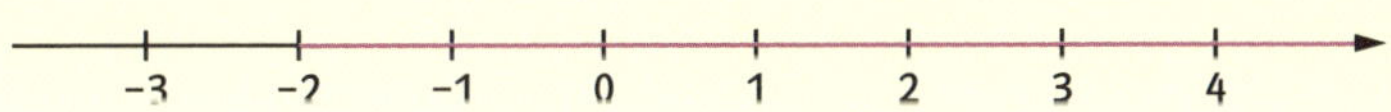

Zusammenfassung

- Ungleichungen löst man wie Gleichungen mit Äquivalenzumformungen.
- Dabei ist Folgendes zu beachten:
  Multipliziert oder dividiert man beide Seiten der Ungleichung mit einer negativen Zahl, so dreht sich das Ungleichheitszeichen um.

Grundlagen

Beide Schaubilder zeigen eine Zuordnung, aber nur links ist der Graph einer Funktion dargestellt.

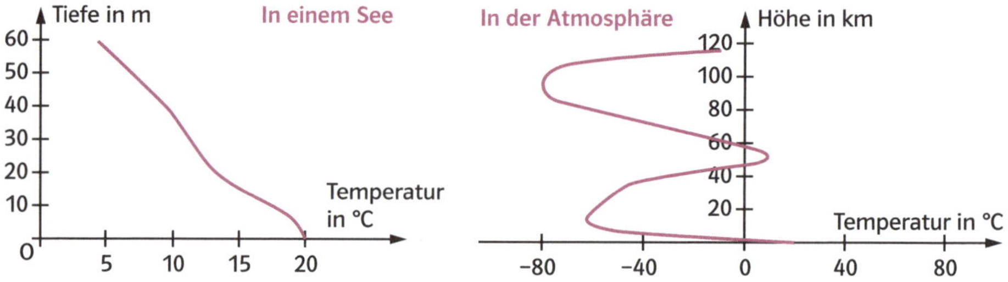

Wird bei einer Zuordnung $x \rightarrow y$ jeder Größe (Zahl) x **genau eine** Größe (Zahl) y zugeordnet, so nennt man diese Zuordnung auch **Funktion f**.
Die Menge aller Größen x nennt man **Definitionsmenge D**.
Die einer Größe x zugeordnete Größe y heißt **Funktionswert**.
Die Menge aller Funktionswerte nennt man **Wertemenge W**.

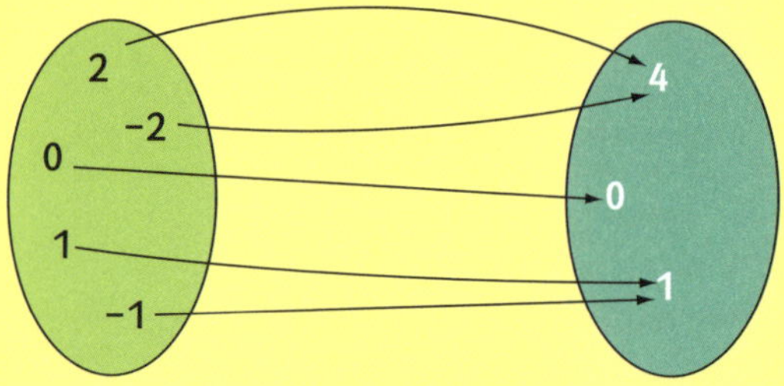

Eine Funktion kann auf verschiedene Arten dargestellt werden.

- Jede Funktion wird mit einem Kleinbuchstaben benannt, meist f, g oder h. Eine Vorschrift legt fest, wie die Funktionswerte berechnet werden können. Man nennt

$$\underbrace{\underbrace{f(x)}_{\text{Name der Funktion}} = \underbrace{4 \cdot x}_{\text{Funktionsterm}}}_{\text{Funktionsgleichung}}$$

(*sprich:* „f von x gleich 4 mal x")

Für die Variable x können verschiedene Zahlen eingesetzt werden, und man erhält dann die zugehörige Zahl.

- In einer Wertetabelle kann man zu jedem x-Wert den zugehörigen Funktionswert (y-Wert) berechnen und angeben.
- Das Schaubild einer Funktion nennt man auch Graph. Der Graph besteht aus allen Punkten P(x | y).

Zuordnungsvorschrift: $x \rightarrow 2x$

Funktionsgleichung: $f(x) = 2x$

Definitionsmenge D: $D = \mathbb{Q}$

Wertetabelle:

x	−2	−1	0	1	2	3
y	−4	−2	0	2	4	6

Graph der Funktion:
$y = 2x$

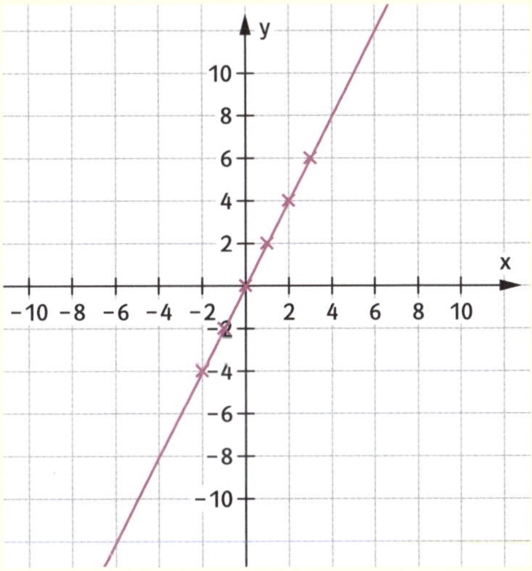

Zusammenfassung

- Bei einer Funktion wird jeder Größe x aus der Definitionsmenge D genau eine Größe y aus der Wertemenge W zugeordnet.
- Funktionen kann man durch eine Zuordnungsvorschrift, eine Funktionsgleichung, eine Wertetabelle oder einen Graphen darstellen.

Proportionale Funktionen

Proportionale Funktionen kennst du schon als proportionale Zuordnungen. Im Folgenden erfährst du, wie man sie als Zuordnungsvorschrift oder Funktionsgleichung darstellt.

Proportionale Funktionen haben die gleichen Eigenschaften wie proportionale Zuordnungen:
- Verdoppelt (verdreifacht, vervierfacht, …) man den x-Wert, so verdoppelt (verdreifacht, vervierfacht, …) sich auch der y-Wert.
- Halbiert (drittelt, viertelt, …) man den x-Wert, so halbiert (drittelt, viertelt, …) sich auch der y-Wert.
- Dividiert man einen y-Wert durch den zugehörigen x-Wert (x darf nicht 0 sein), so hat der Quotient immer den gleichen Wert. Man sagt auch, die Wertepaare sind **quotientengleich.**

Funktionsgleichung

$y = m \cdot x \quad (m \neq 0)$

m heißt **Proportionalitätskonstante** und berechnet sich, indem man den y-Wert durch den zugehörigen x-Wert dividiert $\left(m = \frac{y}{x}\right)$.

Definitionsmenge: $D = \mathbb{Q}$

Den Graphen einer proportionalen Funktion zeichnen

Der Graph einer proportionalen Funktion der Form $y = mx$ ist eine Gerade durch den Ursprung. Die Proportionalitätskonstante m nennt man auch die Steigung der Geraden.

a) Ist m positiv, so steigt die Gerade, z. B. $m = 4$, also $y = 4x$.

Ausgangspunkt für deine Gerade ist der Ursprung.
Von dort läufst du einen Schritt nach rechts und m Schritte nach oben.

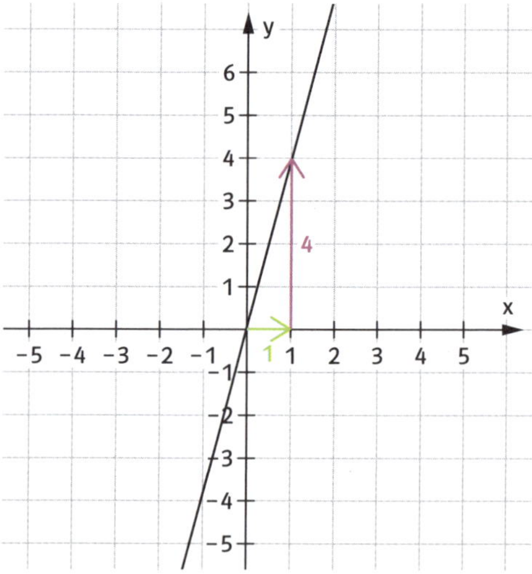

b) Ist m negativ, so fällt die Gerade, z. B. $m = -2$, also $y = -2x$.

Auch hier ist der Ausgangspunkt der Ursprung.
Nun läufst du **einen Schritt nach rechts** und **m Schritte nach unten**.

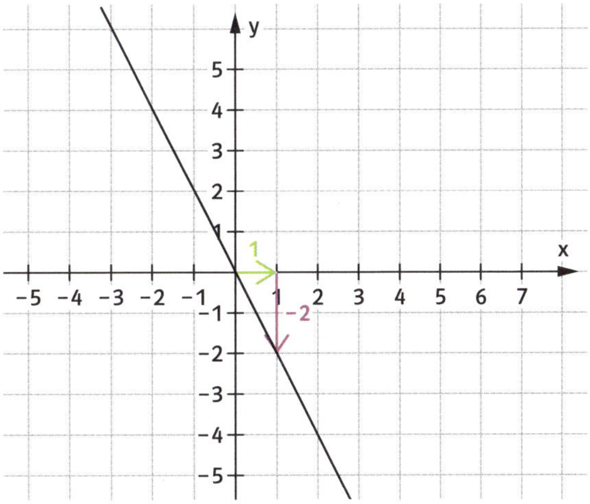

Zeichne folgende Graphen in ein Koordinatensystem.

a) $y = 5x$

b) $y = -3x$

c) $y = \frac{1}{4}x$

d) $y = -0{,}5x$

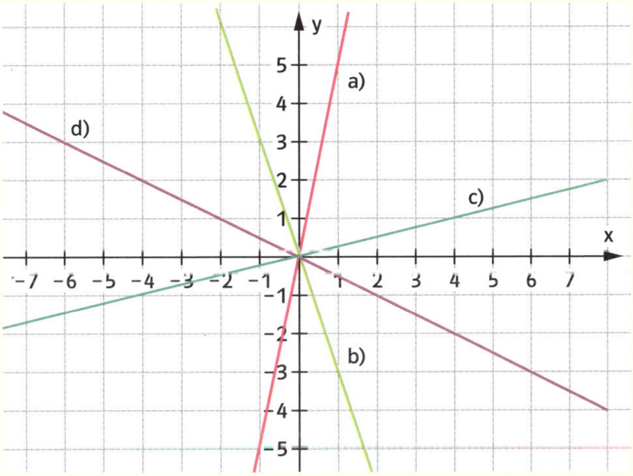

Zusammenfassung

- Proportionale Funktionen haben die gleichen Eigenschaften wie proportionale Zuordnungen.
- Die Funktionsgleichung lautet $y = m \cdot x$, wobei m die Steigung der Geraden ist.
  Sie gibt an, ob die Gerade steigt ($m > 0$) oder fällt ($m < 0$).

Lineare Funktionen

Addiert man bei einer proportionalen Funktion zu jedem Funktionswert die gleiche Zahl c, so wird die Gerade parallel zur Geraden durch den Ursprung nach oben oder unten verschoben. Man erhält dann eine **lineare Funktion.**

Funktionsgleichung

$y = m \cdot x + c$

m ist die Steigung.
c heißt y-Achsenabschnitt, da die Gerade die y-Achse im Punkt $P(0 \mid c)$ schneidet.
Definitionsmenge: $D = \mathbb{Q}$

Den Graphen einer linearen Funktion zeichnen

a) Steigende Gerade: $y = 3x + 2$

Wir starten am Punkt $P(0 \mid 2)$, der durch den y-Achsenabschnitt gegeben ist.
Von dort gehen wir einen Schritt nach rechts und m Schritte nach oben.

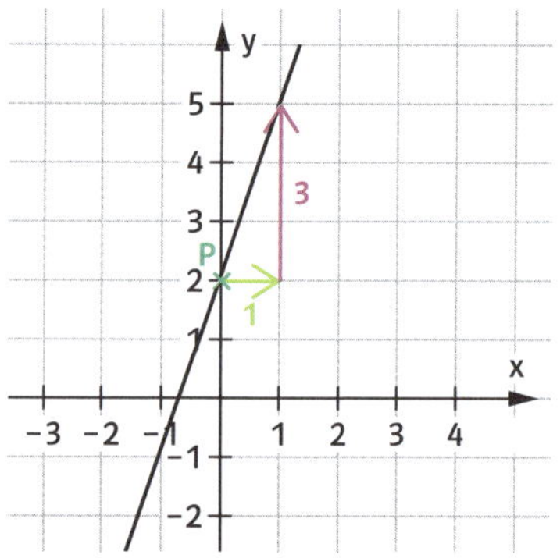

b) Fallende Gerade: $y = -7x + 4$

Wir starten am Punkt P(0 | 4), der durch den y-Achsenabschnitt gegeben ist.
Von dort gehen wir **einen Schritt nach rechts** und **m Schritte nach unten**.

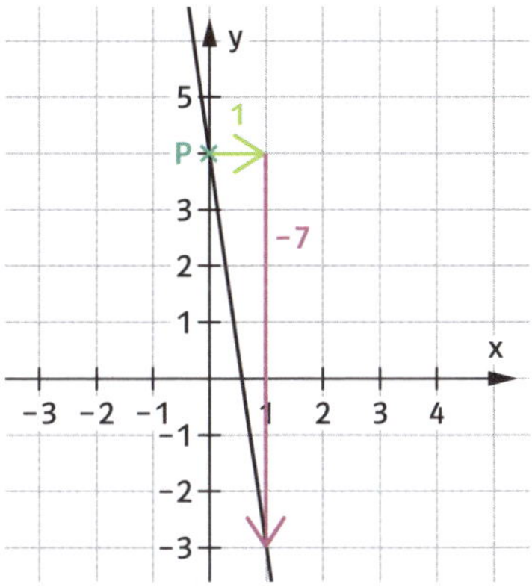

Bei einer proportionalen Funktion geht die Gerade immer durch den Ursprung. Bei einer linearen Funktion kann die Gerade durch den Ursprung laufen, muss es aber nicht. Also ist die proportionale Funktion ein Spezialfall der linearen Funktionen.

Zusammenfassung

- Funktionsgleichung einer linearen Funktion:
  $y = m \cdot x + c$
- m ist die Steigung.
- c heißt y-Achsenabschnitt, da die Gerade die y-Achse im Punkt P(0 | c) schneidet.
- Definitionsmenge: $D = \mathbb{Q}$

Spezialfälle von linearen Funktionen

Geraden, welche die x- bzw. y-Achse beschreiben oder parallel zu einer der beiden Achsen sind, haben besondere Gleichungen.

Gleichung der Geraden, …

- welche die x-Achse beschreibt: $\mathbf{y = 0}$

  Jedem x-Wert wird der Funktionswert 0 zugeordnet.

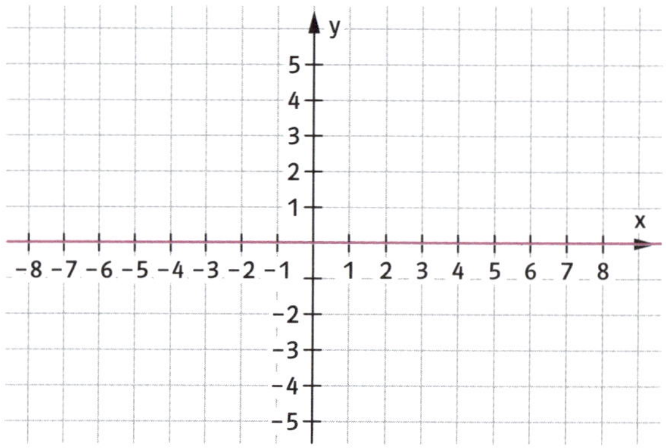

- welche die y-Achse beschreibt: $\mathbf{x = 0}$

  Die Gerade $x = 0$ beschreibt **keine** Funktion, da zu dem x-Wert $x = 0$ unendlich viele y-Werte gehören.

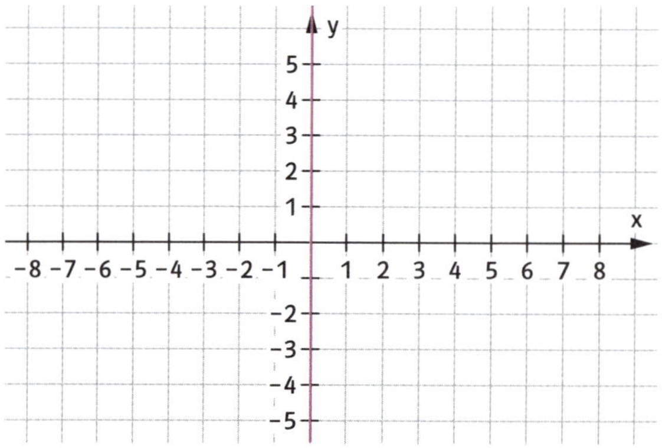

Gleichung der Geraden, …

- welche eine Gerade parallel zur x-Achse beschreibt: **y = n**

  Jedem x-Wert wird der gleiche Funktionswert n zugeordnet.

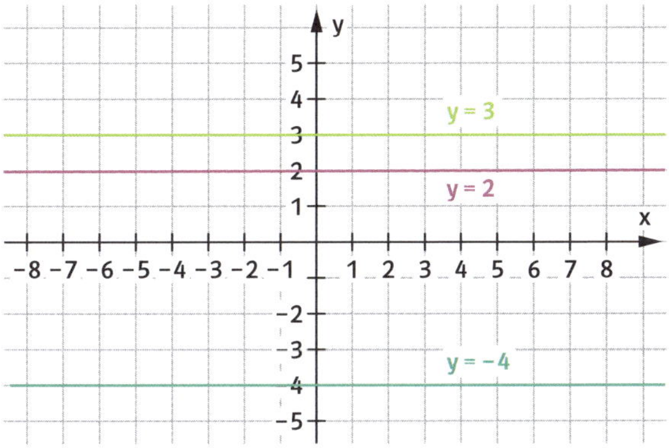

- welche eine Gerade parallel zur y-Achse beschreibt: **x = n**

  Die Gerade x = n beschreibt **keine** Funktion, da zu dem x-Wert x = n unendlich viele y-Werte gehören.

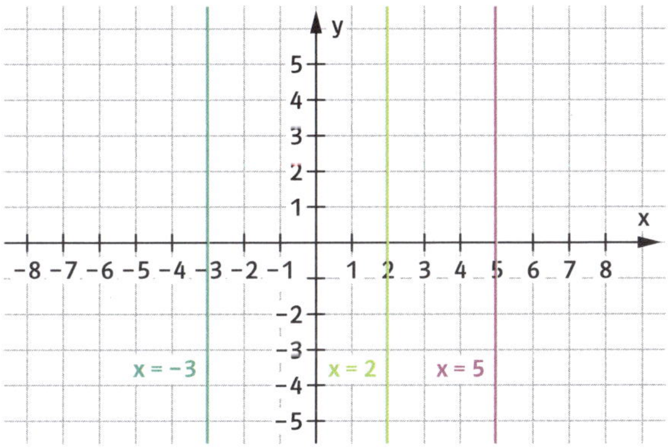

Zusammenfassung

Eine Gerade mit der Gleichung:

- y = 0 beschreibt die x-Achse.
- x = 0 beschreibt die y-Achse.
- y = n ist parallel zur x-Achse.
- x = n ist parallel zur y-Achse.

Grundlagen

Eine Gleichung der Form

$$\mathbf{a \cdot x + b = 0} \quad \text{oder} \quad \mathbf{a \cdot x = c \ (a \neq 0)}$$

heißt **lineare Gleichung**.
Eine lineare Gleichung kann man rechnerisch mit Äquivalenzumformungen oder zeichnerisch mithilfe des Graphen einer linearen Funktion lösen.

Lösen einer linearen Gleichung

Beispiel: **$3x - 4 = 2$**

a) rechnerisch:

$$\begin{aligned} 3x - 4 &= 2 \quad &| +4 \\ 3x &= 6 \quad &| :3 \\ x &= 2 \end{aligned}$$

b) zeichnerisch:

1. Schritt: Bringe die Gleichung auf die Form $a \cdot x + b = 0$.
   $3x - 4 = 2 \quad | -2$
   $3x - 6 = 0$

2. Schritt: Zeichne die lineare Funktion $y = 3x - 6$ mithilfe der Steigung und des y-Achsenabschnitts in ein Koordinatensystem.

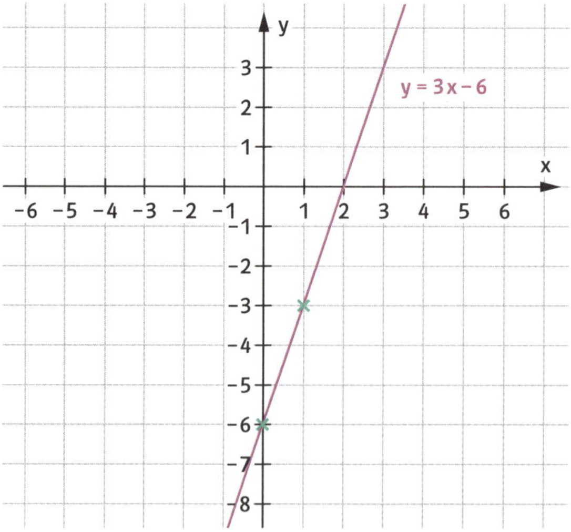

3. Schritt: Bestimme die Stelle x, an der die Gerade die x-Achse schneidet, also an der $y = 0$ ist.

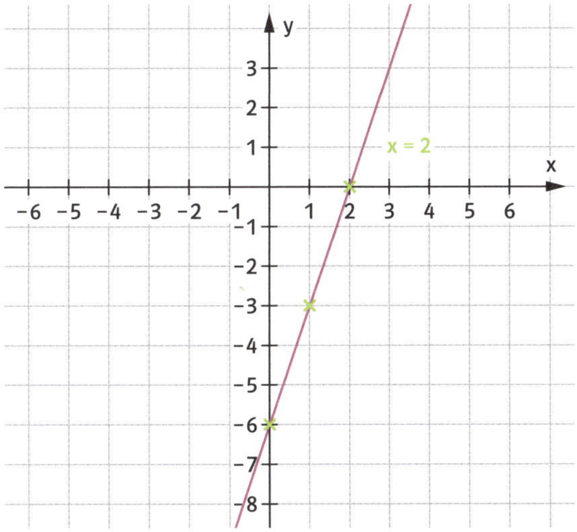

Für $x = 2$ erhält man eine wahre Aussage.
Also ist 2 die Lösung der Gleichung $3x - 4 = 2$.
Probe: $3 \cdot 2 - 4 = 2$ ✓

Zusammenfassung

- Gleichungen der Form $a \cdot x + b = 0$ oder $a \cdot x = c$ $(a \neq 0)$ heißen lineare Gleichungen.
- Man kann sie mit Äquivalenzumformungen oder mithilfe des Graphen einer linearen Funktion lösen.

Lineare Gleichungen mit 2 Variablen

Eine Gleichung der Form

$$a \cdot x + b \cdot y = c$$

heißt **lineare Gleichung mit 2 Variablen**.

Eigenschaften:
- Die Lösung ist nicht eine einzelne Zahl, sondern ein Zahlenpaar $(x;y)$.
- Es gibt unendlich viele Zahlenpaare als Lösung.
- Alle Zahlenpaare der Lösung sind Punkte in einem Koordinatensystem und liegen auf einer Geraden.

Lösen einer linearen Gleichung mit 2 Variablen

Beispiel: $5x - 7y = 35$

1. Schritt:
Bringe die Gleichung durch Äquivalenzumformungen auf die Form: $y = a \cdot x + b$.
Auf dieser Geraden liegen alle Lösungspaare der linearen Gleichung.

$$5x - 7y = 35 \qquad | -5x$$
$$-7y = -5x + 35 \qquad | :(-7)$$
$$y = \frac{5}{7}x - 5$$

2. Schritt:
Setze für x eine beliebige Zahl ein und berechne den zugehörigen y-Wert.
Dieses Zahlenpaar ist dann ein mögliches Lösungspaar.

Setzt man für x z. B. 7 ein, so erhält man $y = \frac{5}{7} \cdot 7 - 5 = 0$.

Also lautet ein mögliches Zahlenpaar: $(7;0)$.

Setzt man für $x = 2$ ein, so gilt: $y = \frac{5}{7} \cdot 2 - 5 = \frac{10}{7} - \frac{35}{7} = -\frac{25}{7}$;

also ist ein weiteres mögliches Zahlenpaar: $\left(2; -\frac{25}{7}\right)$.

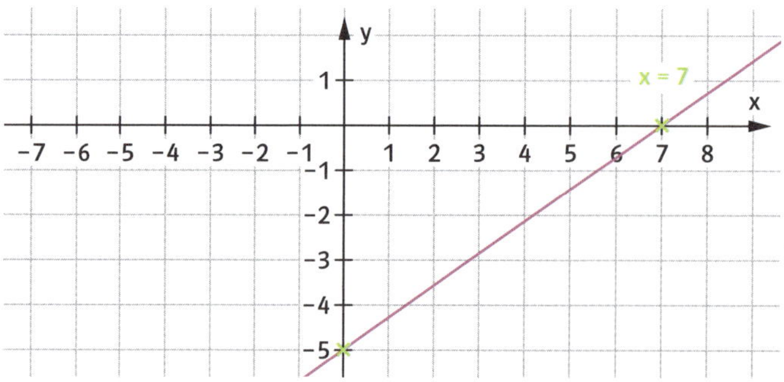

Die Gerade, auf der alle Lösungspaare liegen, lautet: $y = \frac{5}{7}x - 5$.

Modellieren mit linearen Gleichungen mit 2 Variablen

Beispiel:
Die Temperatur kann in Grad Celsius (°C) oder auch in Grad Réaumur (°R) angegeben werden.
10 °C entsprechen **8 °R** und **25 °C** sind **20 °R**.

a) Gib eine Funktionsgleichung an, mit der man die Temperatur von °C in °R umwandeln kann.

1. Gegeben sind zwei Lösungspaare $P(\underbrace{10}_{\text{in °C}}|\underbrace{8}_{\text{in °R}})$ und $Q(25|20)$
   Temperatur in °C: x
   Temperatur in °R: y
   Alle Lösungspaare liegen auf einer Geraden.

2. Berechnung der Steigung m:
   $m = \frac{y_2 - y_1}{x_2 - x_1}$
   $m = \frac{20 - 8}{25 - 10} = \frac{12}{15} = \frac{4}{5}$

   Setze m und P in die allgemeine Gleichung $y = mx + c$ ein und berechne c:
   $8 = \frac{4}{5} \cdot 10 + c$
   $8 = 8 + c \quad | -8$
   $0 = c$

3. Die zugehörige Funktionsgleichung lautet:
   $y = \frac{4}{5}x$ (x in °C, y in °R)
   oder $\frac{4}{5}x - y = 0$

b) Wie viel °R sind 57,8 °C?

Setze $x = 57{,}8$ in die Funktionsgleichung ein und berechne y.
$y = \frac{4}{5} \cdot 57{,}8 = 46{,}24$
57,8 °C sind also 46,24 °R.

c) Wie viel °C sind −218,52 °R?
Setze $y = -218{,}52$ in die Funktionsgleichung ein und berechne x.
$-218{,}52 = \frac{4}{5}x \quad | : \frac{4}{5}$
$-273{,}15 = x$

Formuliere das Ergebnis:
−218,52 °R sind also 273,15 °C.

Zusammenfassung

- Gleichungen der Form $a \cdot x + b \cdot y = c$ heißen lineare Gleichungen mit zwei Variablen.
- Die Lösungsmenge besteht aus unendlich vielen Zahlenpaaren.
- Alle Zahlenpaare liegen auf einer Geraden.

Lineare Gleichungssysteme grafisch lösen

Zwei lineare Gleichungen mit denselben Variablen bilden ein **lineares Gleichungssystem**.

Zeichnerisches (grafisches) Verfahren zum Lösen eines linearen Gleichungssystems

Beispiel: $5y - x = 5$ und $4y - x - 2 = 0$

1. Schritt: Stelle beide linearen Gleichungen in der Form $y = a \cdot x + b$ dar.

I. $5y - x = 5$
II. $4y - x - 2 = 0$

I. $y = \frac{1}{5}x + 1$
II. $y = \frac{1}{4}x + \frac{1}{2}$

2. Schritt: Zeichne beide Geraden in das Koordinatensystem ein.

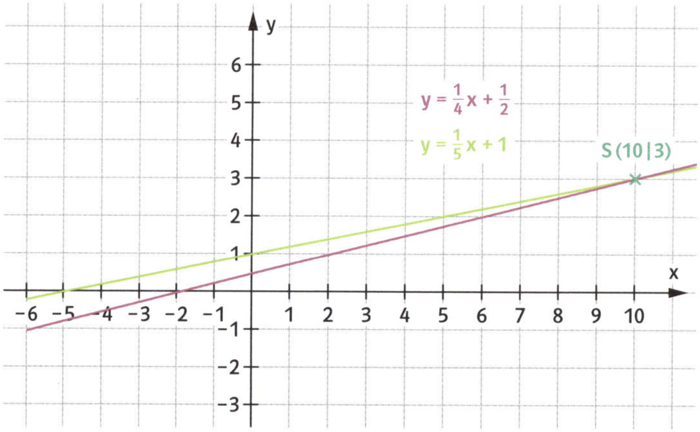

3. Schritt: Der Schnittpunkt S der beiden Geraden ist das gesuchte Zahlenpaar.
Der Zeichung entnimmt man: S (10 | 3).

4. Schritt: Führe eine Probe durch, indem du das Zahlenpaar in beide Gleichungen einsetzt.

Einsetzen von $x = 10$ und $y = 3$ in Gleichung I:

$$5y - x = 5$$
$$5 \cdot 3 - 10 = 5$$
$$15 - 10 = 5$$
$$5 = 5 \quad ✓$$

Einsetzen von $x = 10$ und $y = 3$ in Gleichung II:

$$4y - x - 2 = 0$$
$$4 \cdot 3 - 10 - 2 = 0$$
$$12 - 10 - 2 = 0$$
$$0 = 0 \quad ✓$$

In beiden Fällen ist die Probe erfüllt, damit ist (10 ; 3) die Lösung des linearen Gleichungssystems.

Schneiden sich die beiden Geraden nicht, d.h. sind sie **parallel**, so hat das lineare Gleichungssystem **keine Lösung**.
Sind die beiden Geraden **identisch**, so hat das lineare Gleichungssystem **unendlich viele Lösungen**.

Hinweis:
Bei linearen Gleichungssystemen können die beiden Gleichungen unterschiedlich benannt sein.
Das können (römische) Zahlen mit und ohne Klammern oder Punkten sein.
Beispiele: (1), 1., (I), I., usw.
Der Sinn dabei ist, das man die beiden Gleichungen auseinanderhalten kann.

Zusammenfassung

- Ein lineares Gleichungssystem besteht aus zwei linearen Gleichungen, die ein Zahlenpaar als Lösung haben können.
- Grafisches Lösungsverfahren:
  Zeichne die Graphen der zugehörigen linearen Funktionen in ein Koordinatensystem. Der Schnittpunkt der beiden Graphen ist die gesuchte Lösung.
- Ein lineares Gleichungssystem kann auch keine Lösung oder unendlich viele Lösungen besitzen.

Das Gleichsetzungsverfahren

Oft lassen sich die Lösungen von linearen Gleichungssystemen beim zeichnerischen Verfahren nicht exakt bestimmen. Dann benutzt man rechnerische Methoden. Es gibt drei Verfahren, mit denen man lineare Gleichungssysteme lösen kann:
das Gleichsetzungs-, Einsetzungs- oder Addititionsverfahren.

Ziel des Gleichsetzungsverfahrens ist es, beide Gleichungen so umzuformen, dass eine der Variablen x oder y der beiden Gleichungen alleine auf der linken Seite steht.

Man löst also beide Gleichungen nach der gleichen Variablen auf und setzt die rechten Seiten dann gleich.
Die so bestimmte Variable setzt man dann in eine der beiden ursprünglichen Gleichungen ein und bestimmt die zweite Variable.

Bestimme jeweils die Lösungsmenge mit dem Gleichsetzungsverfahren.

a) I. $x + 3y = 7$
II. $x = -4y + 7$

1. Schritt: Löse beide Gleichungen nach x auf.
I. $x = -3y + 7$
II. $x = -4y + 7$

2. Schritt: Setze die beiden rechten Seiten gleich und löse sie nach y auf.
$-3y + 7 = -4y + 7 \quad | +4y - 7$
$y = 0$

3. Schritt: Setze $y = 0$ in Gleichung I ein und löse nach x auf.
$x + 3 \cdot 0 = 7$
$x = 7$

Lösungspaar: (7;0)

b) I. $x - y = 6$

II. $\frac{2}{3}x - y = 1$

1. Schritt: Löse beide Gleichungen nach y auf.

I. $y = x - 6$

II. $y = \frac{2}{3}x - 1$

2. Schritt: Setze die beiden rechten Seiten gleich und löse sie nach x auf.

$$x - 6 = \frac{2}{3}x - 1 \quad \Big| -\frac{2}{3}x + 6$$
$$\frac{1}{3}x = 5 \quad \Big| : \frac{1}{3}$$
$$x = 15$$

3. Schritt: Setze $x = 15$ in Gleichung I ein und löse nach y auf.

$$15 - y = 6$$
$$y = 9$$

Lösungspaar: $(15;9)$

Tipp:
Das Gleichsetzungsverfahren ist besonders geeignet, wenn die Koeffizienten einer Gleichung Vielfache voneinander sind oder wenn in einer Gleichung schon eine Variable alleine steht.

Zusammenfassung

- Beim Gleichsetzungsverfahren löst man die Gleichungen nach der gleichen Variablen auf und setzt sie anschließend gleich.
- Die zweite Variable bestimmt man, indem man die zuerst berechnete Variable in eine der Ursprungsgleichungen einsetzt.
- Das Gleichungssystem kann auch keine oder unendlich viele Lösungen besitzen.

Das Einsetzungsverfahren

Beim **Einsetzungsverfahren** löst du eine der beiden Gleichungen nach einer der beiden Variablen auf. Dann setzt du den so erhaltenen Term für die Variable in die andere Gleichung ein und erhältst eine Gleichung mit nur einer Variablen. Diese Gleichung löst du nun nach der übrigen Variablen auf.

Die so bestimmte Variable setzt du dann in eine der beiden ursprünglichen Gleichungen ein und bestimmst die zweite Variable.

Bestimme die Lösungen mit dem Einsetzungsverfahren.

a) I. $y - 3x = 8$
II. $x + y = 12$

1. Schritt: Löse Gleichung I nach y auf.
I. $y = 3x + 8$
II. $x + y = 12$

2. Schritt: Setze $y = 3x + 8$ in Gleichung II ein und löse sie nun nach x auf.

$$x + y = 12$$
$$x + (3x + 8) = 12$$
$$4x + 8 = 12$$
$$x = 1$$

3. Schritt: Setze $x = 1$ in Gleichung II ein und löse nach y auf.

$$1 + y = 12$$
$$y = 11$$

Lösungspaar: $(1;11)$

b) I. $x - 2y = -4$
II. $2x = 4y + 2$

1. Schritt: Löse Gleichung I nach x auf.
I. $x = 2y - 4$
II. $2x = 4y + 2$

2. Schritt: Setze $x = 2y - 4$ in Gleichung II ein und löse sie nach y auf.

$$2(2y - 4) = 4y + 2$$
$$4y - 8 = 4y + 2 \quad | -4y$$
$$-8 = +2$$

Da es sich bei der letzten Gleichung um eine falsche Aussage handelt ($-8 \neq +2$), besitzt das lineare Gleichungssystem keine Lösung.

Zusammenfassung

- Beim Einsetzungsverfahren löst man eine der beiden Gleichungen nach einer Variablen auf und setzt den Term in die andere Gleichung ein.
- Dies führt zu einer Gleichung mit einer Variablen. Die so entstandene Gleichung löst man nach dieser Variablen auf.
- Die zweite Variable bestimmt man, indem man die berechnete Variable in eine der Ursprungsgleichungen einsetzt.

Das Additionsverfahren

Beim **Additionsverfahren** addierst du die beiden Gleichungen so, dass eine der beiden Variablen dabei wegfällt. Dazu musst du manchmal vorher eine oder beide Gleichungen mit einer Zahl multiplizieren oder dividieren.
Nach der Addition erhältst du eine neue Gleichung mit nur einer Variablen, nach der du die Gleichung auflöst.
Den erhaltenen Wert setzt du in eine der beiden ursprünglichen Gleichungen ein und bestimmst den Wert der zweiten Variablen.

Wie beim Gleichsetzungs- und Einsetzungsverfahren ist es auch beim Additionsverfahren sinnvoll, am Ende eine Probe zu machen.

Natürlich liefern diese drei Verfahren nicht immer eine Lösung, da es auch Gleichungssysteme ohne Lösung gibt.

Bestimme die Lösungen mithilfe des Additionsverfahrens.

a) I. $x + 1{,}5y = 2$
II. $-2x + 9y = 20$

1. Schritt: Multipliziere Gleichung I mit 2, damit bei der Addition die x-Variable wegfällt.
I. $2x + 3y = 4$
II. $-2x + 9y = 20$

2. Schritt: Addiere die beiden Gleichungen.
I. $2x + 3y = 4$
II. $-2x + 9y = 20$
$12y = 24$; also $y = 2$

3. Schritt: Setze $y = 2$ in Gleichung I ein und löse die Gleichung nach y auf.
$x + 1{,}5 \cdot 2 = 2$
$x + 3 = 2$
$x = -1$

Lösungspaar: $(-1; 2)$

b) I. $6x + 7y = 23$
II. $5x + 7y = 18$

1. Schritt: Multipliziere Gleichung II mit -1.

$$\begin{aligned} \text{I.}\quad 6x + 7y &= 23 \\ \text{II.}\quad -5x - 7y &= -18 \end{aligned}$$

2. Schritt: Addiere die beiden Gleichungen.

$$\begin{array}{lrcr} \text{I.} & 6x + 7y & = & 23 \\ \underline{\text{II.}} & \underline{-5x - 7y} & \underline{=} & \underline{-18} \\ & x & = & 5 \end{array}$$

3. Schritt: Setze $x = 5$ in Gleichung I ein und löse nach y auf.

$$\begin{aligned} 6 \cdot 5 + 7y &= 23 \\ y &= -1 \end{aligned}$$

Lösungspaar: $(5; -1)$

Zusammenfassung

- Beim Additionsverfahren multipliziert oder dividiert man eine der beiden Gleichungen mit einer Zahl ($\neq 0$), sodass bei Addition der Gleichungen eine der beiden Variablen wegfällt.
- Danach löst man die neue Gleichung nach ihrer Variablen auf.
- Den Wert der Variablen setzt man in eine der beiden ursprünglichen Gleichungen ein und löst nach der anderen Variablen auf.

Reelle Zahlen

Rationale Zahlen kann man als Bruch oder als abbrechende oder periodische Dezimalzahl darstellen. Dezimalzahlen, die weder abbrechen noch periodisch sind, nennt man **irrationale Zahlen.** Irrationale Zahlen kann man nicht als Bruch darstellen. Sie haben unendlich viele Nachkommastellen.

Die rationalen Zahlen zusammen mit den irrationalen Zahlen bilden die Menge der **reellen Zahlen ℝ.**

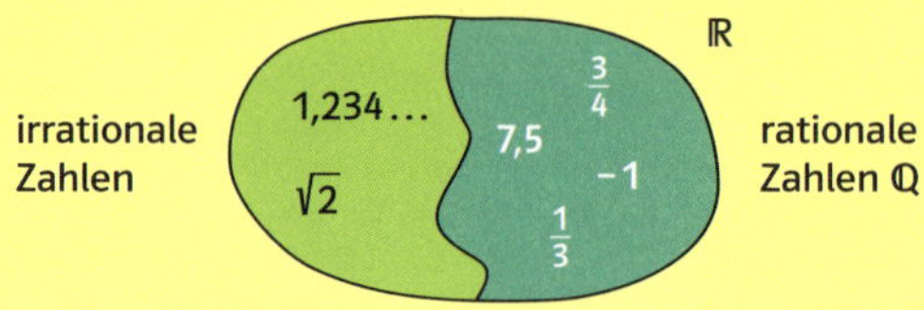

Darstellung reeller Zahlen auf der Zahlengeraden

Jede reelle Zahl kann als Punkt auf der Zahlengeraden dargestellt werden. Zwischen zwei reellen Zahlen auf der Zahlengeraden liegen unendlich viele reelle Zahlen.

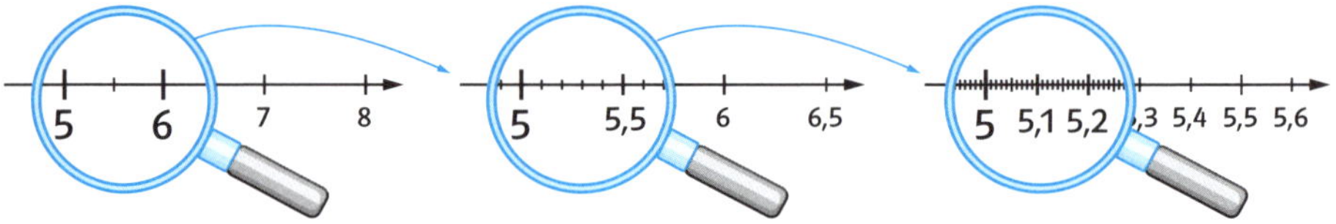

Zahlenbereiche

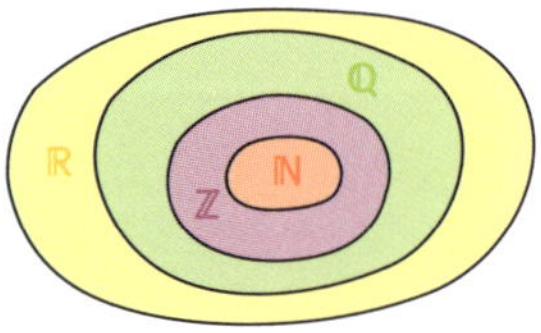

ℝ: reelle Zahlen
ℚ: rationale Zahlen
ℤ: ganze Zahlen
ℕ: natürliche Zahlen

abbrechende Dezimalzahl:

$\frac{5}{8} = 5 : 8 = 0{,}625$

periodische Dezimalzahl:

$\frac{2}{3} = 2 : 3 = 0{,}6666666\,\ldots = 0{,}\overline{6}$

reelle Zahl:

0,123267732 …; 5,235157428 …

Zusammenfassung

- Die rationalen Zahlen bilden zusammen mit den irrationalen Zahlen die reellen Zahlen.
- Rationale Zahlen: Bruchzahl, abbrechende Dezimalzahl, periodische Dezimalzahl.
- Irrationale Zahl: Dezimalzahl, die weder abbrechend noch periodisch ist; nicht als Bruch darstellbare Zahl; eine Dezimalzahl mit unendlich vielen Nachkommastellen.

Quadratwurzeln

Unter der **Quadratwurzel von a** versteht man eine **nicht negative** Zahl, die quadriert a ergibt.

Schreibweise: $\sqrt{a}$ Sprich: „Wurzel aus a“

Wurzelzeichen → $\sqrt{}$

$\sqrt{a}$

Radikant → a

Das Bestimmen der Quadratwurzel nennt man auch **Wurzelziehen** oder Radizieren.

Beispiel: $\sqrt{64} = \sqrt{8^2} = 8$

Es gilt:

Quadrieren →

1	1
1,5	2,25
2	4
3	9

← Wurzelziehen

Hinweise:

- Die Quadratwurzel ist nie negativ, d.h. $\sqrt{16} = +4$, obwohl $(-4) \cdot (-4) = +16$ ist.
- Da das Produkt zweier negativer Zahlen wieder positiv ist, kann man die Quadratwurzel nicht aus einer negativen Zahl ziehen. $\sqrt{-16}$ geht nicht!
- Es gilt: $\sqrt{0} = 0$.

Zusammenfassung

Unter der **Quadratwurzel von a** versteht man eine nicht negative Zahl, die mit sich selbst multipliziert, also quadriert, a ergibt.

$\sqrt{4} = \sqrt{2^2} = 2$

Rechenregeln für Terme mit Quadratwurzeln

1. Produkte von Wurzeln (Multiplikation):

   $\sqrt{a} \cdot \sqrt{b} = \sqrt{a \cdot b} = \sqrt{ab}$

2. Quotienten von Wurzeln (Division) mit $b \neq 0$:

   $\frac{\sqrt{a}}{\sqrt{b}} = \sqrt{\frac{a}{b}}$

3. Ausmultiplizieren:

   $\sqrt{a} \cdot (\sqrt{b} + \sqrt{c})$
   $= \sqrt{a} \cdot \sqrt{b} + \sqrt{a} \cdot \sqrt{c}$
   $= \sqrt{a \cdot b} + \sqrt{a \cdot c}$

   $\sqrt{a} \cdot (\sqrt{b} - \sqrt{c})$
   $= \sqrt{a} \cdot \sqrt{b} - \sqrt{a} \cdot \sqrt{c}$
   $= \sqrt{a \cdot b} - \sqrt{a \cdot c}$

4. Ausklammern:

   $a \cdot \sqrt{b} + c \cdot \sqrt{b} = (a + c) \cdot \sqrt{b}$
   $a \cdot \sqrt{b} - c \cdot \sqrt{b} = (a - c) \cdot \sqrt{b}$

Achtung, folgende Regeln gibt es **nicht**:

$\sqrt{a} + \sqrt{b} \neq \sqrt{a + b}$

$\sqrt{a} - \sqrt{b} \neq \sqrt{a - b}$

1. Vereinfache durch Zusammenfassen.

   a) $\sqrt{3} \cdot \sqrt{27} = \sqrt{3 \cdot 27} = \sqrt{81} = 9$

   b) $\sqrt{375} : \sqrt{15} = \sqrt{\frac{375}{15}} = \sqrt{25} = 5$

   c) $6 \cdot \sqrt{5} + 8 \cdot \sqrt{5}$
   $= (6 + 8) \cdot \sqrt{5}$
   $= 14 \cdot \sqrt{5}$

2. Vereinfache durch teilweises Wurzelziehen.

   a) $\sqrt{2} + \sqrt{8} = \sqrt{2} + \sqrt{2 \cdot 4} = \sqrt{2} + \sqrt{2} \cdot \sqrt{4} = \sqrt{2} + \sqrt{2} \cdot 2 = \sqrt{2} \cdot (1 + 2) = \sqrt{2} \cdot 3 = 3 \cdot \sqrt{2}$

   b) $3 \cdot \sqrt{6} \cdot (\sqrt{3} + 5) = 3 \cdot \sqrt{18} + 15 \cdot \sqrt{6} = 3 \cdot \sqrt{9 \cdot 2} + 15 \cdot \sqrt{6}$
   $= 3 \cdot 3 \cdot \sqrt{2} + 15 \cdot \sqrt{6} = 9 \cdot \sqrt{2} + 15 \cdot \sqrt{6}$

3. Mache den Nenner rational.

   a) $\frac{3}{\sqrt{2}}$
   $= 3 \cdot \frac{\sqrt{2}}{\sqrt{2} \cdot \sqrt{2}}$
   $= 3 \cdot \frac{\sqrt{2}}{\sqrt{4}}$
   $= \frac{3 \cdot \sqrt{2}}{2} = \frac{3}{2}\sqrt{2}$

   b) $\frac{4}{\sqrt{15}} - \frac{\sqrt{3}}{\sqrt{5}} = 4 \cdot \frac{\sqrt{15}}{\sqrt{15} \cdot \sqrt{15}} - \sqrt{3} \cdot \frac{\sqrt{5}}{\sqrt{5} \cdot \sqrt{5}}$
   $= \frac{4 \cdot \sqrt{15}}{15} - \frac{\sqrt{15}}{5}$
   $= \frac{4}{15} \cdot \sqrt{15} - \frac{3}{15} \cdot \sqrt{15}$
   $= \frac{1}{15} \cdot \sqrt{15}$

Zusammenfassung

- Für Produkte gilt:
  $\sqrt{a} \cdot \sqrt{b} = \sqrt{a \cdot b}$ wobei a, b nicht negativ sein dürfen und $a \neq b$ und $b \neq 0$.
- Für Quotienten gilt:
  $\frac{\sqrt{a}}{\sqrt{b}} = \sqrt{\frac{a}{b}}$ wobei a, b nicht negativ sein dürfen und $b \neq 0$.

Die Normalparabel

Eine Funktion f mit der Gleichung

$$f(x) = ax^2 + bx + c \quad (a \neq 0)$$

nennt man **quadratische Funktion**. Ihr Schaubild ist eine **Parabel**.
Die Definitionsmenge ist, wenn nicht anders angegeben, die Menge der reellen Zahlen $\mathbb{R}$.

Für $a = 1$ und $b = 0$ erhält man eine spezielle quadratische Funktion f mit der Gleichung

$$f(x) = x^2 \quad \text{bzw.} \quad y = x^2,$$

ihr Schaubild nennt man Normalparabel.

Wertetabelle und Graph

x	−4	−3	−2	−1	0	1	2	3	4
$y = x^2$	16	9	4	1	0	1	4	9	16

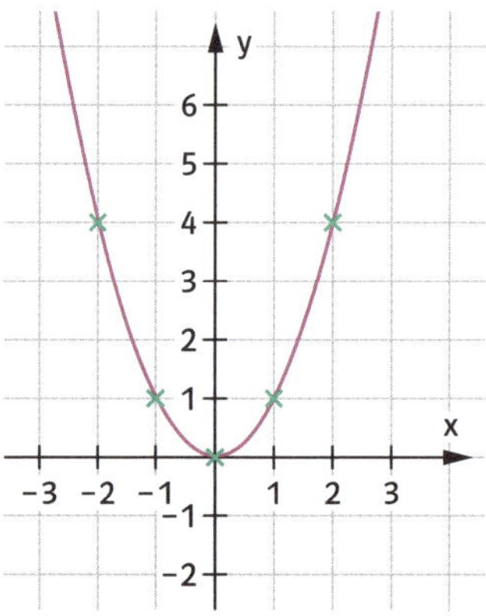

Eigenschaften der Normalparabel

- Das Schaubild der Normalparabel ist symmetrisch zur y-Achse.
- Der tiefste Punkt der Normalparabel hat die Koordinaten (0 | 0).
  Alle anderen Punkte der Normalparabel liegen oberhalb der x-Achse.
  Man nennt diesen tiefsten Punkt auch den **Scheitel der Normalparabel**.
- Für negative x-Werte ($x < 0$) fällt das Schaubild der Normalparabel.
  Für positive x-Werte ($x > 0$) steigt das Schaubild.
- Dem 2-, 3- bzw. n-fachen x-Wert wird der 4-, 9- bzw. n^2-fache y-Wert zugeordnet.

Zeichnen der Normalparabel

Für das Zeichnen einer Normalparabel existieren Schablonen. Hat man keine Schablone zur Hand, so kann man die Normalparabel ganz einfach zeichnen:

1. Zeichne ein Koordinatensystem.
2. Markiere den Scheitelpunkt S (0 | 0).
3. Gehe vom Scheitel aus eine Einheit nach rechts und eine Einheit nach oben. Das Gleiche machst du links vom Scheitel.
4. Gehe vom Scheitel aus zwei Einheiten nach rechts und vier Einheiten nach oben. Das Gleiche nach links.
5. Gehe vom Scheitel aus drei Einheiten nach rechts und neun Einheiten nach oben. Das Gleiche nach links.
6. …

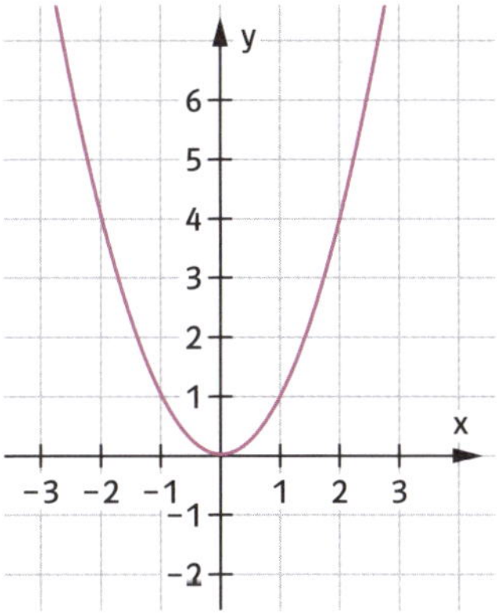

Zusammenfassung

- Die Funktionsgleichung einer Normalparabel lautet: $y = x^2$.
- Eigenschaften:
  - Die Normalparabel ist symmetrisch zur y-Achse.
  - Der Scheitel ist der tiefste Punkt S (0 | 0).
  - Links vom Scheitel fällt das Schaubild, rechts vom Scheitel steigt es.

Verschieben der Normalparabel

Außer der Normalparabel gibt es weitere Parabeln.
Die Parabeln entstehen durch Verschiebung der Normalparabel entlang der x- und y-Achse.

Verschieben der Normalparabel entlang der y-Achse

Der Graph der Funktionsgleichung

$$\mathbf{y = x^2 + e}$$

entsteht durch Verschieben der Normalparabel $y = x^2$ um die Strecke e entlang der y-Achse.
Ist e positiv ($e > 0$), so wird die Normalparabel um e Einheiten nach oben verschoben.
Ist e negativ ($e < 0$), so wird die Normalparabel um e Einheiten nach unten verschoben.
Die Parabel $y = x^2 + e$ hat die y-Achse als Symmetrieachse und den Punkt S(0 | e) als Scheitel.

Wertetabelle und Graph

x	−4	−3	−2	−1	0	1	2	3	4
$y = x^2 + 2$	18	11	6	3	2	3	6	11	18
$y = x^2 - 2$	14	7	2	−1	−2	−1	2	7	14

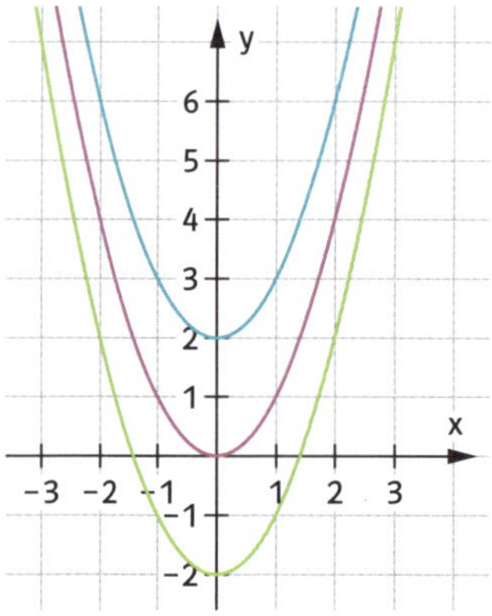

Verschiebt man eine Parabel in y-Richtung, so verändert sich der x-Wert des Scheitels nicht.

Verschieben der Normalparabel entlang der x-Achse

Der Graph der Funktionsgleichung

$$y = (x - d)^2$$

entsteht durch Verschieben der Normalparabel $y = x^2$ um die Strecke d entlang der x-Achse.
Ist d negativ ($d < 0$), so wird die Normalparabel um d Einheiten nach links verschoben.
Ist d positiv ($d > 0$), so wird die Normalparabel um d Einheiten nach rechts verschoben.
Die Parabel $y = (x - d)^2$ hat die Gerade $x = d$ (Parallele zur y-Achse) als Symmetrieachse und den Punkt S (d | 0) als Scheitel.

Wertetabelle und Graph

x	−4	−3	−2	−1	0	1	2	3	4
$y = (x - (-2))^2$	4	1	0	1	4	9	16	25	36
$y = (x - 2)^2$	36	25	16	9	4	1	0	1	4

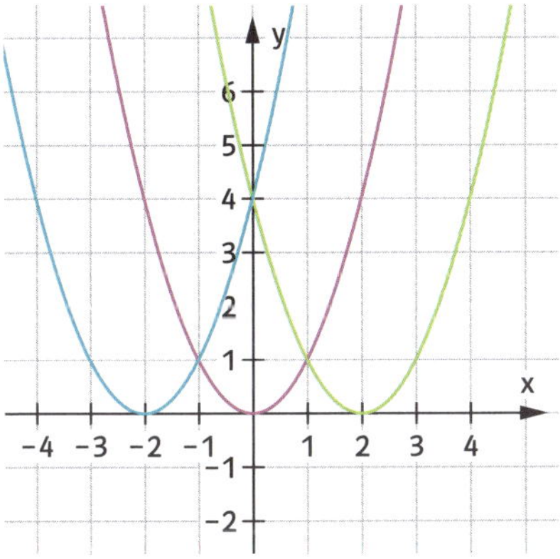

Verschiebt man eine Parabel in x-Richtung, so verändert sich der y-Wert des Scheitels nicht.

Zusammenfassung

- Der Graph der Funktionsgleichung $y = x^2 + e$ entsteht durch Verschieben der Normalparabel entlang der y-Achse: bei positivem e nach oben, bei negativem e nach unten.
- Der Graph der Funktionsgleichung $y = (x - d)^2$ entsteht durch Verschieben der Normalparabel entlang der x-Achse: bei positivem d nach rechts, bei negativem d nach links.

Strecken und Spiegeln der Normalparabel

Die Normalparabel kann nicht nur entlang der Achsen verschoben werden, sie kann auch schmaler und breiter gemacht werden. Ebenso kann sie auf den Kopf gestellt werden, d.h. sie wird gespiegelt.

Strecken der Normalparabel

Der Graph der Funktionsgleichung

$$\mathbf{y = a \cdot x^2}$$

mit $(a > 0)$ entsteht durch Streckung mit dem Faktor a aus der Normalparabel.
Ist $a > 1$, so wird die Normalparabel enger.
Ist $0 < a < 1$, so wird die Normalparabel weiter.
Die Parabel $y = ax^2$ hat die y-Achse als Symmetrieachse und den Punkt S (0 | 0) als Scheitel.

Wertetabelle und Graph

x	−4	−3	−2	−1	0	1	2	3	4
$y = 2x^2$	32	18	8	2	0	2	8	18	32
$y = 0{,}5x^2$	8	4,5	2	0,5	0	0,5	2	4,5	8

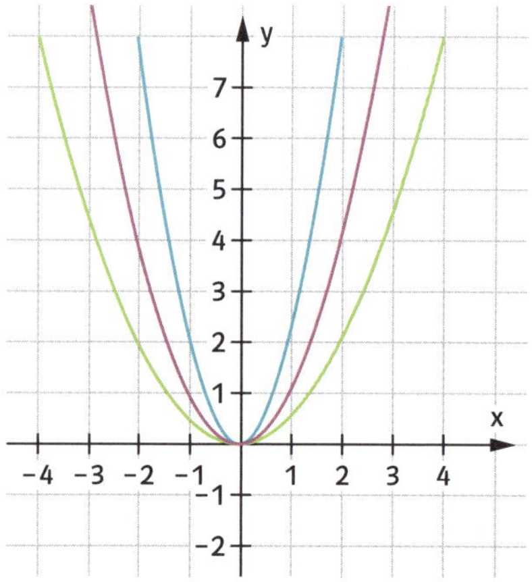

Spiegeln der Normalparabel

Ist bei einer Parabel $y = ax^2$ der Faktor a negativ, so entsteht ihr Schaubild durch Spiegelung der Parabel $y = ax^2$ an der x-Achse.

Eigenschaften der Parabel $y = ax^2$ $(a < 0)$

- Die Parabel ist nach unten geöffnet.
- Für negative x-Werte steigt die Parabel, für positive x-Werte fällt die Parabel.
- Der Scheitel S(0 | 0) ist der höchste Punkt der Parabel.

Wertetabelle und Graph

x	−4	−3	−2	−1	0	1	2	3	4
$y = 2x^2$	32	18	8	2	0	0	8	18	32
$y = -2x^2$	−32	−18	−8	−2	0	−2	−8	−18	−32

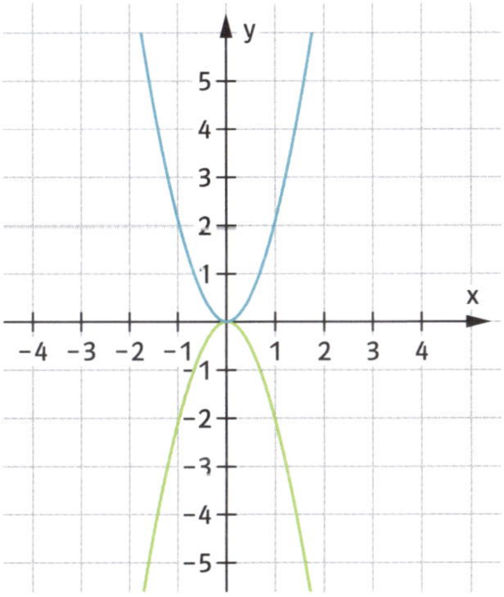

Zusammenfassung

Für den Graphen der Funktion $y = ax^2$ $(a \neq 0)$ gilt:
- $a > 0$: Der Graph ist nach oben geöffnet. Für negative x-Werte fällt er, für positive x-Werte steigt er; der Scheitel ist der tiefste Punkt der Parabel; für $a < 1$ ist die Parabel weiter, für $a > 1$ ist sie enger als die Normalparabel.
- $a < 0$: Der Graph ist nach unten geöffnet. Für negative x-Werte steigt er, für positive x-Werte fällt er; der Scheitel ist der höchste Punkt der Parabel; für $a < -1$ ist die Parabel enger, für $a > -1$ ist sie weiter als die Normalparabel.

Quadratische Funktionen

Eine Funktion der Gleichung

$$\mathbf{y = a(x - d)^2 + e}$$

heißt **quadratische Gleichung**. Ihr Schaubild nennt man **Parabel**. Die Definitionsmenge ist, wenn nicht anders angegeben, die Menge der reellen Zahlen $\mathbb{R}$.

Ist $a = 1$, $d = 0$ und $e = 0$, so ist der Graph die Normalparabel.

Den Graphen der Gleichung $y = a(x - d)^2 + e$ erhält man aus der Normalparabel, indem man sie nacheinander

- um d Einheiten entlang der x-Achse verschiebt,
- mit dem Faktor a streckt bzw. spiegelt,
- um e Einheiten entlang oder parallel zur y-Achse verschiebt.

Den Scheitel der Parabel kann man an der Gleichung ablesen: **S(d | e)**
Deshalb nennt man sie auch **Scheitelform**.

a) Zeichne den Graphen $y = (x - 4)^2 + 3{,}5$.
Der Scheitel des Graphen lautet S(4 | 3,5).
Es handelt sich um eine Normalparabel, die um 4 Einheiten nach rechts und um 3,5 Einheiten nach oben verschoben ist.

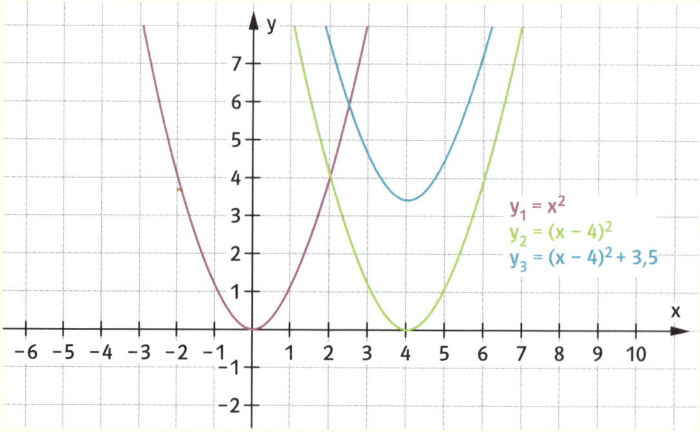

b) Zeichne die Funktion $y = +0{,}5\,(x + 1)^2 - 2$.
Der Scheitel der Funktion lautet S(−1 | −2).
Es handelt sich um eine Parabel, die weiter ist als die Normalparabel, sowie nach links und nach unten verschoben ist.

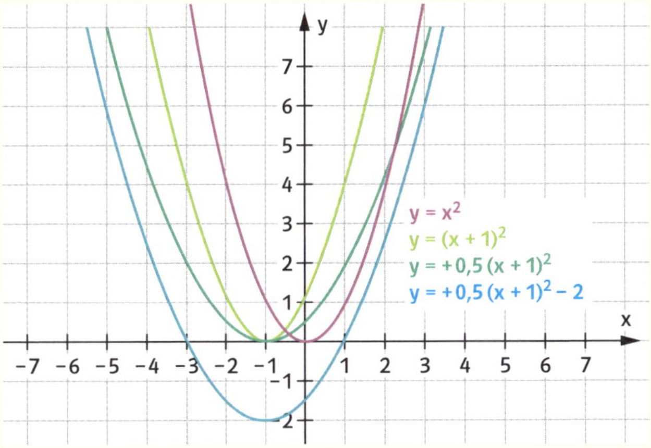

Zusammenfassung

- Die Funktion f mit der Gleichung $f(x) = a\,(x - d)^2 + e$ nennt man quadratische Funktion. Ihr Graph ist eine Parabel.
- Die Normalparabel ist ein Sonderfall einer quadratischen Funktion.
- Den Graphen mit der Gleichung $y = a\,(x - d)^2 + e$ erhält man aus der Normalparabel, indem man sie nacheinander
  - um d Einheiten entlang der x-Achse verschiebt,
  - mit dem Faktor a streckt, staucht bzw. spiegelt,
  - um e Einheiten entlang oder parallel zur y-Achse verschiebt.
- Der Scheitel lautet S(d | e).

Scheitel- und Normalform

Die Funktionsgleichung einer quadratischen Funktion kann man in zwei verschiedenen Formen angeben:

- **Scheitelform**: $f(x) = a(x - d)^2 + e \quad (a \neq 0)$
  Ist die Funktionsgleichung der quadratischen Funktion in Scheitelform angegeben, so kann man direkt den Scheitel ablesen: $S(d \mid e)$.
- **Normalform**: $f(x) = ax^2 + bx + c \quad (a \neq 0)$
  ax^2 heißt quadratisches Glied, bx heißt lineares Glied und c konstantes Glied.
  Um den Scheitel abzulesen, muss man die Normalform in die Scheitelform umwandeln.

In beiden Fällen ist der Graph eine Parabel.

Beispiel: $f(x) = 2(x - 2)^2 - 1$

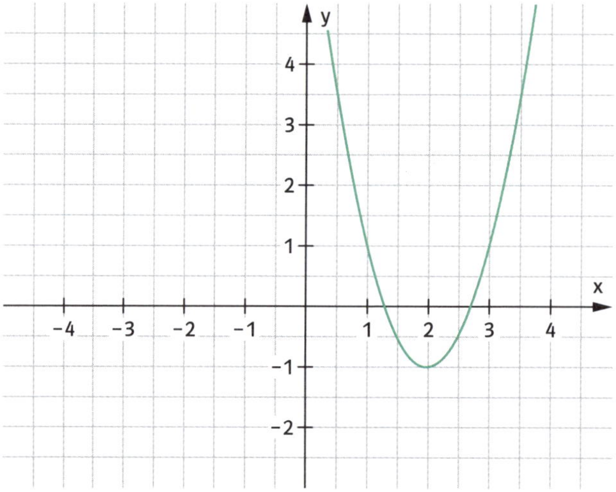

Umwandeln der Scheitelform in die Normalform

$y = a(x-d)^2 + e$
$\quad = a(x^2 - 2dx + d^2) + e$ (Binomische Formel!)
$\quad = ax^2 - 2adx + ad^2 + e$
$\quad = ax^2 + bx + c$

Mit $b = -2ad$ und $c = ad^2 + e$ kann man immer die Normalform in die Scheitelform umwandeln.

a) Wandle die Scheitelform in die Normalform um.

$$y = 2\left(x - \frac{1}{2}\right)^2 + \frac{3}{4}$$
$$= 2\left(x^2 - x + \frac{1}{4}\right) + \frac{3}{4}$$
$$= 2x^2 - 2x + \frac{1}{2} + \frac{3}{4}$$
$$= 2x^2 - 2x + \frac{5}{4}$$

b) Wandle die Normalform in die Scheitelform um.

$y = 3x^2 - 6x + 9$

$a = 3;\ b = -6;\ c = 9$

Mit $b = -2ad$ folgt $-6 = -2 \cdot 3 \cdot d$ und damit $d = 1$.
Mit $c = ad^2 + e$ folgt $9 = 3 \cdot 1^2 + e$ und damit $e = 6$.

$y = 3(x-1)^2 + 6$

Zusammenfassung

- Eine quadratische Gleichung kann man in Scheitel- und Normalform angeben.
  - Scheitelform: $y = a(x-d)^2 + e \quad (a \neq 0)$
  - Normalform: $y = ax^2 + bx + c \quad (a \neq 0)$
- Man kann beide Formen in die jeweils andere Form umwandeln.

Potenzfunktionen

Es gibt nicht nur quadratische Funktionen mit $f(x) = ax^2 + bx + c$, d.h. mit 2 als höchster Potenz, sondern auch Funktionen mit 3, 4, … als höchster Potenz.

Eine Funktion f mit der Gleichung

$$\mathbf{f(x) = x^n \quad (x \in \mathbb{R};\ n \in \mathbb{N})}$$

heißt **Potenzfunktion.** Der Parameter n gibt den Grad der Potenzfunktion an.

Potenzfunktionen mit geraden Hochzahlen

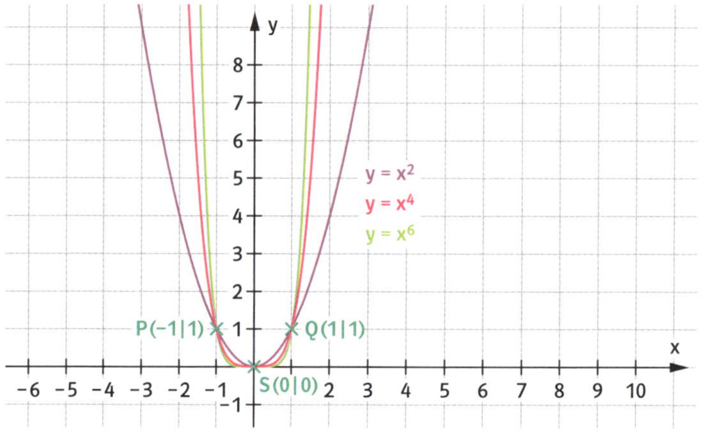

Eigenschaften:
- Sie haben alle den gleichen Scheitel S(0 | 0).
- Sie gehen alle durch die Punkte P(−1 | 1) und Q(1 | 1).
- Die y-Achse ist Symmetrieachse.
- Für negative x-Werte fällt der Graph, für positive x-Werte steigt der Graph.

Potenzfunktionen mit ungeraden Hochzahlen

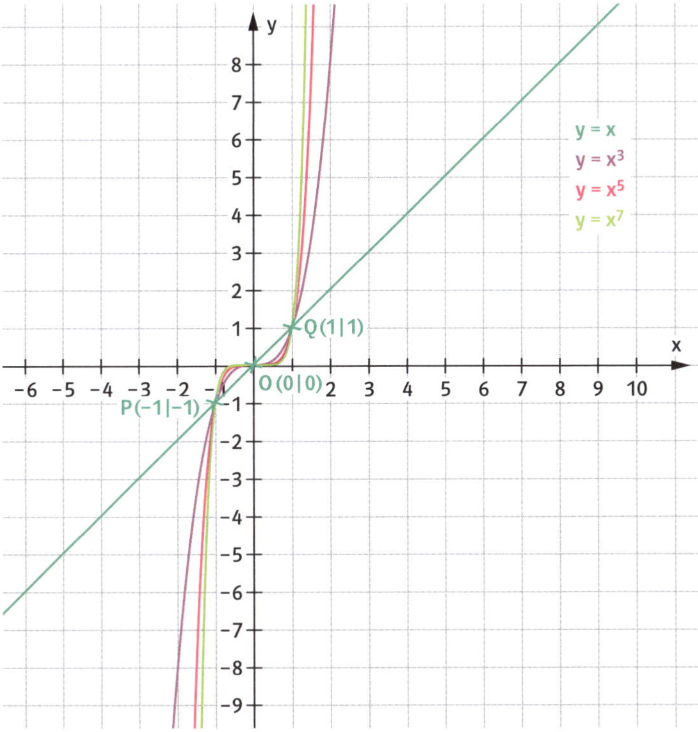

Eigenschaften:
- Sie gehen alle durch die Punkte O(0 | 0), P(−1 | −1) und Q(1 | 1).
- Sie sind punktsymmetrisch zum Ursprung.
- Sie steigen für alle x-Werte an.

Zusammenfassung

- Eine Funktion f mit der Gleichung $f(x) = x^n$ $(x \in \mathbb{R};\ n \in \mathbb{N})$ heißt Potenzfunktion n-ten Grades.
- Man unterscheidet zwischen Potenzfunktionen mit geraden und ungeraden Hochzahlen.

Quadratwurzelfunktionen

Eine Funktion f mit der Gleichung

$$\mathbf{f(x) = \sqrt{x}} \qquad (x \geqq 0)$$

heißt **Quadratwurzelfunktion**.

Anstelle $y = \sqrt{x}$ kann man die Quadratwurzelfunktion auch in Potenzschreibweise angeben. Die Potenzschreibweise lautet dann $y = x^{\frac{1}{2}}$.

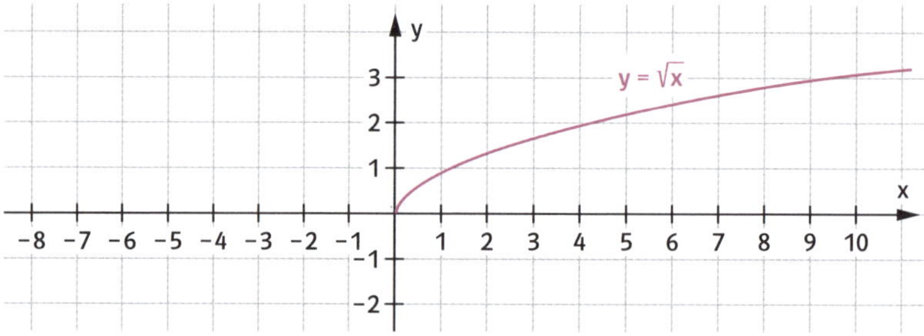

Die Quadratwurzelfunktion entsteht, indem man den rechten Ast der Normalparabel an der Geraden $y = x$ (auch 1. Winkelhalbierende genannt) spiegelt.

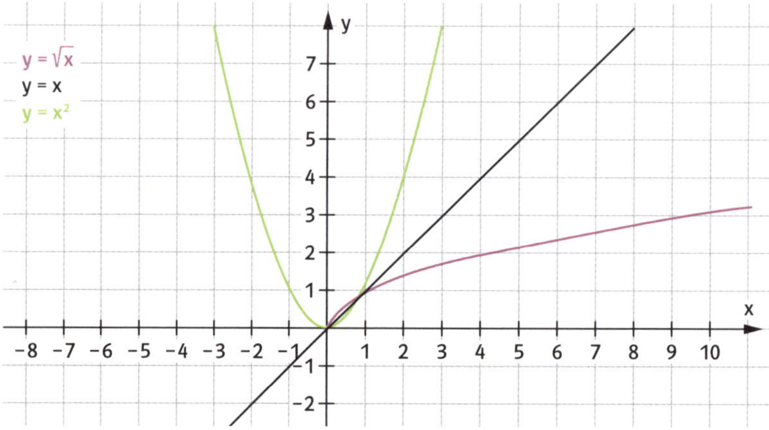

Zeichne die Graphen der angegebenen Funktionen ausgehend vom Graphen von $y = \sqrt{x}$.

a) $y = \frac{1}{2}\sqrt{x}$

b) $y = 2\sqrt{x}$

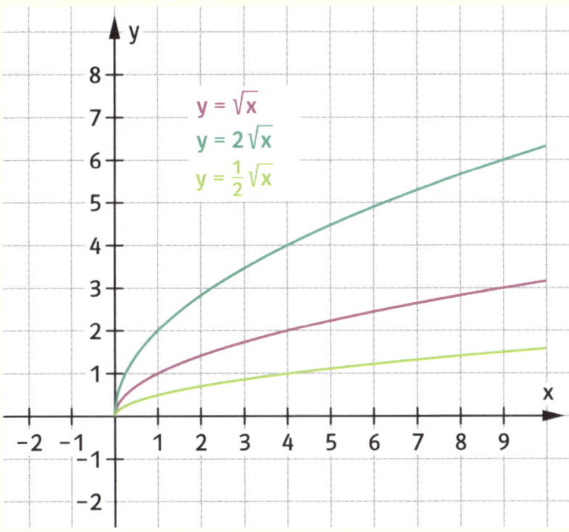

Zusammenfassung

- Eine Funktion mit der Gleichung $f(x) = \sqrt{x}$ $(x \geqq 0)$ heißt Quadratwurzelfunktion.
- Sie entsteht aus der Normalparabel, indem man den rechten Ast an der 1. Winkelhalbierenden spiegelt.

Allgemeines

Eine Gleichung, die man durch Umformungen auf die Form $ax^2 + bx + c = 0$ $(a \neq 0)$ bringen kann, nennt man **quadratische Gleichung**.

$$\underbrace{ax^2}_{\text{quadratisches Glied}} + \underbrace{bx}_{\text{lineares Glied}} + \underbrace{c}_{\text{konstantes Glied}} = 0$$

Fehlt bei einer quadratischen Gleichung das lineare Glied, nennt man sie **reinquadratische Gleichung**: $ax^2 + c = 0$.

Eine quadratische Gleichung mit linearem Glied nennt man auch **gemischtquadratische Gleichung**: $ax^2 + bx + c = 0$.

Eine quadratische Gleichung kann **keine**, **eine** oder **zwei Lösungen** besitzen.
Man kann quadratische Gleichungen durch systematisches Probieren lösen.

Löse die Gleichungen durch Probieren.

a) $x^2 + x - 2 = 0$

1. Umformen der Gleichung: $x^2 + x - 2 = 0 \quad | -x + 2$
   $x^2 = -x + 2$
2. Gesucht ist eine Zahl x, deren Quadrat den gleichen Wert annimmt wie $-x + 2$.
3. Tabelle:

x	−3	−2	−1	0	1	2
x^2	9	4	1	0	1	4
$-x + 2$	5	4	3	2	1	0

4. Für $x = -2$ und $x = 1$ nimmt x^2 den gleichen Wert an wie $-x + 2$.

b) $2x^2 + 16x + 32 = 0$

1. Umformen der Gleichung: $2x^2 + 16x + 32 = 0 \quad | -16x - 32$
$2x^2 = -16x - 32 \quad | :2$
$x^2 = -8x - 16$

2. Gesucht ist eine Zahl x, deren Quadrat den gleichen Wert annimmt wie $-8x - 16$.

3. Für positive x ist x^2 positiv und $-8x - 16$ immer negativ, also existiert höchstens eine oder keine Lösung.

4. Tabelle:

x	0	−1	−2	−3	−4
x^2	0	1	4	9	16
$-8x - 16$	−16	−8	0	8	16

5. Für $x = -4$ nimmt x^2 den gleichen Wert an wie $-8x - 16$.

Zusammenfassung

- Eine Gleichung $ax^2 + bx + c = 0$ heißt quadratische oder gemischt-quadratische Gleichung.
- Eine Gleichung $ax^2 + c = 0$ heißt reinquadratische Gleichung.
- Beide Arten kann man durch systematisches Probieren lösen.

Zeichnerisches (grafisches) Lösungsverfahren

Zum Lösen einer quadratischen Gleichung durch Zeichnen gibt es zwei Möglichkeiten:

1. Man zeichnet die zur quadratischen Gleichung gehörende quadratische Funktion und bestimmt ihre Nullstellen.
   Nullstellen sind die Stellen, an denen der Graph die x-Achse schneidet.

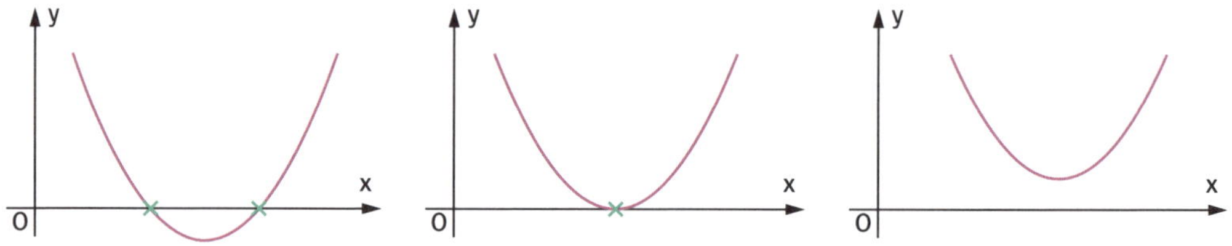

zwei Nullstellen – zwei Lösungen | eine Nullstelle – eine Lösung | keine Nullstelle – keine Lösung

2. Man formt die quadratische Gleichung so um, dass auf der einen Seite x^2 alleine steht.
   So erhält man zwei Funktionen, die Normalparabel und eine lineare Funktion (Gerade).
   Nun zeichnet man beide Funktionen in ein Koordinatensystem.
   Die x-Werte der Punkte, an denen sich die Normalparabel und die Gerade schneiden, sind die gesuchten Lösungen.

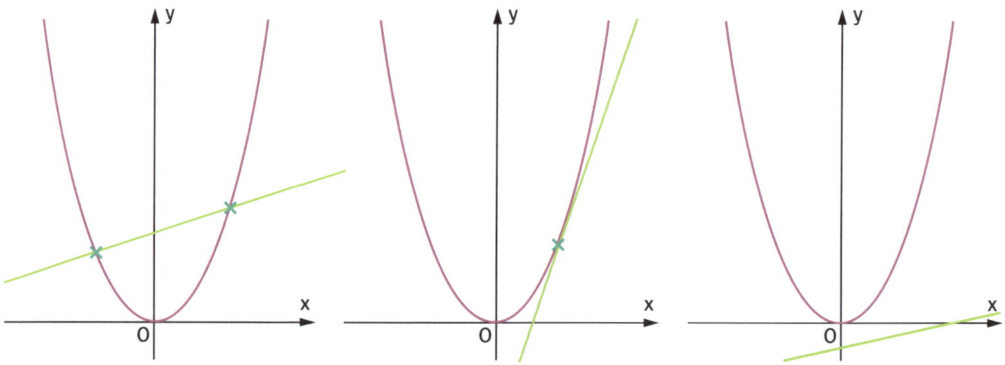

zwei Schnittpunkte – zwei Lösungen | ein Schnittpunkt – eine Lösung | kein Schnittpunkt – keine Lösung

a) Löse die quadratische Gleichung zeichnerisch, indem du die Nullstellen bestimmst.
$x^2 - 2x - 8 = 0$

1. Schritt: Umwandeln in die Scheitelform
$b = -2ad$, also $-2 = -2 \cdot 1 \cdot d$
also $d = 1$
$c = ad^2 + e$, also $-8 = 1 \cdot 1^2 + e$
also $-9 = e$
$y = (x-1)^2 - 9$
$S(1\,|\,-9)$
2. Schritt: Graph zeichnen
3. Schritt: Nullstellen bestimmen
$x_1 = -2$; $x_2 = 4$

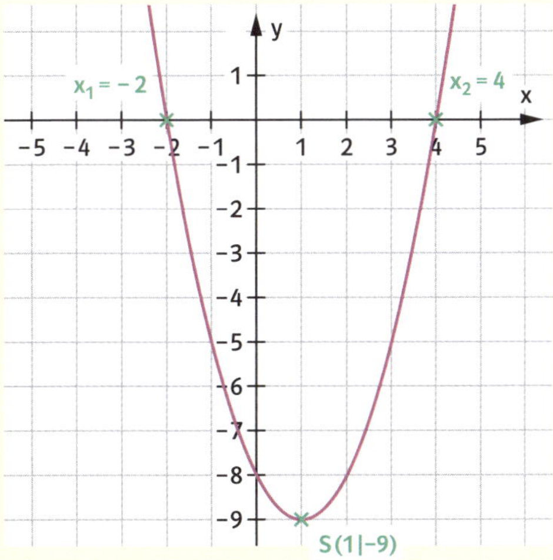

b) Löse die quadratische Gleichung zeichnerisch, indem du die Schnittpunkte beider Funktionen bestimmst.
$x^2 + x - 3 = 0$
Normalparabel: $y = x^2$
lineare Funktion: $y = -x + 3$
Schnittpunkte x_1 und x_2 ablesen

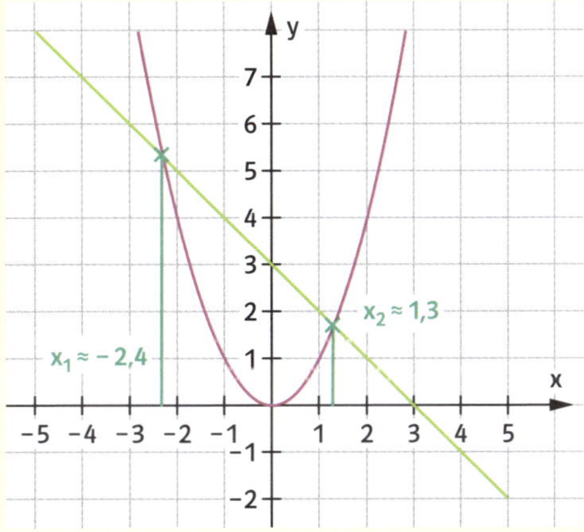

Zusammenfassung

Eine quadratische Gleichung kann auf zwei Arten zeichnerisch gelöst werden:
- Man zeichnet die zugehörige quadratische Funktion und bestimmt die Nullstellen.
- Man formt die Gleichung so um, dass auf der einen Seite die Gleichung der Normalparabel und auf der anderen Seite eine lineare Funktion steht. Dann zeichnet man beide Funktionen in ein Koordinatensystem. Der x-Wert der Schnittpunkte der beiden Funktionen ist die Lösung der Gleichung.

Binomische Formeln

Die Entdeckung der binomischen Formeln wird üblicherweise Alessandro oder auch Francesco Binomi, einer fiktiven Person, zugeschrieben. Die Bezeichnung „Binom" setzt sich zusammen aus „bi" für zwei und „nomen" für Name.

Zweigliedrige Terme, z. B. $a + b$ oder $a - b$, nennt man **Binome.**
Multipliziert man mithilfe des Distributivgesetzes zwei Binome miteinander, so kann man diese zu einem quadratischen Term zusammenfassen. Dies führt uns zu den **binomischen Formeln**.

$\mathbf{(a+b)^2 = a^2 + 2ab + b^2}$ **1. binomische Formel**

$(a+b)^2 = (a+b) \cdot (a+b) = a^2 + ab + ba + b^2 = a^2 + 2ab + b^2$

$\mathbf{(a-b)^2 = a^2 - 2ab + b^2}$ **2. binomische Formel**

$(a-b)^2 = (a-b) \cdot (a-b) = a^2 - ab - ba + b^2 = a^2 - 2ab + b^2$

$\mathbf{(a+b) \cdot (a-b) = a^2 - b^2}$ **3. binomische Formel**

$(a+b) \cdot (a-b) = a^2 - ab + ba - b^2 = a^2 - b^2$

Achte darauf, dass du nicht die typischen Schülerfehler machst.
Folgende Formeln gelten **nicht**:

$(a+b)^2 \neq a^2 + b^2$
$(a-b)^2 \neq a^2 - b^2$

1. Multipliziere mithilfe der binomischen Formeln aus.

   a) $(x+3)^2$
   $= x^2 + 2 \cdot x \cdot 3 + 3^2$
   $= x^2 + 6x + 9$

   b) $(2x-4)^2$
   $= (2x)^2 - 2 \cdot 2x \cdot 4 + 4^2$
   $= 4x^2 - 16x + 16$

   c) $(4x-5) \cdot (4x+5)$
   $= (4x)^2 - 5^2$
   $= 16x^2 - 25$

2. Wende die binomischen Formeln rückwärts an.

   a) $x^2 + 50x + 625$
   $= (x+25)^2$

   b) $2x^2 - 32x + 128$
   $= 2 \cdot (x^2 - 16x + 64)$
   $= 2 \cdot (x-8)^2$

   c) $49x^2 - 36y^2$
   $= (7x)^2 - (6y)^2$
   $= (7x - 6y) \cdot (7x + 6y)$

3. Berechne die Aufgaben mithilfe der binomischen Formeln im Kopf.

   a) $21^2 = (20+1)^2 = 20^2 + 2 \cdot 20 \cdot 1 + 1^2$
   $= 400 + 40 + 1 = 441$

   b) $58^2 = (50+8)^2 = 50^2 + 2 \cdot 50 \cdot 8 + 8^2$
   $= 2500 + 800 + 64 = 3364$

   c) $17 \cdot 23 = (20-3) \cdot (20+3)$
   $= 20^2 - 3^2 = 400 - 9 = 391$

Zusammenfassung

1. binomische Formel: $(a+b)^2 = a^2 + 2ab + b^2$
2. binomische Formel: $(a-b)^2 = a^2 - 2ab + b^2$
3. binomische Formel: $(a+b) \cdot (a-b) = a^2 - b^2$

Die Gleichung $x^2 = r$

Zeichnerische Lösungsverfahren führen häufig zu ungenauen Ergebnissen.

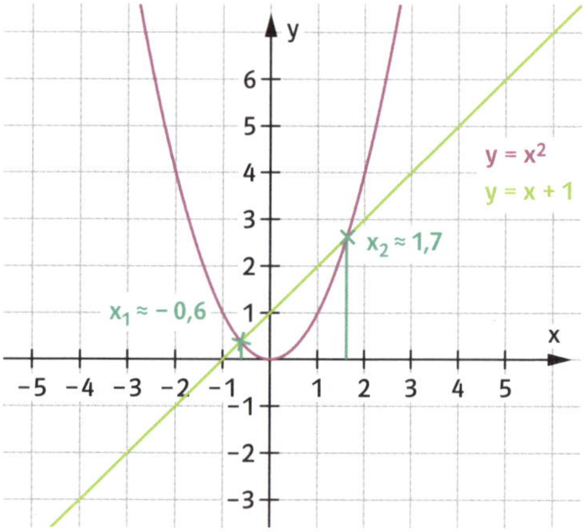

Lösen einer quadratischen Gleichung der Form $x^2 = r$, wobei $r \in \mathbb{R}$

Eine quadratische Gleichung kann keine, eine oder zwei Lösungen besitzen.

Die Gleichung $x^2 = r$ hat

- **zwei Lösungen**, wenn r positiv ist ($r > 0$).
  Die Lösungen sind $-\sqrt{r}$ und $+\sqrt{r}$, da $(-\sqrt{r})^2 = r$ und $\sqrt{r}^2 = r$.
- **eine Lösung**, wenn $r = 0$.
  Es gilt $x^2 = 0$ und damit $x = 0$.
- **keine Lösung**, wenn r negativ ist ($r < 0$).
  Die Lösungsmenge ist die leere Menge $L = \{\ \}$.

a) $x^2 = 4$
$x = -2$ und $x = 2$
$L = \{-2; 2\}$

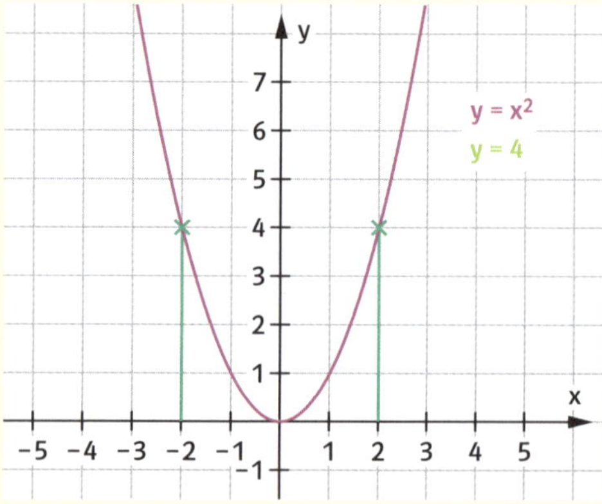

b) $x^2 = 0$
$x = 0$
$L = \{0\}$

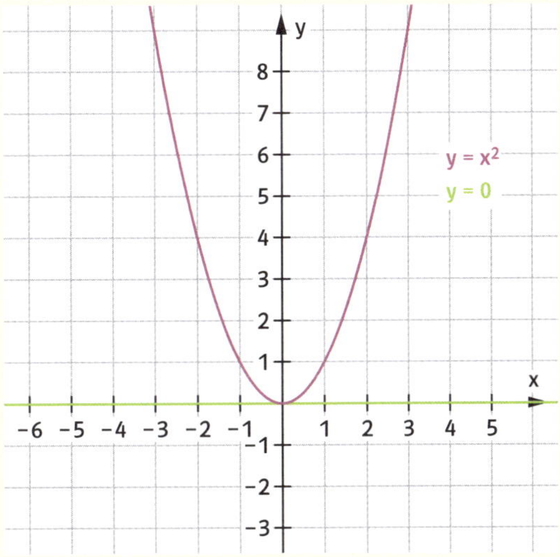

c) $x^2 = -3$
Die Gleichung hat keine Lösung, da r negativ ist.
$L = \{\ \}$

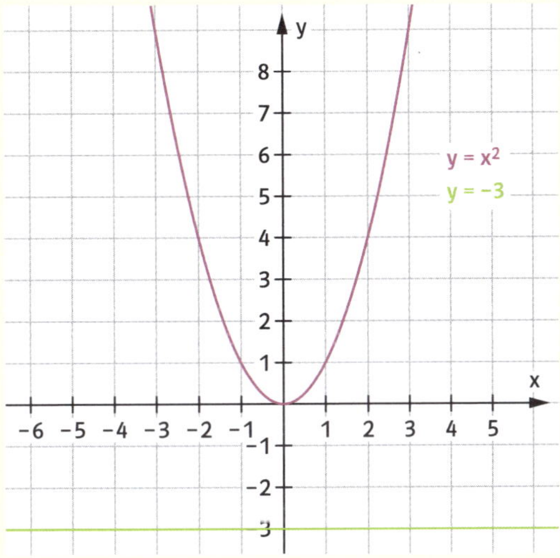

Zusammenfassung

Eine quadratische Gleichung $x^2 = r$ kann keine, eine oder zwei Lösungen besitzen.

- Für $r > 0$ hat die Gleichung zwei Lösungen: $-\sqrt{r}$ und $+\sqrt{r}$.
- Für $r = 0$ hat die Gleichung eine Lösung: 0.
- Für $r < 0$ hat die Gleichung keine Lösung.

Die Gleichung $(x-d)^2 = r$

Quadratische Gleichungen existieren nicht nur in der einfachen Form $x^2 = r$, sondern auch in der Form $(x-d)^2 = r$ oder $x^2 - 2xd + d^2 = r$.

Lösen einer quadratischen Gleichung der Form $(x-d)^2 = r$

Diese Form der quadratischen Gleichung kann zwei, eine oder keine Lösung besitzen. Um die Gleichung zu lösen, können wir unser Wissen über das Lösen von Gleichungen der Form $x^2 = r$ zu Hilfe nehmen.

Dazu betrachten wir die Gleichung $(x-d)^2 = r$ als reinquadratische Gleichung.

Die Gleichung hat

- **zwei Lösungen**, wenn $r > 0$:
  $x_1 - d = -\sqrt{r}$ und $x_2 - d = \sqrt{r}$
  $x_1 = \sqrt{r} + d$ und $x_2 = \sqrt{r} + d$
- **eine Lösung**, wenn $r = 0$:
  $x = d$
- **keine Lösung**, wenn $r < 0$:
  $L = \{\ \}$

Tipp:
Manchmal kann man eine quadratische Gleichung der Form $ax^2 + bx + c = r$ mithilfe der binomischen Formeln auf eine quadratische Gleichung der Form $(x-d)^2 = r$ zurückführen. Zum Lösen kann sie dann wie eine reinquadratische Gleichung behandelt werden.

Löse die quadratische Gleichungen.

a) $(x+5)^2 = 49$

$x_1 + 5 = 7$ und $x_2 + 5 = -7$

$x_1 = 2$ und $x_2 = -12$

$L = \{-12; 2\}$

b) $(x+6)^2 = 36$

$x_1 + 6 = 6$ und $x_2 + 6 = -6$

$x_1 = 0$ und $x_2 = -12$

$L = \{-12; 0\}$

c) $x^2 - 6x + 9 = 36$ | binomische Formel

$(x-3)^2 = 36$

$x_1 - 3 = 6$ und $x_2 - 3 = -6$

$x_1 = 9$ und $x_2 = -3$

$L = \{-3; 9\}$

d) $x^2 - 8x + 4 = -12$ | +12

$x^2 - 8x + 16 = 0$ | binomische Formel

$(x-4)^2 = 0$

$x - 4 = 0$

$x = 4$

$L = \{4\}$

Zusammenfassung

Eine Gleichung der Form $(x-d)^2 = r$ wird zum Lösen als reinquadratische Gleichung betrachtet. Sie kann keine, eine oder zwei Lösungen besitzen.

- Für $r > 0$ hat die Gleichung zwei Lösungen: $-\sqrt{r} + d$ und $\sqrt{r} + d$.
- Für $r = 0$ hat die Gleichung eine Lösung: d.
- Für $r < 0$ hat die Gleichung keine Lösung.

Quadratische Ergänzung

Auf welche Art kann man quadratische Gleichungen lösen, die sich nicht auf den ersten Blick mit einer binomischen Formel auf eine Gleichung der Form $(x - d)^2 = r$ zurückführen lassen?

Lösen einer quadratischen Gleichung mittels quadratischer Ergänzung

Jede quadratische Gleichung $ax^2 + bx + c = 0$ kann auf die Form $(x - d)^2 = r$ zurückgeführt werden.

Dazu dividiert man zuerst die Gleichung durch a $(a \neq 0)$ und bringt sie damit auf die Form $x^2 + \frac{b}{a}x + \frac{c}{a} = 0$ bzw. $x^2 + px + q = 0$, wobei $p = \frac{b}{a}$ und $q = \frac{c}{a}$.

Dann bringt man die Gleichung auf die Form $x^2 + px = -q$.

Schließlich ergänzt man den Term $x^2 + px$ durch $\left(\frac{p}{2}\right)^2$, sodass man den neuen Term mit einer binomischen Formel als Quadrat schreiben kann.

Dieses Verfahren heißt **quadratische Ergänzung**.

Es gilt dann: $x^2 + px + \left(\frac{p}{2}\right)^2 = -q + \left(\frac{p}{2}\right)^2$ mit $x^2 + px + \left(\frac{p}{2}\right)^2 = \left(x + \frac{p}{2}\right)^2$

Beachte: Auf beiden Seiten der Gleichung muss mit der gleichen Zahl ergänzt werden!

Hat die Gleichung die Form $x^2 + px = 0$, so ist die Gleichung einfach zu lösen:

$x^2 + px = 0$

$x(x + p) = 0$ | ausklammern von x

$x_1 = 0$ und $x_2 = -p$

$L = \{-p; 0\}$

Löse die Gleichungen.

a) $x^2 + 4x = 0$

$x(x + 4) = 0$

$x_1 = 0$ und $x_2 = -4$

$L = \{-4; 0\}$

b) $x^2 + 8x + 7 = 0 \quad | -7$

$x^2 + 8x = -7$

Quadratische Ergänzung:

$x^2 + 8x + 4^2 = -7 + 4^2$

$(x + 4)^2 = 9$

$x_1 + 4 = 3$ und $x_2 + 4 = -3$

$x_1 = -1$ und $x_2 = -7$

$L = \{-7; -1\}$

c) $-\frac{3}{2}x^2 + 6x - 6 = 0 \quad | \cdot \left(-\frac{2}{3}\right)$

$x^2 - 4x + 4 = 0 \quad | -4$

$x^2 - 4x = -4$

$x^2 - 4x + 2^2 = -4 + 2^2$

$(x - 2)^2 = 0$

$x - 2 = 0$

$x = 2$

$L = \{2\}$

Zusammenfassung

- Mithilfe der quadratischen Ergänzung kann man jede gemischt-quadratische Gleichung auf die Form $(x - d)^2 = r$ bringen und sie mit bekannten Verfahren lösen.
- Bei der quadratischen Ergänzung ergänzt man den Term $x^2 + px$ so, dass man den neuen Term mit einer binomischen Formel als Quadrat schreiben kann.

Lösungsformeln für quadratische Gleichungen

Erste Lösungsformel für quadratische Gleichungen

Die quadratische Gleichung ist in allgemeiner Form $ax^2 + bx + c = 0$ gegeben:

$$\mathbf{x_{1,2} = \frac{-b \pm \sqrt{b^2 - 4ac}}{2a}}$$ wobei $b^2 - 4ac = D$ Diskriminante heißt.

Die quadratische Gleichung hat

- **zwei Lösungen**, wenn $D > 0$:

  $x_1 = \frac{-b + \sqrt{b^2 - 4ac}}{2a}$ und $x_2 = \frac{-b - \sqrt{b^2 - 4ac}}{2a}$
- **eine Lösung**, wenn $D = 0$: $x = -\frac{b}{2a}$
- **keine Lösung**, wenn $D < 0$

Diese Lösungsformel kann für jede quadratische Gleichung benutzt werden.
Sie ist auch als **Mitternachtsformel** bekannt.

Beispiele:

a) $3x^2 - 4x - 4 = 0$

$a = 3;\ b = -4;\ c = -4$

$$x_{1,2} = \frac{-(-4) \pm \sqrt{(-4)^2 - 4 \cdot 3 \cdot (-4)}}{2 \cdot 3} = \frac{4 \pm \sqrt{16 + 48}}{6} = \frac{4 \pm \sqrt{64}}{6} = \frac{4 \pm 8}{6} = 2$$

$$x_1 = \frac{4 + 8}{6} = 2$$

$$x_2 = \frac{4 - 8}{6} = -\frac{2}{3}$$

$$L = \left\{-\frac{2}{3}; 2\right\}$$

b) $4x^2 + 32x + 144 = 0$

$a = 4;\ b = 32;\ c = 144$

$$D = b^2 - 4ac = 32^2 - 4 \cdot 4 \cdot 144 = 1024 - 2304 = -1280$$

Da die Diskriminante negativ ist, hat die quadratische Gleichung keine Lösung.
$L = \{\ \}$

Zweite Lösungsformel für quadratische Gleichungen

Die quadratische Gleichung ist in Normalform $x^2 + px + q = 0$ gegeben:

$$\mathbf{x_{1,2} = -\frac{p}{2} \pm \sqrt{\left(\frac{p}{2}\right)^2 - q}} \qquad \text{wobei} \quad \left(\frac{p}{2}\right)^2 - q = D \text{ Diskriminante heißt.}$$

Die quadratische Gleichung hat

- **zwei Lösungen**, wenn $D > 0$:
  $x_1 = -\frac{p}{2} + \sqrt{\left(\frac{p}{2}\right)^2 - q}$ und $x_2 = -\frac{p}{2} - \sqrt{\left(\frac{p}{2}\right)^2 - q}$
- **eine Lösung**, wenn $D = 0$: $x = -\frac{p}{2}$
- **keine Lösung**, wenn $D < 0$.

Diese Lösungsformel kann für quadratische Gleichungen benutzt werden, bei denen vor dem quadratischen Teil eine 1 steht. Um dies zu erreichen, muss man die quadratische Gleichung durch die Zahl, die vor dem x^2 steht, teilen. Diese Lösungsformel ist auch als **p-q-Formel** bekannt.

Beispiel: $x^2 + 8x - 9 = 0$
$p = 8;\; q = -9$

$$x_{1,2} = -\frac{8}{2} \pm \sqrt{\left(\frac{8}{2}\right)^2 - (-9)} = -4 \pm \sqrt{16 + 9} = -4 \pm \sqrt{25} = -4 \pm 5$$

$x_1 = -4 + 5 = 1$

$x_2 = -4 - 5 = -9$

$L = \{-9; 1\}$

Zusammenfassung

- Zum Lösen einer quadratischen Gleichung $ax^2 + bx + c = 0$ $(a \neq 0)$ existiert eine Lösungsformel.
  Für $b^2 - 4ac = D \geqq 0$ gilt: $x_{1,2} = \frac{-b \pm \sqrt{b^2 - 4ac}}{2a}$
- Ist eine quadratische Gleichung in der Form $x^2 + px + q = 0$ gegeben, so kann man sie mit folgender Formel lösen:
  Für $\left(\frac{p}{2}\right)^2 - q = D \geqq 0$ gilt: $x_{1,2} = -\frac{p}{2} \pm \sqrt{\left(\frac{p}{2}\right)^2 - q}$

Winkel an Geraden

Scheitel- und Nebenwinkel

Schneiden sich zwei Geraden, so entstehen dabei 4 Winkel.

Die Winkel α und γ sowie die Winkel β und δ sind **Scheitelwinkel** zueinander.
Die Winkel α und β, β und γ, γ und δ, sowie δ und α sind **Nebenwinkel**.

Es gilt:
- Scheitelwinkel sind gleich groß, sie sind kongruent.
- Nebenwinkel ergeben zusammen 180°.

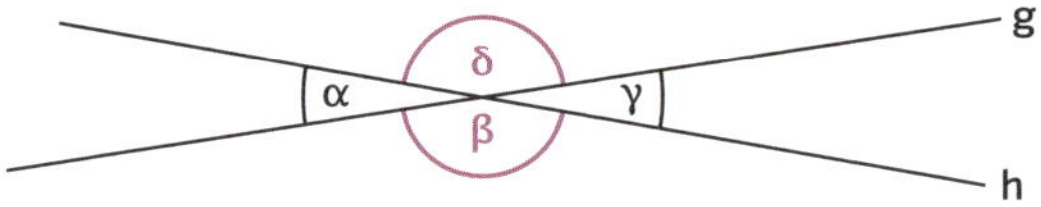

Stufen- und Wechselwinkel

Werden zwei Geraden g und h von einer dritten Geraden i geschnitten, so entstehen weitere Winkel.

Die Winkel α und β sind **Stufenwinkel**, da sie auf derselben Seite der Geraden i und auf den entsprechenden Seiten der Geraden g und h liegen.

Die Winkel δ und γ sind **Wechselwinkel,** da sie auf verschiedenen Seiten der Geraden i und entgegengesetzten Seiten der Geraden g und h liegen.

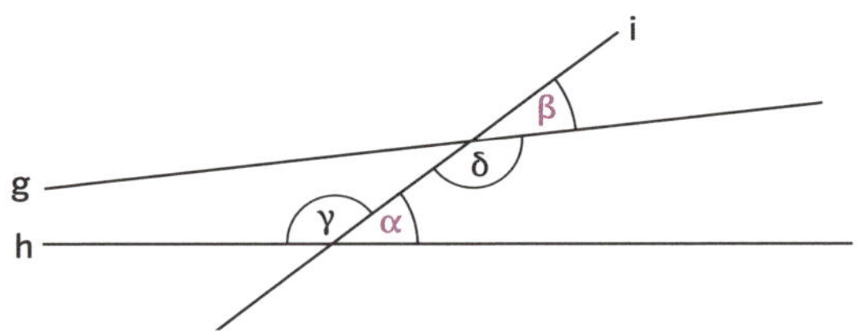

Sind die Geraden g und h parallel zueinander, so gelten der Stufen- und der Wechselwinkelsatz.

Stufenwinkelsatz

Ist g ∥ h, dann sind α und β gleich groß.
Oder:
Sind α und β gleich groß, dann ist g ∥ h.

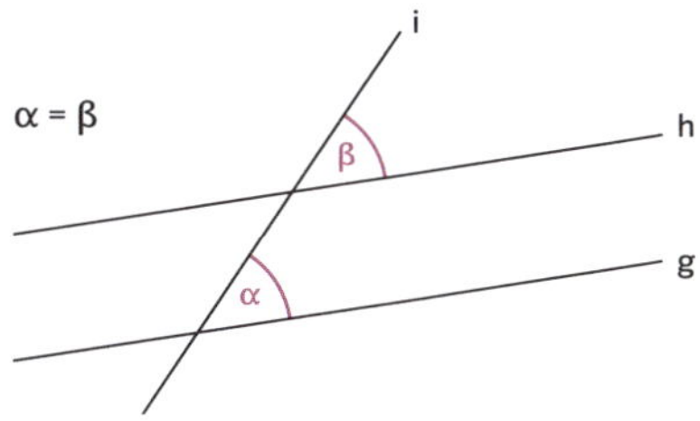

Wechselwinkelsatz

Ist g ∥ h, dann sind δ und γ gleich groß.
Oder:
Sind δ und γ gleich groß, dann ist g ∥ h.

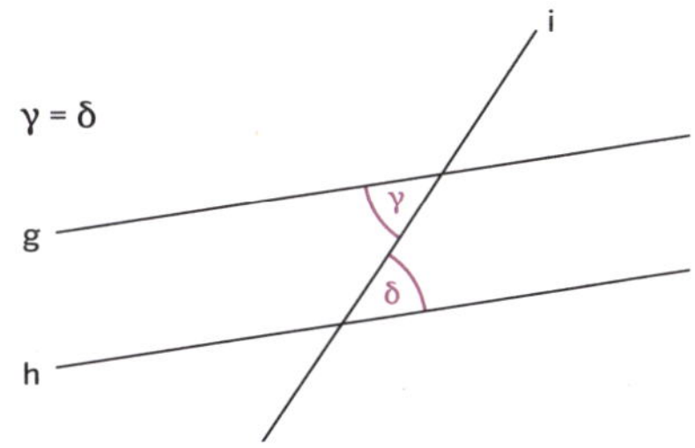

Bestimme die fehlenden Winkelgrößen.

Gegeben: 120° und 78°

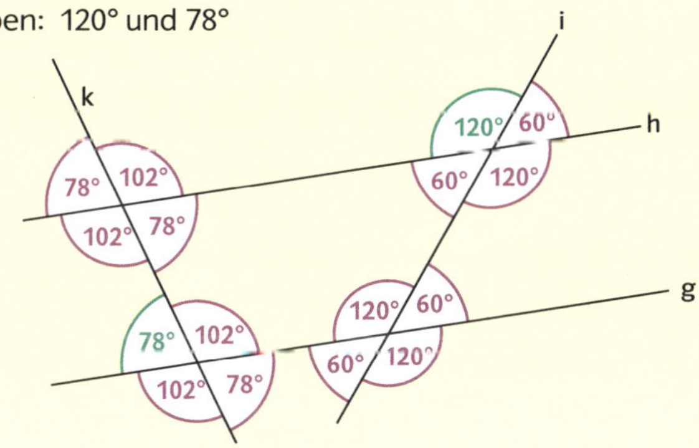

g ∥ h

Zusammenfassung

- Bei sich schneidenden Geraden heißen gegenüberliegende Winkel Scheitelwinkel.
- Nebeneinanderliegende Winkel heißen Nebenwinkel.
- An parallelen Geraden sind Stufen- und Wechselwinkel gleich groß.
- Es gilt auch umgekehrt:
  Sind Stufen- und Wechselwinkel gleich groß, dann sind die Geraden parallel.

Winkelsummen

Winkelsumme im Dreieck

Im Dreieck beträgt die Summe aller innenliegenden Winkel 180°.

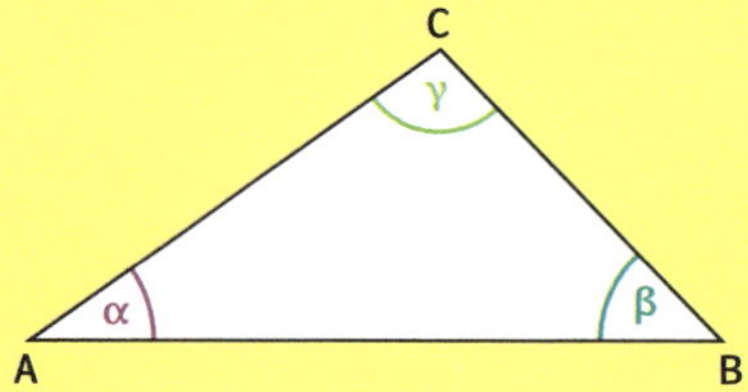

$\alpha + \beta + \gamma = 180°$

Dreiecke werden aufgrund der Größe der Innenwinkel in drei Kategorien zusammengefasst:

- **spitzwinklige Dreiecke**
  Jeder Innenwinkel α, β und γ ist kleiner als 90°.

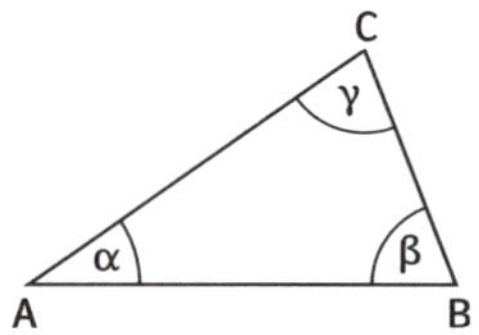

- **stumpfwinklige Dreiecke**
  Ein Innenwinkel ist größer als 90°.

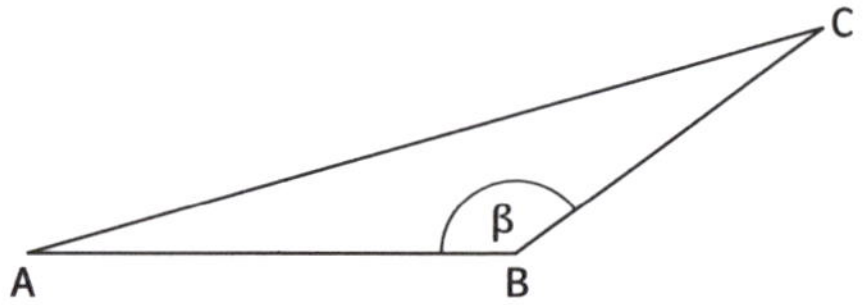

- **rechtwinklige Dreiecke**
  Ein Innenwinkel ist 90°.

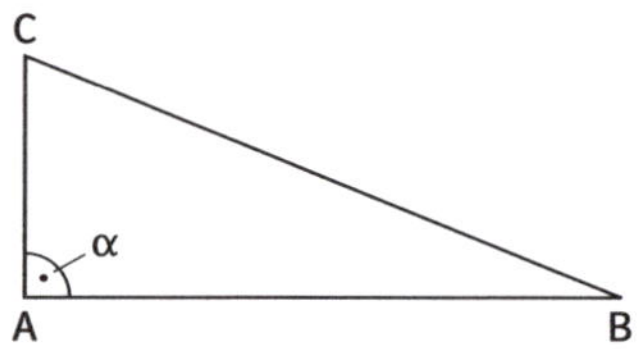

Winkelsumme im Viereck

Im Viereck beträgt die Summe aller innenliegenden Winkel 360°.

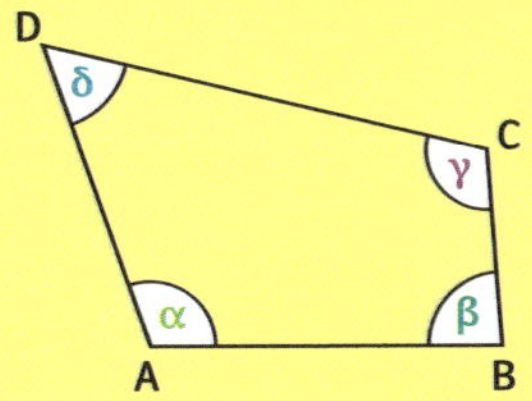

$\alpha + \beta + \gamma + \delta = 360°$

Bestimme die fehlenden Winkel.

Gegeben sind $\beta = 30°$ und $\gamma = 69°$.

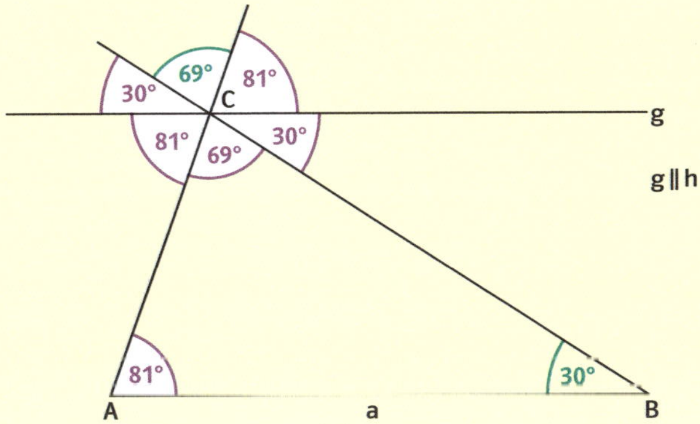

Zusammenfassung

- Die Summe der Innenwinkel im Viereck beträgt 360°.
- Die Summe der Innenwinkel im Dreieck beträgt 180°.
- Sind alle Innenwinkel kleiner als 90°, so ist das Dreieck spitzwinklig.
- Ist ein Innenwinkel größer als 90°, so ist das Dreieck stumpfwinklig.
- Ist ein Innenwinkel gleich 90°, so ist das Dreieck rechtwinklig.

Besondere Dreiecke

Gleichschenklige Dreiecke

Sind bei einem Dreieck **zwei Seiten gleich lang**, so nennt man es ein **gleichschenkliges Dreieck**.

Man hat folgende Bezeichnungen eingeführt:
- Die beiden gleich langen Seiten heißen **Schenkel** des Dreiecks.
- Die andere Seite heißt **Basis.**
- Die beiden Winkel, die an der Basis anliegen, nennt man **Basiswinkel.**

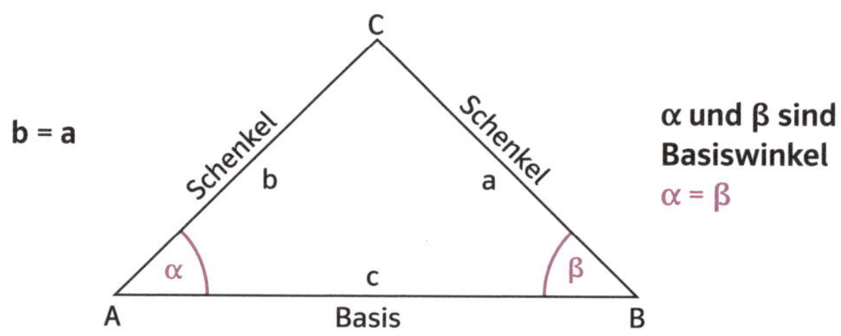

Es gilt:
- Die Basiswinkel sind gleich groß.
- Ein gleichschenkliges Dreieck ist symmetrisch zur Geraden durch C und M.

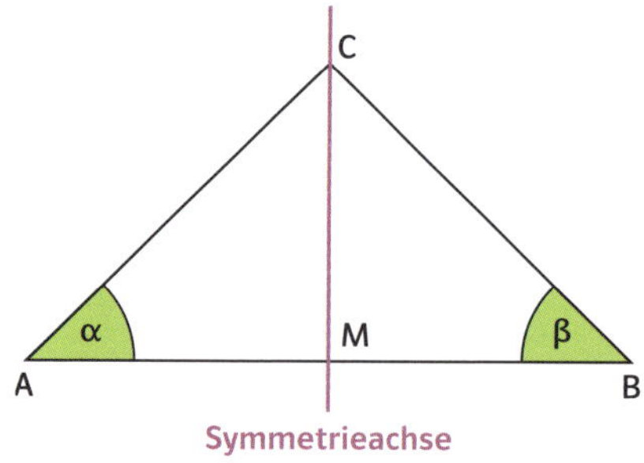

Gleichseitige Dreiecke

Sind bei einem Dreieck **alle Seiten gleich lang**, so nennt man das Dreieck **gleichseitig.**

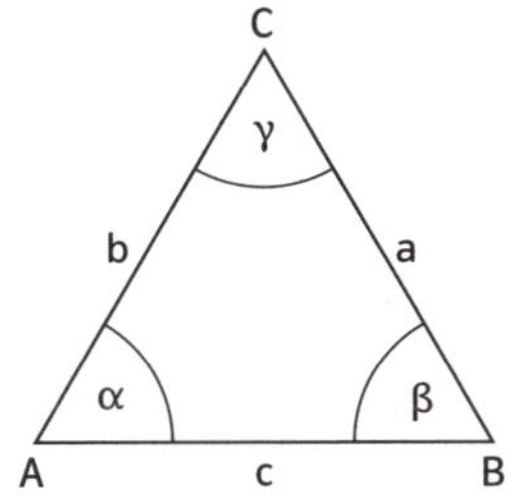

$a = b = c$

$\alpha = \beta = \gamma = 60°$

Es gilt:
- In einem gleichseitigen Dreieck sind die Innenwinkel gleich weit und betragen 60°.
- Ein gleichseitiges Dreieck hat 3 Symmetrieachsen.

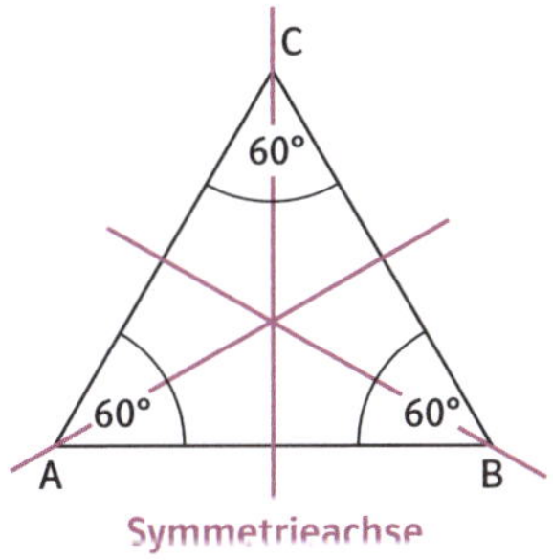

Achtung:
Jedes gleichseitige Dreieck ist auch gleichschenklig. Jedoch ist nicht jedes gleichschenklige Dreieck auch gleichseitig.

Zusammenfassung

- Sind bei einem Dreieck mindestens zwei Seiten gleich lang, so ist es gleichschenklig.
- Sind alle Seiten gleich lang, so ist es gleichseitig.
- Jedes gleichschenklige Dreieck hat eine Symmetrieachse.
- Jedes gleichseitige Dreieck hat drei Symmetrieachsen.

Zusammenhänge im beliebigen Dreieck

- Zur längeren Seite gehört immer der größere Gegenwinkel.
- Umkehrung: Zum größeren Winkel gehört immer die längere gegenüberliegende Seite.

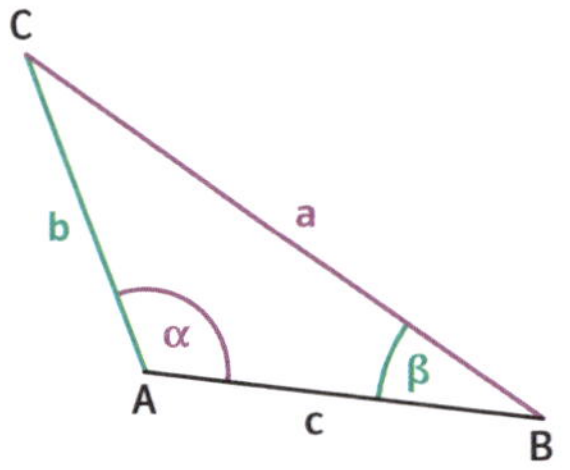

Ist $\alpha > \beta$, so ist $a > b$.

Ist $a > b$, so ist $\alpha > \beta$.

Bei einem Dreieck ist die Summe zweier Seiten immer größer als die dritte Seite.

$a + b > c$; $b + c > a$; $a + c > b$

Diese 3 Ungleichungen nennt man **Dreiecksungleichungen**.
Sind diese nicht erfüllt, so kann das Dreieck nicht konstruiert werden.

Beispiel:
Dreieck mit: $a = 2{,}5\,cm$; $b = 3{,}1\,cm$; $c = 6\,cm$.

$a + b = 2{,}5\,cm + 3{,}1\,cm = 5{,}6\,cm < 6\,cm$
Das Dreieck kann also nicht konstruiert werden.

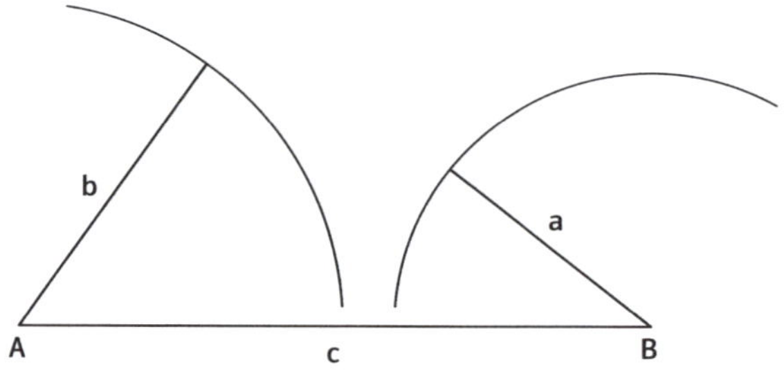

Prüfe rechnerisch, ob ein Dreieck mit folgenden Seitenlängen existiert.
Wenn ja, konstruiere das Dreieck.

a) $a = 5\,cm$; $b = 5{,}2\,cm$; $c = 9{,}5\,cm$

1. $a + b > c$ $\quad 5\,cm + 5{,}2\,cm = 10{,}2\,cm > 9{,}5\,cm$
2. $b + c > a$ $\quad 5{,}2\,cm + 9{,}5\,cm = 14{,}7\,cm > 5\,cm$
3. $a + c > b$ $\quad 5\,cm + 9{,}5\,cm = 14{,}5\,cm > 5{,}2\,cm$

Da die Dreiecksungleichungen erfüllt sind, ist das Dreieck konstruierbar.

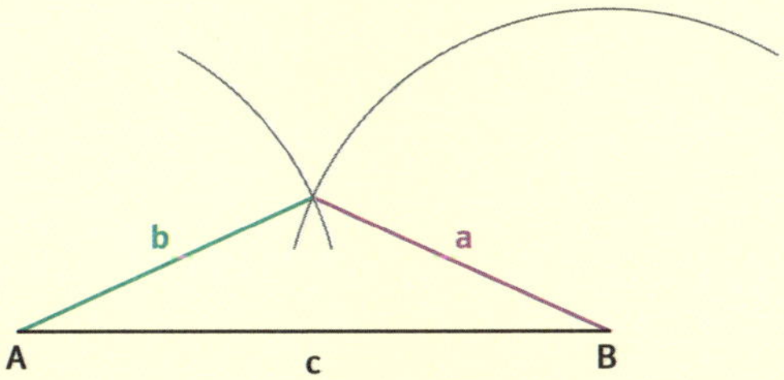

b) $a = 2{,}4\,cm$; $b = 3{,}3\,cm$; $c = 5{,}9\,cm$

1. $a + b > c$ $\quad 2{,}4\,cm + 3{,}3\,cm = 5{,}7\,cm < 5{,}9\,cm$
2. $b + c > a$ $\quad 3{,}3\,cm + 5{,}9\,cm = 9{,}3\,cm > 2{,}4\,cm$
3. $a + c > b$ $\quad 2{,}4\,cm + 5{,}9\,cm = 8{,}3\,cm > 3{,}3\,cm$

Da die erste Dreiecksungleichung nicht erfüllt ist, ist das Dreieck nicht konstruierbar.

Zusammenfassung

- Zur längeren Seite gehört immer der größere Gegenwinkel.
- Zum größeren Winkel gehört immer die längere gegenüberliegende Seite.
- Damit ein Dreieck konstruierbar ist, müssen die Dreiecksungleichungen erfüllt sein:

  $a + b > c$; $\quad b + c > a$; $\quad a + c > b$

Abstände

Abstand eines Punktes A zu einem Punkt B

Hat die Strecke $\overline{AB}$ die Länge d, so sagt man auch:
Die Punkte A und B haben den Abstand d.

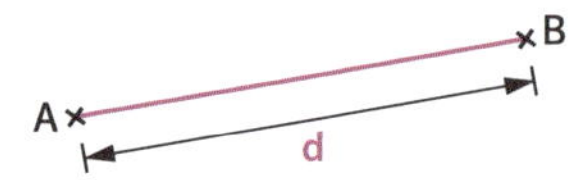

Abstand eines Punktes A von einer Geraden g

Der Abstand von A zu g ist die kürzeste Verbindung zwischen A und g.

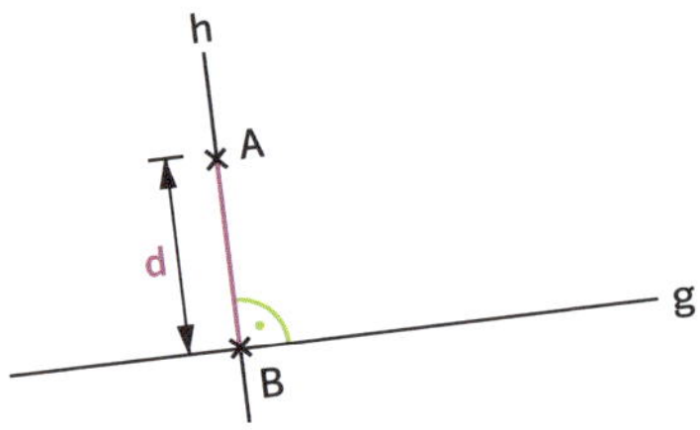

Bestimmung des Abstandes:
- Zeichne eine senkrechte Gerade h zu g durch den Punkt A.
- h schneidet g im Punkt B.
- Die Strecke $\overline{AB}$ ist der gesuchte Abstand.

Man nennt die Gerade h auch das **Lot von A auf g**.

Abstand zweier paralleler Geraden g und h

Der Abstand zwischen g und h ist der Abstand eines Punktes auf g von h und umgekehrt.
Es gilt:
Jeder Punkt auf g hat den gleichen Abstand zu h und umgekehrt.

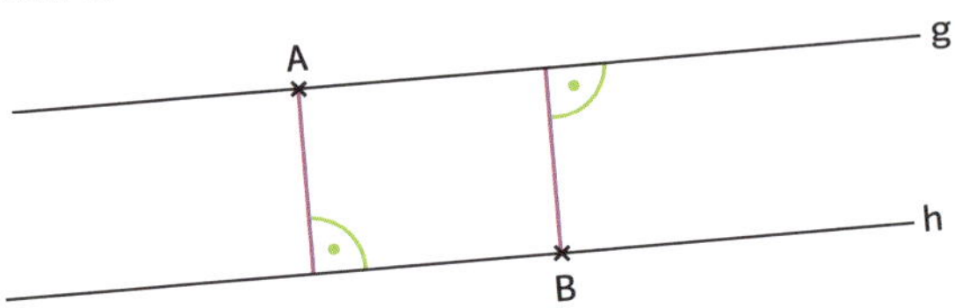

Gleicher Abstand von einem Punkt

Bei einem Kreis haben alle Punkte auf der Kreislinie den gleichen Abstand zum Mittelpunkt M. Dieser Abstand r ist der Radius des Kreises.

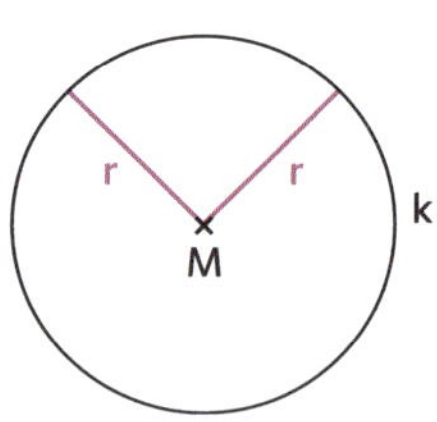

Gleicher Abstand von zwei Punkten A und B

Alle Punkte, die von A und B den gleichen Abstand besitzen, liegen auf einer Geraden m. Die Gerade m ist senkrecht zur Strecke $\overline{AB}$ und geht durch die Mitte von $\overline{AB}$. Die Gerade m heißt auch **Mittelsenkrechte von $\overline{AB}$**.

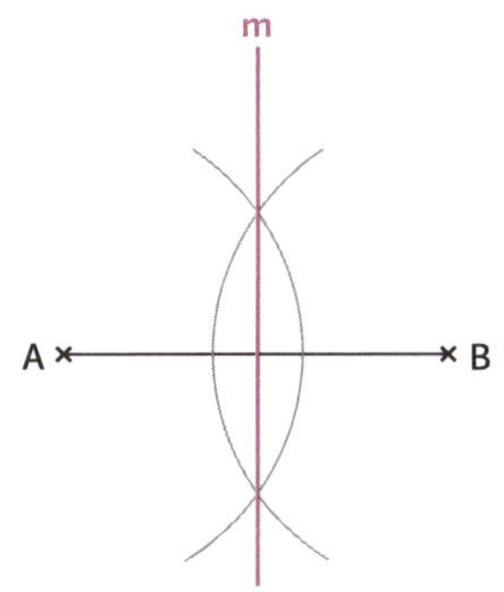

Gleicher Abstand von zwei parallelen Geraden g und h

Alle Punkte, die von g und h den gleichen Abstand besitzen, liegen auf einer zu g und h parallelen Geraden m. Diese Gerade m liegt in der Mitte zwischen g und h und heißt **Mittelparallele.**

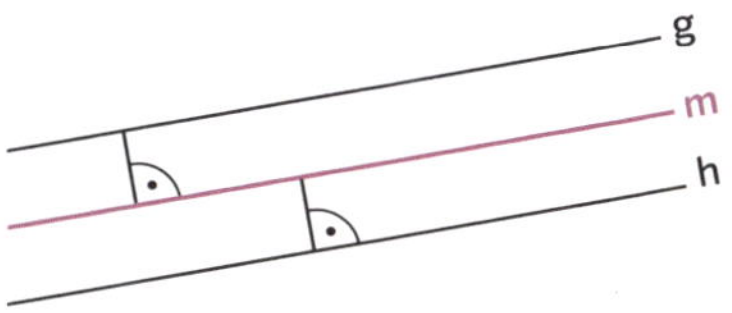

Gleiche Abstände von zwei sich schneidenden Geraden g und h

Alle Punkte, die von g und h den gleichen Abstand besitzen, liegen auf zwei Geraden w_1 und w_2. Diese Geraden heißen **Winkelhalbierende**, da sie die Winkel α und β zwischen g und h halbieren.

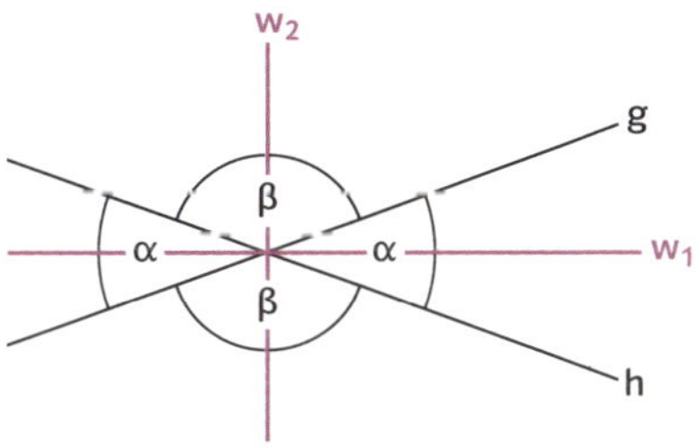

Zusammenfassung

- Der Abstand zweier Punkte ist die Länge ihrer Verbindungsstrecke.
- Der Abstand eines Punktes von einer Geraden ist die Länge seines Lots.
- Der Abstand zweier paralleler Geraden ist der Abstand eines Punktes auf einer Geraden zur anderen Geraden.
- Alle Punkte auf der Mittelsenkrechten zu einer Strecke haben den gleichen Abstand von den Endpunkten der Strecke.
- Alle Punkte, die den gleichen Abstand zu zwei parallelen Geraden haben, liegen auf einer Mittelparallelen.
- Alle Punkte, die den gleichen Abstand zu zwei sich schneidenden Geraden haben, liegen auf zwei Winkelhalbierenden.

Mittelsenkrechte

Eigenschaften der Mittelsenkrechte m einer Strecke $\overline{AB}$

- m halbiert die Strecke $\overline{AB}$ und geht durch ihren Mittelpunkt M.
- m steht senkrecht (orthogonal) auf der Strecke $\overline{AB}$.
- m ist die Symmetrieachse der Strecke $\overline{AB}$.
- Alle Punkte auf m haben zu A und B den gleichen Abstand.

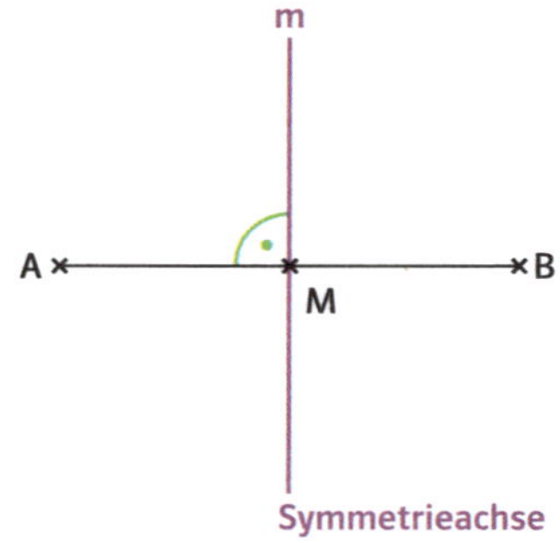

Konstruktion der Mittelsenkrechten m einer Strecke $\overline{AB}$

1. Ohne Zirkel mit Geodreieck
Bestimme mit dem Geodreieck die Mitte M der Strecke $\overline{AB}$.
Zeichne die Orthogonale zu $\overline{AB}$ durch M.

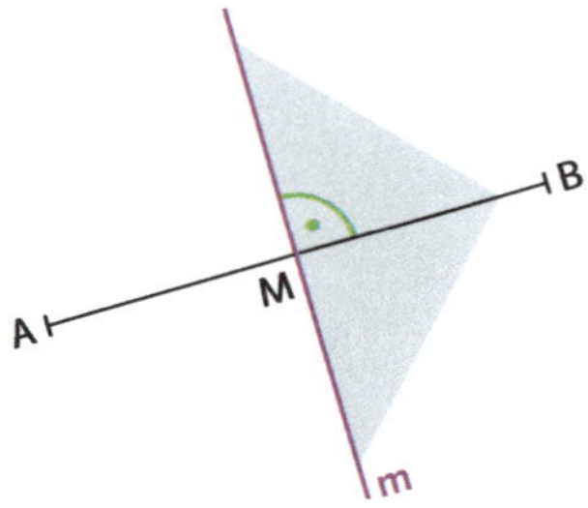

2. Mit Zirkel
Zeichne um A und B zwei Kreise mit gleichem Radius, die sich schneiden.
Dabei sind A und B jeweils die Mittelpunkte.
Zeichne die Gerade m durch die Schnittpunkte der beiden Kreise.

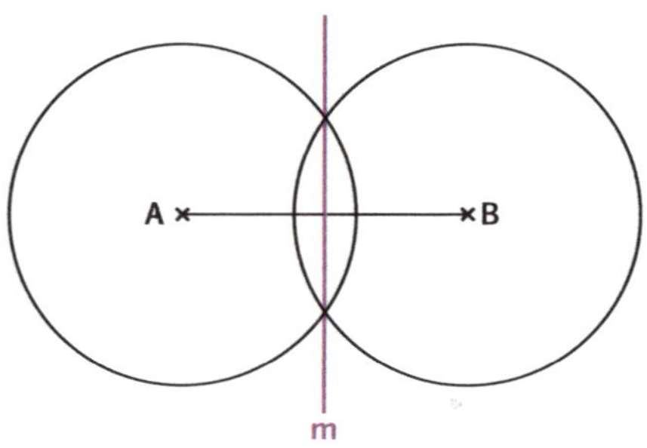

In einem gleichschenkligen Dreieck ist die **Mittelsenkrechte der Basis** die Symmetrieachse des Dreiecks.

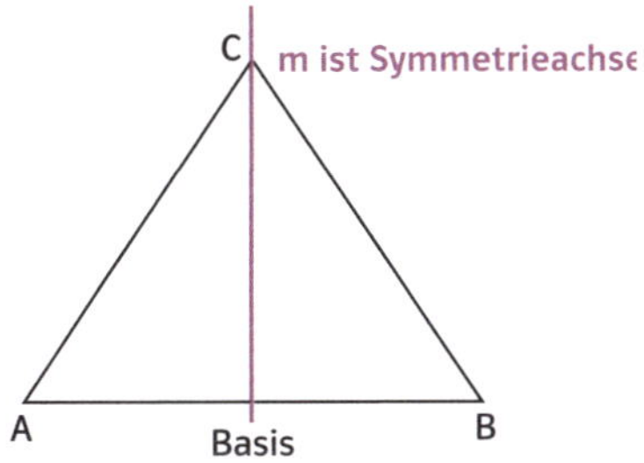

In einem gleichseitigen Dreieck ist die **Mittelsenkrechte jeder Seite** eine Symmetrieachse des Dreiecks.

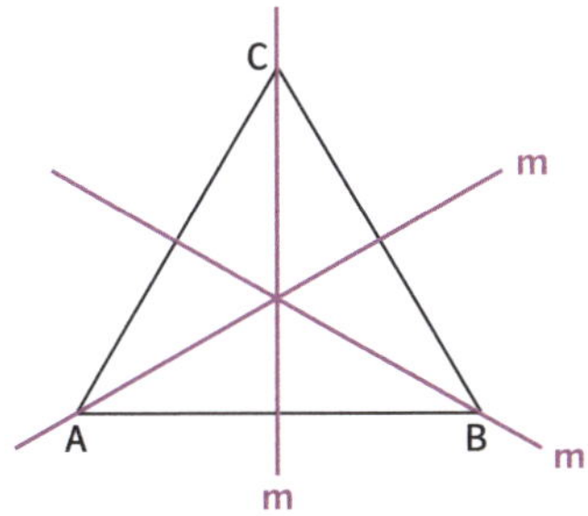

m ist Symmetrieachse

Zusammenfassung

- Die Mittelsenkrechte einer Strecke $\overline{AB}$ ist der geometrische Ort aller Punkte, die von A und B den gleichen Abstand haben.
- Man kann sie mit und ohne Zirkel konstruieren. In der Geometrie wird jedoch meistens die Variante mit Zirkel verwendet.

Senkrechte zu einer Geraden

Konstruktion der Senkrechten zu einer Geraden g durch den Punkt P

1. P liegt auf g ($P \in g$)

Konstruktionsbeschreibung:

- Zeichne einen Kreis um P mit beliebigem Radius r. Er schneidet g in A und B.
- Konstruiere die Mittelsenkrechte m zur Strecke $\overline{AB}$.

Da die Mittelsenkrechte senkrecht zur Strecke $\overline{AB}$ und damit zur Geraden g ist, ist sie die gesuchte senkrechte Gerade.

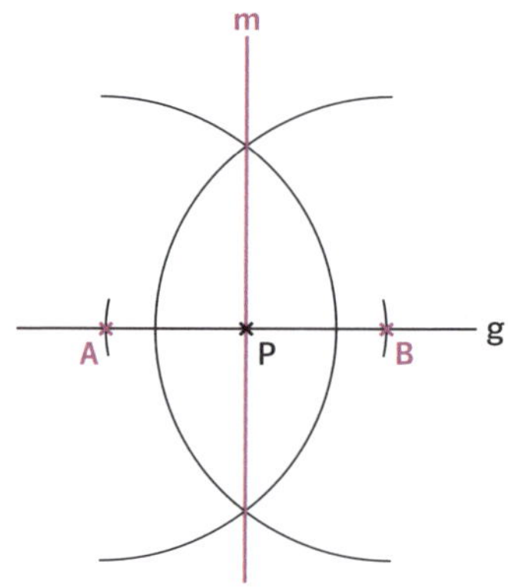

2. P liegt nicht auf g ($P \notin g$)

Konstruktionsbeschreibung:

- Zeichne einen Kreis um P mit beliebigem Radius r, der die Gerade g schneidet. Die Schnittpunkte heißen A und B.
- Konstruiere die Mittelsenkrechte m zur Strecke $\overline{AB}$.

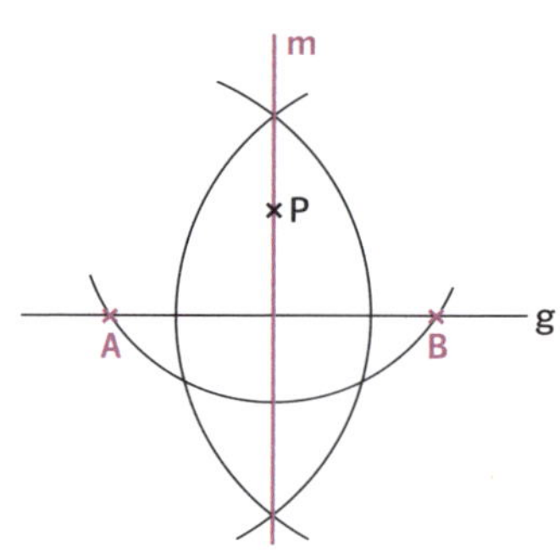

Gegeben ist ein Dreieck ABC. Konstruiere die Senkrechte zur Seite c durch den Punkt C.

Konstruktionsbeschreibung:

- Zeichne einen Kreis um C mit beliebigem Radius r, der die Gerade durch A und B schneidet. Die Schnittpunkte heißen P und Q.
- Konstruiere die Mittelsenkrechte m zur Strecke $\overline{AB}$.

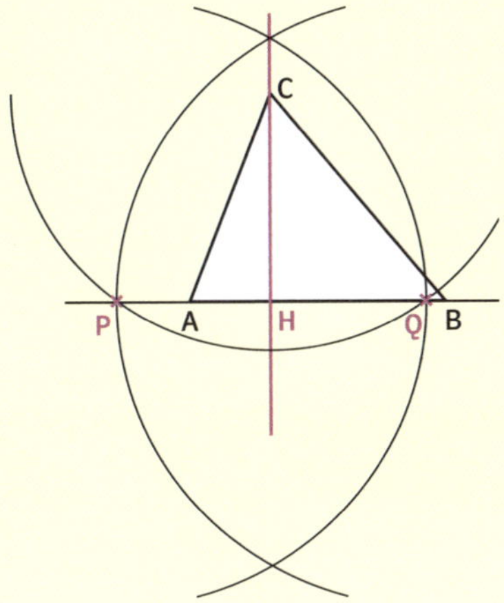

Die Strecke $\overline{CH}$ ist eine Höhe des Dreiecks.

Zusammenfassung

Um eine Senkrechte zu einer Geraden g zu konstruieren, nutzt man die Eigenschaften der Mittelsenkrechten einer Strecke.

Winkelhalbierende

Eigenschaften der Winkelhalbierenden w eines Winkels

- w halbiert den Winkel α.
- Alle Punkte auf w haben von den beiden Schenkeln des Winkels den gleichen Abstand.

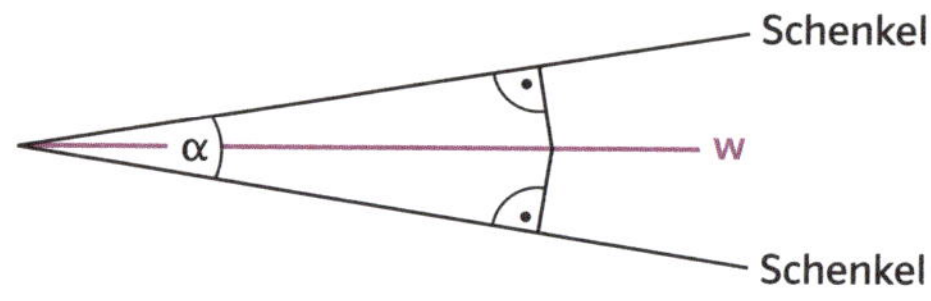

Konstruktion der Winkelhalbierenden eines Winkels

- Zeichne um den Scheitel S des Winkels α einen Kreis.
  Dieser schneidet die beiden Schenkel in den Punkten A und B.
- Konstruiere die Mittelsenkrechte der Strecke $\overline{AB}$.
- Die Mittelsenkrechte der Strecke $\overline{AB}$ ist die Winkelhalbierende des Winkels α.

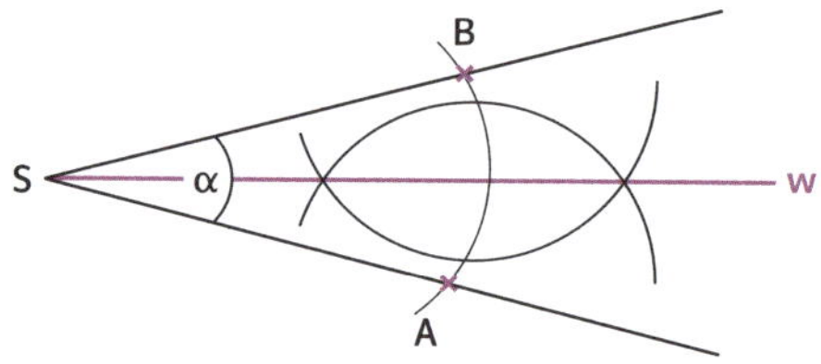

In einem gleichschenkligen Dreieck ist die Mittelsenkrechte der Basis c auch gleichzeitig Winkelhalbierende des Winkels γ.

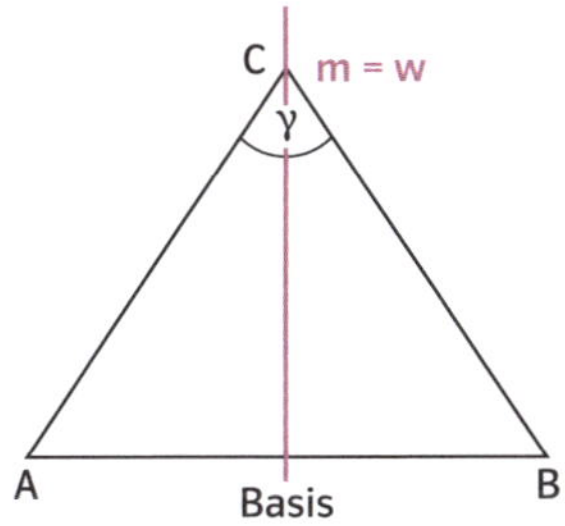

In einem gleichseitigen Dreieck ist die Mittelsenkrechte jeder Seite gleichzeitig Winkelhalbierende des gegenüberliegenden Winkels.

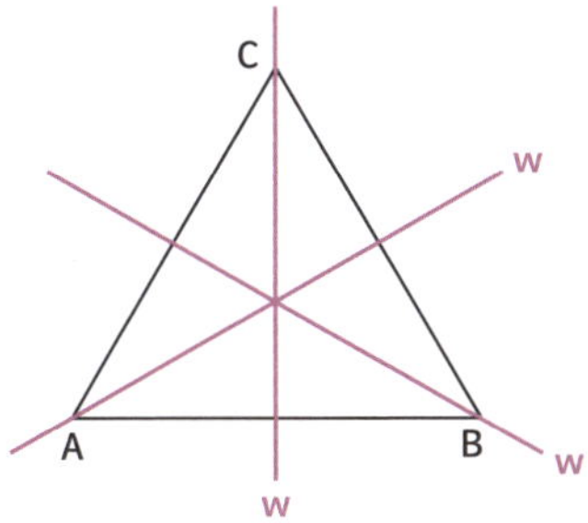

Zusammenfassung

Die Winkelhalbierende ist der geometrische Ort aller Punkte, die von den beiden Schenkeln den gleichen Abstand haben.

Um- und Inkreis

Umkreis

Der **Umkreis** ist der Kreis, der durch alle Eckpunkte eines Dreiecks verläuft.
In jedem Dreieck schneiden sich die drei **Mittelsenkrechten** in einem Punkt, dem Mittelpunkt U des Umkreises.
Die Eckpunkte des Dreiecks haben vom Mittelpunkt des Umkreises den gleichen Abstand.

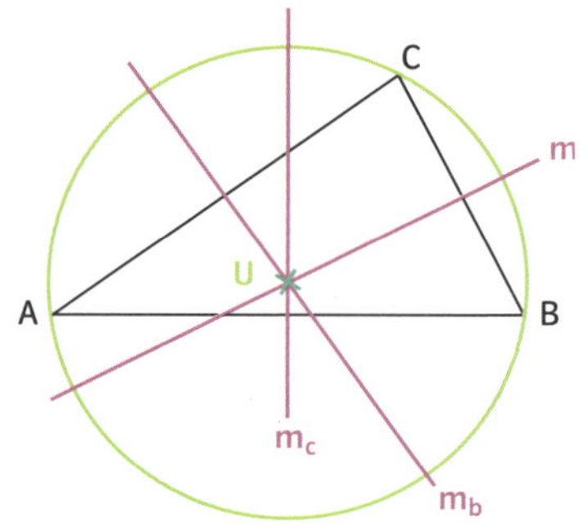

Inkreis

Der **Inkreis** ist der Kreis im Inneren eines Dreiecks, der alle drei Seiten berührt.
In jedem Dreieck schneiden sich die drei **Winkelhalbierenden** in einem Punkt, dem Mittelpunkt I des Inkreises.
Der Mittelpunkt I hat von den drei Seiten den gleichen Abstand.

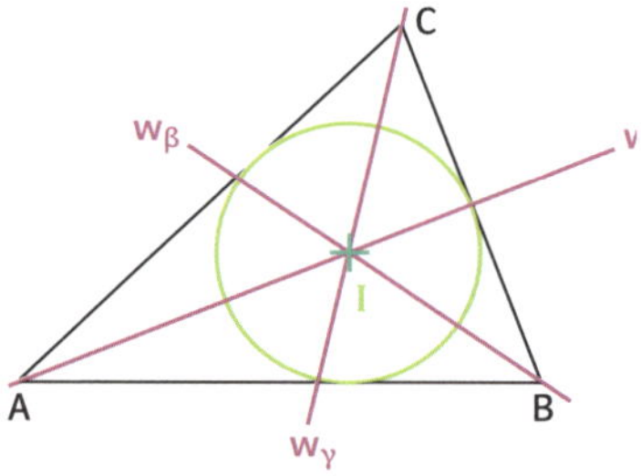

Zusammenfassung

- Alle Mittelsenkrechten eines Dreiecks schneiden sich in einem Punkt, dem Mittelpunkt U des Umkreises. U hat von den drei Eckpunkten den gleichen Abstand.
- Alle Winkelhalbierenden eines Dreiecks schneiden sich in einem Punkt, dem Mittelpunkt I des Inkreises. I hat von den drei Seiten den gleichen Abstand.

Satz des Thales

Ein Dreieck ABC, dessen Grundseite AB der Durchmesser eines Halbkreises ist und dessen Spitze C auf der Kreislinie liegt, ist ein rechtwinkliges Dreieck.
Andere Formulierung:
Ein Winkel, dessen Scheitel auf einer Kreislinie liegt und dessen Schenkel durch die Endpunkte des Durchmessers des Kreises verlaufen, ist ein rechter Winkel.

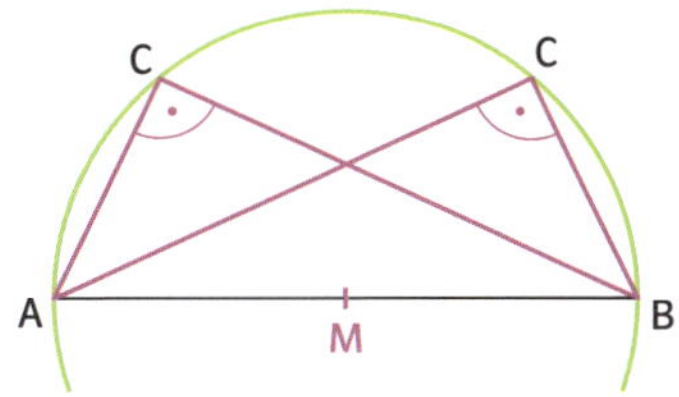

Umkehrung:
Ist ein Dreieck ABC rechtwinklig, so liegt die Ecke C auf dem Halbkreis über seinem Durchmesser AB.

Konstruiere vom Punkt P aus die Tangenten an den Kreis k.

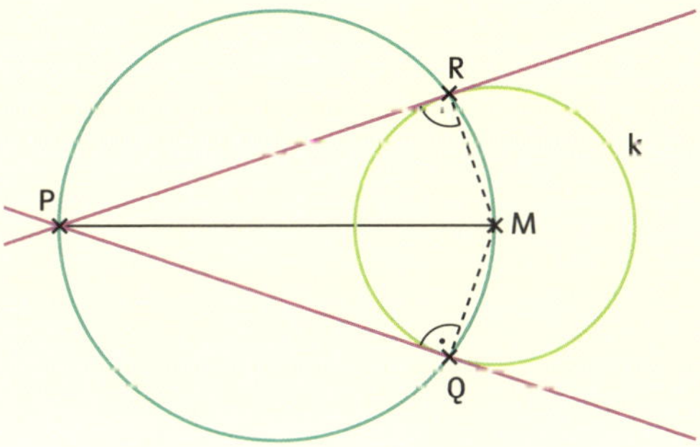

Zusammenfassung

- Ein Dreieck ABC, dessen Grundseite AB der Durchmesser eines Kreises ist und dessen Ecke C auf der Kreislinie liegt, ist ein rechtwinkliges Dreieck.
- Umkehrung:
  Ist ein Dreieck ABC rechtwinklig, so liegt die Ecke C auf dem Halbkreis über seinem Durchmesser AB.

Kongruente Figuren

Definition

Zwei Figuren heißen **kongruent (deckungsgleich)**, wenn sie in **Form** und **Größe übereinstimmen**. Kongruente Figuren passen nach dem Ausschneiden genau aufeinander.

Schreibweise: **A ≅ B** (sprich: „A ist kongruent zu B")

Eigenschaften

Stimmen zwei Vielecke in den Längen entsprechender Seiten und der Größe entsprechender Winkel überein, so sind sie kongruent.

Umgekehrt:
Sind zwei Vielecke zueinander kongruent, dann stimmen sie in den Längen entsprechender Seiten und den Größen entsprechender Winkel überein.

Durch Achsen- oder Punktspiegelung kann man kongruente Figuren erzeugen.

a) Erzeuge durch Achsenspiegelung eine kongruente Figur.

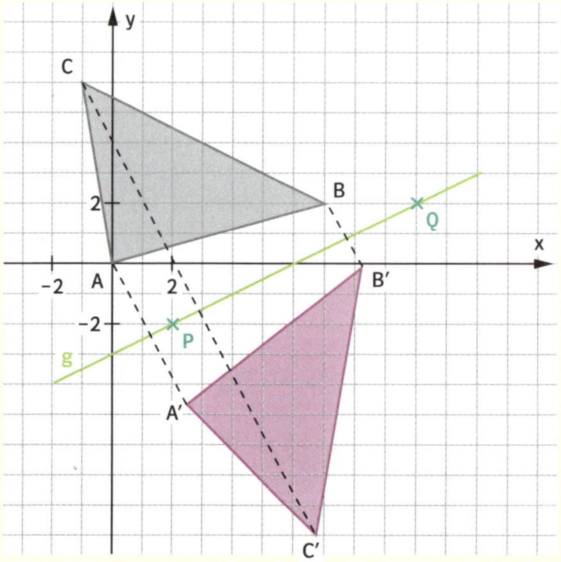

b) Erzeuge durch Punktspiegelung eine kongruente Figur.

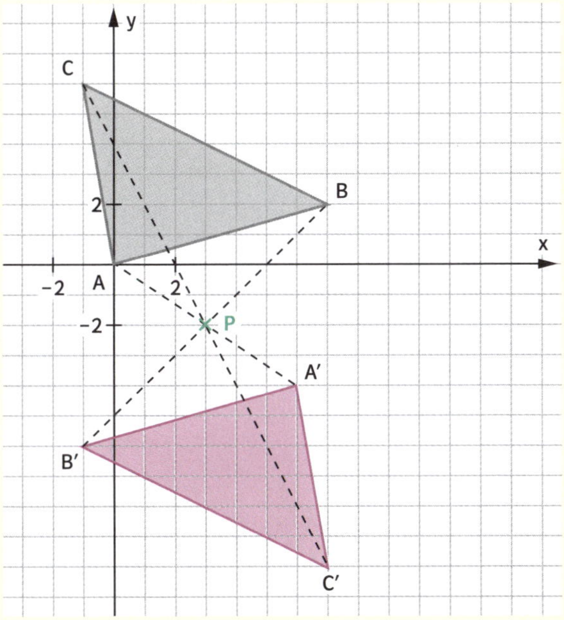

Zusammenfassung

Figuren, die in den entsprechenden Seiten und Winkeln übereinstimmen, sind zueinander kongruent.

A ≅ B (sprich: „A ist kongruent zu B")

Kongruenzsätze

Kongruenzsatz sss

Sind bei zwei Dreiecken alle **drei entsprechenden Seiten gleich lang**, so sind die beiden Dreiecke kongruent.
Die entsprechenden Winkel sind gleich groß.

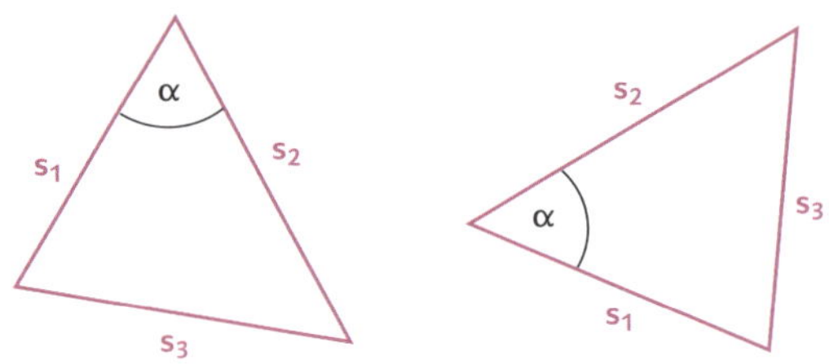

Kongruenzsatz sws

Sind bei zwei Dreiecken **zwei entsprechende Seiten gleich lang** und ist der **eingeschlossene Winkel gleich groß**, dann sind die beiden Dreiecke kongruent.

Kongruenzsatz Ssw

Sind bei zwei Dreiecken **zwei entsprechende Seiten gleich lang** und ist der **Winkel**, welcher der **größeren Seite** gegenüberliegt, **gleich groß**, dann sind die beiden Dreiecke kongruent.

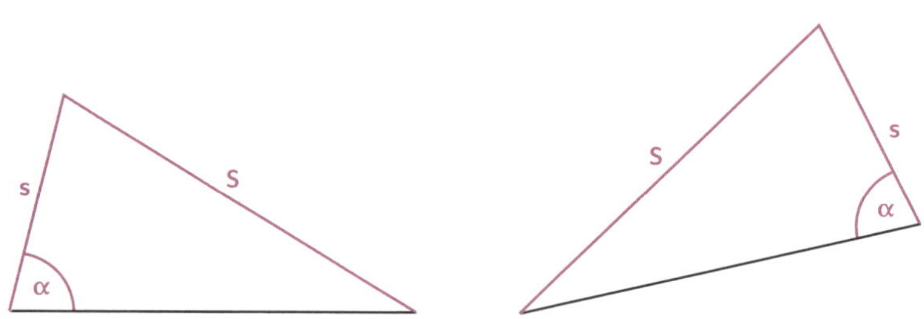

Kongruenzsatz wsw

Ist bei zwei Dreiecken **eine entsprechende Seite gleich lang** und sind die beiden **anliegenden Winkel gleich groß**, dann sind die Dreiecke kongruent.

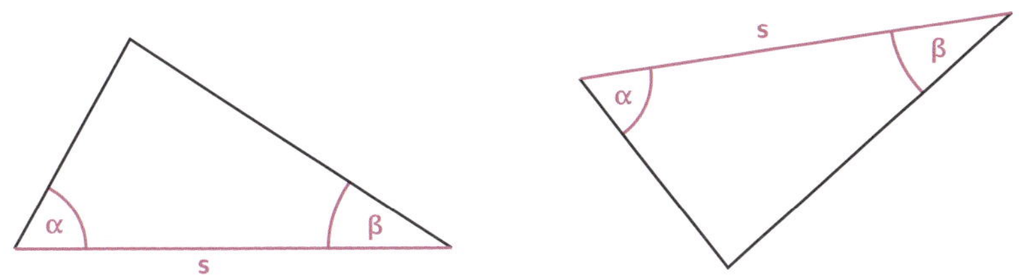

Zusammenfassung

Zwei Dreiecke sind kongruent, wenn sie in den folgenden Größen übereinstimmen:

- drei Seiten (sss)
- zwei Seiten und dem eingeschlossenen Winkel (sws)
- zwei Seiten und dem der längeren Seite gegenüberliegenden Winkel (Ssw)
- einer Seite und den anliegenden Winkeln (wsw)

Schnittfiguren

Schneidet man einen Körper durch, so entsteht eine Fläche, die sogenannte Schnittfläche. Wie bestimmt man für beliebige Körper im Raum solche Schnittflächen?

Größen im Raum bestimmen

- Zuerst fertigt man eine räumliche Skizze der Situation an, die die gesuchte Größe enthält.

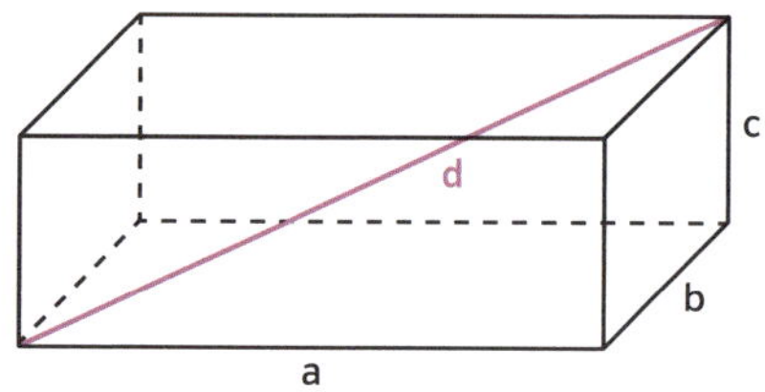

- Nun sucht man eine Schnittfläche, welche die gesuchte Größe enthält.

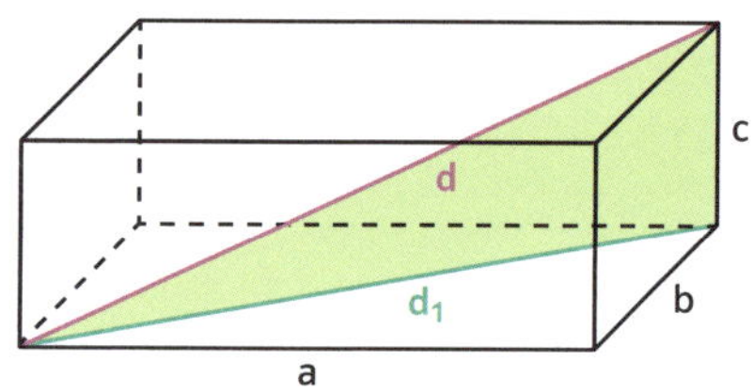

- Manchmal braucht man eine zweite Größe.

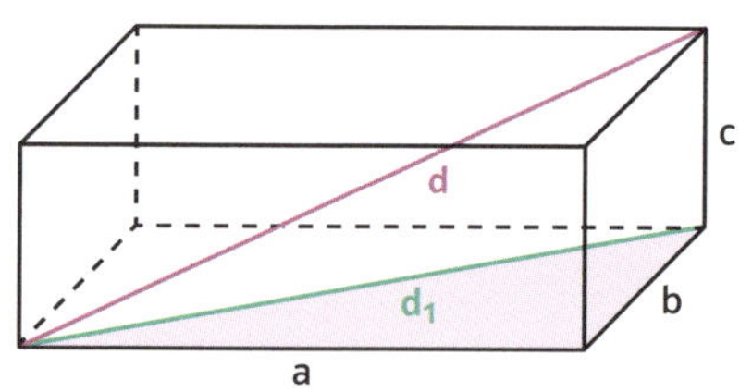

- Konstruiere das Dreieck bzw. die Dreiecke im geeigneten Maßstab.

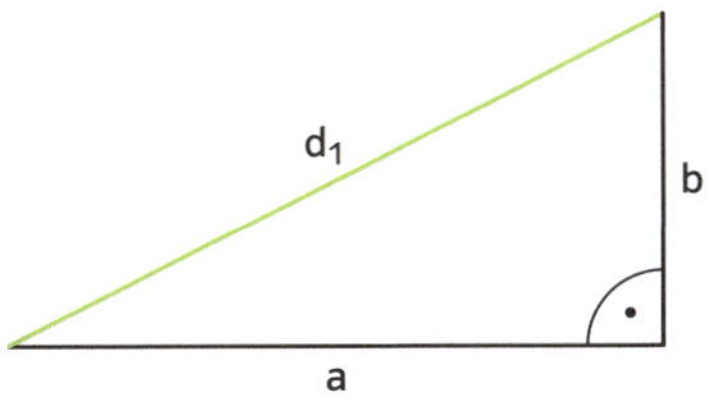

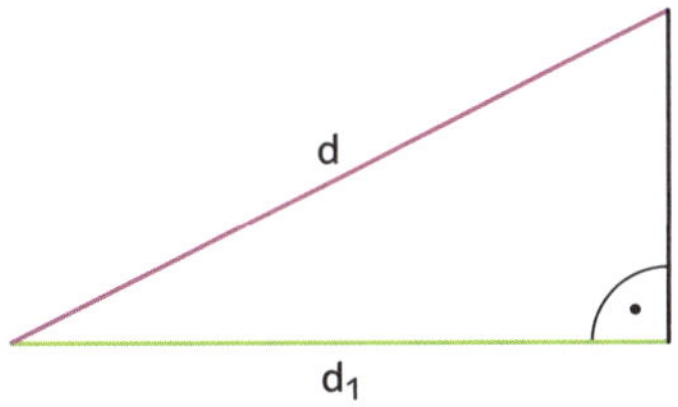

- Miss die konstruierte Länge und rechne sie anhand des Maßstabes um.

Gegeben ist ein Quader mit $a = 4\,cm$; $b = 3\,cm$; $c = 2\,cm$.
Bestimme die Länge der Raumdiagonalen.

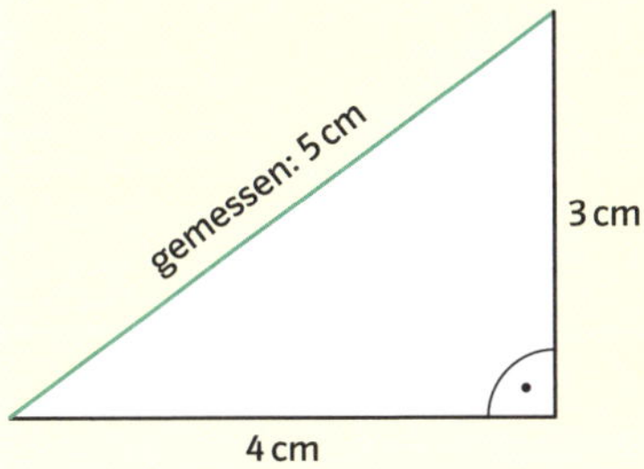

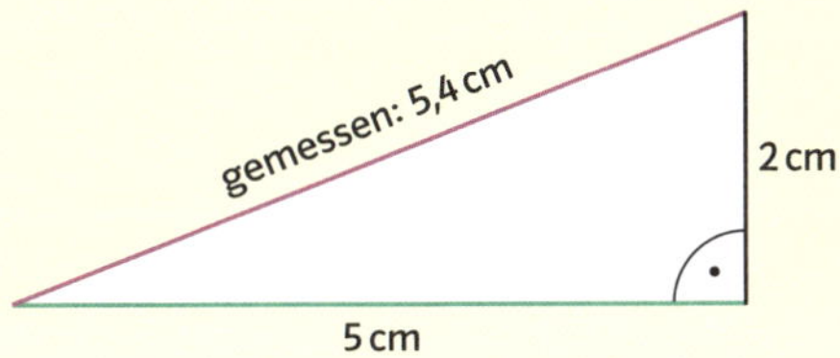

Zusammenfassung

Um die Größe einer Figur im Raum zu bestimmen,
- fertigt man zunächst eine Skizze an,
- wählt eine Schnittfläche mit der gesuchten Größe,
- konstruiert das Dreieck im geeigneten Maßstab und
- misst die konstruierte Länge und rechnet sie wieder um.

Zufallsexperimente

Das Werfen eines Würfels oder das Ziehen eines Loses sind **Zufallsexperimente**.

Diese werden durch folgende Eigenschaften gekennzeichnet:
- Es gibt mehrere Ergebnisse (Ausgänge des Zufallsexperiments).
- Man weiß vor dem Versuch, welche **Ergebnisse** eintreten können. Diese möglichen Ergebnisse fasst man in der **Ergebnismenge S** zusammen.
- Man weiß vor dem Versuch nicht, welches dieser Ergebnisse eintreten wird.
- Es können nie zwei Ergebnisse gleichzeitig eintreten.
- Man kann das Zufallsexperiment unter den gleichen Voraussetzungen beliebig oft wiederholen.

Eine Teilmenge der Ergebnismenge heißt **Ereignis A.** Ein Ereignis kann man in Worten oder durch eine Menge beschreiben.

Mengen werden mit einem Großbuchstaben bezeichnet und die Ergebnisse in geschweiften Klammern dargestellt: $A = \{1; 2; 3\}$.

1. Entscheide, ob es sich hierbei um ein Zufallsexperiment handelt.

		Zufallsexperiment	Begründung
a)	Drehen eines Glücksrades	ja	Alle oben genannten Eigenschaften sind erfüllt, z. B. kann man nicht vorhersagen, welche Zahl oder welcher Buchstabe eintritt, und man kann das Experiment beliebig oft wiederholen.
b)	Der Wecker klingelt um 6 Uhr.	nein	Ist der Wecker auf 6 Uhr eingestellt, so klingelt er auf jeden Fall.
c)	Werfen eines Reißnagels	ja	Man kann nicht vorhersagen, wie der Reißnagel fällt, und man kann ihn beliebig oft werfen.
d)	Eine Karte wird verdeckt aus einem Kartenstapel gezogen.	ja	Der Vorgang ist beliebig oft durchführbar, es gibt mehrere Ergebnisse und jedes Ergebnis ist zufällig.
e)	Ein Mikadostäbchen wird gezogen.	nein	Der Ausgang ist nicht zufällig, sondern von der Geschicklichkeit abhängig.

2. Tim und Jonas werfen einen Würfel.

   a) Wie lautet die Ergebnismenge dieses Zufallsexperiments?

      S = {1;2;3;4;5;6}

   b) Wie könnte ein mögliches Ergebnis aussehen?

      A = {1;2} oder B = {4;5;6}

3. Eine Münze wird geworfen. Beschreibe die Ergebnismenge.

   S = {„Kopf;Zahl"}

4. Gib ein passendes Zufallsexperiment für diese Ergebnismenge an: S = {„rot;blau;gelb"}.

   Ein Glücksrad mit einem roten, einem blauen und einem gelben Feld wird gedreht.

Zusammenfassung

- Das Werfen eines Würfels ist ein Zufallsexperiment.
  Man kennt die möglichen Ergebnisse, kann aber nicht vorhersagen, welches dieser Ergebnisse eintreten wird.
- Alle Ergebnisse werden in der Ergebnismenge S zusammengefasst.
- Eine Teilmenge der Ergebnismenge nennt man Ereignis A.

Wahrscheinlichkeit

Die Wahrscheinlichkeit gibt an, wie groß die Chance ist, dass ein gewünschtes Ereignis eintritt.

Die Wahrscheinlichkeit für das Ereignis A gibt man so an: **P(A)**

Die Wahrscheinlichkeit kann nie größer als 1 sein.
Die Summe der Wahrscheinlichkeiten aller möglichen Ergebnisse ist immer 1.

Bei vielen Zufallsexperimenten ist die Wahrscheinlichkeit eines Ergebnisses im Vorfeld nicht bekannt oder man kann sie nicht direkt berechnen. Dann kann man Zufallsexperimente durchführen und zu einem relativ guten Schätzwert für die Wahrscheinlichkeit kommen.

Absolute Häufigkeit

Wird ein Zufallsexperiment durchgeführt, kannst du aufschreiben, wie oft ein bestimmtes Ergebnis E aufgetreten ist. Diese **Anzahl** wird absolute Häufigkeit genannt und ist immer eine positive und ganze Zahl.
Die absolute Häufigkeit wird in der Regel mit **H(E)** abgekürzt.

Relative Häufigkeit

Den **Anteil der Anzahl, also der absoluten Häufigkeit an der Gesamtzahl der Durchführungen** n nennt man relative Häufigkeit. Die relative Häufigkeit eines Ergebnisses wird also in der Regel als Bruch (oder Dezimalzahl oder in Prozent) dargestellt und mit **h(E)** abgekürzt.
Für die relative Häufigkeit gilt:

$$h(E) = \frac{H(E)}{n}$$

Beachte:
Ist die Gesamtzahl der Durchführungen n und die relative Häufigkeit eines Ergebnisses H(E) gegeben, kannst du die absolute Häufigkeit eines Ergebnisses berechnen, indem du die Gesamtzahl mit der relativen Häufigkeit multiplizierst, kurz

$$H(E) = h(E) \cdot n.$$

Werfen eines Reißnagels

10-mal werfen	1. Durchgang		2. Durchgang	
Ergebnis	Kopf	Seite	Kopf	Seite
Absolute Häufigkeit	4	6	7	3
Relative Häufigkeit	$\frac{4}{10} = 0{,}4$	$\frac{6}{10} = 0{,}6$	$\frac{7}{10} = 0{,}7$	$\frac{3}{10} = 0{,}3$

100-mal werfen	1. Durchgang		2. Durchgang	
Ergebnis	Kopf	Seite	Kopf	Seite
Absolute Häufigkeit	65	35	57	43
Relative Häufigkeit	$\frac{65}{100} = 0{,}65$	$\frac{35}{100} = 0{,}35$	$\frac{57}{100} = 0{,}57$	$\frac{43}{100} = 0{,}43$

1000-mal werfen	1. Durchgang		2. Durchgang	
Ergebnis	Kopf	Seite	Kopf	Seite
Absolute Häufigkeit	595	405	601	399
Relative Häufigkeit	$\frac{595}{1000} = 0{,}595$	$\frac{405}{1000} = 0{,}405$	$\frac{601}{1000} = 0{,}601$	$\frac{399}{1000} = 0{,}399$

Die relative Häufigkeit nähert sich mit der größeren Anzahl von Versuchen in beiden Durchgängen immer näher einem Wert an. Deshalb schätzt man die Wahrscheinlichkeit für das Eintreten von Kopf auf 0,6 – 60 % und für das Eintreten von Seite auf 0,4 – 40 %.

Zusammenfassung

- **Wahrscheinlichkeit**: gibt die Chance an, mit der ein gewünschtes Ereignis eintritt.
- **Absolute Häufigkeit**: Anzahl, wie oft das gewünschte Ereignis eingetreten ist.
- **Relative Häufigkeit**: Absolute Häufigkeit dividiert durch die Anzahl der durchgeführten Versuche. Bei einer sehr großen Anzahl an Versuchen stabilisiert sich dieser Wert. Dieser Wert wird Wahrscheinlichkeit genannt.

Laplace-Experimente

Treten bei einem Zufallsexperiment alle Ergebnisse mit der gleichen Wahrscheinlichkeit auf, so nennt man es ein **Laplace-Experiment.**

Mögliche Zufallsgeräte (auch Spielgeräte genannt) eines Laplace-Experimentes sind z. B. eine Münze, ein Würfel, ein Glücksrad mit gleich großen Feldern, eine Urne mit Kugeln.

Hat das Laplace-Experiment n mögliche Ergebnisse, so beträgt die Wahrscheinlichkeit eines Ergebnisses $\frac{1}{n}$.

Gibt es für ein Ereignis A mehrere Ergebnisse, so gilt:

$$P(A) = \frac{\text{Anzahl der Ergebnisse, bei denen A auftritt}}{\text{Anzahl aller möglichen Ergebnisse}}.$$

Auch bei Laplace-Experimenten gilt:

- Die Wahrscheinlichkeit für ein Ergebnis ist größer oder gleich null.
- Da alle möglichen Ergebnisse das ganze Zufallsexperiment bilden, ist die Summe der Wahrscheinlichkeit aller Ergebnisse 1 oder 100 %.

1. Bei welchen Zufallsexperimenten handelt es sich um ein Laplace-Experiment? Kreuze an.

☒ Der abgebildete Würfel (Ikosaeder-Würfel) wird geworfen.

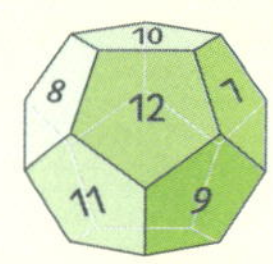

☐ Mit einem Quader wird gewürfelt.

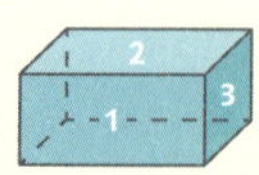

☒ Aus der Urne wird eine Kugel gezogen.

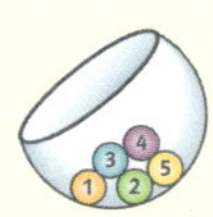

☐ Aus der Urne wird eine Kugel gezogen.

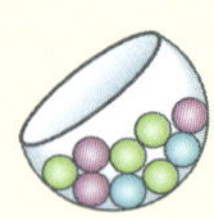

2. Ein Tetraeder wird einmal geworfen.

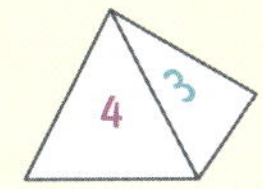

a) Mit welcher Wahrscheinlichkeit tritt dabei die Zahl 2 auf?

Ergebnismenge: $S = \{1;2;3;4\}$, also existieren 4 mögliche Ergebnisse und damit beträgt die Wahrscheinlichkeit für das Eintreten der Zahl 2:

$P(2) = \frac{1}{4}$

b) Mit welcher Wahrscheinlichkeit tritt das Ereignis A „Die Augenzahl ist ungerade“ ein?

Ergebnismenge: $S = \{1;2;3;4\}$, also existieren 4 mögliche Ergebnisse.
Das Ereignis A „Die Augenzahl ist ungerade“ tritt bei den Augenzahlen 1 und 3 ein.
Es existieren also 2 mögliche Ergebnisse für das Ereigni s $A = \{1;3\}$. Somit beträgt die Wahrscheinlichkeit:

$P(A) = \frac{2}{4} = \frac{1}{2}$

3. Wie groß ist jeweils die Wahrscheinlichkeit, eine 1 zu würfeln?

a)

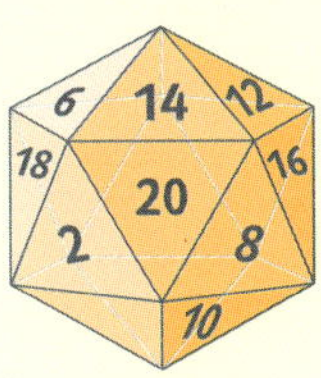

$P(1) = \frac{1}{20}$

b)

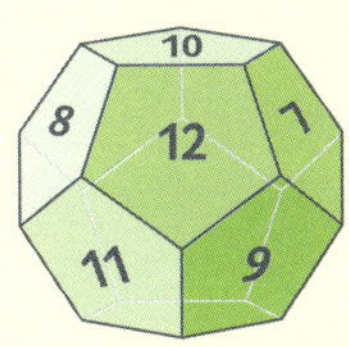

$P(1) = \frac{1}{12}$

c)

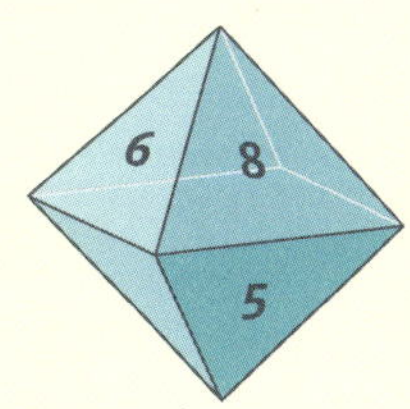

$P(1) = \frac{1}{8}$

Zusammenfassung

- Bei einem Laplace-Experiment treten alle Ergebnisse mit der gleichen Wahrscheinlichkeit auf. Bei n möglichen Ergebnissen ist die Wahrscheinlichkeit $\frac{1}{n}$.
- Hat ein Ereignis A mehrere Ergebnisse, so berechnet sich die Wahrscheinlichkeit mithilfe der Laplace-Formel:

$$P(A) = \frac{\text{Anzahl der Ergebnisse, bei denen A auftritt}}{\text{Anzahl aller möglichen Ergebnisse}}.$$

Summenregel

Mit der Laplace-Formel kann man Wahrscheinlichkeiten von Ereignissen berechnen, zu denen mehrere Ergebnisse gehören, z. B.: Wie groß ist die Wahrscheinlichkeit, mit einem Würfel eine „ungerade Augenzahl" zu werfen?

Ergebnismenge: $S = \{1; 2; 3; 4; 5; 6\}$; Ereignismenge: $A = \{1; 3; 5\}$

$$P(A) = \frac{3}{6} = \frac{1}{2}$$

Diese Formel gilt jedoch nur, wenn jedes Ergebnis die gleiche Wahrscheinlichkeit hat.
Wie geht man aber vor, wenn die Ergebnisse unterschiedliche Wahrscheinlichkeiten haben?

Um bei beliebigen Zufallsexperimenten die Wahrscheinlichkeit von Ereignissen mit mehreren Ergebnissen zu berechnen, addiert man die Wahrscheinlichkeiten der einzelnen Ergebnisse. Dies nennt man auch **Summenregel**.
Die Summe der Wahrscheinlichkeiten aller Ergebnisse eines Zufallsversuchs beträgt immer 1.

Tipp:
Diese Regel kannst du auch anstelle der Laplace-Formel verwenden.

1. In einer Bonbondose befinden sich 4 rote, 5 blaue und 6 grüne Bonbons.

   a) Wie groß ist die Wahrscheinlichkeit, ein rotes Bonbon zu ziehen?

   $$P(\text{„rot"}) = \frac{4}{15}$$

   b) Wie groß ist die Wahrscheinlichkeit, ein rotes oder ein blaues Bonbon zu ziehen?

   $$P(\text{„rot" oder „blau"}) = P(\text{„rot"}) + P(\text{„blau"}) = \frac{4}{15} + \frac{5}{15} = \frac{9}{15} = \frac{3}{5}$$

2. Lisa hat für ihren Geburtstag ein Glücksrad gebastelt.

Jeder Gast darf einmal drehen. Zeigt der Zeiger auf die Zahl 7, so gewinnt der Gast den Hauptgewinn. Zeigt der Zeiger auf die Farbe Rot oder Grün, so erhält er eine Wundertüte.

a) Wie groß ist die Wahrscheinlichkeit für einen Hauptgewinn?

$P(\text{„Hauptgewinn“}) = \frac{1}{12}$

b) Wie groß ist die Wahrscheinlichkeit, eine Wundertüte zu bekommen?

$P(\text{„Wundertüte“}) = P(\text{„rot“}) + P(\text{„grün“}) = \frac{3}{12} + \frac{3}{12} = \frac{6}{12} = \frac{1}{2}$

c) Wie groß ist die Wahrscheinlichkeit, den Hauptgewinn oder eine Wundertüte zu gewinnen?

$P(\text{„Gewinn“}) = P(\text{„Hauptgewinn“}) + P(\text{„Wundertüte“}) = \frac{1}{12} + \frac{6}{12} = \frac{7}{12}$

Zusammenfassung

- Um die Wahrscheinlichkeit von Ereignissen mit mehreren Ergebnissen zu berechnen, addiert man die Wahrscheinlichkeiten der einzelnen Ergebnisse.
- Die Summe der Wahrscheinlichkeiten aller Ergebnisse darf nicht größer als 1 sein.

Baumdiagramme

Bei Zufallsexperimenten geht es darum, Wahrscheinlichkeiten für Ergebnisse bzw. für bestimmte Ereignisse zu bestimmen. Dabei ist es oft hilfreich, wenn man sich nicht alles theoretisch überlegen muss, sondern wenn man das Zufallsexperiment **veranschaulichen** kann. Dazu zeichnet man meist ein **Baumdiagramm**.

Mit einem **Baumdiagramm** lassen sich Zufallsexperimente übersichtlich darstellen und erklären.
Jedes Baumdiagramm (kurz Baum) besteht aus so genannten **Knoten(-punkten)** und **Ästen**.
An jedem **Knotenpunkt**, also am Ende eines jeden Astes, steht das zugehörige **Ergebnis** bzw. Ereignis.
An jedem **Ast** steht die **Wahrscheinlichkeit**, die zu dem jeweiligen Ergebnis bzw. Ereignis gehört.

Beachte:
Addiert man alle Wahrscheinlichkeiten, die an den Ästen stehen, muss dies 1 ergeben.
Damit kannst du überprüfen, ob du das Baumdiagramm richtig gezeichnet hast.

Ein Baumdiagramm kannst du von oben nach unten oder von links nach rechts zeichnen.

Beispiel 1: Werfen eines Würfels

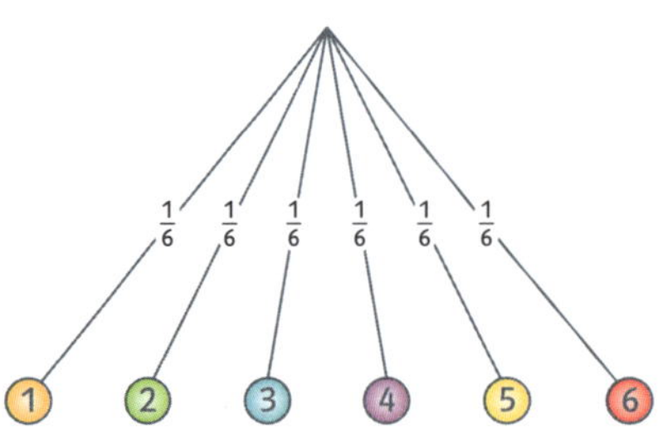

Kontrolle:
$\frac{1}{6}+\frac{1}{6}+\frac{1}{6}+\frac{1}{6}+\frac{1}{6}+\frac{1}{6}=6\cdot\frac{1}{6}=1$ ✓

Beispiel 2: Drehen des Glücksrads

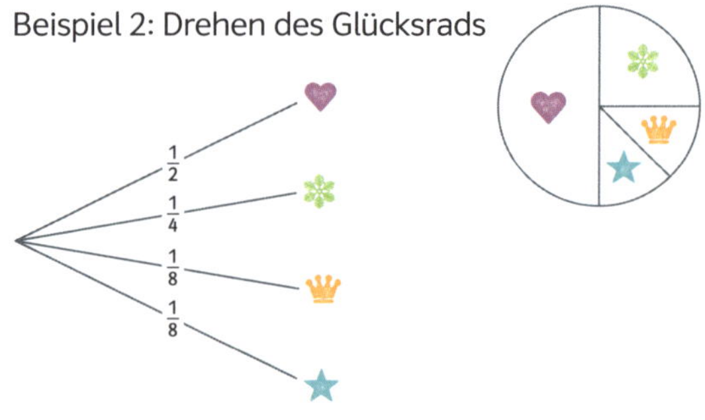

Kontrolle:
$\frac{1}{2}+\frac{1}{4}+\frac{1}{8}+\frac{1}{8}=1$ ✓

Aus der Urne soll eine Kugel gezogen werden.
Zeichne dazu das entsprechende Baumdiagramm.

1. Ergebnismenge bzw. Ereignismenge

   $S = \{1;2;3\}$

   $P(1) = \frac{3}{6}$; $P(2) = \frac{2}{6}$; $P(3) = \frac{1}{6}$

   Schreibe jetzt die einzelnen Ergebnisse untereinander auf; lass links davon etwas Platz.

2. Zeichne einen Anfangspunkt (auch Wurzel genannt). Zeichne die Äste, d.h. verbinde jeden Knoten, also jedes Ergebnis, mit dem Anfangspunkt.

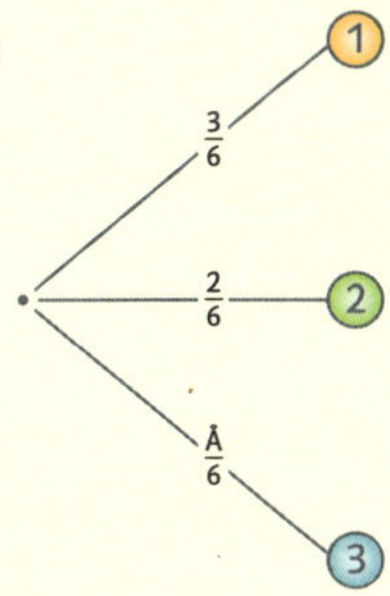

3. Schreibe an jeden Ast die zum Ergebnis gehörende Wahrscheinlichkeit.

4. Kontrolle
   Die Summe aller Wahrscheinlichkeiten muss 1 ergeben.

   $\frac{3}{6} + \frac{2}{6} + \frac{1}{6} = \frac{6}{6} = 1$ ✓

Zusammenfassung

- Mit einem Baumdiagramm lassen sich Zufallsexperimente übersichtlich darstellen und erklären.
- Jedes Baumdiagramm (kurz Baum) besteht aus sogenannten Knoten(-punkten) und Ästen. An jedem Knotenpunkt, also am Ende eines jeden Astes, steht das zugehörige Ergebnis bzw. Ereignis.
- An jedem Ast steht die Wahrscheinlichkeit, die zu dem jeweiligen Ergebnis bzw. Ereignis gehört.

Baumdiagramme bei mehrstufigen Zufallsexperimenten

Ein Zufallsexperiment, das aus mehreren Vorgängen besteht, nennt man mehrstufig. Dabei können die Durchführungen **gleichzeitig** ablaufen wie z. B. das Werfen mehrerer Würfel **nacheinander** oder wie das mehrmalige Werfen eines Würfels. Mit einem **Baumdiagramm** kann man den Ablauf und die Ergebnisse eines solchen Zufallsexperiments übersichtlich darstellen.

Beispiel:
In einer Urne befinden sich 2 Kugeln (rot und grün). Es wird zweimal gezogen. Nach jedem Zug wird die Kugel wieder zurückgelegt.

S = {„rot - rot"; „grün - grün"; „rot - grün"; „grün - rot"}

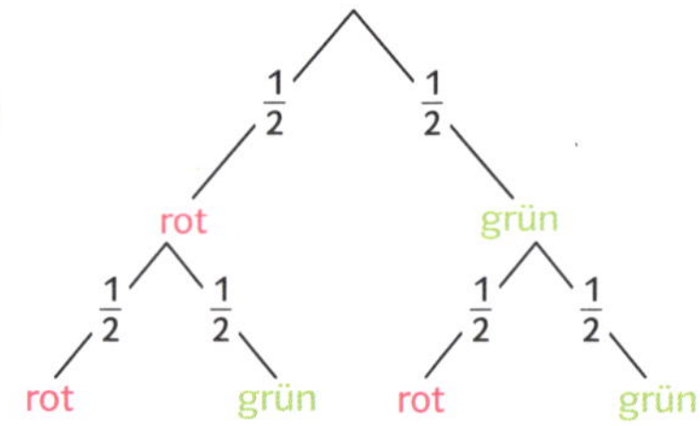

Pfadregel

Bei einem mehrstufigen Zufallsexperiment erhält man die Wahrscheinlichkeit eines Pfades, indem man die Wahrscheinlichkeiten längs dieses Pfades miteinander **multipliziert**.

Beispiel: Wie groß ist die Wahrscheinlichkeit, zweimal hintereinander Kopf zu werfen?

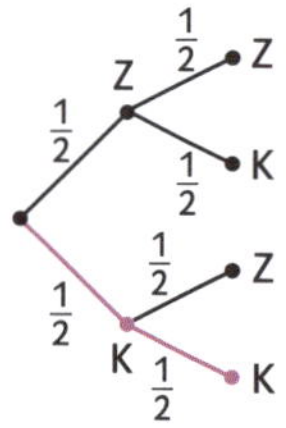

$P(K;K) = \frac{1}{2} \cdot \frac{1}{2} = \frac{1}{4} = 0{,}25 = 25\,\%$

Summenregel

Gehören mehrere Ergebnisse zu einem bestimmten Ereignis, dann musst du alle günstigen Pfade berücksichtigen. Die Wahrscheinlichkeit eines Ereignisses erhältst du, indem du Wahrscheinlichkeiten der zugehörigen günstigen Pfade **addierst**.

Beispiel: Wie groß ist die Wahrscheinlichkeit, einmal Kopf und einmal Zahl zu werfen?

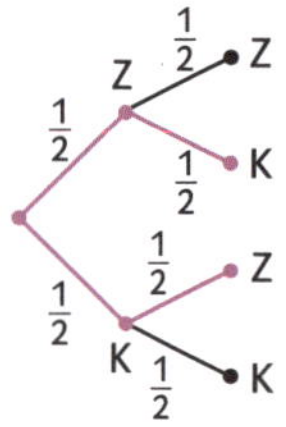

P(„einmal Kopf, einmal Zahl") = P(KZ; ZK) = $\frac{1}{4} + \frac{1}{4} = \frac{1}{2} = 0{,}5 = 50\,\%$

Eine Münze wird 3-mal nacheinander geworfen.

a) Zeichne ein Baumdiagramm. Gib alle Ergebnisse und ihre Wahrscheinlichkeiten an.

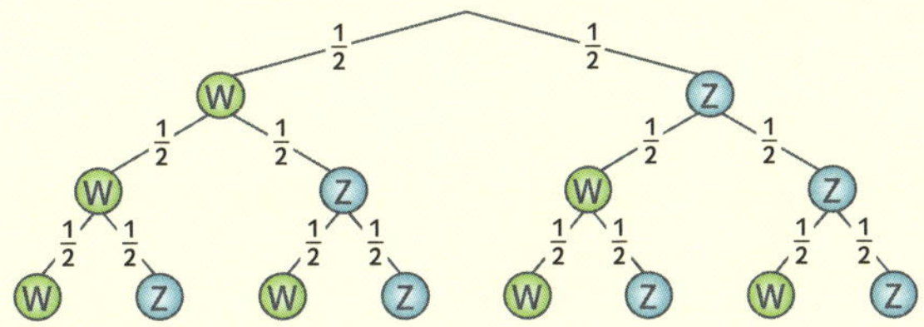

S = {WWW;WWZ;WZW;WZZ;ZWW;ZWZ;ZZW;ZZZ}

$P(WWW) = \frac{1}{2} \cdot \frac{1}{2} \cdot \frac{1}{2} = \frac{1}{8}$

$P(WWZ) = P(WZW) = P(WZZ) = P(ZWW) = P(ZWZ) = P(ZZW) = P(ZZZ) = \frac{1}{8}$

b) Wie groß ist die Wahrscheinlichkeit, ohne Berücksichtigung der Reihenfolge einmal Wappen und zweimal Zahl zu werfen?

P(„einmal W“ und „zweimal Z“) $= P(WZZ) + P(ZZW) = \frac{1}{8} + \frac{1}{8} + \frac{1}{8} = \frac{3}{8}$

Zusammenfassung

- Besteht ein Zufallsexperiment aus mehreren Stufen, so spricht man von einem mehrstufigen Zufallsexperiment. Mithilfe eines Baumdiagramms kann man ein mehrstufiges Zufallsexperiment anschaulich darstellen.
- Zur Berechnung der Wahrscheinlichkeit benutzt man die Pfad- und Summenregel.

Wissenstest

1 Wie rechnet man eine Prozentangabe in einen Bruch um?

2 Wie berechnet man den Prozentwert W?

3 Wie berechnet man den Prozentsatz p %?

4 Wie berechnet man den Grundwert G?

5 Stelle in einer Tabelle die Begriffe der Prozentrechnung denen der Zinsrechnung gegenüber.

6 Durch welche Eigenschaften wird ein Zufallsexperiment gekennzeichnet?

7 Was versteht man unter den Begriffen
- Wahrscheinlichkeit,
- absolute Häufigkeit,
- relative Häufigkeit?

8 Was ist ein Laplace-Experiment und wie berechnet man die zugehörigen Wahrscheinlichkeiten?

9 Was versteht man in der Wahrscheinlichkeitsrechnung unter der Summenregel?

10 Was versteht man in der Wahrscheinlichkeitsrechnung unter der Pfadregel?

11 Was versteht man unter einem Term?

12 Welche Rechenregeln gelten bei einem Term?

13 Wie lautet das Assoziativ- und Kommutativgesetz?

14 Wie lautet das Distributivgesetz?

15 Was muss man bei Termen mit mehreren Variablen beachten?

16 Was versteht man unter einer Äquivalenzumformung?

17 Welche wichtige Regel gibt es bei Ungleichungen zu beachten?

18 Was ist eine Funktion?

19 Wodurch ist eine proportionale Funktion gekennzeichnet?

20 Was versteht man unter einer linearen Funktion?

21 Wie löst man eine lineare Gleichung mit einer Variablen?

22 Wie löst man eine lineare Gleichung mit zwei Variablen?

23 Was ist ein lineares Gleichungssystem und wie kann man es rechnerisch lösen?

24 Wie kann man ein lineares Gleichungssystem zeichnerisch lösen?

25 Was sind rationale und irrationale Zahlen?

26 Was sind reelle Zahlen?

27 Was versteht man unter einer Quadratwurzel?

28 Wie berechnet man das Produkt bzw. den Quotienten zweier Wurzeln?

29 Was ist eine Normalparabel?

30 Was versteht man unter einer quadratischen Funktion?

31 Wie lauten die Scheitel- und die Normalform einer quadratischen Funktion?

32 Was ist eine Potenzfunktion?

33 Was versteht man unter einer quadratischen Gleichung?

34 Wie löst man eine quadratische Gleichung zeichnerisch?

35 Wie lauten die binomischen Formeln?

36 Was versteht man unter der quadratischen Ergänzung?

37 Wie lautet die Lösungsformel der quadratischen Gleichung, wenn die Gleichung in allgemeiner Form $ax^2 + bx + c = 0$ gegeben ist?

38 Wie lautet die Lösungsformel der quadratischen Gleichung, wenn die Gleichung in Normalform $x^2 + px + c = 0$ gegeben ist?

39 Was versteht man unter Neben- und Scheitelwinkeln?

40 Was versteht man unter Stufenwinkeln?

41 Was versteht man unter Wechselwinkeln?

42 Was ist ein spitzwinkliges Dreieck?

43 Was ist ein stumpfwinkliges Dreieck?

44 Was ist ein rechtwinkliges Dreieck?

45 Was versteht man unter einem gleichschenkligen Dreieck und welche Eigenschaften hat es?

46 Was versteht man unter einem gleichseitigen Dreieck und welche Eigenschaften hat es?

47 Wie lauten die Dreiecksungleichungen?

48 Was ist eine Mittelsenkrechte und welche Eigenschaften hat sie?

49 Wie konstruiert man eine Mittelsenkrechte?

50 Wie konstruiert man die Senkrechte zu einer Geraden durch einen Punkt P, wenn dieser nicht auf der Geraden liegt?

51 Wie konstruiert man die Senkrechte zu einer Geraden durch einen Punkt P, wenn dieser auf der Geraden liegt?

52 Was ist eine Winkelhalbierende und welche Eigenschaften hat sie?

Wissenstest

53 Wie konstruiert man eine Winkelhalbierende?

54 Was ist der Umkreis eines Dreiecks?

55 Was ist der Inkreis eines Dreiecks?

56 Was besagt der Satz des Thales?

57 Wie lautet die Umkehrung des Satz des Thales?

58 Was versteht man unter Kongruenz?

59 Was besagt der Kongruenzsatz sss?

60 Was besagt der Kongruenzsatz sws?

61 Was besagt der Kongruenzsatz ssw?

62 Was besagt der Kongruenzsatz wsw?

Lösung 1

$p\,\% = \frac{p}{100}$

Ersetze also das Prozentzeichen durch den Bruch $\frac{1}{100}$.

Beispiel: $5\,\% = \frac{5}{100} = \frac{1}{20}$

Lösung 2

Den Prozentwert W berechnet man, indem man den Prozentsatz p % mit dem Grundwert G multipliziert:

$W = p\,\% \cdot G = \frac{p}{100} \cdot G = \left(\frac{p \cdot G}{100}\right)$

Lösung 3

Den Prozentsatz p % berechnet man, indem man den Prozentwert W durch den Grundwert G dividiert und das Ergebnis mit 100 % multipliziert:

$p\,\% = \frac{W}{G} \cdot 100\,\%$

Lösung 4

Den Grundwert G berechnet man, indem man den Prozentwert W durch den Prozentsatz p % dividiert:

$G = \frac{W}{p\,\%} = W \cdot \frac{100}{p}$

Lösung 5

Prozentrechnung	Zinsrechnung
Grundwert G	Guthaben, Kapital
Prozentwert W	Zinsen
Prozentsatz p %	Zinssatz

Lösung 6

- Es gibt mehrere Ergebnisse.
- Man weiß vor dem Versuch, welche Ergebnisse eintreten können.
- Man weiß vor dem Versuch nicht, welches dieser Ergebnisse eintreten wird.
- Es können nie zwei Ergebnisse gleichzeitig eintreten.
- Man kann es unter gleicher Voraussetzung beliebig oft wiederholen.

Lösung 7

Wahrscheinlichkeit:	gibt die Chance an, mit der ein gewünschtes Ergebnis eintritt
absolute Häufigkeit:	Anzahl, wie oft das gewünschte Ergebnis eintritt
relative Häufigkeit:	absolute Häufigkeit dividiert durch die Anzahl aller Versuche

Lösung 8

Ein Laplace-Experiment liegt vor, wenn bei einem Zufallsexperiment alle Ergebnisse mit der gleichen Wahrscheinlichkeit auftreten. Die Wahrscheinlichkeit ist $\frac{1}{n}$. Hat ein Ergebnis mehrere Ergebnisse, dann gilt:

$$P(A) = \frac{\text{Anzahl der Ergebnisse, bei denen A eintritt}}{\text{Anzahl aller möglichen Ergebenisse}}.$$

Lösung 9

Um die Wahrscheinlichkeit von Ereignissen mit mehreren Ergebnissen zu berechnen, addiert man die Wahrscheinlichkeiten jedes einzelnen Ergebnisses. Die Summe aller Wahrscheinlichkeiten eines Zufallsversuches beträgt immer 1.

Lösung 10

Die Wahrscheinlichkeit eines Ergebnisses bei einem mehrstufigen Zufallsexperiment berechnet man mit der Pfadregel.

Die Wahrscheinlichkeit für ein Ergebnis erhält man, indem man die Wahrscheinlichkeiten längs eines Pfades beim Baumdiagramm miteinander multipliziert.

Lösung 11

Unter einem Term versteht man einen Rechenausdruck, der neben Rechenzeichen und Zahlen auch Buchstaben als Platzhalter, sogenannte Variablen, enthalten kann.

Beispiele:
$3a + 5$
$5a + 9c - 6b$

Lösung 12

- Nur gleiche Variablen dürfen addiert bzw. subtrahiert werden.
- Variablen können multipliziert bzw. dividiert werden.
- Klammern werden zuerst berechnet. Es gilt: innere Klammer vor äußerer Klammer.
- Enthält der Term keine Klammern, so rechnet man von links nach rechts.
- Potenz- vor Punkt- vor Strichrechnung

Lösung 13
Assoziativgesetz:
$(a + b) + c = a + (b + c)$
$(a \cdot b) \cdot c = a \cdot (b \cdot c)$

Kommutativgesetz:
$a + b = b + a$
$a \cdot b = b \cdot a$

Lösung 14
Distributivgesetz:
$a \cdot (b + c) = a \cdot b + a \cdot c$
$(a + b) \cdot c = a \cdot c + b \cdot c$
$a \cdot (b - c) = a \cdot b - a \cdot c$

Lösung 15
- Für gleiche Variablen muss man immer die gleiche Zahl einsetzen.
- Für unterschiedliche Variablen kann man unterschiedliche Zahlen einsetzen.
- Nur gleiche Variablen können miteinander addiert oder voneinander subtrahiert werden.

Lösung 16
Umformungen, bei denen die Lösung der Gleichung erhalten bleibt und keine weitere hinzugefügt wird.

Äquivalenzumformungen:
- beide Seiten mit der gleichen Zahl oder dem gleichen Term addieren und subtrahieren
- beide Seiten mit der gleichen Zahl (ungleich null) multiplizieren oder dividieren

Lösung 17
Multipliziert man eine Ungleichung mit einer negativen Zahl, so muss man das Ungleichheitszeichen umdrehen.

Lösung 18
Bei einer Funktion wird jedem Wert x aus der Definitionsmenge genau ein Wert y aus der Wertemenge W zugeordnet.

Funktionen kann man durch eine Zuordnungsvorschrift oder Funktionsgleichung, mit einer Wertetabelle oder durch einen Graphen darstellen.

Lösung 19

Proportionale Funktionen haben die gleichen Eigenschaften wie proportionale Zuordnungen.

Die Funktionsgleichung lautet:

$y = mx$, wobei m die Steigung ist.

Der Graph einer proportionalen Funktion ist eine Gerade durch den Ursprung.

Lösung 20

Addiert man bei einer proportionalen Funktion zu jedem Funktionswert die gleiche Zahl c, so wird die Gerade parallel zur Ursprungsgeraden nach oben oder unten verschoben.

Funktionsgleichung:

$y = mx + c$, wobei m = Steigung und c = y-Achsenabschnitt

Lösung 21

Eine lineare Gleichung $ax + b = 0$ kann man

- rechnerisch mithilfe von Äquivalenzumformungen,
- zeichnerisch mithilfe des Graphen einer linearen Funktion

lösen.

Lösung 22

Eine lineare Gleichung mit 2 Variablen $ax + by = c$ hat als Lösung unendlich viele Zahlenpaare. Diese Zahlenpaare liegen alle auf einer Geraden.

- Bringe die Gleichung auf die Form $y = ax + b$.
- So erhält man ein Lösungspaar: Wähle für x eine Zahl und bestimme y.

Lösung 23

Ein lineares Gleichungssystem besteht aus zwei linearen Gleichungen.
Es kann eine, keine oder unendlich viele Lösungen haben.

Man kann es lösen durch:

- das Einsetzungsverfahren
- das Gleichsetzungsverfahren
- das Additionsverfahren

Lösung 24

Man bringt beide Gleichungen auf die Form $y = ax + b$ und zeichnet beide Geraden in ein Koordinatensystem.
Der Schnittpunkt der beiden Geraden ist das gesuchte Lösungspaar.
Sind die beiden Geraden parallel, so hat das Gleichungssystem keine Lösung. Sind die beiden Geraden identisch, so hat es unendlich viele Lösungen.

Lösung 25

Jede rationale Zahl kann man als Bruch sowie als abbrechende oder periodische Dezimalzahl darstellen.

Irrationale Zahlen kann man nicht als Bruch darstellen. Sie sind nicht periodisch und haben unendlich viele Nachkommastellen.

Lösung 26

Die rationalen und die irrationalen Zahlen bilden die Menge der reellen Zahlen.

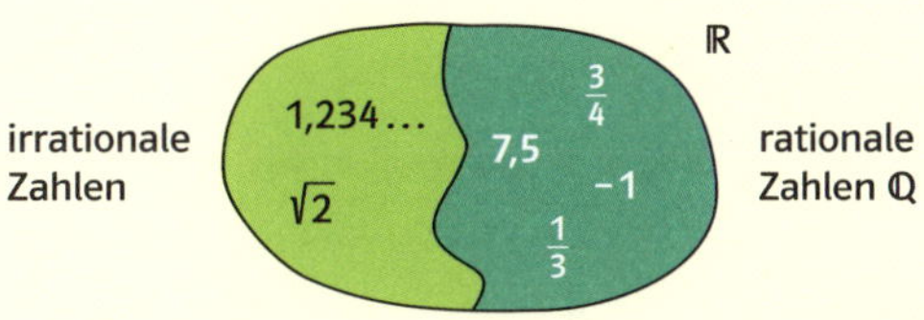

Lösung 27

Unter der Quadratwurzel von a versteht man eine nicht negative Zahl, die quadriert a ergibt.

Beispiel: $\sqrt{64} = \sqrt{8^2} = 8$

Lösung 28

Produkt: $\sqrt{a} \cdot \sqrt{b} = \sqrt{a \cdot b}$

Quotient: $\frac{\sqrt{a}}{\sqrt{b}} = \sqrt{\frac{a}{b}}$

Lösung 29

Eine Normalparabel ist der Graph der speziellen quadratischen Gleichung $y = x^2$.

Eigenschaften:

- Er ist symmetrisch zur y-Achse.
- Der Scheitel $S(0\,|\,0)$ ist der tiefste Punkt.

Links vom Scheitel fällt der Graph, rechts vom Scheitel steigt er.

Lösung 30

$y = a(x-d)^2 + e$

Der Graph ist eine Parabel. Man erhält sie aus der Normalparabel, indem man sie

- um d Einheiten entlang der x-Achse verschiebt,
- mit dem Faktor a streckt, staucht oder spiegelt,
- um e Einheiten entlang der y-Achse verschiebt.

Lösung 31

Scheitelform:

$f(x) = a(x-d)^2 + e \quad (a \neq 0)$

Den Scheitel kann man direkt ablesen: $S(d\,|\,e)$

Normalform:

$f(x) = ax^2 + bx + c \quad (a \neq 0)$

Lösung 32

Eine Funktion mit der Gleichung $f(x) = x^n (x \in \mathbb{R}, n \in \mathbb{N})$.

Der Parameter n gibt den Grad der Potenzfunktion an.

Man unterscheidet zwischen Potenzfunktionen mit geraden und ungeraden Hochzahlen.

Lösung 33

Eine Gleichung, die man mittels Umformungen auf die Form $ax^2 + bx + c = 0 \ (a \neq 0)$ bringen kann.

Man unterscheidet gemischtquadratische ($ax^2 + bx + c = 0$) und reinquadratische ($ax^2 + c = 0$) Gleichungen.

Lösung 34

Es gibt zwei Möglichkeiten:

1. Man zeichnet die zugehörige Funktion und bestimmt deren Nullstellen.
2. Man formt die Gleichung so um, dass auf der einen Seite die Gleichung der Normalparabel und auf der anderen eine lineare Funktion steht. Man zeichnet beide Funktionen in ein Schaubild und bestimmt deren Schnittpunkte.

Lösung 35

$(a+b)^2 = a^2 + 2ab + b^2$	1. binomische Formel
$(a-b)^2 = a^2 - 2ab + b^2$	2. binomische Formel
$(a+b) \cdot (a-b) = a^2 - b^2$	3. binomische Formel

Lösung 36

Mit der quadratischen Ergänzung kann man jede gemischtquadratische Gleichung auf die Form $(x - d)^2 = r$ bringen und lösen.

Dazu ergänzt man den Term $x^2 + px$ so, dass man den neuen Term mit einer binomischen Formel als Quadrat schreiben kann.

Lösung 37

$$x_{1,2} = \frac{-b \pm \sqrt{b^2 - 4ac}}{2a}$$

wobei $D = b^2 - 4ac$

- zwei Lösungen, wenn $D > 0$
- eine Lösung, wenn $D = 0$
- keine Lösung, wenn $D < 0$

Lösung 38

$$x_{1,2} = -\frac{p}{2} \pm \sqrt{\left(\frac{p}{2}\right)^2 - q}$$

wobei $D = \left(\frac{p}{2}\right)^2 - q$

- zwei Lösungen, wenn $D > 0$
- eine Lösung, wenn $D = 0$
- keine Lösung, wenn $D < 0$

Lösung 39

Bei sich schneidenden Geraden heißen gegenüberliegende Winkel Scheitelwinkel.
Nebeneinanderliegende Winkel heißen Nebenwinkel.
Scheitelwinkel sind gleich groß.
Nebenwinkel ergänzen sich zu 180°.

Lösung 40

Stufenwinkel entstehen, wenn sich 3 Geraden schneiden:

α und β sind Stufenwinkel, da sie auf derselben Seite der Geraden i liegen.

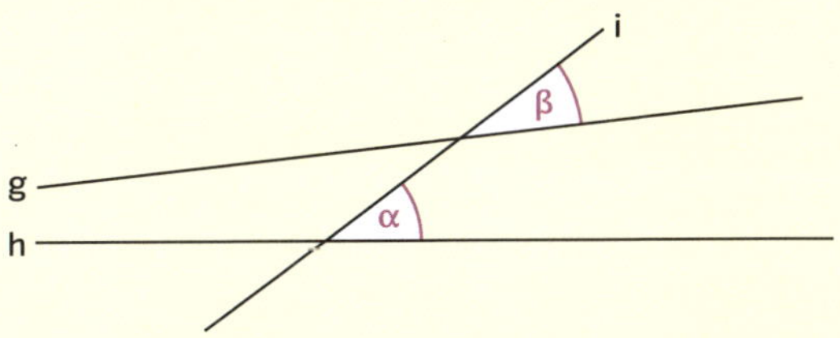

Lösung 41
Wechselwinkel entstehen,
wenn sich 3 Geraden schneiden:
δ und γ sind Wechselwinkel,
da sie auf verschiedenen Seiten
der Geraden i liegen.

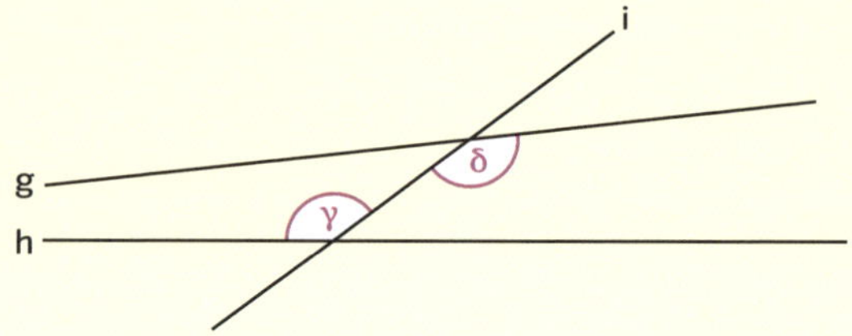

Lösung 42
Ein Dreieck, in dem jeder Innenwinkel kleiner ist als 90°.

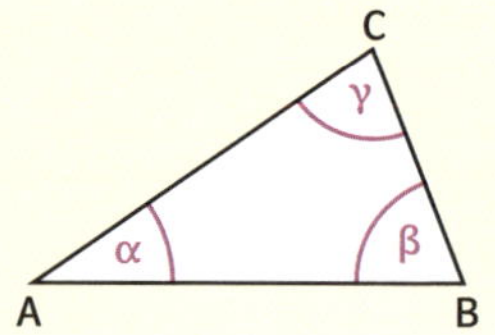

Lösung 43
Ein Dreieck, bei dem ein Innenwinkel größer ist als 90°.

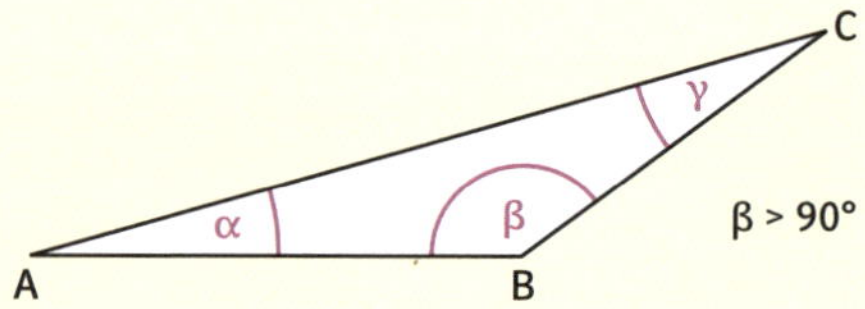

Lösung 44
Ein Dreieck, bei dem ein Innenwinkel 90° ist.

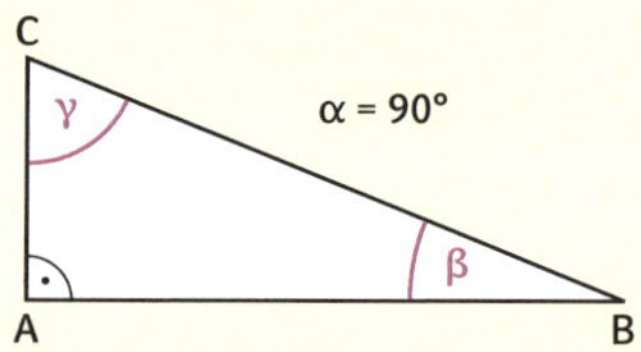

Lösung 45
Ein gleichschenkliges Dreieck hat zwei gleich lange Seiten, die Schenkel. Die dritte Seite heißt Basis.

Eigenschaften:
- Die Basiswinkel sind gleich groß.
- Es ist achsensymmetrisch zur Geraden durch den Mittelpunkt der Basis und dem gegenüberliegenden Eckpunkt.

Lösung 46
Ein gleichseitiges Dreieck hat drei gleich lange Seiten.

Eigenschaften:
- Alle Innenwinkel sind gleich groß und betragen 60°.
- Das Dreieck hat drei Symmetrieachsen.

Lösung 47

$a + b > c$

$b + c > a$

$a + c > b$

Ist eine dieser Dreiecksungleichungen nicht erfüllt, so ist das Dreieck nicht konstruierbar.

Lösung 48

Die Mittelsenkrechte m einer Strecke $\overline{AB}$ ist der geometrische Ort aller Punkte, die von A und B den gleichen Abstand haben.

Eigenschaften:

- m halbiert die Strecke $\overline{AB}$ und geht durch den Mittelpunkt M.
- m steht senkrecht auf $\overline{AB}$.
- m ist Symmetrieachse von $\overline{AB}$.

Lösung 49

1. Man ermittelt mit dem Geodreieck die Mitte M der Strecke $\overline{AB}$ und zeichnet dann die Orthogonale zu $\overline{AB}$ durch M.
2. Man zeichnet zuerst um zwei Punkte A und B zwei Kreise mit gleichem Radius, die sich schneiden. Dann zeichnet man eine Gerade durch die Schnittpunkte der beiden Kreise.

Lösung 50

Man zeichnet einen Kreis um P mit beliebigem Radius, der die Gerade g schneidet.
Die Schnittpunkte heißen A und B.
Anschließend konstruiert man die Mittelsenkrechte der Strecke $\overline{AB}$.

Lösung 51

Man zeichnet einen Kreis um P mit beliebigem Radius. Er schneidet die Gerade in A und B.
Anschließend konstruiert man die Mittelsenkrechte der Strecke $\overline{AB}$.

Lösung 52

Die Winkelhalbierende ist der geometrische Ort aller Punkte, die von den beiden Schenkeln des Winkels den gleichen Abstand haben.

Eigenschaften:

- w halbiert den Winkel.
- Jeder Punkt auf w hat von den beiden Schenkeln den gleichen Abstand.

Lösung 53

Man zeichnet um den Scheitel S des Winkels einen Kreis. Dieser schneidet die beiden Schenkel in den Punkten A und B.
Anschließend konstruiert man die Mittelsenkrechte der Strecke $\overline{AB}$.
Die Mittelsenkrechte der Strecke $\overline{AB}$ ist die Winkelhalbierende.

Lösung 54

Der Umkreis eines Dreiecks ist der Kreis, der durch alle 3 Eckpunkte des Dreiecks verläuft.
In jedem Dreieck schneiden sich die drei Mittelsenkrechten in einem Punkt, dem Mittelpunkt U des Umkreises.
Die Eckpunkte haben vom Mittelpunkt U den gleichen Abstand.

Lösung 55

Der Inkreis ist der Kreis, der alle drei Seiten des Dreiecks berührt.
In jedem Dreieck schneiden sich die drei Winkelhalbierenden in einem Punkt, dem Mittelpunkt I des Inkreises.
Der Mittelpunkt I hat von den drei Seiten den gleichen Abstand.

Lösung 56

Ein Dreieck ABC, dessen Grundseite AB der Durchmesser eines Kreises ist und dessen Ecke C auf der Kreislinie liegt, ist ein rechtwinkliges Dreieck.

Lösung 57

Ist ein Dreieck ABC rechtwinklig, so liegt die Ecke C auf dem Kreis über seinem Durchmesser AB.

Lösung 58

Stimmen zwei Figuren in Form und Größe überein, so sind sie kongruent.
Nach dem Ausschneiden passen sie exakt übereinander.

$A \cong B$

Lösung 59

Sind bei zwei Dreiecken alle drei entsprechenden Seiten gleich lang, so sind die beiden Dreiecke kongruent.

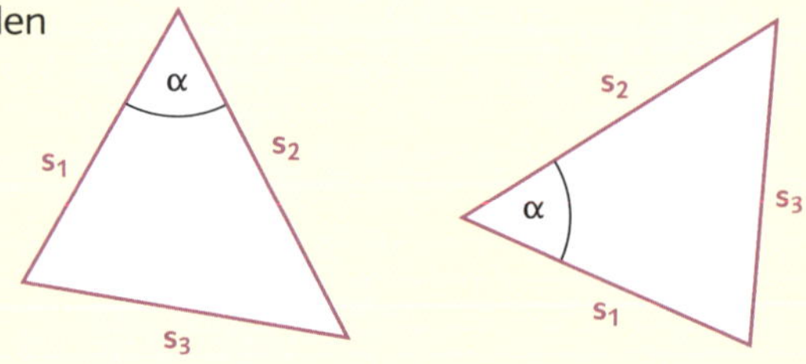

Lösung 60

Sind bei zwei Dreiecken zwei entsprechende Seiten gleich lang und ist der eingeschlossene Winkel gleich groß, dann sind die beiden Dreiecke kongruent.

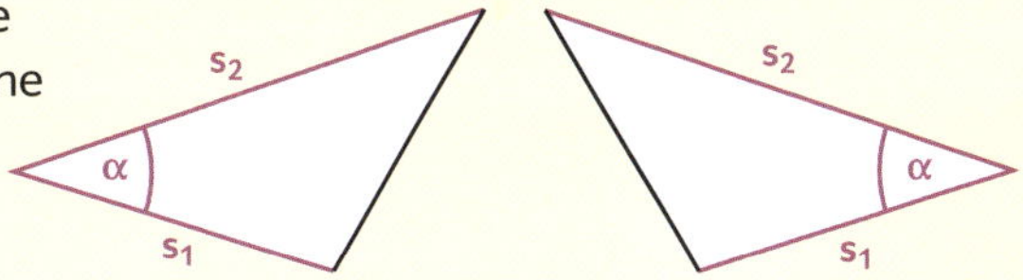

Lösung 61

Sind bei zwei Dreiecken zwei entsprechende Seiten gleich lang und ist der Winkel, der der größeren Seite gegenüberliegt, gleich groß, dann sind die beiden Dreiecke kongruent.

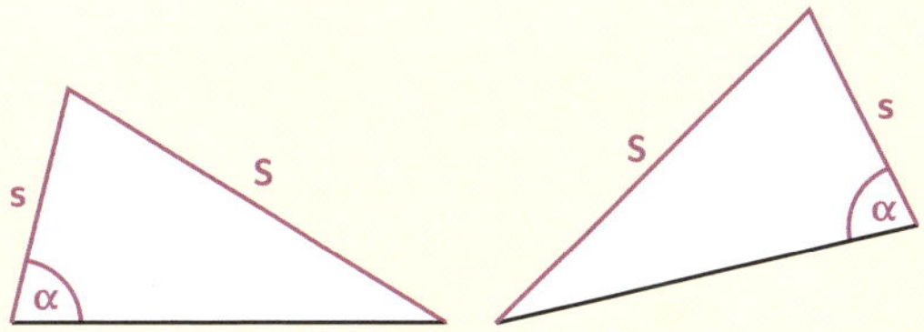

Lösung 62

Ist bei zwei Dreiecken eine entsprechende Seite gleich lang und sind die beiden anliegenden Winkel gleich groß, dann sind die Dreiecke kongruent.

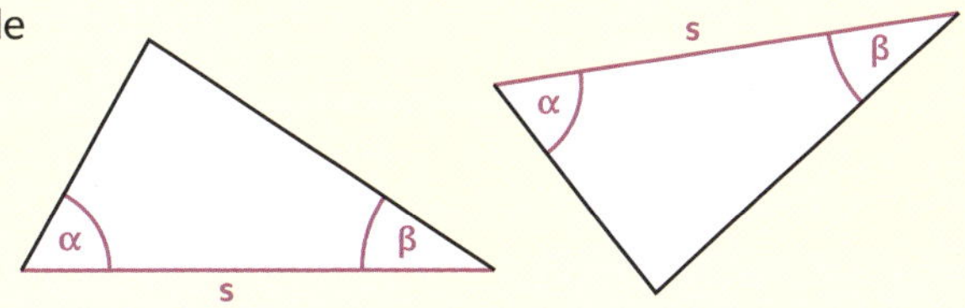

9./10. Klasse

Ähnlichkeitsabbildungen

Zwei Figuren F und G nennt man **ähnlich**, wenn man F durch eine zentrische Streckung oder eine Hintereinanderausführung einer zentrischen Streckung und einer Kongruenzabbildung (Verschiebung, Drehung, Spiegelung) auf G abbilden kann.

Man schreibt dafür: **F ~ G** (F ist ähnlich zu G)

Die Verkettung einer zentrischen Streckung und einer Kongruenzabbildung nennt man **Ähnlichkeitsabbildung**.

Achtung:
Kongruente Figuren sind stets ähnlich zueinander, aber ähnliche Figuren sind nicht immer kongruent.

Beispiel:

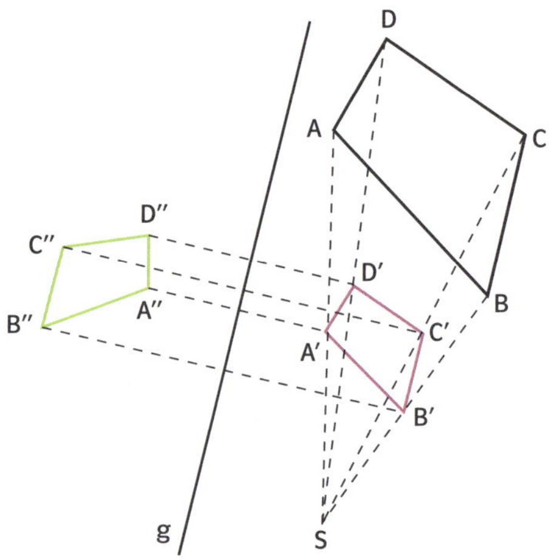

Die Figur A″B″C″D″ ist aus der Figur ABCD entstanden durch eine Streckung mit dem Streckfaktor $k = 0{,}5$ (A′B′C′D′) und durch eine Geradenspiegelung an g.
Somit sind die beiden Figuren ABCD und A″B″C″D″ ähnlich.

Eigenschaften ähnlicher Vielecke

- Ähnliche Figuren sind **winkeltreu**, d.h. $\alpha = \alpha'$; $\beta = \beta'$; …
- Entsprechende Seiten stehen im **gleichen Längenverhältnis**, d.h. $a' : a = b' : b = \ldots$

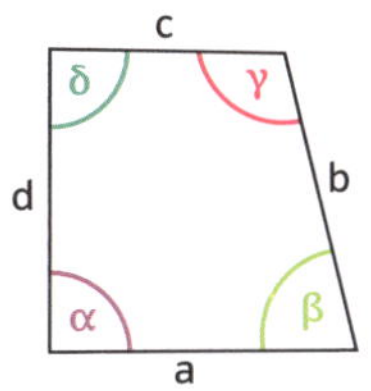

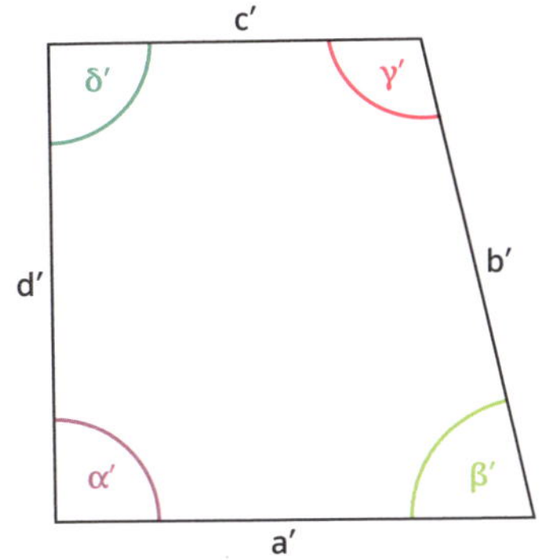

Sind die Seiten einer Figur G k-mal so lang wie die Seiten einer Figur F, so gilt für den **Flächeninhalt** A_G von G:

$$\mathbf{A_G = k^2 \cdot A_F}.$$

Zusammenfassung

- Die Figuren F und G heißen ähnlich, wenn man F auf G abbilden kann durch eine zentrische Streckung oder die Verknüpfung einer zentrischen Streckung mit einer Kongruenzabbildung: $F \sim G$.
- Ähnliche Vielecke sind winkeltreu und entsprechende Seiten stehen im gleichen Längenverhältnis.

Zentrische Streckung

Unter einer zentrischen Streckung versteht man eine Abbildung, die jede Strecke in einem bestimmten Verhältnis vergrößert oder verkleinert.
Dabei ist die **verkleinerte** oder **vergrößerte Strecke parallel** zur ursprünglichen Strecke.

Eine **zentrische Streckung** mit dem **Streckzentrum Z** und dem **Streckfaktor k** ordnet einem Punkt P einen Bildpunkt P' so zu, dass gilt:

- P, P' und Z liegen auf einer Geraden.
- $ZP' = |k| \cdot ZP$

Ist $k > 0$, so liegen P und P' auf derselben Seite von Z.
Ist $k < 0$, so liegen P und P' auf den entgegengesetzten Seiten von Z.
Ist $|k| > 1$, so wird die Figur vergrößert.
Ist $|k| < 1$, so wird die Figur verkleinert.
Ist $k = 1$, so bleibt die Figur unverändert.

Eigenschaften der zentrischen Streckung

- Eine Gerade g wird auf eine zu ihr parallelen Bildgeraden g' abgebildet, d.h. die Abbildung ist **geradentreu**.
- Die Bildstrecke ist **k-mal so lang** wie die ursprüngliche Strecke.
- Winkel und Bildwinkel sind gleich groß, d.h. die Abbildung ist **winkeltreu**.
- Der Flächeninhalt A' der Bildfigur ist das **k^2-fache des Flächeninhaltes** A der ursprünglichen Figur: $A' = k^2 \cdot A$.

Konstruiere.

a) Streckzentrum Z; Streckfaktor $k = 2$

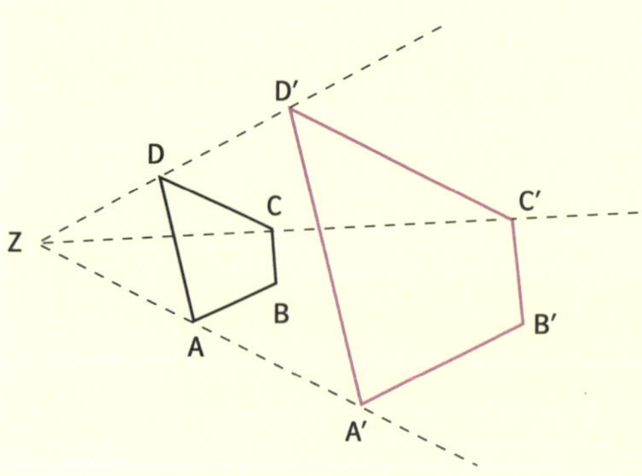

b) Streckzentrum Z; Streckfaktor $k = \frac{2}{3}$

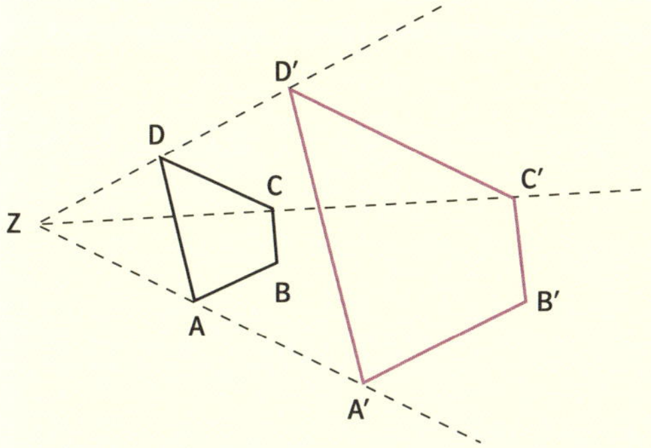

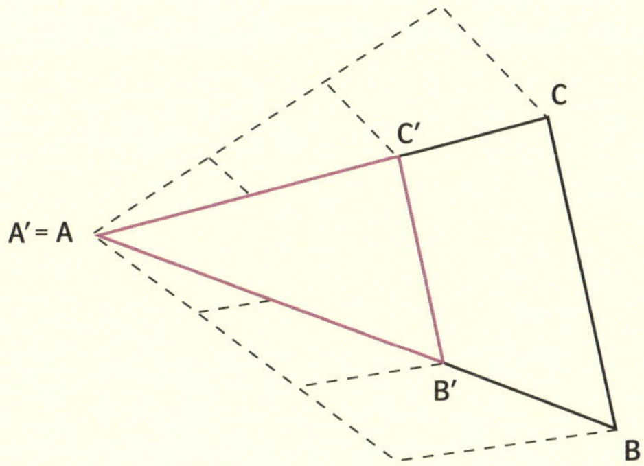

c) Streckzentrum Z; Streckfaktor $k = -0{,}5$

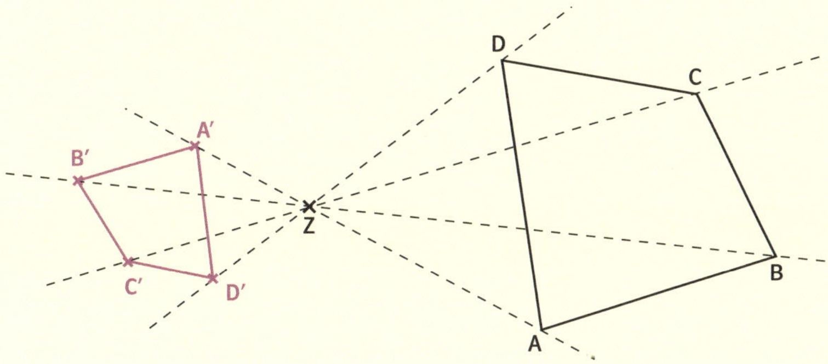

Zusammenfassung

- Mit einer zentrischen Streckung kann man Figuren vergrößern oder verkleinern.
- Sie wird gekennzeichnet durch das Streckzentrum Z und den Streckfaktor k.
  Es gilt:
  - P, P' und Z liegen auf einer Geraden.
  - $\overline{ZP'} = |k| \cdot \overline{ZP}$
- Die Abbildung ist geraden- und winkeltreu.
- Der Flächeninhalt A' der Bildfigur berechnet sich aus dem Flächeninhalt A der ursprünglichen Figur durch: $A' = k^2 \cdot A$.

Ähnliche Dreiecke

Wenn zwei Vielecke jeweils in den Winkeln übereinstimmen, so bedeutet das nicht, dass sie auch ähnlich sind.

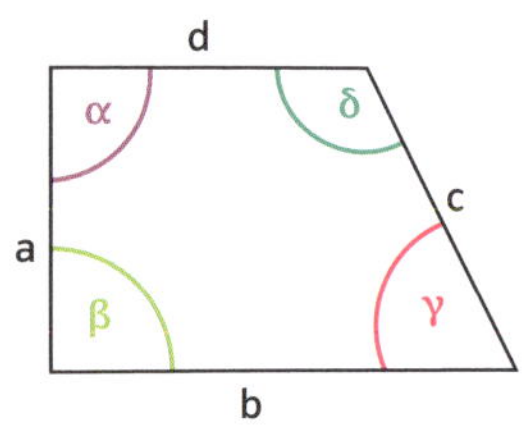

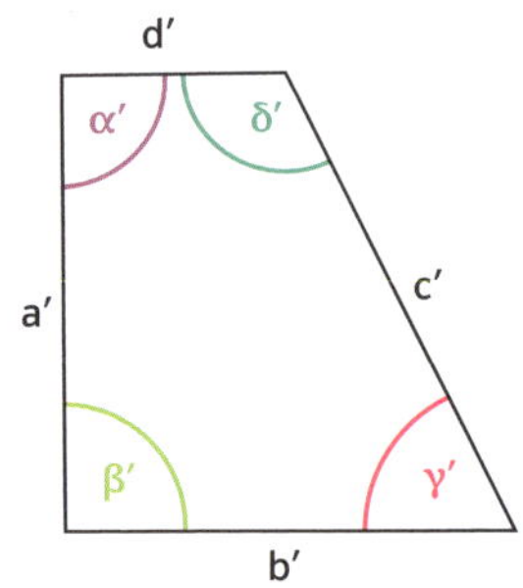

$\alpha = \alpha'$
$\beta = \beta'$ aber $\neq \frac{a}{a'} = \frac{b}{b'} = \frac{c}{c'}$
$\gamma = \gamma'$
$\delta = \delta'$

Also sind sie **nicht** ähnlich.

Bei Dreiecken jedoch kann man aus der paarweisen Übereinstimmung der Winkel auf die Ähnlichkeit schließen.

Ähnlichkeitssätze für Dreiecke

Stimmen zwei Dreiecke paarweise in zwei Winkeln überein, so sind sie ähnlich.

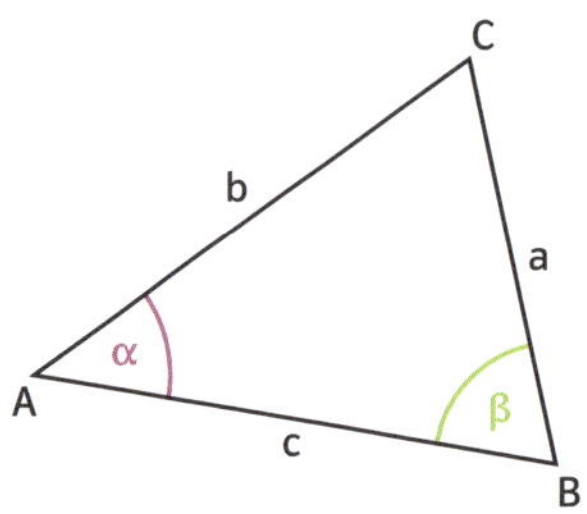

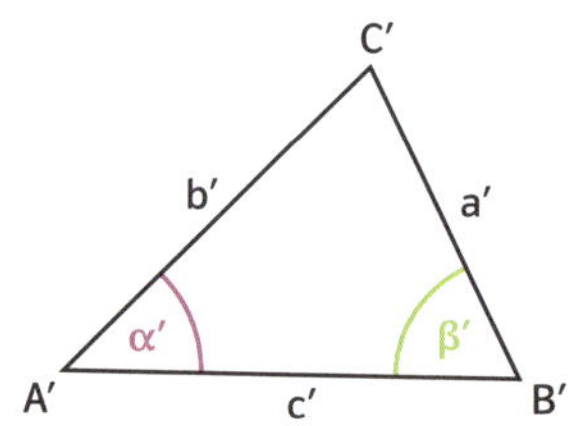

$\alpha = \alpha'$
$\beta = \beta'$

Stimmen zwei Dreiecke paarweise in den Längenverhältnissen aller drei Seiten überein, so sind sie ähnlich.

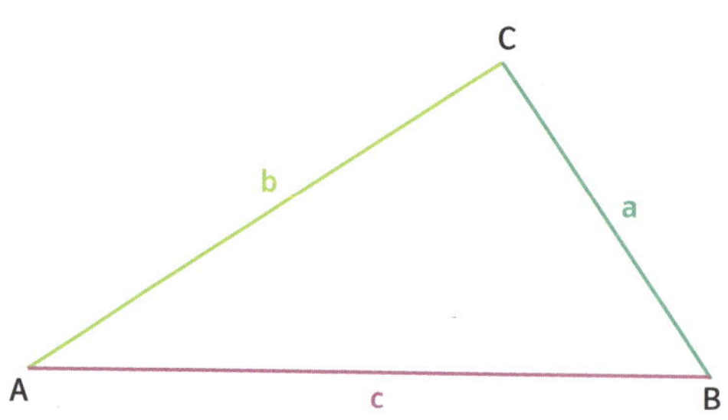

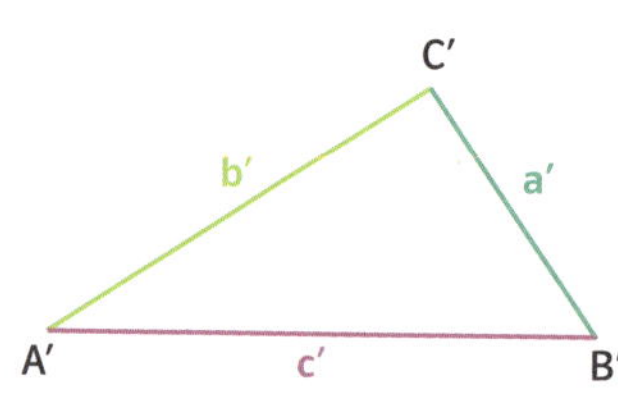

$\frac{a}{a'} = \frac{b}{b'} = \frac{c}{c'}$

Stimmen zwei Dreiecke paarweise im Längenverhältnis zweier Seiten und in der Größe des eingeschlossenen Winkels überein, so sind sie ähnlich.

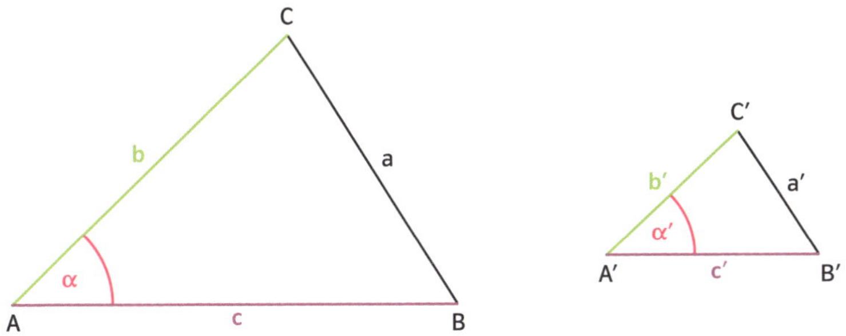

$\frac{c}{c'} = \frac{b}{b'}$

$\alpha = \alpha'$

Stimmen zwei Dreiecke paarweise im Längenverhältnis zweier Seiten und in der Größe des Winkels, der der größeren Seite gegenüberliegt, überein, so sind sie ähnlich.

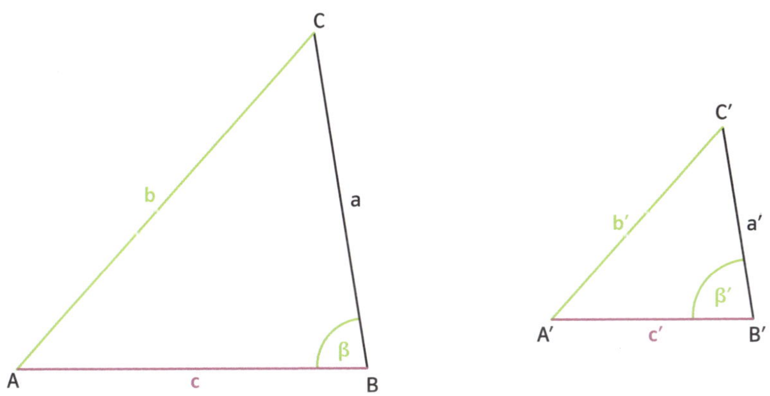

$\frac{a}{a'} = \frac{b}{b'}$

$\beta = \beta'$

Zusammenfassung

- Stimmen zwei Dreiecke paarweise in zwei Winkeln überein, so sind sie ähnlich. Die Längenverhältnisse entsprechender Seiten sind somit auch gleich groß.
- Stimmen zwei Vielecke in entsprechenden Winkeln überein, so kann man dennoch nicht daraus schließen, dass die Vielecke ähnlich sind.

Strahlensätze

1. Strahlensatz

Werden zwei von einem Punkt S ausgehende Strahlen a und b von zwei zueinander parallelen Geraden g und h geschnitten, dann gilt:

Die Abschnitte auf dem einen Strahl verhalten sich wie die entsprechenden Abschnitte auf dem anderen Strahl.

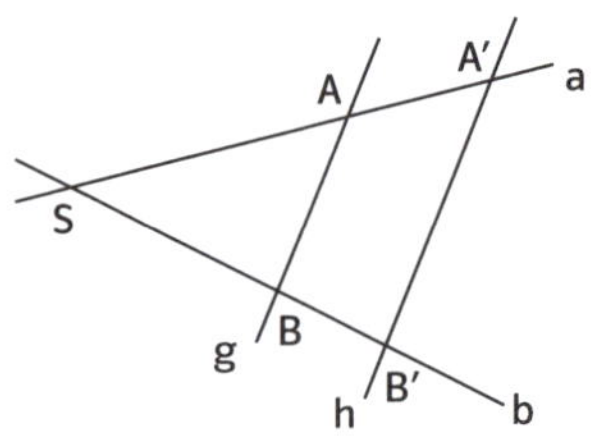

$$\frac{SA}{AA'} = \frac{SB}{BB'}$$

oder

$$\frac{SA}{SA'} = \frac{SB}{SB'}$$

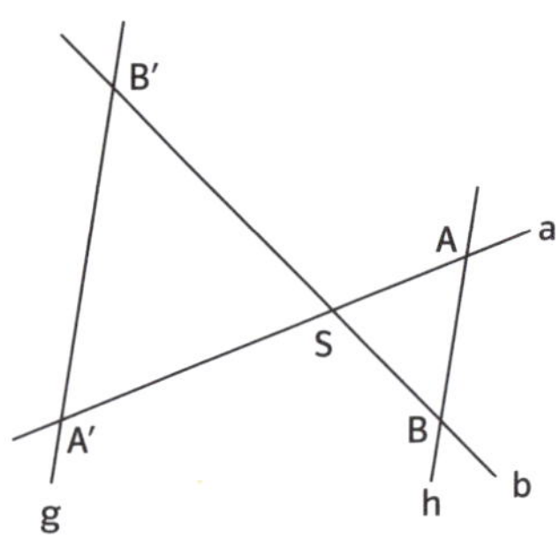

$$\frac{SA}{SA'} = \frac{SB}{SB'}$$

oder

$$\frac{SA}{AA'} = \frac{SB}{BB'}$$

2. Strahlensatz

Werden zwei von einem Punkt S ausgehende Strahlen a und b von zwei zueinander parallelen Geraden g und h geschnitten, dann gilt:

Die Abschnitte auf den Parallelen verhalten sich wie die von S aus gemessenen entsprechenden Abschnitte auf jedem Strahl.

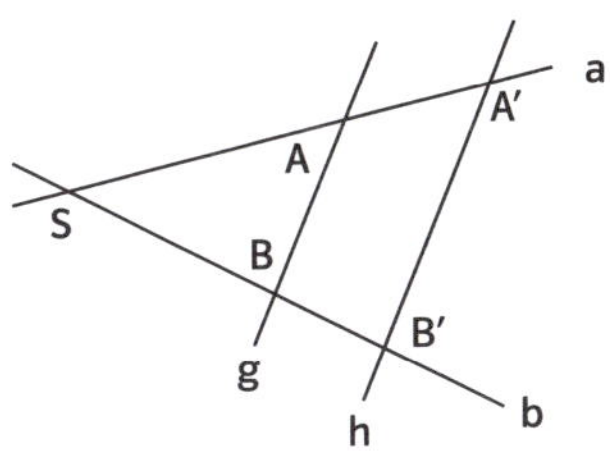

$$\frac{\overline{AB}}{\overline{A'B'}} = \frac{\overline{SA}}{\overline{SA'}} = \frac{\overline{SB}}{\overline{SB'}}$$

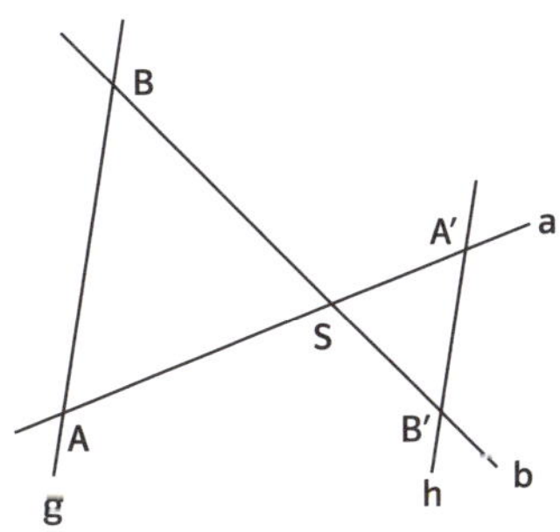

$$\frac{\overline{AB}}{\overline{A'B'}} = \frac{\overline{SA}}{\overline{SA'}} = \frac{\overline{SB}}{\overline{SB'}}$$

Zusammenfassung

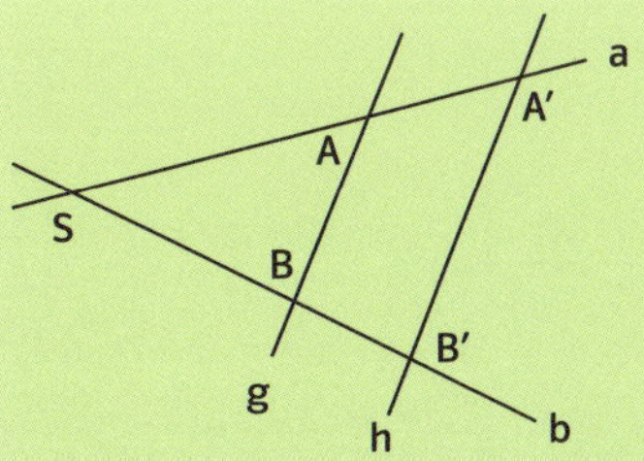

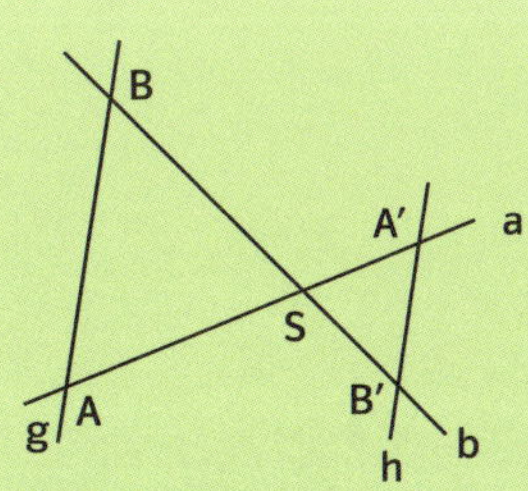

1. Strahlensatz:

$$\frac{\overline{SA}}{\overline{AA'}} = \frac{\overline{SB}}{\overline{BB'}} \quad \text{oder} \quad \frac{\overline{SA}}{\overline{SA'}} = \frac{\overline{SB}}{\overline{SB'}}$$

2. Strahlensatz:

$$\frac{\overline{AB}}{\overline{A'B'}} = \frac{\overline{SA}}{\overline{SA'}} = \frac{\overline{SB}}{\overline{SB'}}$$

Satz des Pythagoras

Der Mathematiker Pythagoras wurde um 570 v. Chr. auf der griechischen Insel Samos geboren. Um 530 v. Chr. gründete er in Kroton (Unteritalien) eine Schule und beschäftigte sich neben der Geometrie auch mit Physik, Astronomie und Musik. Er starb um 500 v. Chr.

Bezeichnungen im rechtwinkligen Dreieck

In einem rechtwinkligen Dreieck nennt man die Seite, die dem rechten Winkel gegenüberliegt, **Hypotenuse**.
Die beiden anderen Seiten des Dreiecks nennt man **Katheten**.

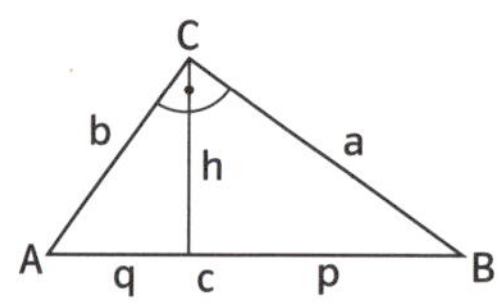

Hypotenuse: c
Katheten: a, b
Höhe: h
Hypotenusenabschnitte: p, q

Satz des Pythagoras

In einem rechtwinkligen Dreieck ist die Summe der Flächeninhalte der Quadrate über den Katheten gleich dem Flächeninhalt des Quadrates über der Hypotenuse.

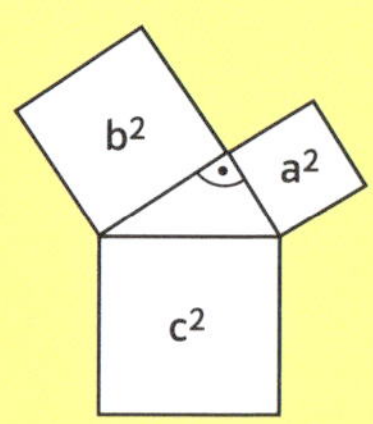

$$a^2 + b^2 = c^2$$

Umkehrung des Satzes des Pythagoras

Gilt in einem Dreieck die Beziehung $a^2 + b^2 = c^2$, so ist das Dreieck **rechtwinklig**.

Berechne die Länge der Strecke x bzw. y.

a)

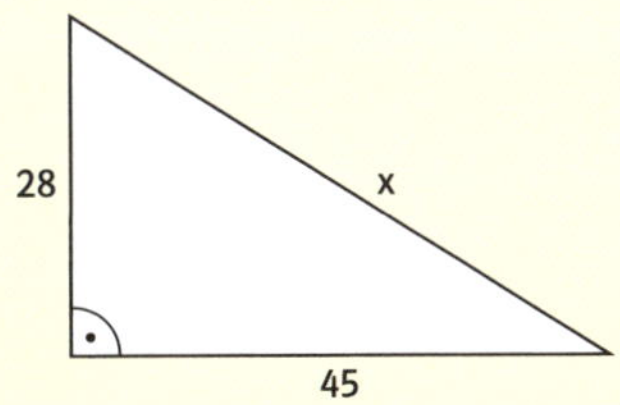

x steht für c, also ist $x^2 = a^2 + b^2$

$x^2 = 28^2 + 45^2 = 2809$

$x = 53$

b)

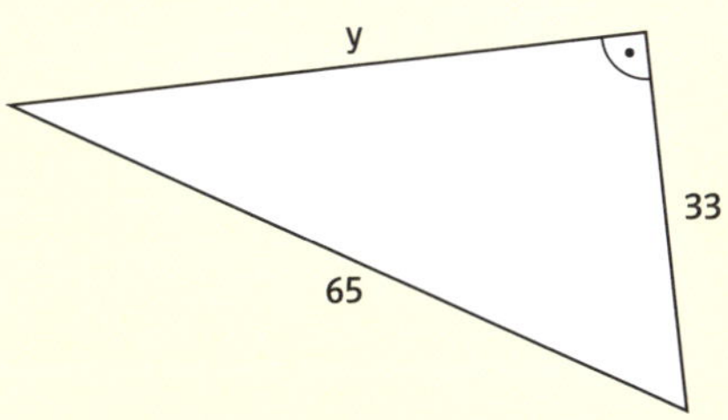

y steht für a, also ist $c^2 = y^2 + b^2$

$65^2 = y^2 + 33^2$

$y^2 = 65^2 - 33^2 = 3136$

$y = 56$

Zusammenfassung

Satz des Pythagoras:

$a^2 + b^2 = c^2$

Katheten- und Höhensatz

Neben dem Satz des Pythagoras gibt es weitere Sätze, die im rechtwinkligen Dreieck zur Berechnung von Streckenlängen dienen.

Kathetensatz

In einem rechtwinkligen Dreieck ist der Flächeninhalt des Quadrates über der Kathete gleich dem Flächeninhalt des Rechteckes aus der Hypotenuse und dem anliegenden Hypotenusenabschnitt.

$\mathbf{a^2 = c \cdot p}$ bzw. $\mathbf{b^2 = c \cdot q}$

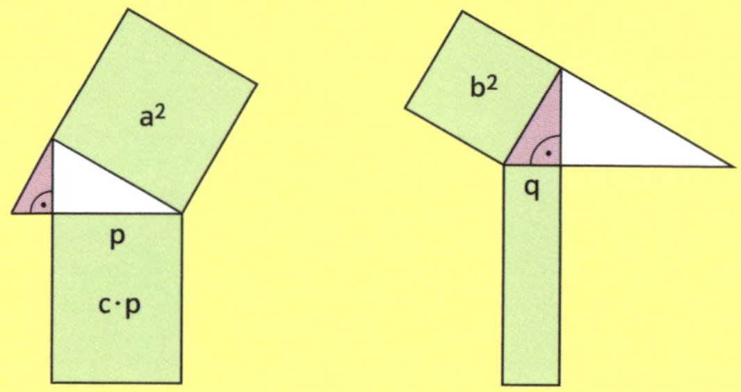

Höhensatz

In einem rechtwinkligen Dreieck ist der Flächeninhalt über der Höhe gleich dem Flächeninhalt des Rechteckes aus den beiden Hypotenusenabschnitten.

$\mathbf{h^2 = p \cdot q}$

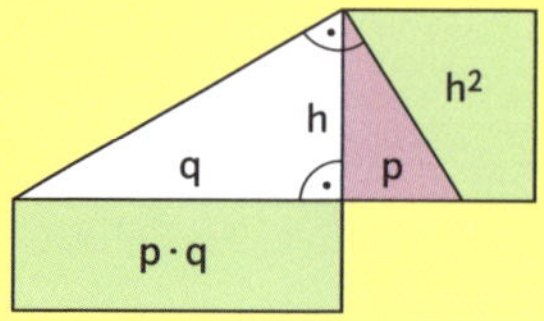

Berechne die Länge der Strecke x.

a)

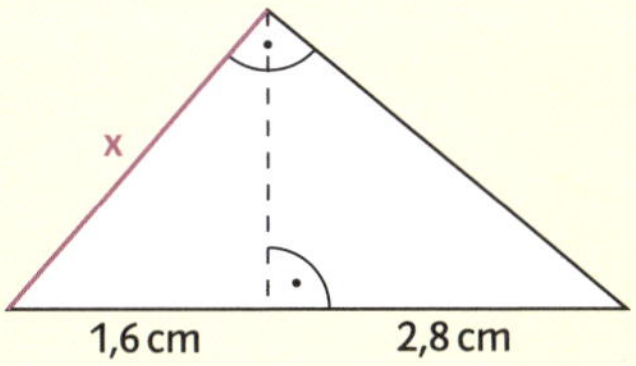

$p = 1{,}6\,\text{cm};\; q = 2{,}8\,\text{cm}$

$$\begin{aligned} c &= p + q \\ &= 1{,}6\,\text{cm} + 2{,}8\,\text{cm} \\ &= 4{,}4\,\text{cm} \end{aligned}$$

Mit dem Kathetensatz folgt: $x^2 = c \cdot p = 4{,}4\,\text{cm} \cdot 1{,}6\,\text{cm}$
$= 7{,}04\,\text{cm}^2$, also $x \approx 2{,}65\,\text{cm}$

b)

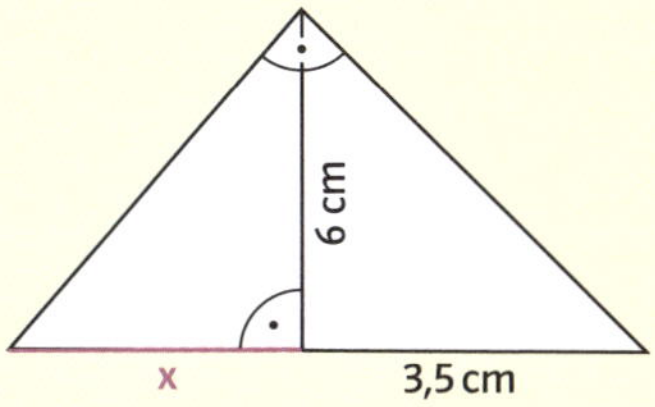

$h = 6\,\text{cm};\; p = 3{,}5\,\text{cm}$

Mit dem Höhensatz folgt: $x = \frac{h^2}{p}$

$$= \frac{36\,\text{cm}^2}{3{,}5\,\text{cm}}$$

$$\approx 10{,}29\,\text{cm}$$

Zusammenfassung

In einem rechtwinkeligen Dreieck gilt
- Kathetensatz: $a^2 = c \cdot p$ bzw. $b^2 = c \cdot q$
- Höhensatz: $h^2 = p \cdot q$

Satz des Pythagoras an Figuren und Körpern

Diagonalen

Quadrat

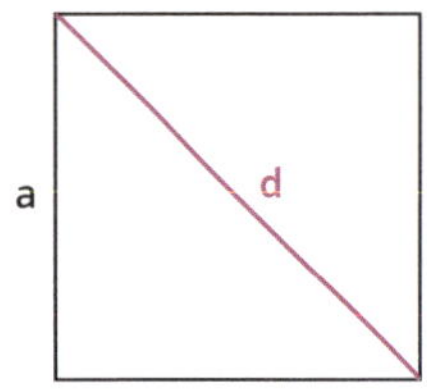

Diagonale d: $d = \sqrt{a^2 + a^2} = \sqrt{2a^2} = \sqrt{2} \cdot a$

Rechteck

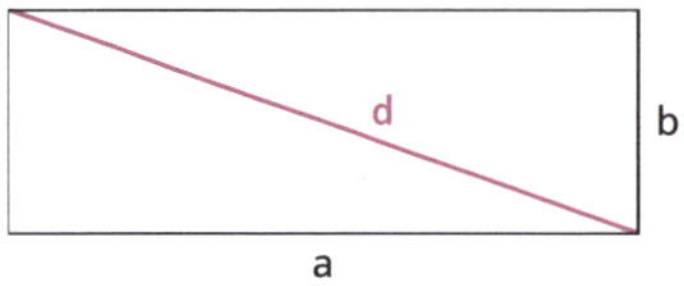

Diagonale d: $d = \sqrt{a^2 + b^2}$

Würfel

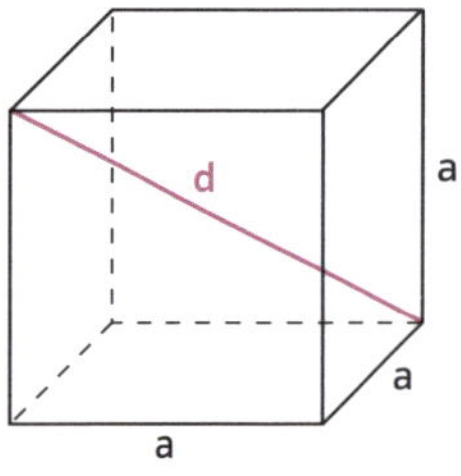

Raumdiagonale d: $d = \sqrt{3} \cdot a$

Quader

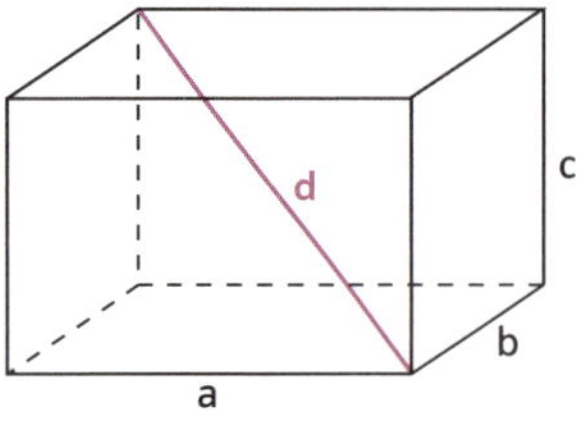

Raumdiagonale d: $d = \sqrt{a^2 + b^2 + c^2}$

Höhe und Flächeninhalt eines gleichseitigen Dreiecks

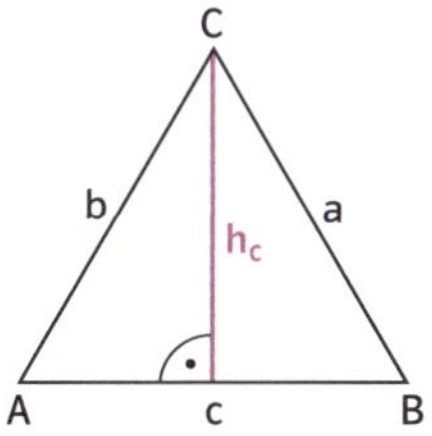

Höhe h_c: $h_c = \frac{1}{2} a \sqrt{3}$

Flächeninhalt A: $A = \frac{1}{4} a^2 \sqrt{3}$

Höhe eines gleichschenkligen Dreiecks

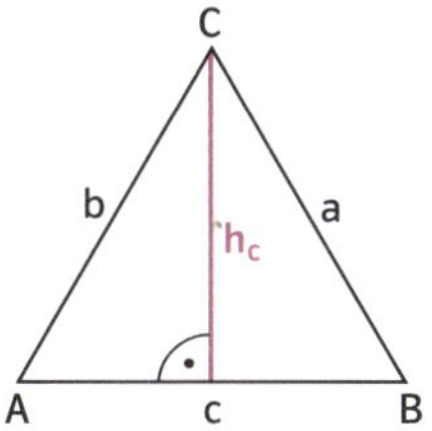

Höhe h_c: $h_c = \sqrt{a^2 - \left(\frac{c}{2}\right)^2}$

Zusammenfassung

- Diagonalen
  - Quadrat: $d = \sqrt{2} \cdot a$
  - Rechteck: $d = \sqrt{a^2 + b^2}$
  - Würfel: $d = \sqrt{3} \cdot a$
  - Quader: $d = \sqrt{a^2 + b^2 + c^2}$
- Höhe und Flächeninhalt im gleichseitigen Dreieck: $h_c = \frac{1}{2} a \sqrt{3}$; $A = \frac{1}{4} a^2 \sqrt{3}$
- Höhe eines gleichschenkligen Dreiecks: $h_c = \sqrt{a^2 - \left(\frac{c}{2}\right)^2}$

Seiten und Winkel

Seitenbeziehungen im rechtwinkligen Dreieck

Stimmen zwei rechtwinklige Dreiecke in einem spitzen Winkel überein, dann sind die Verhältnisse entsprechender Seiten gleich.

Es gilt: $\frac{a}{a'} = \frac{b}{b'} = \frac{c}{c'}$

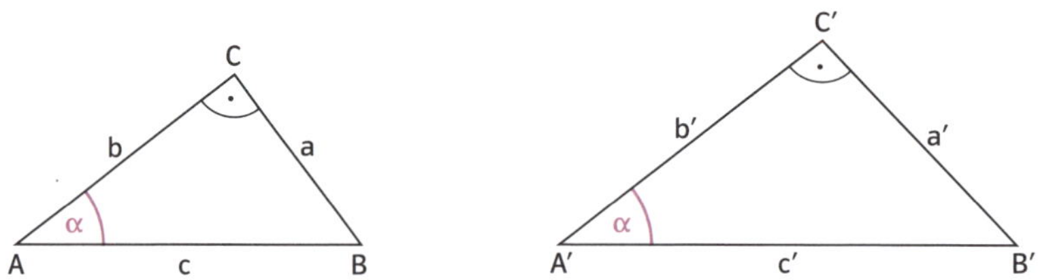

Winkelbeziehungen im rechtwinkligen Dreieck

Um diese Beziehungen auszudrücken, hat man folgende Bezeichnungen eingeführt:
Die Seite, die dem Winkel gegenüberliegt, heißt **Gegenkathete**, die Seite, die angrenzt, heißt **Ankathete**.

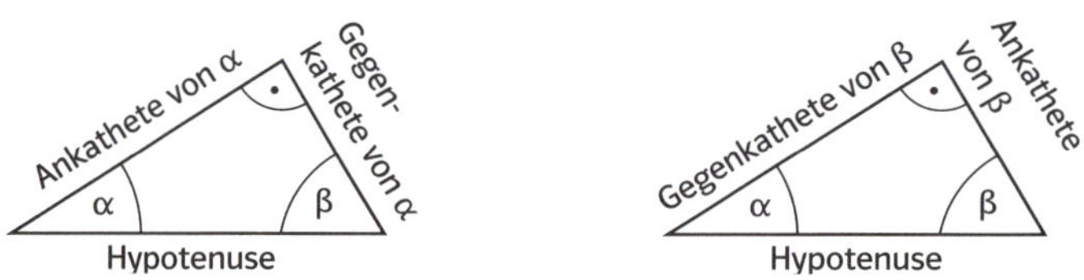

Es gilt:

$\sin\alpha = \frac{\text{Gegenkathete von }\alpha}{\text{Hypotenuse}} = \frac{a}{c}$ (*lies:* „Sinus von α")

$\cos\alpha = \frac{\text{Ankathete von }\alpha}{\text{Hypotenuse}} = \frac{b}{c}$ (*lies:* „Kosinus von α")

$\tan\alpha = \frac{\text{Gegenkathete von }\alpha}{\text{Ankathete von }\alpha} = \frac{a}{b}$ (*lies:* „Tangens von α")

Wichtige Werte

α	0°	30°	45°	60°	90°
$\sin\alpha$	0	$\frac{1}{2}$	$\frac{1}{2}\sqrt{2}$	$\frac{1}{2}\sqrt{3}$	1
$\cos\alpha$	1	$\frac{1}{2}\sqrt{3}$	$\frac{1}{2}\sqrt{2}$	$\frac{1}{2}$	0
$\tan\alpha$	0	$\frac{1}{3}\sqrt{3}$	1	$\sqrt{3}$	nicht definiert

Berechne in einem rechtwinkligen Dreieck mit $c = 5{,}3\,\text{cm}$, $\alpha = 37°$ und $\gamma = 90°$ die fehlenden Seiten.

Gegeben: $c = 5{,}3\,\text{cm}$; $\alpha = 37°$; $\gamma = 90°$
Gesucht: a; b

Lösung:
Es gelten folgende Beziehungen im rechtwinkligen Dreieck:

$$\sin\alpha = \frac{\text{Gegenkathete von }\alpha}{\text{Hypotenuse}} = \frac{a}{c}$$

und

$$\cos\alpha = \frac{\text{Ankathete von }\alpha}{\text{Hypotenuse}} = \frac{b}{c}$$

Daraus folgt:
$a = c \cdot \sin\alpha\; = 5{,}3\,\text{cm} \cdot \sin(37°) \approx 3{,}2\,\text{cm}$
$b = c \cdot \cos\alpha = 5{,}3\,\text{cm} \cdot \cos(37°) \approx 4{,}2\,\text{cm}$

Zusammenfassung

- $\sin\alpha = \frac{\text{Gegenkathete von }\alpha}{\text{Hypotenuse}} = \frac{a}{c}$
- $\cos\alpha = \frac{\text{Ankathete von }\alpha}{\text{Hypotenuse}} = \frac{b}{c}$
- $\tan\alpha = \frac{\text{Gegenkathete von }\alpha}{\text{Ankathete von }\alpha} = \frac{a}{b}$

Sinus und Kosinus für alle Winkel

Sinus und Kosinus sind Seitenverhältnisse im rechtwinkligen Dreieck. Ordnet man der Hypotenuse die Längeneinheit 1 zu, so kann man den Sinus und den Kosinus als Streckenlänge im sogenannten Einheitskreis (Kreis mit dem Radius 1 Längeneinheit) darstellen.

Der Sinus, veranschaulicht im Einheitskreis

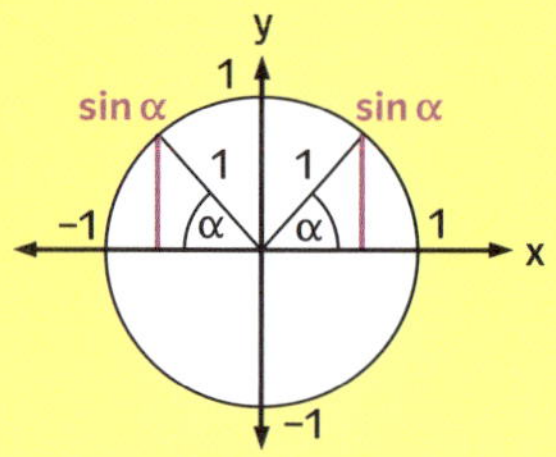

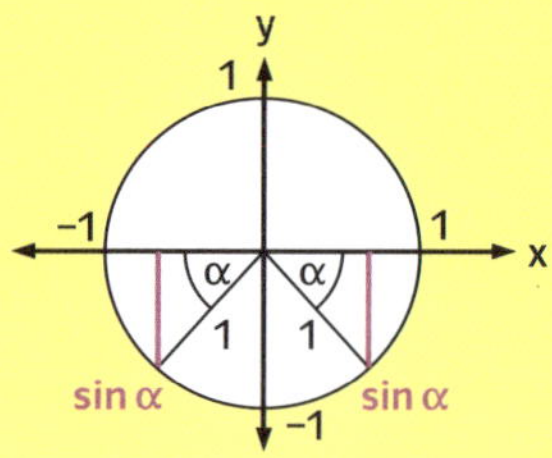

Für $0° < \alpha < 90°$ wächst mit wachsendem α auch der Sinus von α und es gilt: $0 < \sin\alpha < 1$.

Für $90° < \alpha < 180°$ fällt mit wachsendem α der Sinus von α und es gilt auch: $0 < \sin\alpha < 1$.

Für $180° < \alpha < 360°$ gilt: $-1 < \sin\alpha < 0$.

Der Kosinus, veranschaulicht am Einheitskreis

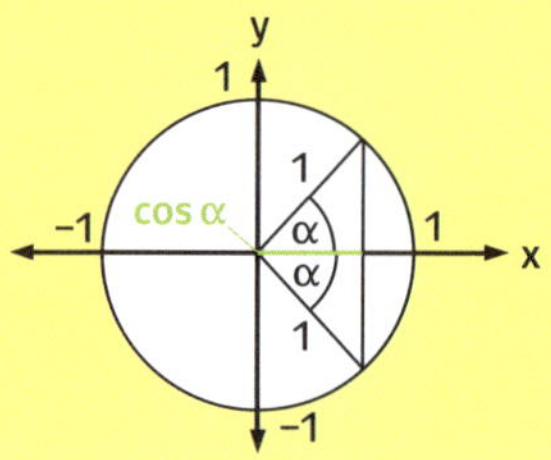

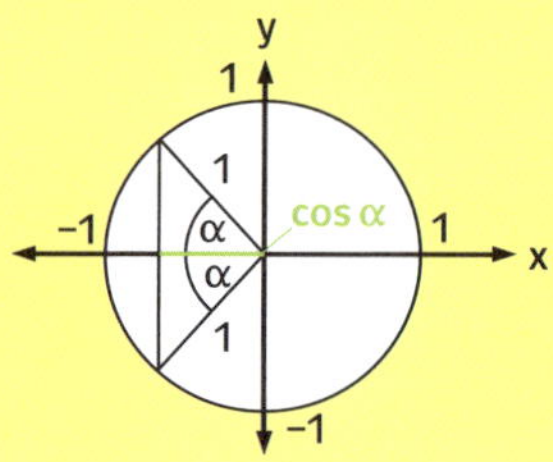

Für $0° < \alpha < 90°$ fällt mit wachsendem α der Kosinus von α und es gilt: $0 < \cos\alpha < 1$.

Für $90° < \alpha < 180°$ fällt mit wachsendem α der Kosinus von α und es gilt: $-1 < \cos\alpha < 0$.

Für $180° < \alpha < 270°$ gilt: $-1 < \cos\alpha < 0$.
Für $270° < \alpha < 360°$ gilt: $0 < \cos\alpha < 1$.

Das folgende Bild zeigt den Verlauf der Werte des Sinus und Kosinus bei unterschiedlichen Winkeln.

Sinus und Kosinus bei unterschiedlichen Winkeln

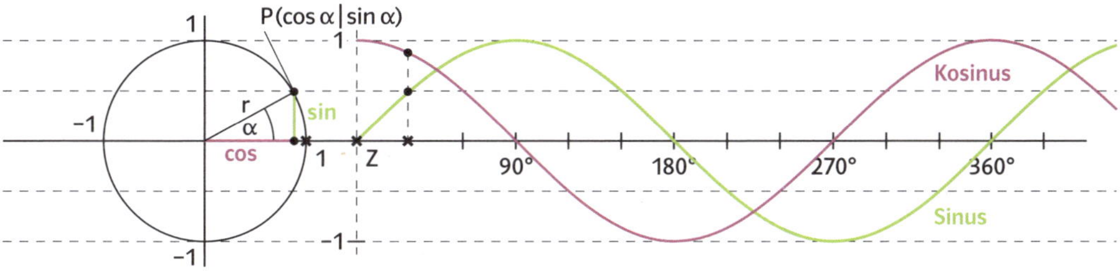

Es gilt:
$\sin(360° + \alpha) = \sin\alpha$
$\cos(360° + \alpha) = \cos\alpha$

Zusammenfassung

Sinus und Kosinus veranschaulicht am Einheitskreis:

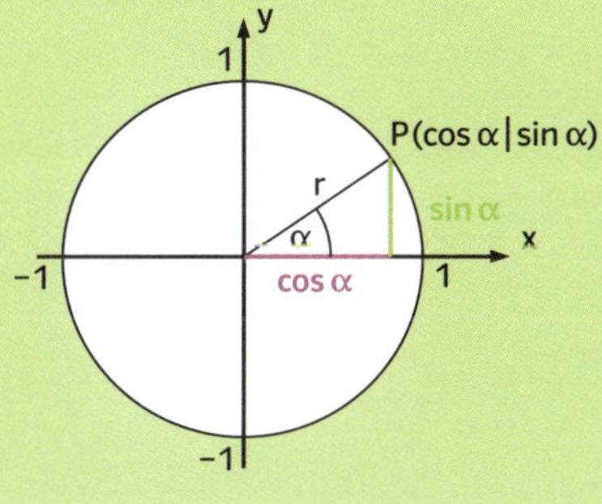

Kreise

Das Problem der Quadratur des Kreises:
Der Astronom Meton versucht, einen Kreis viereckig zu machen (414 v. Chr.)

Bezeichnungen am Kreis

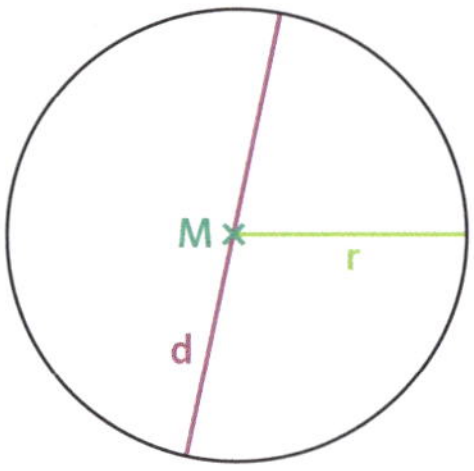

Mittelpunkt M
Radius r
Durchmesser d

Umfang und Flächeninhalt

Für jeden Kreis mit dem Radius r gilt:

Umfang u:	Flächeninhalt A:
$u = 2\pi r = \pi d$	$A = \pi r^2$

In jedem Kreis gilt:
Der Quotient aus dem Flächeninhalt A und dem Quadrat des Radius r, also $\frac{A}{r^2}$ ist bei allen Kreisen gleich, nämlich π.
π ist eine irrationale Zahl. Es gilt: $\boldsymbol{\pi \approx 3{,}14}$.

1. Berechne jeweils den Flächeninhalt des Kreises mit den angegebenen Maßen.

   a) Gegeben: Kreis mit $r = 4{,}6\,\text{cm}$
   $A = \pi r^2 = \pi \cdot (4{,}6\,\text{cm})^2$
   $\approx 66{,}44\,\text{cm}^2$

   b) Gegeben: Kreis mit $d = 5{,}3\,\text{cm}$
   $r = \frac{d}{2} = \frac{5{,}3\,\text{cm}}{2}$
   $= 2{,}65\,\text{cm}$
   $A = \pi r^2 = \pi \cdot (2{,}65\,\text{cm})^2$
   $\approx 22{,}06\,\text{cm}^2$

2. Berechne jeweils den Umfang des Kreises mit den angegebenen Maßen.

   a) Gegeben: Kreis mit $r = 1{,}6\,\text{dm}$
   $u = 2\pi r = 2 \cdot \pi \cdot 1{,}6\,\text{dm}$
   $\approx 10{,}05\,\text{dm}$

   b) Gegeben: Kreis mit $d = 10{,}4\,\text{m}$
   $u = \pi \cdot d = \pi \cdot 10{,}4\,\text{m}$
   $\approx 32{,}67\,\text{m}$

3. Ein Kreis hat den Umfang $u = 34\,\text{cm}$. Berechne seinen Radius.

   $u = 2\pi r$, also $r = \frac{u}{2\pi} = \frac{34\,\text{cm}}{2\pi} \approx 5{,}41\,\text{cm}$

4. Ein Kreis hat den Flächeninhalt $A = 45\,\text{dm}^2$. Berechne seinen Durchmesser.

   $A = \pi r^2$, also $r^2 = \frac{A}{\pi} = \frac{45\,\text{dm}^2}{\pi} \approx 14{,}32\,\text{dm}^2$
   damit: $r \approx 3{,}78\,\text{dm}$
   $d = 2r \approx 7{,}56\,\text{dm}$

Zusammenfassung

Für einen Kreis mit dem Radius r gilt:
- Umfang u: $u = 2\pi r = \pi d$
- Flächeninhalt A: $A = \pi r^2$

Kreisausschnitte

Aus einem Kreis kann ein Kreisausschnitt geschnitten werden. Die Größe wird durch den Mittelpunktswinkel bestimmt.

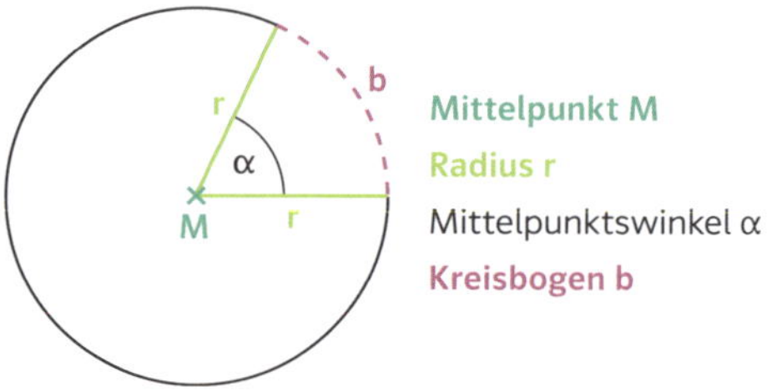

Kreisbogen b

Für einen Kreisausschnitt mit dem Mittelpunktswinkel α gilt:

$$b = 2\pi r \cdot \frac{\alpha}{360°}$$

Flächeninhalt des Kreisausschnitts

Für einen Kreisausschnitt mit dem Mittelpunktswinkel α gilt:

$$A = \pi r^2 \cdot \frac{\alpha}{360°} \quad \text{oder} \quad A = \frac{1}{2} br$$

1. Berechne die Länge des Kreisbogens und den Flächeninhalt des Kreisausschnitts.

   Gegeben: $r = 9\,m$; $\alpha = 30°$

   $b = 2\pi r \cdot \frac{\alpha}{360°}$

   $= 2\pi \cdot 9\,m \cdot \frac{30°}{360°}$

   $\approx 4{,}71\,m$

   $A = \pi r^2 \cdot \frac{\alpha}{360°}$

   $= \pi \cdot (9\,m)^2 \cdot \frac{30°}{360°}$

   $\approx 21{,}21\,m^2$

2. Berechne den Flächeninhalt des Kreisbogens und den Mittelpunktswinkel.

   Gegeben: $r = 4{,}5\,cm$; $b = 6\,cm$

   Mit $b = 2\pi r \cdot \frac{\alpha}{360°}$ folgt:

   $\alpha = b \cdot \frac{360°}{2\pi r}$

   $= \frac{6\,cm \cdot 360°}{2\pi \cdot 4{,}5\,cm}$

   $\approx 76{,}39°$

   $A = \frac{1}{2} br$

   $= \frac{1}{2} \cdot 6\,cm \cdot 4{,}5\,cm$

   $= 13{,}5\,cm^2$

Zusammenfassung

Für einen Kreisausschnitt mit dem Mittelpunktswinkel α gilt:

- für den Kreisbogen $b = \pi r \cdot \frac{\alpha}{360°}$
- für den Flächeninhalt $A = \pi r^2 \cdot \frac{\alpha}{360°}$ oder $A = \frac{1}{2} br$

Quader und Prisma

Quader

Für das **Volumen V** eines Quaders gilt:

$$V = a \cdot b \cdot c$$

Für die **Oberfläche O** eines Quaders gilt:

$$O = 2 \cdot a \cdot b + 2 \cdot b \cdot c + 2 \cdot a \cdot c$$

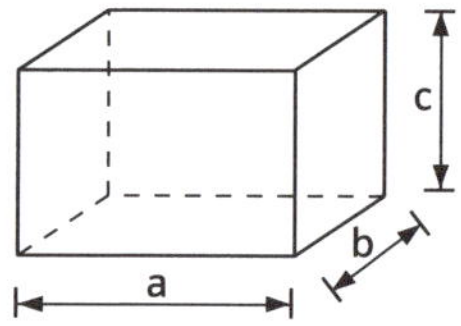

Länge a
Breite b
Höhe c

Prisma

Ein **Prisma** ist ein geometrischer Körper, der entsteht, wenn man ein Vieleck im Raum verschiebt.

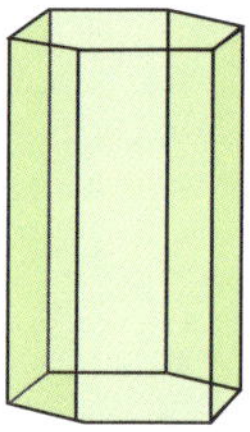
gerades Prisma

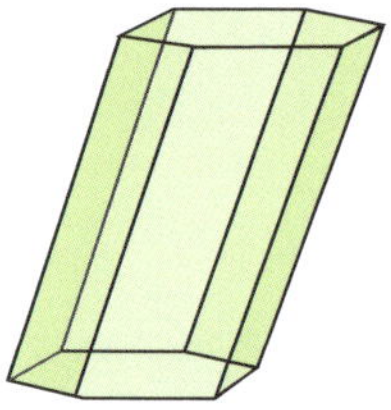
schiefes Prisma

Unter der **Höhe** eines Prismas versteht man den Abstand der beiden Grundflächen.
Die **Oberfläche** eines Prismas besteht aus 2 kongruenten Vielecken als Grundflächen und mehreren Parallelogrammen als Seitenflächen.
Der **Mantel** eines Prismas wird aus den Seitenflächen des Prismas gebildet.

Für das **Volumen V** eines Prismas mit Grundfläche G und Höhe h gilt:

$$V = G \cdot h$$

Für die **Oberfläche O** eines Prismas gilt:

$$O = 2 \cdot G + M$$

Hinweis: Jeder Quader ist ein gerades Prisma.

1. Gegeben ist ein Quader mit der Länge $a = 12\,cm$, der Breite $b = 9\,cm$ und der Höhe $c = 22\,cm$. Berechne das Volumen des Quaders und seine Oberfläche.

$$\begin{aligned} V &= a \cdot b \cdot c \\ &= 12\,cm \cdot 9\,cm \cdot 22\,cm \\ &= 2376\,cm^3 = 2{,}376\,dm^3 \end{aligned}$$

$$\begin{aligned} O &= 2ab + 2bc + 2ac \\ &= 2 \cdot 12\,cm \cdot 9\,cm + 2 \cdot 9\,cm \cdot 22\,cm + 2 \cdot 12\,cm \cdot 22\,cm \\ &= 1140\,cm^2 = 11{,}4\,dm^2 \end{aligned}$$

2. Gegeben ist ein Quader mit dem Volumen $V = 367\,cm^3$, der Länge $a = 45\,cm$ und der Breite $b = 0{,}6\,dm$. Berechne die Höhe des Quaders und seine Oberfläche.

Mit $V = a \cdot b \cdot c$ folgt:

$$\begin{aligned} c &= \frac{V}{a \cdot b} \\ &= \frac{367\,cm^3}{45\,cm \cdot 6\,cm} \\ &\approx 1{,}36\,cm \end{aligned}$$

$$\begin{aligned} O &= 2 \cdot ab + 2 \cdot bc + 2 \cdot ac \\ &\approx 2 \cdot 45\,cm \cdot 6\,cm + 2 \cdot 6\,cm \cdot 1{,}36\,cm + 2 \cdot 45\,cm \cdot 1{,}36\,cm \\ &= 678{,}72\,cm^2 \end{aligned}$$

3. Berechne Volumen und Oberflächeninhalt eines 12 cm hohen geraden Prismas, dessen Grundfläche ein gleichschenklig-rechtwinkliges Dreieck mit der Kathetenlänge 5 cm ist.

$$\begin{aligned} V &= G \cdot h \\ &= \frac{1}{2} \cdot 5\,cm \cdot 5\,cm \cdot 12\,cm \\ &= 150\,cm^3 \end{aligned}$$

$$\begin{aligned} O &= 2 \cdot G + u \cdot h \\ &= 2 \cdot \left(\frac{1}{2} \cdot 5\,cm \cdot 5\,cm\right) + \left(5\,cm + 5\,cm + \sqrt{(5\,cm)^2 + (5\,cm)^2}\right) \cdot 12\,cm \\ &\approx 229{,}85\,cm^2 \end{aligned}$$

Zusammenfassung

- Volumen eines Quaders: $V = a \cdot b \cdot c$
- Volumen eines Prismas: $V = G \cdot h$

Zylinder

Ein Zylinder ist ein Körper mit einer kreisförmigen kongruenten Grund- und Deckfläche, deren Entfernung voneinander die Körperhöhe h ist. Der Mantel ist ein Rechteck. Verschiebt man senkrecht zum Kreis, so erhält man einen **geraden Zylinder**. Verschiebt man schräg, erhält man einen **schiefen Zylinder**.

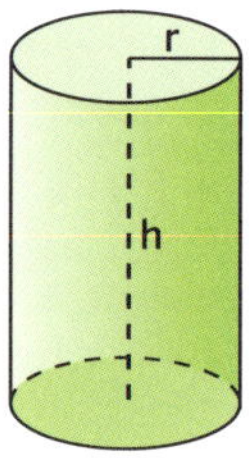

gerader Zylinder

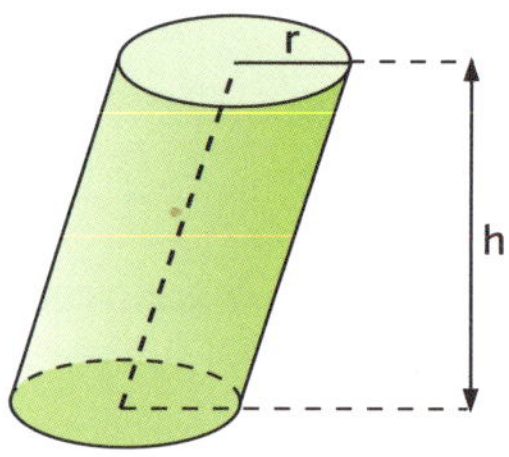

schiefer Zylinder

Für das **Volumen V** eines Zylinders mit dem Grundkreisradius r und der Höhe h gilt:

$$V = G \cdot h = \pi r^2 h$$

Für den **Mantel M** und die **Oberfläche O** eines Zylinders gilt:

$$M = u \cdot h = 2\pi rh$$

$$\begin{aligned} O &= 2\pi r^2 + M \\ &= 2\pi r^2 + 2\pi rh \\ &= 2\pi \cdot r(r + h) \end{aligned}$$

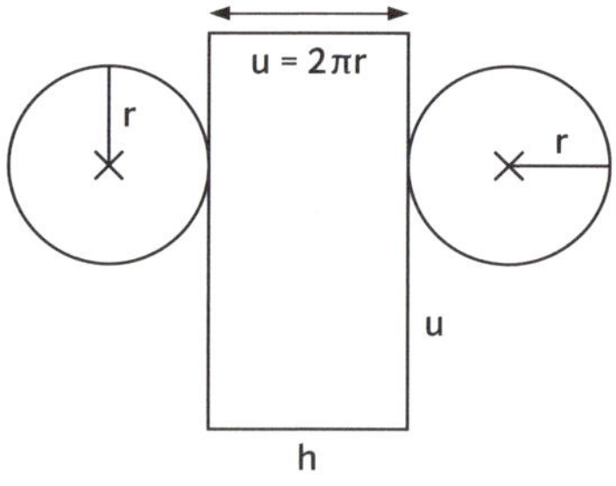

1. Berechne das Volumen V, die Mantelfläche M und die Oberfläche O eines geraden Zylinders.

   Gegeben: $r = 3{,}5\,cm$; $h = 5{,}2\,cm$

   $$V = \pi r^2 h$$
   $$= \pi \cdot (3{,}5\,cm)^2 \cdot 5{,}2\,cm \approx 200{,}12\,cm^3$$

   $$M = 2\pi r h$$
   $$= 2\pi \cdot 3{,}5\,cm \cdot 5{,}2\,cm \approx 114{,}35\,cm^2$$

   $$O = 2\pi r^2 + M$$
   $$\approx 2\pi \cdot (3{,}5\,cm)^2 + 114{,}35\,cm^2 \approx 191{,}32\,cm^2$$

2. Berechne die Höhe h, die Grundfläche G, die Mantelfläche M und die Oberfläche O eines geraden Zylinders.

   Gegeben: $r = 5{,}2\,cm$; $V = 98\,cm^3$

   Mit $V = \pi r^2 h$ folgt

   $$h = \frac{V}{\pi r^2}$$
   $$= \frac{98\,cm^3}{\pi \cdot (5{,}2\,cm)^2} \approx 1{,}15\,cm$$

   $$G = \pi r^2$$
   $$= \pi \cdot (5{,}2\,cm)^2 \approx 84{,}95\,cm^2$$

   $$M = 2\pi r h$$
   $$\approx 2\pi \cdot 5{,}2\,cm \cdot 1{,}15\,cm \approx 37{,}57\,cm^2$$

   $$O = 2\pi r^2 + M$$
   $$\approx 169{,}90\,cm^2 + 37{,}57\,cm^2 \approx 207{,}47\,cm^2$$

Zusammenfassung

- Volumen eines Zylinders: $V = \pi r^2 h$
- Mantel eines Zylinders: $M = 2\pi r h$
- Oberfläche eines Zylinders: $O = 2\pi r^2 + M = 2\pi r(r + h)$

Pyramide

Eine Pyramide ist ein Körper, bei dem jede Ecke eines Vielecks mit einem Punkt S außerhalb des Vielecks verbunden ist.

Ist das Vieleck ein regelmäßiges n-Eck und liegt die Spitze S senkrecht über dem Mittelpunkt des n-Ecks, so nennt man die Pyramide eine **regelmäßige n-seitige Pyramide**.

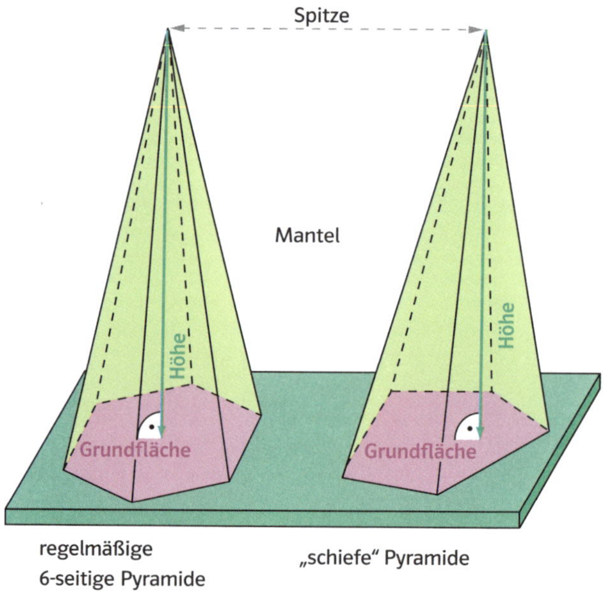

Für das **Volumen V** einer Pyramide mit der Grundfläche G und der Höhe h gilt:

$$V = \frac{1}{3} G \cdot h$$

Besondere Pyramiden

1. Regelmäßige vierseitige Pyramide

a)

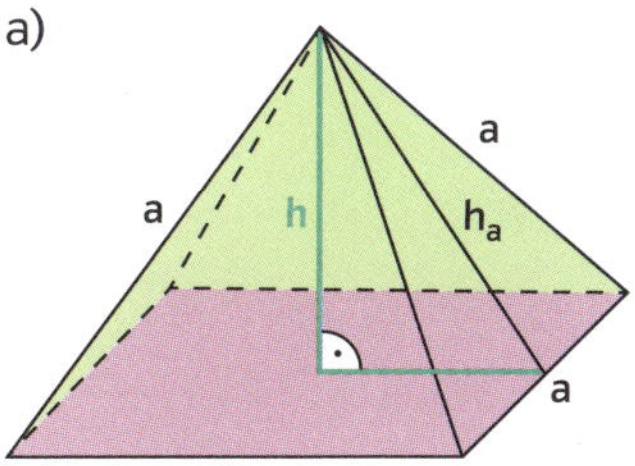

Alle Kanten sind gleich lang.
Grundfläche: Quadrat mit der Seitenlänge a und der Höhe h
Mantel: 4 gleichseitige Dreiecke mit der Seitenlänge a

b)

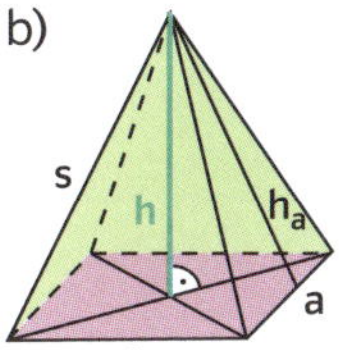

Grundfläche: Quadrat mit der Seitenlänge a
Mantel: 4 gleichschenklige Dreiecke

2. Regelmäßige dreiseitige Pyramide: Tetraeder

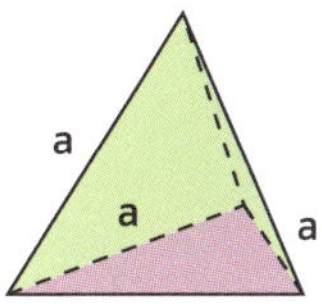

Alle Kanten sind gleich lang.
Grundfläche: gleichseitiges Dreieck mit der Seitenlänge a
Mantel: 3 gleichseitige Dreiecke mit der Seitenlänge a

3. Regelmäßige sechsseitige Pyramide

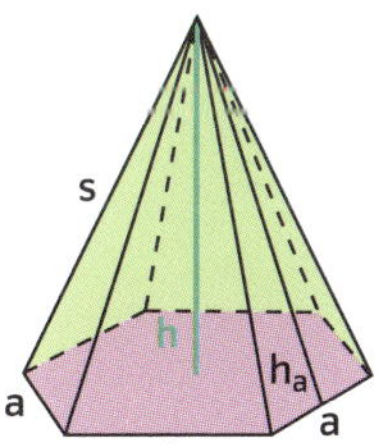

Grundfläche: regelmäßiges Sechseck
Mantel: 6 gleichschenklige Dreiecke

Zusammenfassung

Volumen einer Pyramide:

$$V = \frac{1}{3} G \cdot h$$

Kegel

Ein Kegel ist ein Körper, bei dem alle Punkte eines Kreises mit einem Punkt S außerhalb der Kreisebene verbunden sind.

Die Mantellinie s ist die Verbindungslinie zwischen einem Punkt auf dem Kreis und der Spitze S. Sind die Mantellinien gleich lang, so ist es ein **gerader Kegel**.

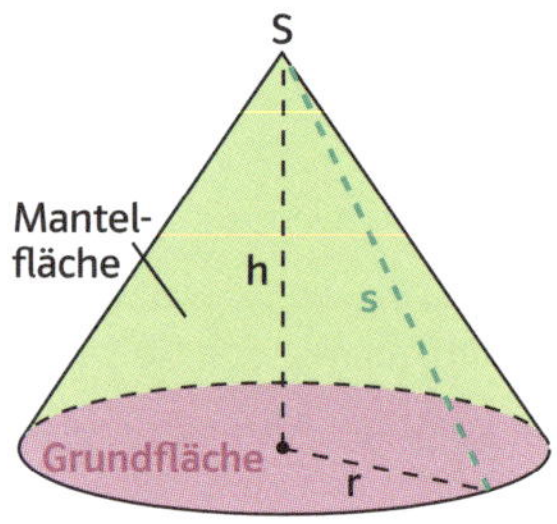

gerader Kreiskegel

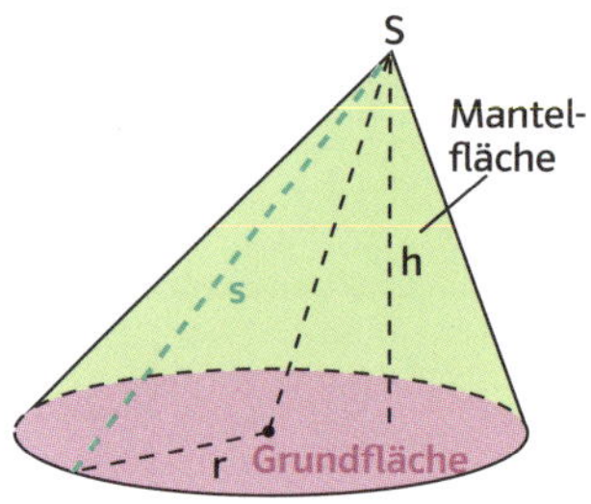

schiefer Kreiskegel

Für das **Volumen V** eines Kegels mit dem Grundkreisradius r und der Höhe h gilt:

$$V = \frac{1}{3}G \cdot h = \frac{1}{3} \cdot \pi r^2 \cdot h$$

Für den **Mantel M** eines geraden Kegels mit der Mantellinie s gilt:

$$M = \pi r s$$

Für die **Oberfläche O** eines geraden Kegels mit der Mantellinie s gilt:

$$O = \pi r^2 + M = \pi r^2 + \pi r s = \pi r (r + s)$$

Schneidet man einen geraden Kegel entlang einer Mantellinie auf, so erhält man einen **Kreisausschnitt**:

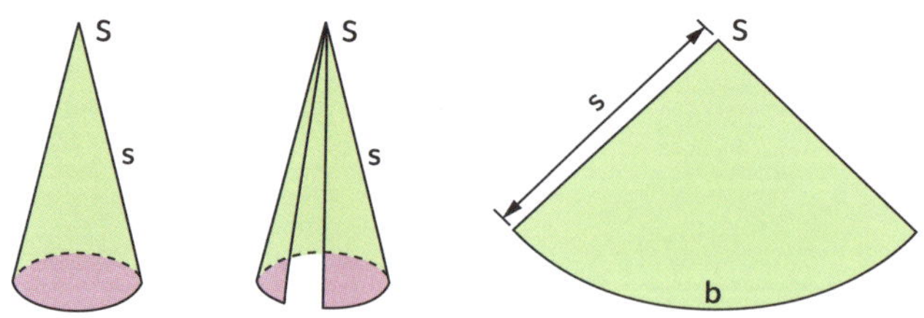

Der Radius r des Kreisausschnittes ist die Mantellinie s des Kegels.

Für den Kreisbogen b gilt: $\mathbf{b = 2\pi r}$

Für die Mantelfläche gilt: $\mathbf{M = \frac{1}{2} b \cdot s = \pi r s}$

1. Berechne Volumen und Oberflächeninhalt eines Kegels mit dem Grundkreisradius $r = 5\,cm$ und der Höhe $h = 10\,cm$.

$$V = \frac{1}{3} \cdot \pi r^2 \cdot h$$
$$= \frac{1}{3} \cdot \pi \cdot (5\,cm)^2 \cdot 10\,cm$$
$$\approx 261{,}80\,cm^3$$

$$O = \pi r \cdot (r + s) \qquad s = \sqrt{(5\,cm)^2 + (10\,cm)^2} \approx 11{,}18\,cm$$
$$= \pi \cdot 5\,cm \cdot (5\,cm + 11{,}18\,cm)$$
$$\approx 254{,}15\,cm^2$$

2. Gegeben ist ein Kegel mit der Oberfläche $O = 678{,}584\,cm^2$ und dem Radius $r = 9\,m$. Berechne die Mantellinie s und das Volumen V.

Mit $O = \pi r(r + s)$ folgt $s = \frac{O}{\pi r} - r$

$$s = \frac{678{,}584\,m^2}{28{,}274\,m} - 9\,m = 15\,m$$

Mit dem Pythagoras h berechnen:
$h^2 + r^2 = s^2$, also

$$h = \sqrt{(s^2 - r^2)} = \sqrt{(225\,m^2 - 81\,m^2)} = 12\,m$$

$$V = \frac{1}{3} \cdot \pi r^2 \cdot h$$
$$= \frac{1}{3} \cdot \pi \cdot (9\,m)^2 \cdot 12\,m$$
$$= \frac{1}{3} \cdot \pi \cdot 81\,m^2 \cdot 12\,m$$
$$\approx 1017{,}36\,m^3$$

Zusammenfassung

- Volumen eines Kegels: $V = \frac{1}{3} \cdot \pi r^2 \cdot h$
- Mantel eines Kegels: $M = \pi r s$
- Oberfläche eines Kegels: $O = \pi r^2 + M = \pi r (r + s)$

Kugel

Eine Kugel ist ein Körper, bei dem alle Punkte auf der Kugeloberfläche vom Mittelpunkt M gleich weit entfernt sind.

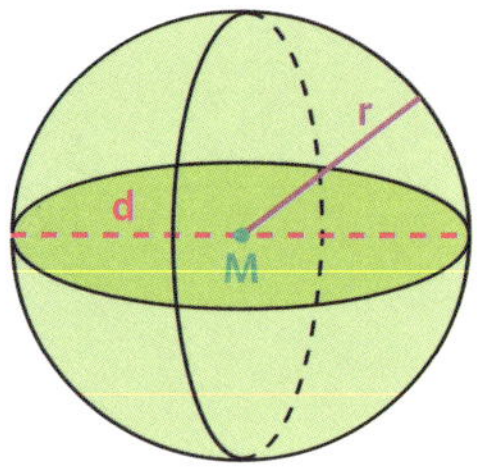

Radius der Kugel: r
Durchmesser: d
Mittelpunkt: M

Für das **Volumen V** einer Kugel mit dem Radius r gilt:

$V = \frac{4}{3} \cdot \pi r^3$

Für die **Oberfläche O** der Kugel mit dem Radius r gilt:

$O = 4 \cdot \pi r^2$

Achtung:
Die Oberfläche einer Kugel kann nicht wie beim Zylinder oder dem Kegel als ebene Fläche dargestellt werden. Deshalb hat eine Kugel auch kein Netz.

Berechne die fehlenden drei Größen r, V und O einer Kugel mit den angegebenen Größen.

a) Gegeben: Kugel mit $r = 1{,}25\,m$

$$V = \frac{4}{3} \cdot \pi r^3 = \frac{4}{3} \cdot \pi \cdot (1{,}25\,m)^3 \approx 8{,}18\,m^3$$

$$O = 4 \cdot \pi r^2 = 4 \cdot \pi \cdot (1{,}25\,m)^2 \approx 19{,}63\,m^2$$

b) Gegeben: Kugel mit $O = 3{,}24\,cm^2$

Aus $O = 4 \cdot \pi r^2$ folgt $r^2 = \frac{O}{4\pi} = \frac{3{,}24\,cm^2}{4\pi} \approx 0{,}26\,cm^2$, also $r \approx 0{,}51\,cm$

$$V = \frac{4}{3} \cdot \pi r^3 = \frac{4}{3} \cdot \pi \cdot (0{,}51\,cm)^3 \approx 0{,}56\,m^3$$

c) Gegeben: Kugel mit $V = 4{,}24\,dm^3$

Mit $V = \frac{4}{3} \cdot \pi r^3$ folgt $r^3 = \frac{3 \cdot V}{4\pi} = \frac{3 \cdot 4{,}24\,dm^3}{4\pi} \approx 1{,}01\,dm^3$,
also $r \approx 1{,}00\,dm$

$$O = 4 \cdot \pi r^2 \approx 4 \cdot \pi (1{,}00\,dm)^2 \approx 12{,}57\,dm^2$$

Zusammenfassung

- Volumen einer Kugel: $V = \frac{4}{3} \cdot \pi r^3$
- Oberfläche einer Kugel: $O = 4 \cdot \pi r^2$

Potenzen mit ganzen Exponenten

Zur Darstellung von sehr großen oder sehr kleinen Zahlen, z. B. 51 000 000 000 000 oder 0,000 000 000 037, verwendet man in der Mathematik eine verkürzte Schreibweise.

Potenzen mit natürlichen Exponenten

Ein Produkt aus lauter gleichen Faktoren a kann man als **Potenz** schreiben:

$$\underbrace{a \cdot a \cdot a \cdot \ldots \cdot a \cdot a}_{\text{n gleiche Faktoren}} = a^n \quad (n \in \mathbb{N};\ n > 1)$$

Zur Erinnerung:

Exponent

Basis → $2^4 = 2 \cdot 2 \cdot 2 \cdot 2 = 16$

Potenz　　　Potenzwert

Potenzen mit ganzen Exponenten

Es gilt:

$$a^0 = 1$$

$$\frac{1}{a^n} = a^{-n} \quad (a \neq 0;\ n \in \mathbb{N})$$

Zehnerpotenzen

Potenzen mit der Basis 10 nennt man **Zehnerpotenzen**.
Man benutzt sie, um sehr große oder sehr kleine Zahlen darzustellen.

Beispiele:

$$10\,000\,000\,000\,000 = 10 \cdot 10 \cdot 10 \cdot 10 \cdot 10 \cdot 10 \cdot 10 \cdot 10 \cdot 10 \cdot 10 \cdot 10 \cdot 10 \cdot 10 = 10^{13}$$

$$0{,}000\,0001 = \frac{1}{10\,000\,000} = \frac{1}{10} \cdot \frac{1}{10} \cdot \frac{1}{10} \cdot \frac{1}{10} \cdot \frac{1}{10} \cdot \frac{1}{10} \cdot \frac{1}{10} = \frac{1}{10^7} = 10^{-7}$$

Zehnerpotenzen verwendet man nicht nur alleine, sondern auch in Verbindung mit anderen Zahlen.
So kann man z. B. die Zahl 85 000 000 000 mit Hilfe von Zehnerpotenzen darstellen:

$$85\,000\,000\,000 = 85 \cdot 10^9 = 8{,}5 \cdot 10^{10}$$

$8{,}5 \cdot 10^{10}$ nennt man auch **Normdarstellung** dieser Zahl. Sie ist das Produkt einer Zahl a mit $0 < a < 10$ vor dem Komma und einer Zehnerpotenz.

Es gilt:

$10^0 = 1$

$10^{-n} = \frac{1}{10^n} = \underbrace{0{,}0\ldots01}_{\text{n Nullen}} \quad (n \in \mathbb{N})$

1. Schreibe als Zehnerpotenz.

   $10\,000 = 10^4$
   $0{,}0001 = 10^{-4}$

2. Runde und schreibe in Normdarstellung.

   $1\,658\,520 \approx 1{,}7 \cdot 10^6$
   $0{,}000\,000\,057\,856 \approx 5{,}8 \cdot 10^{-8}$

3. Schreibe die Größen als Dezimalzahl.

   Entfernung Sonne – Erde: $1{,}5 \cdot 10^8$ km = 150 000 000 km
   Radius der Atomhülle: 10^{-10} m = 0,000 000 000 1 m

Zusammenfassung

- Ein Produkt aus lauter gleichen Faktoren a kann man als Potenz schreiben:
  $a \cdot a \cdot a \cdot \ldots \cdot a \cdot a = a^n$
- Es gilt: $\frac{1}{a^n} = a^{-n}$, wenn $a \neq 0$.
- Eine Potenz mit der Basis 10 nennt man Zehnerpotenz.

Potenzen mit reellen Exponenten

Es gibt nicht nur Potenzen mit ganzen Zahlen im Exponenten, sondern auch Potenzen mit reellen Zahlen im Exponenten.

Potenzen mit rationalen Exponenten

Es gilt für $a > 0$, $p \in \mathbb{N}$; $q \in \mathbb{N} \setminus \{0; 1\}$:

$$a^{\frac{1}{q}} = \sqrt[q]{a}; \quad a^{-\frac{1}{q}} = \frac{1}{\sqrt[q]{a}}; \qquad a^{\frac{p}{q}} = \sqrt[q]{a^p}; \quad a^{-\frac{p}{q}} = \frac{1}{\sqrt[q]{a^p}}$$

Für $q = 2$ ist $\sqrt[2]{a} = \sqrt{a}$ die Quadratwurzel.

Potenzen mit irrationalen Exponenten

Für positive Basen ($a \in \mathbb{R}^+$) ist das Ergebnis einer Potenz mit irrationalem Exponenten eine eindeutig bestimmte reelle Zahl, z. B. $2^{\sqrt{2}} \approx 2{,}665\,144$.

Hinweis:
Die rationalen Zahlen zusammen mit den irrationalen Zahlen bilden die Menge der reellen Zahlen.

1. Schreibe mit Wurzelzeichen und berechne.

$25^{\frac{1}{2}} = \sqrt[2]{25} = 5$

$27^{\frac{1}{3}} = \sqrt[3]{27} = 3$

$\left(\frac{1}{25}\right)^{-\frac{3}{2}} = 25^{\frac{3}{2}} = \sqrt{25^3} = 125$

$3^{-0,4} = \frac{1}{3^{0,4}} = \frac{1}{3^{\frac{2}{5}}} = \frac{1}{\sqrt[5]{9}} \approx 0,64$

2. Schreibe als Potenz, kürze und schreibe danach wieder als Wurzel.

$\sqrt[4]{3^2} = 3^{\frac{2}{4}} = 3^{\frac{1}{2}} = \sqrt{3}$

3. Berechne mit dem Taschenrechner.

$2^{\sqrt{3}} \approx 3,32$

$\left(\frac{3}{4}\right)^{\sqrt{2}} \approx 0,6657$

Zusammenfassung

- Für Potenzen mit rationalen Exponenten gilt:
  $a^{\frac{1}{q}} = \sqrt[q]{a}$; $a^{-\frac{1}{q}} = \frac{1}{\sqrt[q]{a}}$; $a^{\frac{p}{q}} = \sqrt[q]{a^p}$; $a^{-\frac{p}{q}} = \frac{1}{\sqrt[q]{a^p}}$
- Für Potenzen mit irrationalen Exponenten gilt:
  Für positive Basen ($a \in \mathbb{R}^+$) ist das Ergebnis einer Potenz mit irrationalem Exponenten eine eindeutig bestimmte reelle Zahl.

Potenzgesetze

Die Potenzgesetze sind sehr nützlich, um große oder kleine Zahlen miteinander zu addieren und zu subtrahieren sowie zu multiplizieren oder zu dividieren.

Vereinfachen von Summen und Differenzen

Eine **Summe** bzw. **Differenz** von Potenzen lässt sich vereinfachen, wenn die Summanden **gleiche Basen und Exponenten** haben. Dann kann man das Distributivgesetz anwenden und ausmultiplizieren.

$$r \cdot a^n + s \cdot a^n = (r + s) \cdot a^n$$

Das erste Potenzgesetz

a) Potenzen mit **gleicher Basis** werden **multipliziert**, indem man die Exponenten **addiert** und die Basis beibehält:

$$a^n \cdot a^m = a^{n+m}$$

b) Potenzen mit **gleicher Basis** werden **dividiert**, indem man die Exponenten **subtrahiert** und die Basis beibehält:

$$a^n : a^m = a^{n-m}$$

Beispiele:
$53 \cdot 58 = 53 + 8 = 5^{11}$
$53 : 5^{11} = 53^{-11} = 5^{-8}$

Das zweite Potenzgesetz

a) Potenzen mit **gleichem Exponenten** werden **multipliziert**, indem man die Basen **multipliziert** und den Exponenten beibehält.

$$a^n \cdot b^n = (a \cdot b)^n$$

b) Potenzen mit **gleichem Exponenten** werden **dividiert**, indem man die Basen **dividiert** und den Exponenten beibehält.

$$a^n : b^n = \left(\frac{a}{b}\right)^n$$

Beispiele:
$7^3 \cdot 5^3 = (7 \cdot 5)^3 = 35^3$
$36^6 : 3^6 = \left(\frac{36}{3}\right)^6 = 12^6$

Das dritte Potenzgesetz

Eine Potenz wird **potenziert**, indem man die Exponenten **multipliziert** und die Basis beibehält.

$(a^n)^m = a^{n \cdot m}$

Beispiel: $(8^2)^9 = 8^{2 \cdot 9} = 8^{18}$

Diese Potenzgesetze gelten für

- reelle Basen ($a, b \in \mathbb{R} \setminus \{0\}$) und ganzzahlige Exponenten ($n, m \in \mathbb{Z}$).
- positive Basen ($a, b \in \mathbb{R}^+$) und reelle Exponenten ($n, m \in \mathbb{R}$).

a) $4^3 \cdot 4^6 = 4^{3+6} = 4^9$

b) $24^5 : 24^8 = 24^{5-8} = 24^{-3}$

c) $12^2 \cdot 2^2 = (12 \cdot 2)^2 = 24^2$

d) $39^3 : 13^3 = (39 : 13)^3 = 3^3$

e) $(2^3)^5 = 2^{3 \cdot 5} = 2^{15}$

f) $(2^{-5})^2 = 2^{-5 \cdot 2} = 2^{-10}$

g) $\frac{25^2 \cdot 7^3}{21^2 \cdot 5^{-4}} = \frac{(5^2)^2 \cdot 7^3}{(3 \cdot 7)^2 \cdot 5^{-4}} = \frac{5^4 \cdot 7^3}{3^2 \cdot 7^2 \cdot 5^{-4}} = 3^{-2} \cdot 5^8 \cdot 7$

Zusammenfassung

Potenzgesetze

- $r \cdot a^n + s \cdot a^n = (r + s) \cdot a^n$
- $a^n \cdot a^m = a^{n+m}$
- $a^n : a^m = a^{n-m}$
- $a^n \cdot b^n = (a \cdot b)^n$
- $a^n : b^n = \left(\frac{a}{b}\right)^n$
- $(a^n)^m = a^{n \cdot m}$

Potenzgleichungen

Gleichungen der Form $\mathbf{x^n = a}$ $(n \in \mathbb{N} \setminus \{0; 1\})$ nennt man **Potenzgleichungen**.

Bei der Lösung dieser Gleichungen muss man zwischen Gleichungen mit geradem und ungeradem Exponenten unterscheiden.

n gerade

Die Gleichung $x^2 = 5$ hat die Lösungen $-\sqrt{5}$ und $+\sqrt{5}$.

Die Gleichung $x^2 = -5$ hat keine Lösung.

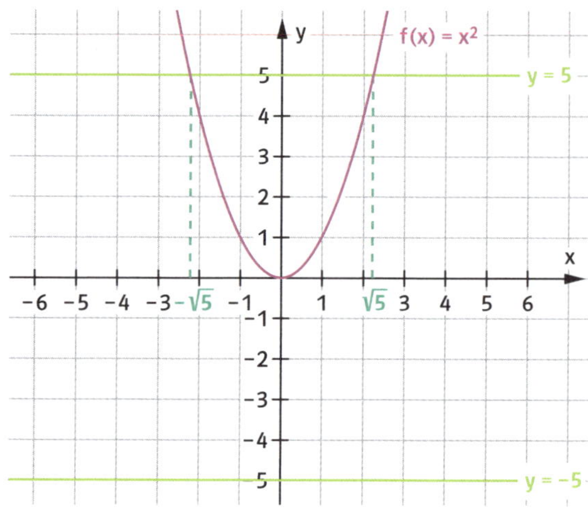

n ungerade

Die Gleichung $x^3 = 5$ hat die Lösung $\sqrt[3]{5}$.

Die Gleichung $x^3 = -5$ hat die Lösung $-\sqrt[3]{5}$.

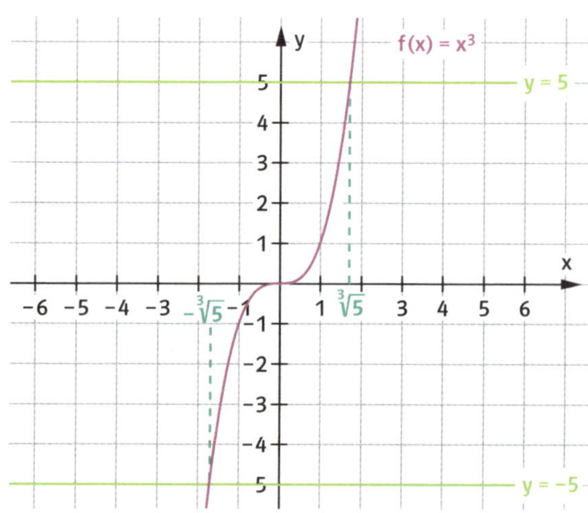

Es gilt:

	n gerade	n ungerade
$a > 0$	$+\sqrt[n]{a}$ und $-\sqrt[n]{a}$	$+\sqrt[n]{a}$
$a = 0$	0	0
$a < 0$	keine Lösung	$-\sqrt[n]{\lvert a \rvert}$

Gib die Lösungsmenge an.

a) $x^4 = 625$

$x = +\sqrt[4]{625}$ oder $x = -\sqrt[4]{625}$

$x = +5$ oder $x = -5$

$L = \{-5; 5\}$

b) $x^5 = -1024$

$x = -\sqrt[5]{1024}$

$x = -4$

$L = \{-4\}$

Zusammenfassung

Für die Lösungen von Potenzgleichungen $\mathbf{x^n = a}$ $(n \in \mathbb{N} \setminus \{0; 1\})$ gilt:

	n gerade	n ungerade
$a > 0$	$+\sqrt[n]{a}$ und $-\sqrt[n]{a}$	$+\sqrt[n]{a}$
$a = 0$	0	0
$a < 0$	keine Lösung	$-\sqrt[n]{\lvert a \rvert}$

Logarithmen

Die Umkehrung des Potenzierens einer Basis ist das **Logarithmieren**.
Dabei wird der Exponent gesucht.
Das Ergebnis des Logarithmierens gibt an, mit welchem Exponenten man b potenzieren muss, damit man a erhält.

Ist $a, b > 0,\ b \neq 1$ und $a = b^x$ so gilt:

$x = \log_b a$ bzw. $x = {}_b\log a$ (*beide Schreibweisen sind richtig*)

Die rechte Seite heißt **Logarithmus von a zur Basis b** oder kurz b-Logarithmus von a.

Es gilt: $\log_b 1 = 0$, denn $b^0 = 1$;
$\log_b b = 1$, denn $b^1 = b$

Zu negativen Zahlen existiert kein Logarithmus.
Jedoch kann der Logarithmus einer Zahl negativ sein.

Meistens benutzt man als Basis die Zahl 10 und schreibt: ${}_{10}\log a = \log a$.

Beispiele:

${}_5\log(-10)$ ist nicht definiert, da $5^x > 0$, also $5^x \neq -10$.

${}_2\log(0{,}25) = -2$, da $2^{-2} = \frac{1}{2^2} = \frac{1}{4} = 0{,}25$

Logarithmengesetze

Für $u, v, a, b > 0$ und $b \neq 1$ gilt:

$$\log_b (u \cdot v) = \log_b u + \log_b v$$

$$\log_b \left(\frac{u}{v}\right) = \log_b u - \log_b v$$

$$\log_b u^v = v \cdot \log_b u$$

$$\log_b \sqrt[n]{a} = \frac{1}{n} \cdot \log_b a$$

1. Berechne.

   a) ${}_2\log 16 = x$ umschreiben zu $2^x = 16$, also $x = 4$

   b) ${}_5\log\left(\frac{1}{25}\right) = x$ umschreiben zu $5^x = \frac{1}{25}$, also $x = -2$

   c) ${}_3\log\sqrt{3} = x$ umschreiben zu $3^x = \sqrt{3}$, also $x = \frac{1}{2}$

2. Vereinfache mit den Logarithmengesetzen.

   a) $\log u^2 - \log u$
   $= 2 \cdot \log u - \log u$
   $= \log u$

   b) $2\log\frac{1}{a} + \log a^2 - \log(2a)$
   $= 2(\log 1 - \log a) + 2\log a - (\log 2 + \log a)$
   $= 2\log 1 - 2\log a + 2\log a - \log 2 - \log a$
   $= -\log 2 - \log a$

Zusammenfassung

Ist $a, b \in \mathbb{R}^+ \setminus \{1\}$ und $a = b^x$, so gilt:

$$x = {}_b\log a$$

Für $b, u, v \in \mathbb{R}^+$, $b \neq 1$ gilt:

$${}_b\log(u \cdot v) = {}_b\log u + {}_b\log v$$

$${}_b\log_b\left(\frac{u}{v}\right) = {}_b\log u - {}_b\log v$$

$${}_b\log u^v = v \cdot {}_b\log u$$

Funktionen – Grundlagen

Funktion

Wird bei einer Zuordnung $x \mapsto y$ jeder Größe (Zahl) x **genau eine** Größe (Zahl) y zugeordnet, so nennt man diese Zuordnung auch **Funktion f**.

Die Menge aller Größen x nennt man **Definitionsmenge D**.

Die einer Größe x zugeordnete Größe y heißt **Funktionswert**.

Die Menge aller Funktionswerte nennt man **Wertemenge W**.

Funktionen werden mit kleinen Buchstaben bezeichnet, meist mit f, g oder h.

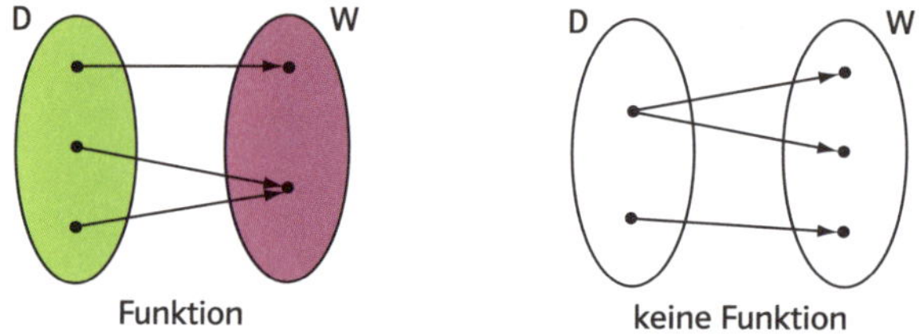

Umkehrfunktion

Ist jedem y-Wert auch genau ein x-Wert zugeordnet, so kann man die **Umkehrfunktion** bilden.
Der Graph der Umkehrfunktion entsteht aus dem Graphen der ursprünglichen Funktion durch Spiegelung an der 1. Winkelhalbierenden (y = x).

Darstellung von Funktionen

Eine Funktion kann angegeben werden:
- durch eine Zuordnungsvorschrift oder Funktionsgleichung.
  Dabei sollte die Definitionsmenge angegeben werden.
- durch eine Wertetabelle, in der zu jedem x-Wert der zugeordnete (y-Wert) angegeben ist.
- grafisch in einem Koordinatensystem.

Beispiel:

Zuordnungsvorschrift: $x \mapsto 2x$
Funktionsgleichung: $f(x) = 2x$
Definitionsmenge D: $D = \mathbb{R}$

Wertetabelle:

x	−2	−1	0	1	2	3
y	−4	−2	0	2	4	6

Graph der Funktion:

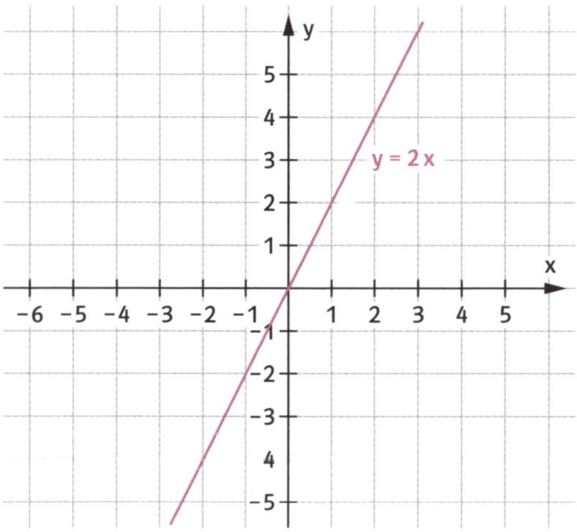

Zusammenfassung

- Bei einer Funktion wird jeder Größe x aus der Definitionsmenge D genau eine Größe y aus der Wertemenge W zugeordnet.
- Funktionen kann man durch eine Zuordnungsvorschrift oder Funktionsgleichung, mit einer Wertetabelle oder durch einen Graphen darstellen.

Ableitung

Gegeben ist eine Funktion f mit dem Definitionsbereich D und dem Wertebereich W.

Existiert an einer beliebigen Stelle $x_0 \in D$ der Grenzwert

$$\lim_{x \to x_0} \frac{f(x) - f(x_0)}{x - x_0} \quad \text{bzw.} \quad \lim_{h \to 0} \frac{f(x_0 + h) - f(x_0)}{h} \quad (\text{mit } x = x_0 + h)$$

so nennt man diesen Grenzwert die **Ableitung** oder den **Differenzialquotienten** von f an der Stelle x_0.
Man sagt auch:
Die Funktion f ist an der Stelle x_0 **ableitbar** oder **differenzierbar**.

Für die Ableitung schreibt man auch:
f'(x) (*lies:* „f Strich an der Stelle x" oder „f Strich von x")

Existiert der Grenzwert an der Stelle x_0 nicht, so ist die Funktion f nicht differenzierbar.

Geometrische Bedeutung der Ableitung

Der Term $\frac{f(x) - f(x_0)}{x - x_0}$ bzw. $\frac{f(x_0 + h) - f(x_0)}{h}$ gibt die **Steigung einer Geraden** an, die den Graphen der Funktion f in zwei Punkten $P(x \mid f(x))$ und $P(x_0 \mid f(x_0))$ schneidet (Steigung der Sekante).

Den Term $\frac{f(x) - f(x_0)}{x - x_0}$ nennt man auch **Differenzenquotienten**.

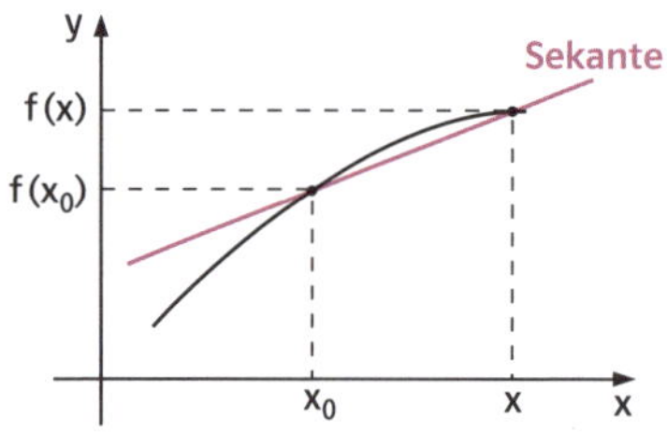

Steigung der Sekante:
$\frac{f(x) - f(x_0)}{x - x_0}$

Bildet man nun den Grenzübergang $x \to x_0$, so wird aus der Sekante die Tangente (Gerade, die den Graphen von f nur in einem Punkt B berührt).

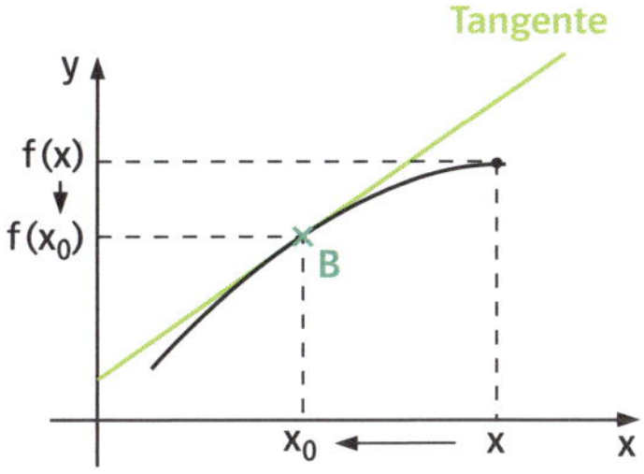

Steigung der Tangente:

$$\lim_{x \to x_0} \frac{f(x) - f(x_0)}{x - x_0} = f'(x_0)$$

Die **Steigung der Tangente** an die Kurve an einer Stelle x_0 ist somit die **Ableitung** der Kurve an dieser Stelle.

Die **Gleichung der Tangente** in einem Punkt $P(x_0 \,|\, f(x_0))$ lautet:

$$y = f(x_0) + f'(x_0)\,(x - x_0)$$

Bei Anwendungen nennt man den Differenzenquotienten auch mittlere Änderungsrate und den Differenzialquotienten momentane Änderungsrate.

Zusammenfassung

- Differenzenquotient (Steigung der Sekante): $\frac{f(x) - f(x_0)}{x - x_0}$
- Differenzialquotient (Steigung der Tangente): $\lim_{x \to x_0} \frac{f(x) - f(x_0)}{x - x_0} = f'(x)$

Ableitungsregeln

Da es sehr umständlich ist, die Ableitungsfunktion über den Differenzen- und Differenzialquotienten zu bestimmen, gibt es Regeln zum Bilden der Ableitungsfunktion.

Ableitungsfunktion

Gegeben ist eine Funktion f mit dem Definitionsbereich D.
Ist diese Funktion für alle $x \in D$ ableitbar, so heißt die Funktion

$$\mathbf{f': x \mapsto f'(x)}$$

die **Ableitungsfunktion** oder kurz **Ableitung** der Funktion f.

Potenzregel

Ist die Potenzfunktion $f(x) = x^n$ $(n \in \mathbb{N})$ an der Stelle $x \in D$ ableitbar, so gilt für die Ableitung der Funktion:

$$f'(x) = n \cdot x^{n-1}$$

Beispiele:

$f(x) = x^6$
$f'(x) = 6 \cdot x^{6-1} = 6 \cdot x^5$
$f(x) = \frac{1}{x^2} = x^{-2}$
$f'(x) = -2 \cdot x^{-2-1} = -2x^{-3}$

Faktorregel

Ist eine Funktion g ableitbar an der Stelle $x \in D$ und ist f eine Funktion mit $f(x) = c \cdot g(x)$, dann ist auch f an der Stelle $x \in D$ ableitbar und es gilt:

$$f'(x) = c \cdot g'(x)$$

Beispiel:

$f(x) = 4 \cdot g(x)$, wobei $g(x) = 7x^3$
$= 4 \cdot 7x^3$
$= 28x^3$

$f'(x) = 4 \cdot g'(x)$, wobei $g'(x) = 21x^2$
$= 4 \cdot 21x^2$
$= 84x^2$

Summenregel

Sind die Funktionen g und h an der Stelle $x \in D$ ableitbar, so ist die Funktion $f(x) = g(x) + h(x)$ auch an der Stelle $x \in D$ ableitbar und es gilt:

$$f'(x) = g'(x) + h'(x)$$

Beispiel:

$f(x) = 4x + 3x^2$
$f'(x) = 4 + 6x$

Leite ab.

a) $f(x) = x^{10}$; $f'(x) = 10x^9$

b) $f(x) = x^{\frac{3}{2}}$; $f'(x) = \frac{3}{2}x^{\frac{3}{2}-1} = \frac{3}{2}x^{\frac{1}{2}} = \frac{3}{2}\sqrt{x}$

c) $f(x) = \frac{1}{2}x^6$; $f'(x) = \frac{1}{2} \cdot 6 \cdot x^{6-1} = 3x^5$

d) $f(x) = x^6 - x^4$; $f'(x) = 6x^5 - 4x^3$

Zusammenfassung

- Die Funktion $f'(x)$, die x auf $f'(x)$ abbildet, heißt Ableitung der Funktion f.
- Potenzregel: $f'(x) = n \cdot x^{n-1}$
- Faktorregel: $f'(x) = c \cdot g'(x)$
- Summenregel: $f'(x) = g'(x) + h'(x)$

Symmetrie

Zur Untersuchung von Eigenschaften bestimmter Funktionen gehört z. B. die Symmetrie. Hierbei wird zwischen der Achsen- und der Punktsymmetrie unterschieden.

Achsensymmetrisch zur y-Achse

Eine Funktion f heißt achsensymmetrisch zur y-Achse, wenn für alle $x \in D$ gilt:

$$f(-x) = f(x)$$

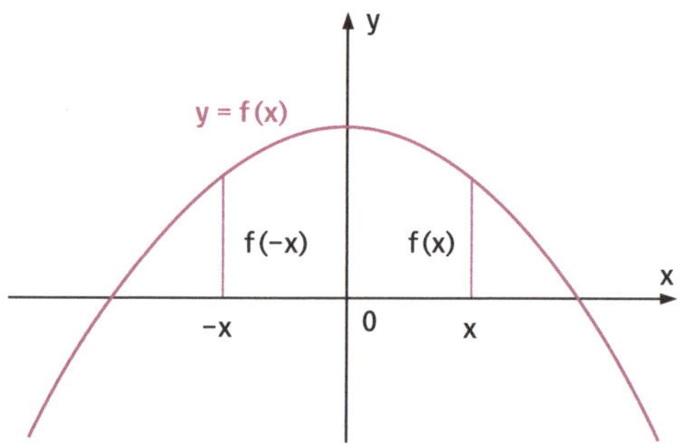

Punktsymmetrisch zum Ursprung

Eine Funktion f heißt punktsymmetrisch zum Ursprung, wenn für alle $x \in D$ gilt:

$$f(-x) = -f(x)$$

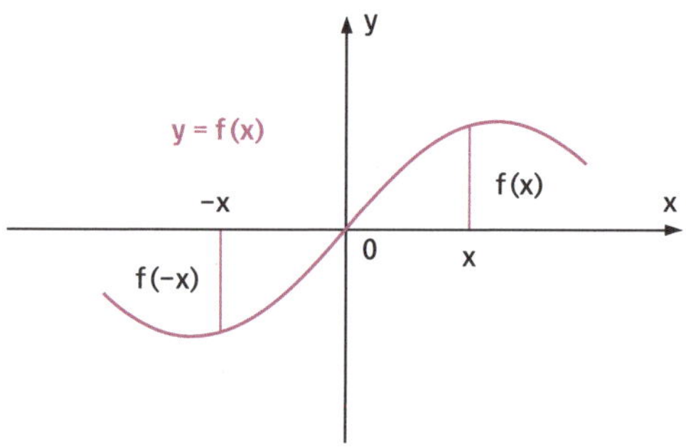

Achsensymmetrisch zur Geraden $x = x_0$

Eine Funktion f heißt achsensymmetrisch zur Geraden $x = x_0$, wenn für alle $x \in D$ und $h \in \mathbb{R}$ gilt:

$$f(x_0 - h) = f(x_0 + h)$$

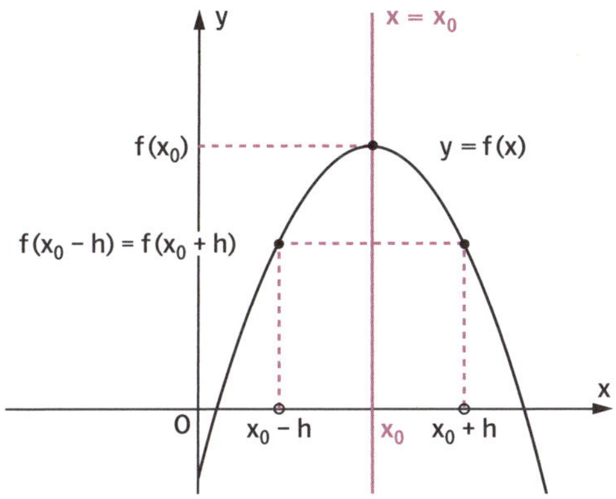

Punktsymmetrisch zum Punkt $P(x_0 | y_0)$

Eine Funktion f heißt punktsymmetrisch zum Punkt $P(x_0 | y_0)$, wenn für alle $x \in D$ und $h \in \mathbb{R}$ gilt:

$$f(x_0 - h) - y_0 = -y_0 - f(x_0 + h)$$

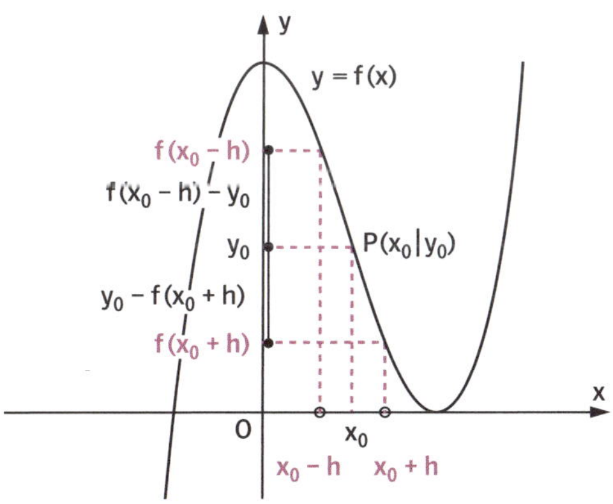

Zusammenfassung

- Achsensymmetrisch zur y-Achse: $f(-x) = f(x)$
- Punktsymmetrisch zum Ursprung: $f(-x) = -f(x)$
- Achsensymmetrisch zur Geraden $x = x_0$: $f(x_0 - h) = f(x_0 + h)$
- Punktsymmetrisch zum Punkt $P(x_0 | y_0)$: $f(x_0 - h) - y_0 = y_0 - f(x_0 + h)$

Nullstellen

Schneidet oder berührt der Graph der Funktion f die x-Achse an der Stelle x_1, so nennt man diese Stelle **Nullstelle** der Funktion f.

Es gilt also:
Eine Zahl $x_1 \in D$ heißt Nullstelle der Funktion f, wenn gilt:

$$f(x_1) = 0$$

Satz vom Nullprodukt

Damit ein Produkt null ist, muss einer der Faktoren (oder beide) null sein. Es gilt:

$T_1 \cdot T_2 = 0$ (wobei T_1 und T_2 beliebige Terme)

$T_1 = 0$ oder $T_2 = 0$

Bestimmung von Nullstellen bei quadratischen Funktionen $f(x) = ax^2 + bx + c$

Quadratische Funktionen haben höchstens zwei Nullstellen. Man bestimmt sie im Allgemeinen mit der Mitternachtsformel oder im Sonderfall durch Ausklammern.

Bestimme die Nullstellen der Funktionen.

a) $f(x) = x^2 + 2x - 3$

Lösen mit der Mitternachtsformel:

$f(x) = 0$

$x_{1,2} = \frac{-b \pm \sqrt{b^2 - 4ac}}{2a}$ wobei $b^2 - 4ac \geq 0$

$x_{1,2} = \frac{-2 \pm \sqrt{4 + 12}}{2} = \frac{-2 \pm 4}{2}$

$x_1 = 1$ oder $x_2 = -3$

b) $f(x) = 2x^2 - 4x$

Lösen durch Ausklammern und mit dem Satz vom Nullprodukt:

$f(x) = 0$

$x(2x - 4) = 0$

$x_1 = 0$ oder $x_2 = 2$

Bestimmung von Nullstellen bei einem Polynom

Hat der Graph der Polynomfunktion einen Grad größer als zwei, so existiert keine Formel zur Lösung. Nur für Sonderfälle existieren spezielle Lösungsverfahren (Ausklammern und Substitution).

Bestimme die Nullstellen.

a) $2x^3 + x^2 - 3x = 0$

Lösen durch Ausklammern:
$x(2x^2 + x - 3) = 0$
$x_1 = 0$ oder $2x^2 + x - 3 = 0$

Mit der Mitternachtsformel folgt:
$x_2 = 1$ oder $x_3 = -1{,}5$

b) $x^4 - 7x^2 + 12 = 0$

Lösen durch Substitution:
Substitution: $u = x^2$
$u^2 - 7u + 12 = 0$
$u_1 = 4$ oder $u_2 = 3$

Resubstitution:
$x_1 = 2;\ x_2 = -2;\ x_3 = \sqrt{3};\ x_4 = -\sqrt{3}$

c) $x^3 + 2x^2 + x - 4 = 0$

Lösen durch Probieren und Polynomdivision:
Probieren liefert $x_1 = 1$

Polynomdivision:

$$
\begin{aligned}
&(x^3 + 2x^2 + x - 4) : (x - 1) = x2 + 3x + 4 \\
&\underline{-(x^3 - x^2)} \\
&\quad 3x^2 + x \\
&\quad \underline{-(3x^2 - 3x)} \\
&\qquad 4x - 4 \\
&\qquad \underline{-(4x - 4)} \\
&\qquad\quad 0
\end{aligned}
$$

Lösen der Gleichung $x^2 + 3x + 4 = 0$ liefert keine weiteren Lösungen.

Zusammenfassung

Eine Zahl $x_1 \in D$ heißt Nullstelle der Funktion f, wenn gilt:
$f(x_1) = 0$

Monotonie

Die Monotonie sagt etwas über den Verlauf der Kurve aus, und zwar, in welchen Bereichen sie fällt oder steigt.

Die Funktion f sei auf einem Intervall I definiert.
Wenn für alle x_1, x_2 aus I gilt:

- Aus $x_1 < x_2$ folgt $f(x_1) < f(x_2)$, dann ist f **streng monoton steigend** (*auch*: **zunehmend** bzw. **wachsend**) in I.
- Aus $x_1 > x_2$ folgt $f(x_1) > f(x_2)$, dann ist f **streng monoton fallend (abnehmend)** in I.
- Aus $x_1 < x_2$ folgt $f(x_1) \leq f(x_2)$, dann heißt f **monoton steigend (zunehmend)** in I.
- Aus $x_1 > x_2$ folgt $f(x_1) \geq f(x_2)$, dann heißt f **monoton steigend (zunehmend)** in I.

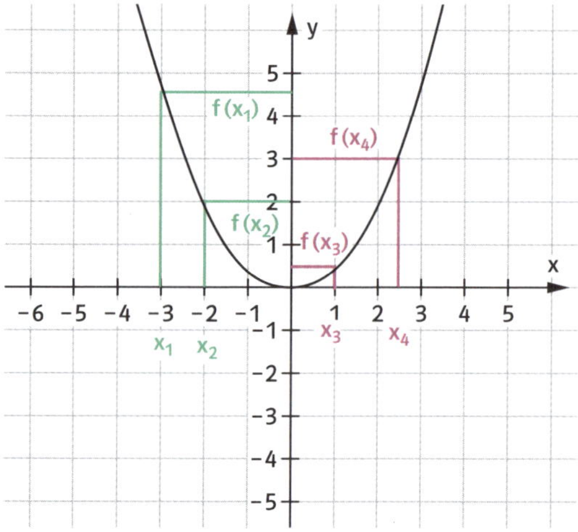

Das Schaubild zeigt
für $x < 0$ gilt: Aus $x_1 < x_2$ folgt $f(x_1) > f(x_2)$, somit ist die Funktion streng monoton fallend.
für $x > 0$ gilt: Aus $x_3 < x_4$ folgt $f(x_3) < f(x_4)$, somit ist die Funktion streng monoton steigend.

Monotoniesatz

Die Funktion f sei im Intervall I differenzierbar. Wenn für alle $x \in I$ gilt:

- $f'(x) > 0$, dann ist f **streng monoton zunehmend** in I.
- $f'(x) < 0$, dann ist f **streng monoton abnehmend** in I.

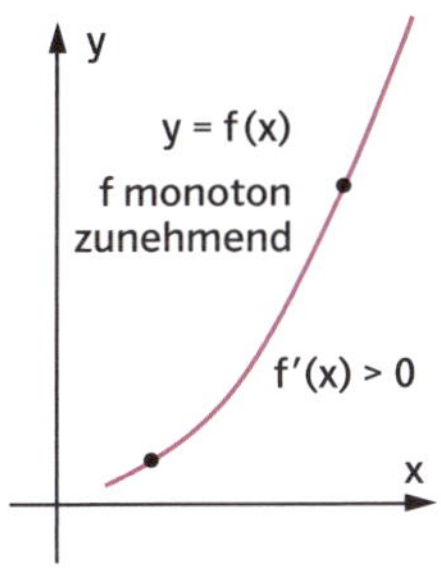

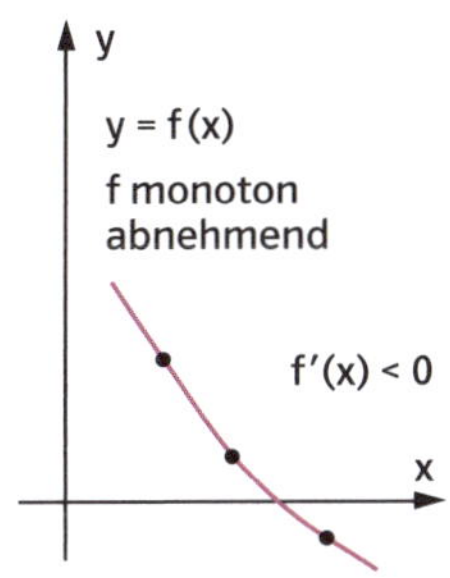

Achtung:
Die Umkehrung des Monotoniesatzes gilt nicht. Das heißt, obwohl $f'(0) = 0$ kann die Funktion streng monoton steigend sein. Dies ist z. B. für $f(x) = x^3$ der Fall.

Ermittle die Intervalle, in denen die Funktion f mit $f(x) = 4x + x^2$ monoton ist.
$f'(x) = 4 + 2x$
$f'(x) = 0$
$4 + 2x = 0$, also $x = \;\; 2$

$f'(x) < 0$, wenn $x < -2$ und $f'(x) > 0$, wenn $x > -2$
Also ist f streng monoton fallend für $x < -2$ und streng monoton steigend für $x > -2$.

Zusammenfassung

Die Funktion f sei im Intervall I differenzierbar. Wenn für alle $x \in I$ gilt:

- $f'(x) > 0$, dann ist f streng monoton zunehmend in I.
- $f'(x) < 0$, dann ist f streng monoton abnehmend in I.

Extrempunkte

Nimmt ein Funktionswert in einem Intervall I seinen höchsten oder tiefsten Wert an, so hat die Funktion ein Maximum oder Minimum. Man nennt diesen Wert auch **Extremwert** und die zugehörige Stelle x_0 **Extremstelle**.

Der zugehörige Punkt $P_0(x_0 \mid f(x_0))$ heißt **Extrempunkt**.

Gehört zu diesem Extrempunkt ein Minimum, so sagt man auch **Tiefpunkt**.
Bei einem Maximum sagt man **Hochpunkt**.

Existiert in diesem Intervall kein weiteres Maximum bzw. Minimum, so handelt es sich um ein **lokales** Maximum bzw. Minimum.
Existiert im gesamten Definitionsbereich der Funktion kein höherer bzw. tieferer Punkt, so handelt es sich um ein **globales** Maximum bzw. Minimum.

Ist die Definitionsmenge beschränkt, so müssen auch die Ränder der Funktion betrachtet werden.

Bestimmung von Extrempunkten

Meistens liegt ein Extrempunkt an den Stellen vor, an denen die Kurve ihre Richtung (Monotonie) ändert. Da die Ableitung die Steigung darstellt und bei Richtungsänderung die Steigung an dieser Stelle null ist, muss die Ableitung an dieser Stelle auch null sein.

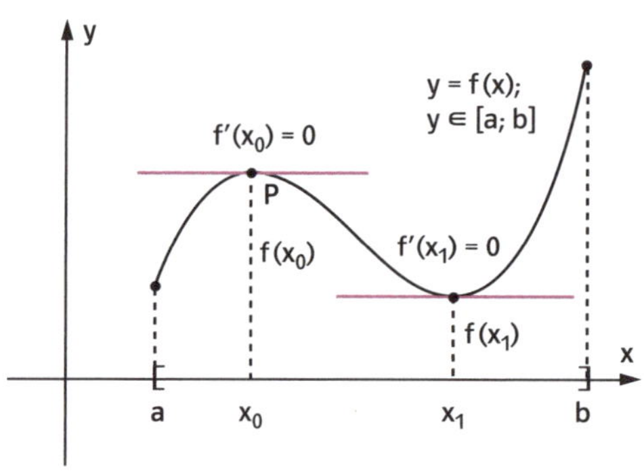

Fig. 1

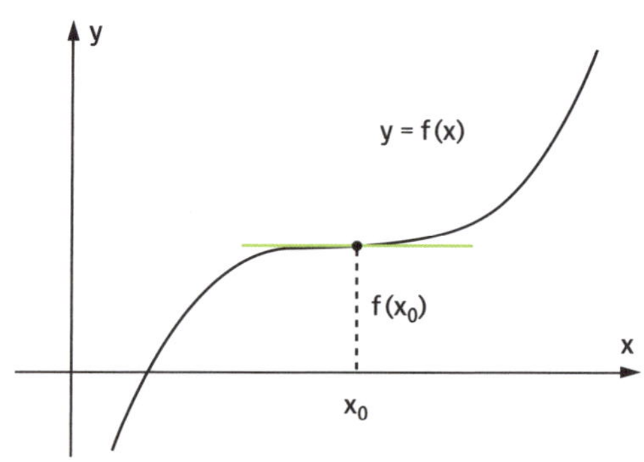

Fig. 2

Fig. 2 zeigt: Nicht jeder x-Wert, der die Bedingung $f'(x) = 0$ erfüllt, muss eine Extremstelle sein.

Notwendige Bedingung für Extremstellen: $f'(x) = 0$
In beiden Fällen ist $f'(x_0) = 0$, dennoch handelt es sich nur bei Fig. 1 (s. S. 332 unten) um Extrempunkte. Somit erkennt man, dass man eine weitere Bedingung für die Bestimmung von Extremwerten braucht.

Hinreichende Bedingung für Extremstellen:
$f'(x_0) = 0$ und Vorzeichenwechsel von $f'(x)$ bei x_0 von − nach +: lokales Minimum.
$f'(x_0) = 0$ und Vorzeichenwechsel von $f'(x)$ bei x_0 von + nach −: lokales Maximum.
ODER
$f'(x_0) = 0$ und $f''(x_0) > 0$: lokales Minimum.
$f'(x_0) = 0$ und $f''(x_0) < 0$: lokales Maximum.

Bestimme die Extrempunkte der Funktion $f(x) = x^3 - 3x - 4$.
$f'(x) = 3x^2 - 3$; $f''(x) = 6x$
Notwendige Bedingung: $f'(x) = 0$, also $3x^2 - 3 = 0$, wenn $x_1 = 1$ oder $x_2 = -1$
Hinreichende Bedingung: $f''(1) = 6 > 0$, also Minimum; $f''(-1) = -6 < 0$, also Maximum

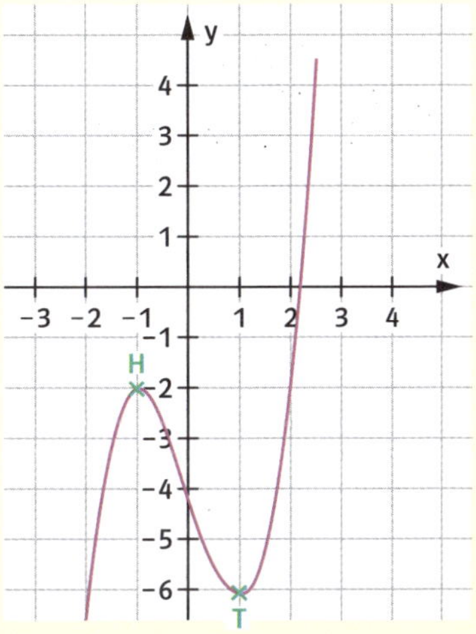

Den Extremwert bestimmt man, indem man die Stellen $x_1 = 1$ und $x_2 = -1$ in die Funktionsgleichung $f(x) = x^3 - 3x - 4$ einsetzt:

$f(1) = -6$ und $f(-1) = -2$

Die Extrempunkte lauten also:
Tiefpunkt $T(1\,|\,-6)$ und
Hochpunkt $H(-1\,|\,-2)$.

Zusammenfassung

- Notwendige Bedingung: $f'(x_0) = 0$
- Hinreichende Bedingung:
  - $f'(x_0) = 0$ und Vorzeichenwechsel von $f'(x)$ bei x_0 von − nach +: lokales Minimum
  - $f'(x_0) = 0$ und Vorzeichenwechsel von $f'(x)$ bei x_0 von + nach −: lokales Maximum

  ODER
  - $f'(x_0) = 0$ und $f''(x_0) > 0$: lokales Minimum
  - $f'(x_0) = 0$ und $f''(x_0) < 0$: lokales Maximum

Grenzverhalten

Beim Grenzverhalten von Funktionen untersucht man, wie sich die Funktion für sehr große und sehr kleine x-Werte verhält.
Das heißt, wie verhält sich die Funktion f für $x \to \pm\infty$?

Bei Potenzfunktionen mit positivem und negativem Exponenten, wird das Verhalten der Funktion f für $x \to \pm\infty$ durch die **höchste Potenz** bestimmt.

Hat die Potenzfunktion nur negative Exponenten, so gehen die Funktionswerte von f für $x \to \pm\infty$ gegen Null, d.h. die Funktion nähert sich der x-Achse an. In diesem Fall entspricht die x-Achse der Asymptote.

a) $f(x) = -0{,}1x^3 + 2x$

Die Funktion hat positive Exponenten, ihr Verhalten wird durch den Term $-0{,}1x^3$ bestimmt.
Für $x \to +\infty$ gilt $f(x) \to -\infty$;
für $x \to -\infty$ gilt $f(x) \to +\infty$

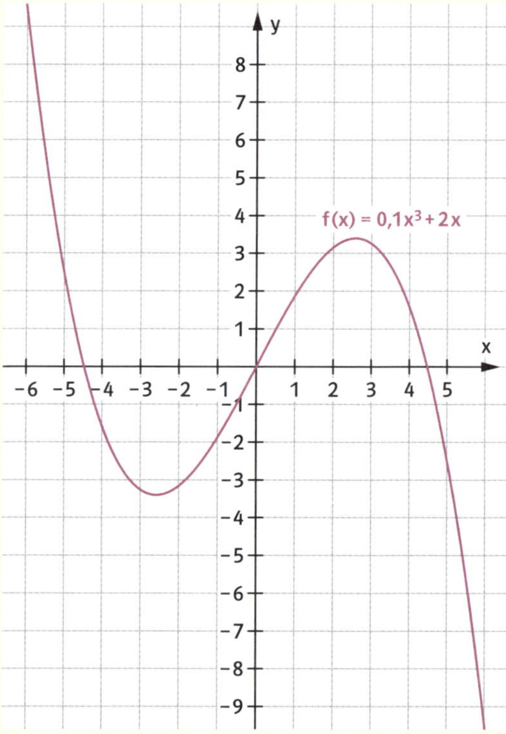

b) $g(x) = \frac{1}{5}x^4 - x^3 - 2$

x^4 ist die größte Potenz, deshalb wird das Verhalten von g durch den Term $\frac{1}{5}x^4$ bestimmt.

Für $x \to +\infty$ gilt: $g(x) \to +\infty$.
Für $x \to -\infty$ gilt: $g(x) \to +\infty$.

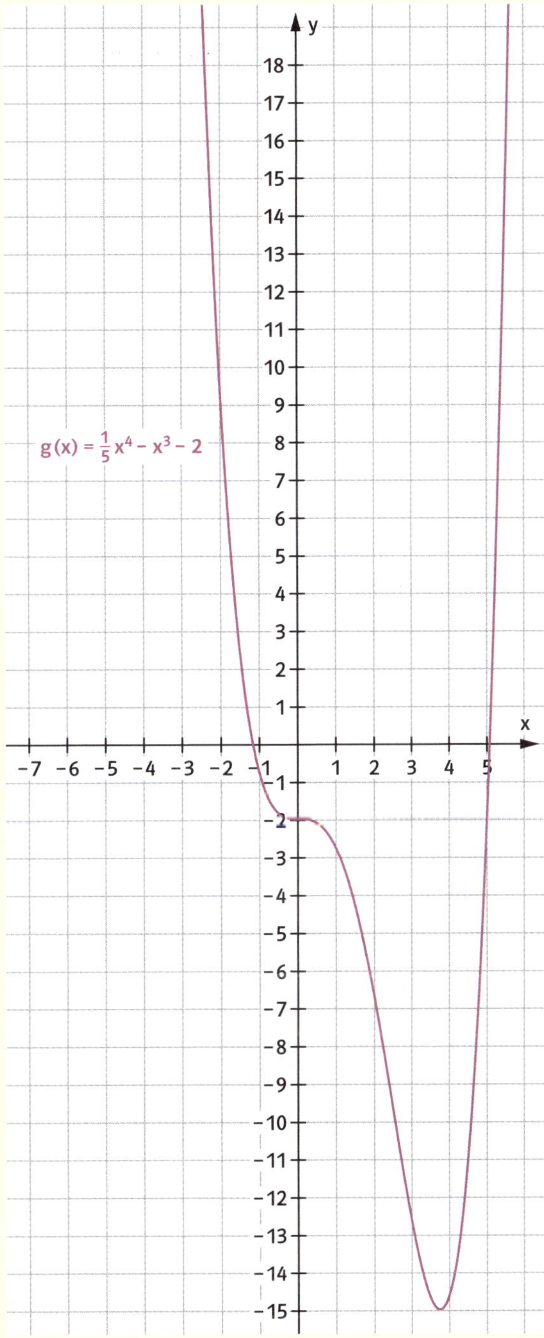

Lineare Funktionen

Eine Funktion f mit der Zuordnungsvorschrift

$$f(x) = mx + c \quad (m, c, x \in \mathbb{R})$$

heißt **lineare Funktion**.

Ihr Schaubild ist eine **Gerade** mit der Steigung **m** und dem y-Achsenabschnitt **c**.

Beispiel: $f(x) = 2x + 1$

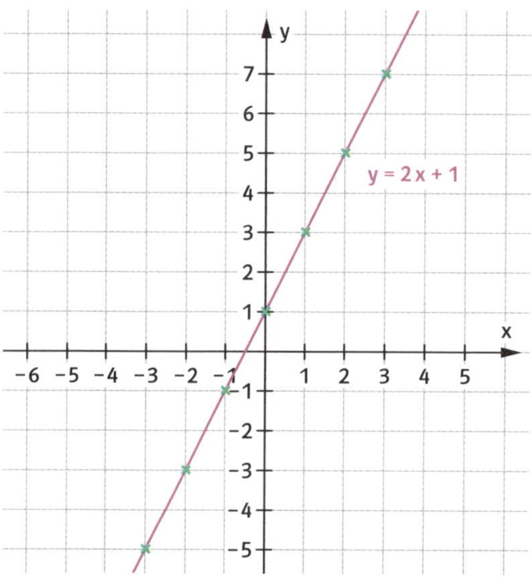

Ableitungsfunktion der linearen Funktion

Ist eine lineare Funktion f an der Stelle $x \in D$ differenzierbar, so lautet ihre Ableitung:

$$f'(x) = m$$

Der Graph der Ableitung ist eine zur x-Achse parallele Gerade.

Eine lineare Funktion geht durch die Punkte A(3 | 7) und B(8 | 10).
Gib die Funktionsgleichung und ihre Ableitung an.
Zeichne beide Graphen in ein Koordinatensystem.

Einsetzen der Koordinaten von A und B in die Funktion $f(x) = m \cdot x + c$:

A: $7 = m \cdot 3 + c$

B: $10 = m \cdot 8 + c$

Mit dem Gleichsetzungs- oder Additionsverfahren ergibt sich für m und c:

$7 = m \cdot 3 + c$

$10 = m \cdot 8 + c$

$m = \frac{3}{5}$ und $c = \frac{26}{5}$

Die Funktionsgleichung lautet also: $f(x) = \frac{3}{5}x + \frac{26}{5}$

Die Ableitung lautet: $f'(x) = \frac{3}{5}$

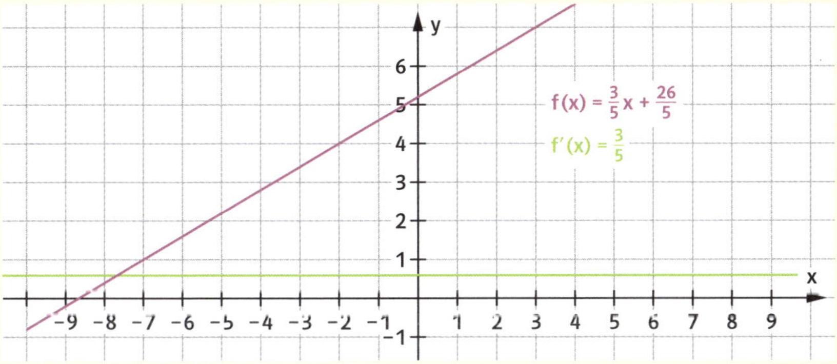

Bei einer proportionalen Funktion geht die Gerade immer durch den Ursprung.
Bei einer linearen Funktion kann die Gerade durch den Ursprung laufen, muss aber nicht.
Also ist die proportionalen Funktion ein Spezialfall der linearen Funktion.

Zusammenfassung

- Funktionsgleichung einer linearen Funktion:
  $f(x) = m \cdot x + c$
  m ist die Steigung.
  c heißt y-Achsenabschnitt, da die Gerade die y-Achse im Punkt P(0 | c) schneidet.
- Eine Funktion, die auf einem Teilintervall ihrer Definitionsmenge linear ist, nennt man abschnittsweise linear.

Potenzfunktionen

Eine Funktion f mit der Funktionsgleichung

$$f(x) = c \cdot x^n \quad (x \in \mathbb{R};\; c \in \mathbb{R} \setminus \{0\};\; n \in \mathbb{N} \setminus \{0\})$$

heißt **Potenzfunktion n-ten Grades**. Ihr Schaubild nennt man **Parabel** n-ter Ordnung.

Für jede Potenzfunktion gilt:
Zum k-fachen x-Wert erhält man den k^n-fachen y-Wert.

Eigenschaften für den Spezialfall c = 1

Gerade Hochzahlen

- Die Graphen nehmen nur positive y-Werte an.
- Alle Graphen gehen durch die Punkte P(−1 | 1) und Q(1 | 1) sowie durch den Ursprung.
- Die y-Achse ist Symmetrieachse.
- Für negative x-Werte fällt der Graph, für positive x-Werte steigt der Graph.

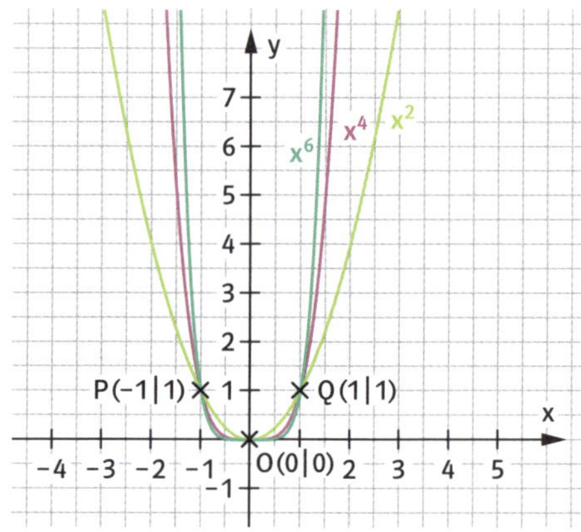

Ungerade Hochzahlen

- Alle Graphen gehen durch die Punkte P(−1 | −1) und Q(1 | 1) sowie durch den Ursprung.
- Sie sind punktsymmetrisch zum Ursprung.
- Die Graphen steigen für alle x-Werte an.

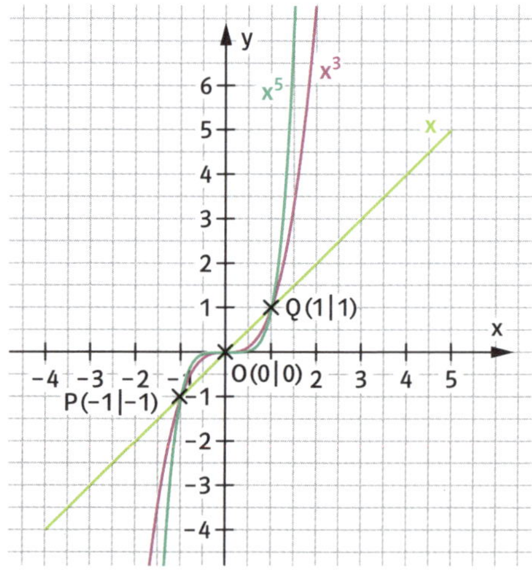

Ableitung der Potenzfunktion

Ist eine Potenzfunktion f an der Stelle $x \in D$ differenzierbar, so lautet ihre Ableitung:

$$f'(x) = c \cdot n \cdot x^{n-1} \quad \text{(Potenzregel)}$$

Der Graph der Ableitung ist für $n = 2$ eine Gerade, für $n > 2$ eine Potenzfunktion.

a) $n = 2$
$f(x) = 2x^2$
$f'(x) = 4x$

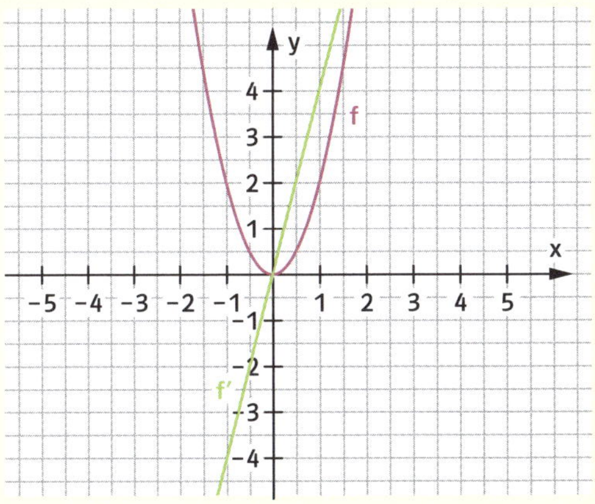

b) $n = 4$
$f(x) = 3x^4$
$f'(x) = 12x^3$

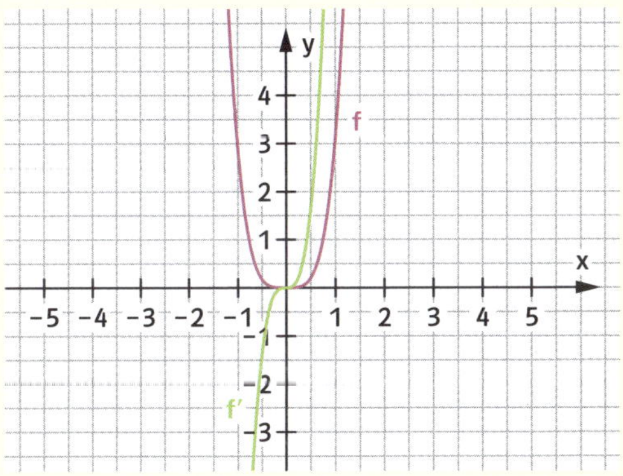

Zusammenfassung

- Eine Funktion mit der Gleichung $y = x^n$ ($x \in \mathbb{R}$; $n \in \mathbb{N}$) heißt Potenzfunktion n-ten Grades.
- Man unterscheidet zwischen Potenzfunktionen mit geraden und ungeraden Hochzahlen.
- Die Ableitung der Potenzfunktion lautet:
  $f'(x) = c \cdot n \cdot x^{n-1}$ (Potenzregel)

Potenzfunktionen mit negativen Exponenten

Eine Potenzfunktion f mit

$f(x) = x^n$

kann auch **negative Hochzahlen** (Exponenten) haben.
Der Graph einer Potenzfunktion mit negativem Exponenten heißt **Hyperbel** n-ter Ordnung oder Hyperbel vom Grad n.

Eigenschaften

Gerade Hochzahl

- Alle Graphen sind achsensymmetrisch zur y-Achse.
- Sie verlaufen durch die Punkte P(1 | 1) und Q(−1 | 1).
- Sie verlaufen im II. und I. Quadranten; alle y-Werte sind größer als Null, kurz $y > 0$ oder $f(x) > 0$.
- Die Graphen haben die y-Achse ($x = 0$) als senkrechte Asymptote.
- Sie haben die x-Achse ($y = 0$) als waagrechte Asymptote.

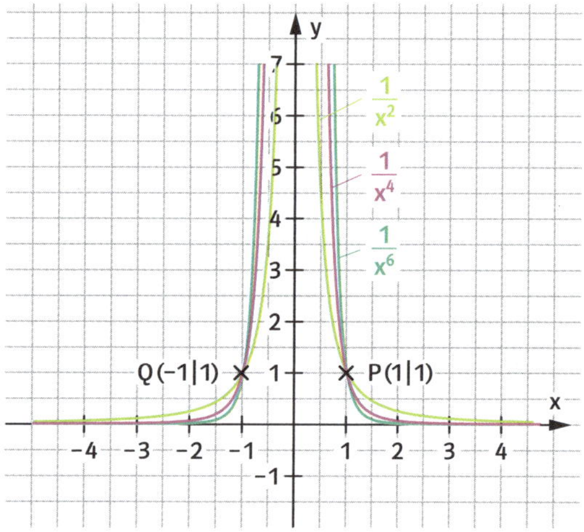

Ungerade Hochzahl

- Alle Graphen sind punktsymmetrisch zum Ursprung.
- Sie verlaufen durch die Punkte P(1 | 1) und Q(−1 | −1).
- Sie verlaufen im III. und I. Quadranten.
- Die Graphen haben die y-Achse ($x = 0$) als senkrechte Asymptote.
- Sie haben die x-Achse ($y = 0$) als waagrechte Asymptote.

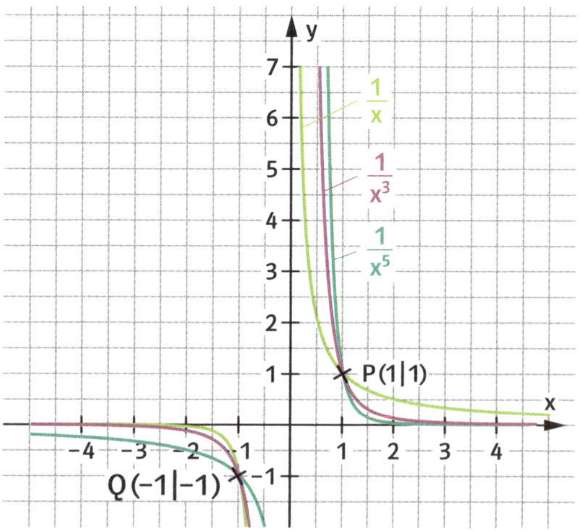

Asymptoten

Es gilt $x^{-n} = \frac{1}{x^n}$, z. B. ist $x^{-2} = \frac{1}{x^2}$. Deshalb ist eine Potenzfunktion mit negativem Exponenten für $x = 0$ nicht definiert, da man durch 0 nicht teilen darf.
Wenn sich die x-Werte der Stelle $x = 0$ nähern, dann werden die y-Werte unendlich groß bzw. unendlich klein.
Die **y-Achse** ($x = 0$) ist die **senkrechte Asymptote**. Werden die x-Werte immer größer (immer kleiner in negative x-Richtung), dann wird der Nenner von $\frac{1}{x^n}$ immer größer, also der Bruch immer kleiner, aber nie null.
Die **x-Achse** ($y = 0$) ist **waagrechte Asymptote**.
Allgemein gilt: Eine Asymptote ist eine **Näherungsgerade**.

Beispiel:
$n = -2$
$f(x) = \frac{1}{x^2}$

Für $x = 0$ ist die Funktion nicht definiert, da man durch null nicht teilen darf.
Die y-Achse ist senkrechte Asymptote.
Die x-Achse ist waagrechte Asymptote.

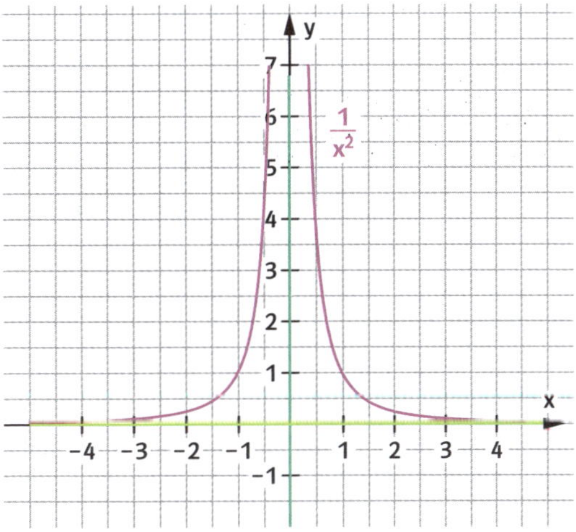

Zusammen-fassung

Der Graph einer Potenzfunktion f
$f(x) = x^n$
mit negativem Exponenten heißt Hyperbel n-ter Ordnung.

Exponentialfunktionen

Eine Funktion mit der Funktionsgleichung

$$f(x) = a^x \quad (a \in \mathbb{R}^+ \setminus \{1\})$$

heißt **Exponentialfunktion** zur Basis a.

Eigenschaften der Exponentialfunktion für $c > 0$

- Das Schaubild der Exponentialfunktion nimmt nur positive y-Werte an.
- Die Graphen aller Exponentialfunktionen gehen durch den Punkt A(0 | 1).
- Für $a > 1$ steigt der Graph der Exponentialfunktion.
- Für $0 < a < 1$ fällt der Graph der Exponentialfunktion.
- Den Graphen der Funktion $f(x) = \left(\frac{1}{a}\right)^x$ erhält man aus dem Graphen der Funktion $f(x) = a^x$ durch Spiegelung an der y-Achse.

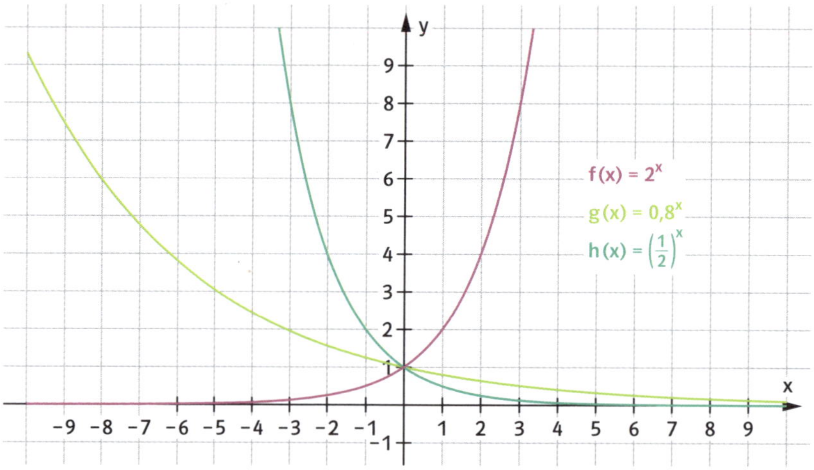

Verwendet man die Exponentialfunktion zur Beschreibung von Wachstumsvorgängen, so handelt es sich

- bei $a > 1$ um ein exponentielles Wachstum
- bei $a < 1$ um einen exponentiellen Zerfall.

Dabei entspricht der Faktor c dem Anfangsbestand f(0).

1. Der Graph einer Exponentialfunktion geht durch den Punkt P(2 | 12,25). Bestimme die Exponentialfunktion.

   Zuerst setzt man die Koordinaten von P in die Funktion $f(x) = a^x$ ein:

   $12{,}25 = a^2$

   Dann löst man diese Gleichung nach a auf:

   $a = \sqrt{12{,}25} = 3{,}5$

   Die Exponentialfunktion lautet: $f(x) = 3{,}5^x$

2. Das Schaubild einer Funktion $f(x) = c \cdot a^x$ geht durch die Punkte A(1,5 | 2,97) und B(3 | 3,15). Bestimme die Exponentialfunktion.

   Setze die Punktkoordinaten von A und B jeweils in die Funktion ein:

   I: $2{,}97 = c \cdot a^{1{,}5}$, also $c = \frac{2{,}97}{a^{1{,}5}}$

   II: $3{,}15 = c \cdot a^3$

   Setze $c = \frac{2{,}97}{a^{1{,}5}}$ in II ein:

   $3{,}15 = \frac{2{,}97}{a^{1{,}5}} \cdot a^3$

   $3{,}15 = a^{\frac{3}{2}}$

   $a \approx 1{,}04$

   Auflösen der Gleichung nach a liefert: $a \approx 1{,}04$

   Nun setzt man a in eine der beiden Gleichungen und erhält c:

   $2{,}97 = c \cdot 1{,}04^{1{,}5}$ liefert $c \approx 2{,}8$.

   Die zugehörige Exponentialfunktion lautet: $f(x) = 2{,}8 \cdot 1{,}04^x$

Zusammenfassung

Eine Funktion mit der Zuordnungsvorschrift

$f(x) = a^x \quad (a \in \mathbb{R}^+ \setminus \{1\})$

heißt **Exponentialfunktion zur Basis a.**

Ganzrationale Funktionen

Eine Funktion f mit der Funktionsgleichung

$$f(x) = a_n x^n + a_{n-1} x^{n-1} + \ldots + a_1 x + a_0$$

heißt **ganzrationale Funktion**.

Dabei sind die **Koeffizienten** $a_n, a_{n-1}, \ldots, a_1, a_0$ reelle Zahlen.
Ist $a_n \neq 0$, so hat f den Grad n.

Verhalten für $x \to +\infty$ und $x \to -\infty$

Bei einer ganzrationalen Funktion entscheidet der Summand mit der höchsten Potenz über das Verhalten der Funktion.
Dabei muss man auf das Vorzeichen von a_n achten und darauf, ob n gerade oder ungerade ist.

Symmetrie

Hat eine ganzrationale Funktion nur Potenzen mit **geraden Hochzahlen**, so nennt man die Funktion auch **gerade Funktion**. Hat sie nur Potenzen mit **ungeraden Hochzahlen**, so heißt sie **ungerade Funktion**.
Ist die ganzrationale Funktion eine **gerade** Funktion, so ist der Graph von f **symmetrisch zur y-Achse**. Ist die ganzrationale Funktion eine **ungerade** Funktion, so ist der Graph von f **punktsymmetrisch zum Ursprung**.

Nullstellen

Eine ganzrationale Funktion f vom Grad n hat höchstens n Nullstellen.
Ist x_1 eine Nullstelle einer ganzrationalen Funktion f vom Grad n, dann kann man f in folgender Form schreiben:

$$f(x) = (x - x_1) \cdot g(x)$$

wobei g(x) eine Funktion vom Grad $n - 1$ ist.

Tipp:
Zur Bestimmung von Nullstellen bei ganzrationalen Funktionen kann manchmal eine Polynomdivision hilfreich sein.

Ableitung

Zur Ableitung einer ganzrationalen Funktion benutzt man die Potenz-, Summen- und Faktorregel.
Die Ableitung ist eine ganzrationale Funktion vom Grad $n-1$.

Extremstellen

Zwischen den Nullstellen von f liegen bei ganzrationalen Funktionen immer die Extremstellen von f.
Eine ganzrationale Funktion kann höchstens **$n-1$ Extremstellen** besitzen.

Graphen von ganzrationalen Funktionen

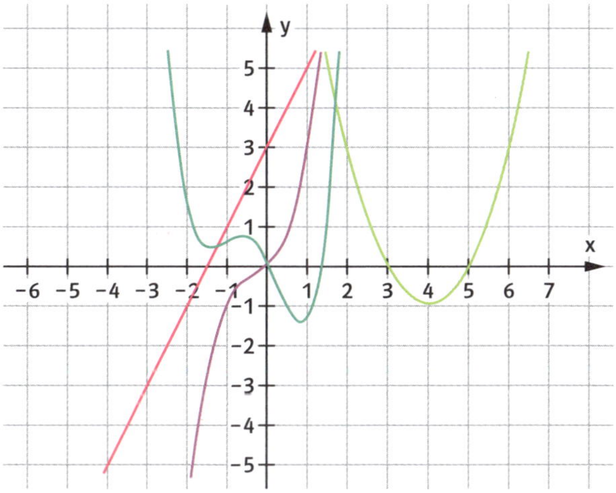

$y = 0{,}6x^4 + x^3 - x^2 - 2x$

$y = 2x + 3$

$y = x^3 + x^2 + x$

$y = x^2 - 8x + 15$

Zusammenfassung

- Eine Funktion f mit der Zuordnungsvorschrift
  $f(x) = a_n x^n + a_{n-1} x^{n-1} + \ldots + a_1 x + a_0$
  heißt **ganzrationale Funktion**.
- Dabei sind die **Koeffizienten** $a_n, a_{n-1}, \ldots, a_1, a_0$ reelle Zahlen.
- Ist $a_n \neq 0$, so hat f den Grad n.

Logarithmusfunktionen

Spiegelt man die Exponentialfunktion an der ersten Winkelhalbierenden ($y = x$), so erhält man einen neuen Funktionstyp, die sogenannte Logarithmusfunktion.

Eine Funktion mit der Zuordnungsvorschrift

$$f(x) = {}_{a}\log(x) \quad (a > 0;\ a \neq 1;\ x \in \mathbb{R}^{+})$$

heißt **Logarithmusfunktion**.

Eigenschaften der Logarithmusfunktion

- Die Logarithmusfunktion ist nur für positive x-Werte definiert, also $D = \mathbb{R}^{+} \setminus \{0\}$.
- Die Graphen aller Logarithmusfunktionen gehen durch den Punkt $A(1 \mid 0)$.
- Für $a > 1$ steigt der Graph der Logarithmusfunktion.
- Für $0 < a < 1$ fällt der Graph der Logarithmusfunktion.

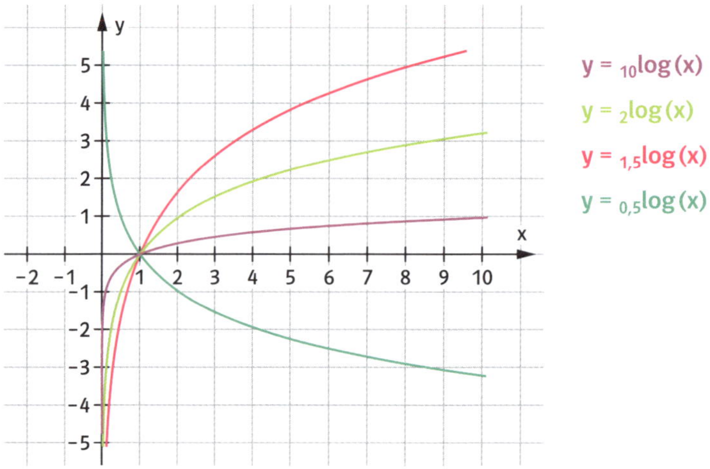

Graph einer Logarithmusfunktion

Der Graph der Logarithmusfunktion entsteht durch Spiegelung der Exponentialfunktion an der ersten Winkelhalbierenden.
Deshalb ist die Logarithmusfunktion die Umkehrfunktion der Exponentialfunktion.

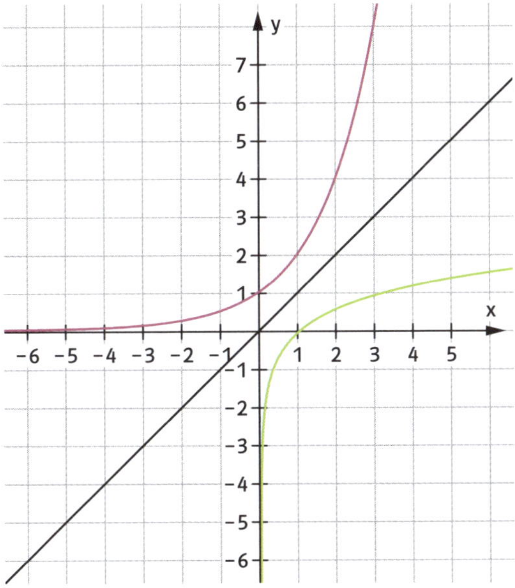

1\. Winkelhalbierende $y = x$

$y = 2^x$

$y = {}_2\log(x)$

Zusammenfassung

- Eine Funktion mit der Zuordnungsvorschrift

  $\mathbf{f(x) = {}_a\log(x)}$ $\quad (a > 0;\ a \neq 1;\ x \in \mathbb{R}^+)$

  heißt **Logarithmusfunktion.**
- Die Logarithmusfunktion ist die Umkehrfunktion der Exponentialfunktion.

Sinus- und Kosinusfunktion

Sinus und Kosinus sind Seitenverhältnisse im rechtwinkligen Dreieck.
Hat die Hypotenuse die Länge 1, so kann man den Sinus und den Kosinus als Streckenlänge im sogenannten Einheitskreis (Kreis mit dem Radius 1 Längeneinheit) darstellen.

Der Sinus, veranschaulicht im Einheitskreis

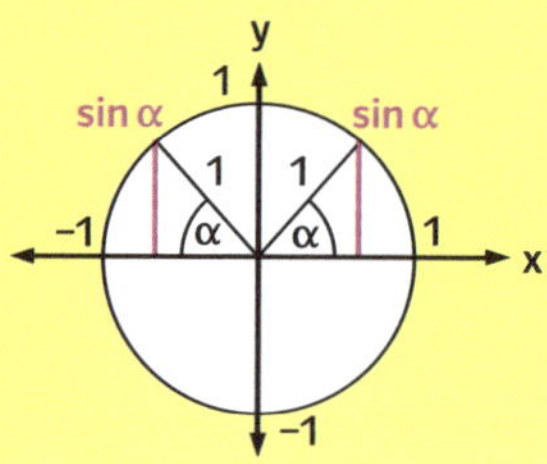

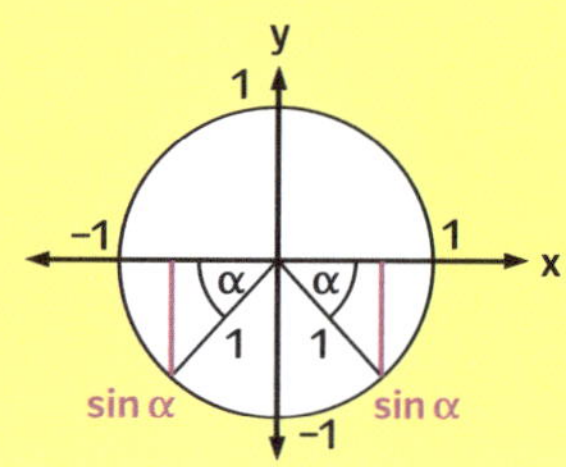

Für $\alpha = 0$ gilt: $\sin 0° = 0$
Für $0° < \alpha < 180°$ gilt: $0 < \sin \alpha < 1$.
Für $\alpha = 90°$ gilt: $\sin 90° = 1$.
Für $\alpha = 180°$ gilt: $\sin 180° = 0$.
Für $180° \leq \alpha \leq 360°$ gilt: $-1 \leq \sin \alpha < 0$.
Für $\alpha = 270°$ gilt: $\sin 270° = -1$.

Der Kosinus, veranschaulicht im Einheitskreis

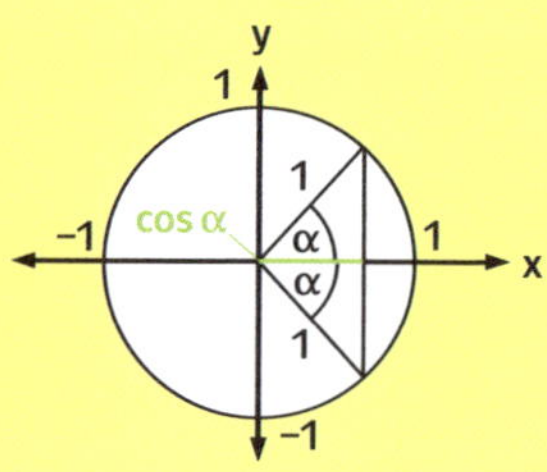

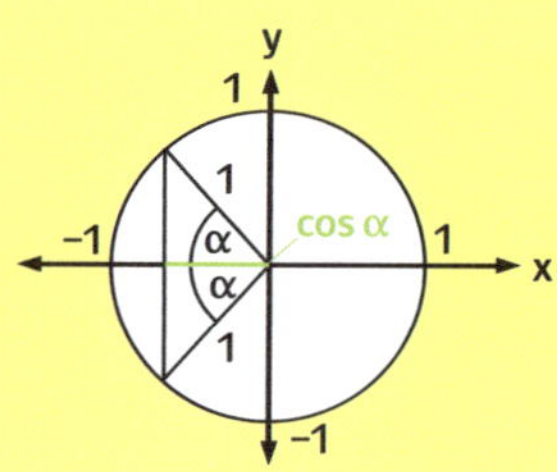

Für $0° \leq \alpha \leq 90°$ und $270° \leq \alpha \leq 360°$ gilt:
$0 < \cos \alpha \leq 1$.

Für $90° \leq \alpha \leq 270°$ gilt:
$-1 \leq \cos \alpha \leq 0$.

Besondere Werte: $\cos 0° = 1$
$\cos 90° = 0$
$\cos 180° = -1$
$\cos 270° = 0$

Sinus und Kosinus bei unterschiedlichen Winkeln

Das folgende Bild zeigt den Graphen, bei dem jedem Winkel α auf der x-Achse der Wert des Sinus bzw. Kosinus auf der y-Achse zugeordnet ist.

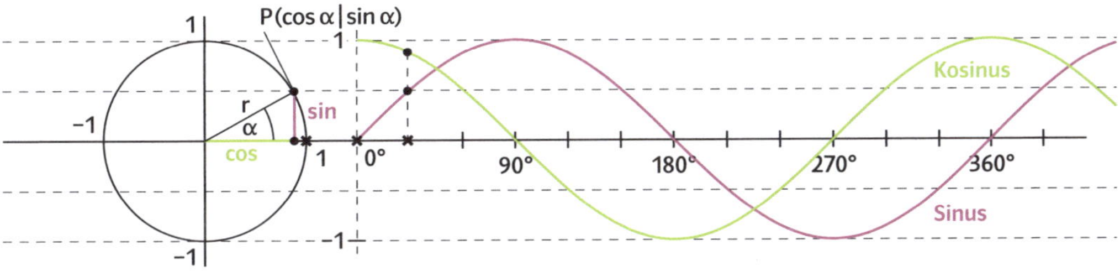

Stellt man diese Zuordnung als Funktion dar, so gibt man die Größe des Winkels nicht mehr in Grad an, sondern im Bogenmaß des Winkels.
Das **Bogenmaß** misst die Länge des zum Winkel gehörenden Kreisbogens und ist somit eine reelle **Zahl**.

Es gilt:
Die Zuordnung, die jedem Wert x den sin(x) zuordnet, heißt Sinusfunktion f mit **f(x) = sin(x)**.
Die Zuordnung, die jedem Wert x den cos(x) zuordnet, heißt Kosinusfunktion g mit **g(x) = cos(x)**.

Für die Umrechnung des Winkels α vom Gradmaß ins Bogenmaß gilt:

$$x = 2\pi \cdot \frac{\alpha}{360°}$$

Winkel in Grad	0°	30°	45°	60°	90°	120°	135°	150°	180°
Winkel im Bogenmaß	0	$\frac{\pi}{6}$	$\frac{\pi}{4}$	$\frac{\pi}{3}$	$\frac{\pi}{2}$	$\frac{2\pi}{3}$	$\frac{3\pi}{4}$	$\frac{5\pi}{6}$	π

Bei beiden Funktionen handelt es sich um eine periodische Funktion mit der Periode 2π, d.h. ihr Graph wiederholt sich nach jeder Periode.

Ableitungen

Für die Sinusfunktion f mit $f(x) = \sin(x)$ gilt: $f'(x) = \cos(x)$.
Für die Kosinusfunktion g mit $g(x) = \cos(x)$ gilt: $g'(x) = -\sin(x)$.

Lineares Wachstum

Ein **Wachstum** beschreibt die Änderung des Bestandes im Zeitschritt zwischen zwei Zeitpunkten t und $t+1$ $(t = 0, 1, 2, 3, \ldots)$. Es kann auf verschiedene Arten erfolgen:

- **absolute Änderung d**
  Man berechnet die Differenz zweier aufeinander folgender Werte:
  $d = B(t+1) - B(t)$
- **relative oder prozentuale Änderung p**
  Man ermittelt p wie folgt: $p = \frac{B(t+1) - B(t)}{B(t)}$

Bei einem **linearen Wachstum** ist die Änderung des Bestandes pro Zeitschritt (absolute Änderung d) konstant.

$$\mathbf{B(t+1) - B(t) = d}$$

Für den Bestand B(t) gilt nach t Zeitschritten:

$$\mathbf{B(t) = B(0) + m \cdot t,}$$

wobei m die Änderungsrate und B(0) der Anfangsbestand sind.

Das Schaubild eines linearen Wachstums ist eine **Gerade**.

1. Eine Tanne ist 90 cm hoch. Sie wächst jedes Jahr um 12 cm.
   Wie hoch ist die Tanne in 5 Jahren?

   Anfangsbestand: $B(0) = 90$
   Änderungsrate: $m = 12$

   Bestand bzw. Höhe nach t Jahren: $B(t) = 90 + 12 \cdot t$
   Höhe nach 5 Jahren: $B(5) = 90 + 12 \cdot 5 = 90 + 60 = 150$

   Nach 5 Jahren ist die Tanne 150 cm = 1,50 m hoch.

2. In einer Badewanne sind bereits 10 l enthalten. Es fließen pro Minute 2 l Wasser dazu.

   a) Stelle für das Wasser in der Wanne das zugehörige Wachstumsgesetz auf und skizziere das Schaubild.

   $B(t) = B(0) + m \cdot t$
   $\quad = 10\,l + 2 \cdot t$

   b) Wie viel Wasser ist nach 10 min in der Wanne?

   $B(t) = B(0) + m \cdot t$
   $B(10) = 10 + 2 \cdot 10$
   $\quad = 30$
   Nach 30 min sind 30 l in der Wanne.

   c) Wann sind 100 l Wasser in der Wanne?

   $100\,l = 10 + 2 \cdot t$
   $90 = 2 \cdot t$, also $t = 45$
   Nach 45 min sind 100 l in der Wanne.

Zusammenfassung

Für ein lineares Wachstum gilt:

$B(t) = B(0) + m \cdot t$

Das Schaubild ist eine Gerade.

Exponentielles Wachstum

Ist bei einem Wachstum die Änderung des Bestandes pro Zeitschritt nicht konstant, sondern proportional zum vorhandenen Bestand, so spricht man von einem **exponentiellen Wachstum**.

Es gilt:

$$B(t+1) - B(t) = p \cdot B(t)$$

bzw.

$$p = \frac{B(t+1) - B(t)}{B(t)}.$$

k heißt Wachstumsfaktor mit

$$k = p + 1 = \frac{B(t+1)}{B(t)}.$$

Für den Bestand B (t) gilt nach t Zeitschritten:

$$B(t) = B(0) \cdot k^t$$

wobei B (0) der Anfangsbestand ist.

Das Schaubild eines exponentiellen Wachstums ist die **Exponentialfunktion**.

Daran erkennt man exponentielles Wachstum:

- Zu jedem Zeitschritt gehört dieselbe prozentuale Änderung p.
- Für jeden Zeitschritt gilt: $B(t+1) = k \cdot B(t)$ mit $k = p + 1$.
- Für jeden Zeitschritt gilt: $B(t+1) - B(t) = p \cdot B(t)$, d. h. die absolute Änderung ist proportional zum Bestand.
- Für die Quotienten aufeinander folgender Bestandszahlen gilt:
  $\frac{B(t+1)}{B(t)} = k$; k ist konstant.

Georg legt 5000 € zu einem Zinssatz von 5 % für 5 Jahre mit Zinseszins an.
Wie hoch ist sein Kapital nach 5 Jahren?

Jahr	Alter Bestand	Zuwachs	Neuer Bestand
0			5000,00 €
1	5000,00 €	250,00 €	5250,00 €
2	5250,00 €	262,50 €	5512,50 €
3	5512,50 €	275,63 €	5788,13 €
4	5788,13 €	289,41 €	6077,54 €
5	6077,54 €	303,88 €	6381,42 €

Betrachtet man die einzelnen Rechenschritte, so erkennt man die Formel mit $k = p + 1 = 5\% + 1 = 0{,}05 + 1 = 1{,}05$.

Anfangsbestand: $B(0) = 5000\,€$
Nach einem Jahr: $B(1) = 5000\,€ + 0{,}05 \cdot 5000\,€ = 5000\,€ \cdot 1{,}05 = 5250\,€$
Nach zwei Jahren: $B(2) = 5250\,€ \cdot 1{,}05 = 5000\,€ \cdot 1{,}05^2 = 5512{,}50\,€$
Nach drei Jahren: $B(3) = 5512{,}50\,€ \cdot 1{,}05 = 5000\,€ \cdot 1{,}05^3 \approx 5788{,}13\,€$
…
Nach t Jahren: $B(t) = B(0) \cdot 1{,}05^t$

Zusammenfassung

Für ein exponentielles Wachstum gilt:

$B(t) = B(0) \cdot k^t$ (B (0): Anfangsbestand),

wobei für den Wachstumsfaktor k gilt:

Zunahme: $k = 1 + \frac{p}{100}$ Abnahme: $k = 1 - \frac{p}{100}$

Das Schaubild ist die Exponentialfunktion.

Beschränktes Wachstum

Existiert bei einem Wachstum eine Grenze (Schranke), die nicht überschritten werden kann, so spricht man von einem **beschränkten Wachstum**.
Je mehr sich der momentane Bestand $B(t)$ dieser Schranke S nähert, umso kleiner ist der Zuwachs pro Zeiteinheit.
Die Differenz $S - B(t)$ wird immer kleiner und wird **Sättigungsmanko** genannt.

Bei einem beschränkten Wachstum ist die Änderungsrate k zum Sättigungsmanko proportional und der Bestand $B(t)$ ändert sich im nächsten Zeitschritt um:

$$k \cdot (S - B(t))$$

Somit gilt für den Bestand einen Zeitschritt später:

$$B(t+1) = B(t) + k \cdot (S - B(t))$$

In Deutschland kamen 2005 bei rund 82 000 000 Einwohnern laut Bevölkerungsstatistik auf 1000 Einwohner 8 Geburten und 10 Todesfälle im Jahr. Der Bevölkerungsstatistik ist außerdem zu entnehmen, dass im Durchschnitt ca. 140 000 Menschen zuwanderten.

a) Mit welcher Einwohnerzahl war nach 1, 2, 3, 4, 5 Jahren zu rechnen?

Da die Anzahl der Geburten und Todesfälle von der gesamten Einwohnerzahl, die sich jährlich ändert, abhängt, handelt es sich um ein exponentielles Wachstum.

Geburten im Jahr 2005: $8 \cdot 82\,000 = 656\,000$
Todesfälle im Jahr 2005: $10 \cdot 82\,000 = 820\,000$

Berechnung des Wachstumsfaktors k:

Einwohnerzahl zu Beginn $B(0) = 82\,000\,000$
Einwohnerzahl nach einem Jahr $B(1)$:
$82\,000\,000 + 656\,000 - 820\,000 = 81\,836\,000$

Aus $B(1) = B(0) \cdot k^1$ folgt $k = 0{,}998$.

Diesem exponentiellen Wachstum ist ein lineares überlagert, die Zuwanderungsbilanz wird als durchschnittliche angegeben und kann somit als gleich bleibend angenommen werden.
Somit ergibt sich:

$B(t+1) = 0{,}998 \cdot B(t) + 140\,000$
$B(1) = 81\,976\,000;$
$B(2) = 81\,952\,048;$
$B(3) \approx 81\,928\,144;$
$B(4) \approx 81\,904\,288$

b) Zeige, dass die Entwicklung der Einwohnerzahl dem Gesetz des beschränkten Wachstums folgt.
Mit welcher Einwohnerzahl kann langfristig gerechnet werden?

Aus der Gleichung für beschränktes Wachstum

$$B(t+1) = B(t) + k \cdot (S - B(t))$$

folgt:

$$\begin{aligned} 81\,976\,000 &= 82\,000\,000 + 0{,}998 \cdot (S - 82\,000\,000) && |\ -82\,000\,000 \\ -24\,000 &= 0{,}998 \cdot (S - 82\,000\,000) && |\ :0{,}998 \\ -24\,048 &\approx S - 82\,000\,000 && |\ +82\,000\,000 \\ 81\,975\,952 &\approx S \end{aligned}$$

und damit $S \approx 81\,975\,952$.

Zusammenfassung

Bei einem beschränkten Wachstum mit der Schranke S ist die Änderungsrate k zum Sättigungsmanko proportional und der Bestand B(t) ändert sich im nächsten Zeitschritt um:

$k \cdot (S - B(t))$

Somit gilt für den Bestand einen Zeitschritt später:

$B(t+1) = B(t) + k \cdot (S - B(t))$

Länge und Mittelpunkt einer Strecke

Sind in einem Koordinatensystem der Anfangspunkt $P(x_P \mid y_P)$ und der Endpunkt $Q(x_Q \mid y_Q)$ einer Strecke gegeben, so kann man die Länge und den Mittelpunkt der Strecke $\overline{PQ}$ bestimmen.

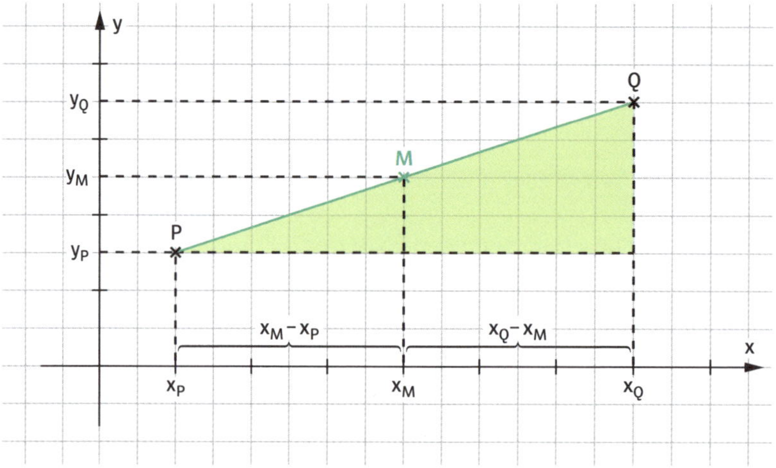

Für die **Länge d** der Strecke $\overline{PQ}$ gilt:

$$d = \sqrt{(x_Q - x_P)^2 + (y_Q - y_P)^2}$$

Für den **Mittelpunkt** $\mathbf{M(x_M \mid y_M)}$ gilt:

$$x_M = \frac{1}{2}(x_P + x_Q); \quad y_M = \frac{1}{2}(y_P + y_Q)$$

Berechne für das Dreieck ABC mit A (0 | 1); B (4 | 5); C (2 | 2) die Seitenlängen und Koordinaten der Seitenmitten.

Seitenlängen:

$\overline{AB} = \sqrt{(4-0)^2 + (5-1)^2} = \sqrt{32} \approx 5{,}66$

$\overline{BC} = \sqrt{(2-4)^2 + (2-5)^2} = \sqrt{13} \approx 3{,}61$

$\overline{AC} = \sqrt{(2-0)^2 + (2-1)^2} = \sqrt{5} \approx 2{,}24$

Koordinaten der Seitenmitten:

Mitte der Seite AB:

$x_M = \frac{1}{2}(0+4) = 2;\quad y_M = \frac{1}{2}(1+5) = 3;\qquad$ also M (2 | 3)

Mitte der Seite BC:

$x_M = \frac{1}{2}(4+2) = 3;\quad y_M = \frac{1}{2}(5+2) = 3{,}5;\qquad$ also M (3 | 3,5)

Mitte der Seite AC:

$x_M = \frac{1}{2}(0+2) = 1;\quad y_M = \frac{1}{2}(1+2) = 1{,}5;\qquad$ also M (1 | 1,5)

Zusammenfassung

- Für die Länge d der Strecke $\overline{PQ}$ gilt:
  $d = \sqrt{(x_Q - x_P)^2 + (y_Q - y_P)^2}$
- Für den Mittelpunkt $M(x_M \mid y_M)$ gilt:
  $x_M = \frac{1}{2}(x_P + x_Q);\quad y_M = \frac{1}{2}(y_P + y_Q)$

Geraden

Verlängert man eine Strecke unbegrenzt über ihre Endpunkte hinaus, so erhält man eine **Gerade**. Eine Gerade hat somit keinen Anfang und kein Ende, sie ist unendlich lang. Durch zwei Punkte existiert nur eine Gerade.
In der Zeichenebene wird die Richtung der Geraden durch die **Steigung m** bzw. den **Steigungswinkel α** bestimmt. Dazu verwendet man ein Koordinatensystem.

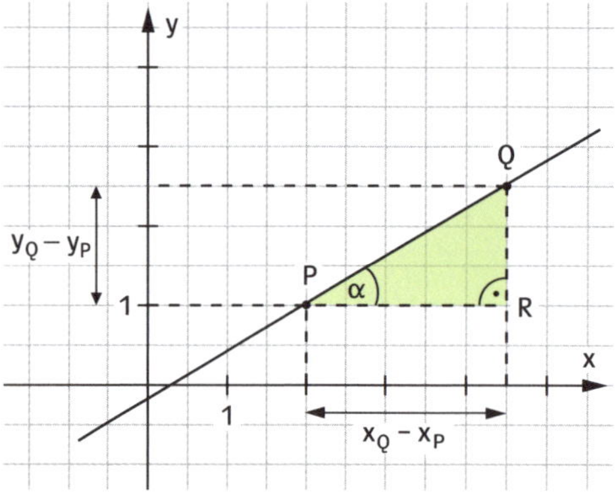

Steigung der Geraden

Die Gerade durch die Punkte $P(x_P \mid y_P)$ und $Q(x_Q \mid y_Q)$ hat die Steigung:

$$m = \frac{y_Q - y_P}{x_Q - x_P}; \quad x_P \neq x_Q$$

Für den Steigungswinkel α gilt:

$$\tan\alpha = m \quad (0° \leq \alpha < 180°)$$

Zwei Geraden g und h mit den Steigungen m_1 und m_2 sind **orthogonal** zueinander, wenn gilt:

$$m_1 \cdot m_2 = -1$$

Umkehrung:
Wenn $m_1 \cdot m_2 = -1$, so sind die beiden Geraden mit diesen Steigungen zueinander orthogonal.

Berechne die Steigung und den Steigungswinkel der Geraden g durch die Punkte A(6 | −2) und B(4 | 10).

Steigung:

$m = \frac{10 - (-2)}{4 - 6} = \frac{12}{-2} = -6$

Steigungswinkel:
$-6 = \tan\alpha$, also $\alpha \approx -80{,}54°$

Damit man den Neigungswinkel zur x-Achse erhält, müssen noch 180° addiert werden. Also hat die Gerade einen Steigungswinkel von 99,5°.

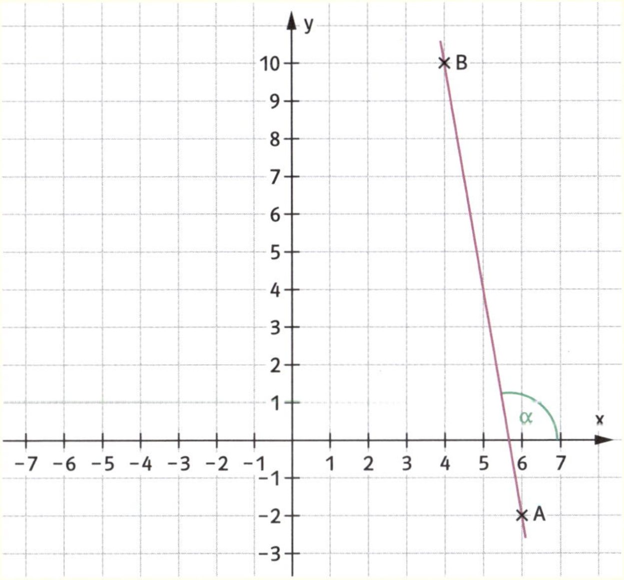

Zusammenfassung

- Die Steigung einer Geraden berechnet sich durch: $m = \frac{y_Q - y_P}{x_Q - x_P}$; $x_P \neq x_Q$.
- Der Steigungswinkel berechnet sich durch: $\tan\alpha = m$ $(0° \leq \alpha < 180°)$.
- Zwei Geraden g und h mit den Steigungen m_1 und m_2 sind orthogonal zueinander, wenn gilt: $m_1 \cdot m_2 = -1$.
  Umkehrung:
  Wenn $m_1 \cdot m_2 = -1$, so sind die beiden Geraden mit diesen Steigungen zueinander orthogonal.

Hauptform der Geradengleichung

Ist bei einer Geraden die Steigung m und der y-Achsenabschnitt c (y-Wert des Schnittpunktes der Geraden mit der y-Achse) gegeben, so kann die Gerade in folgender Form angegeben werden:

$$\mathbf{y = m \cdot x + c}$$

Ist $c = 0$, so verläuft die Gerade durch den Ursprung des Koordinatensystems.

Ist die Gerade **parallel zur x-Achse**, so hat sie die Steigung 0. Die Gleichung dieser Geraden lautet:

$$\mathbf{y = c}$$

Ist die Gerade **parallel zur y-Achse**, so hat sie keine Steigung. Sie kann nicht in der Hauptform angegeben werden. Die Gleichung einer solchen Geraden lautet:

$$\mathbf{x = a}$$

Hinweis: Eine Gerade mit $x = a$ ist keine Funktion!

Die Hauptform der Geradengleichung $y = m \cdot x + c$ kann umgeformt werden zu

$$mx - y + c = 0.$$

Diese Gleichung hat die Form

$$ax + by + c = 0 \qquad (a \neq 0;\, b \neq 0)$$

und heißt **allgemeine Form der Geradengleichung**.

Gib jeweils die Hauptform der Geradengleichung an.

a) Gegeben: $m = -\frac{1}{3}$; A(0|0)

$y = -\frac{1}{3}x$ (Die Gerade geht durch den Ursprung.)

b) Gegeben: $m = 0$; A(0|5)

$y = 5$ (Die Gerade ist parallel zur x-Achse.)

c) Gegeben: $m = \frac{1}{5}$; A(0|4)

$y = \frac{1}{5}x + 4$

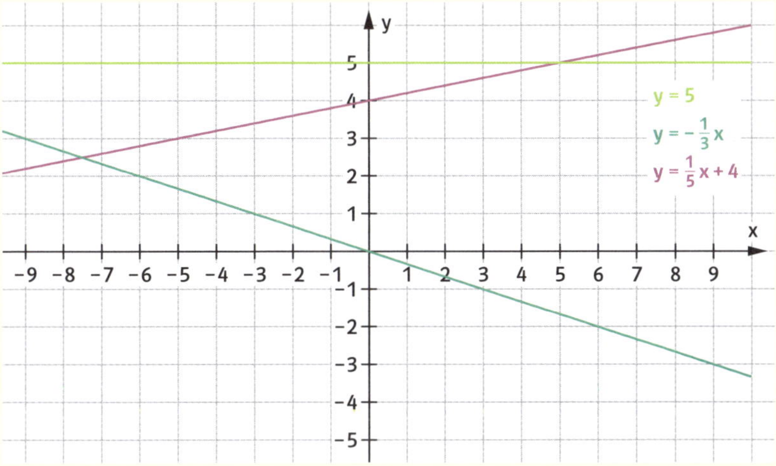

Zusammenfassung

- Hauptform der Geradengleichung:

  $y = mx + c$ (m: Steigung; c: y-Achsenabschnitt)

- Allgemeine Form der Geradengleichung:

  $ax + by + c = 0$ $(a \neq 0;\ b \neq 0)$

Weitere Geradengleichungen

Punktsteigungsform der Geradengleichung

Ist von einer Geraden die Steigung m und ein Punkt A (x_A | y_A), der auf der Geraden liegt, gegeben, so erhält man die Gleichung der Geraden wie folgt:

$$m = \frac{y - y_A}{x - x_A}$$

Löst man diese Gleichung nach y auf, so erhält man die Hauptform der Geradengleichung.

Von einer Geraden g ist die Steigung $m = 0{,}5$ und ein Punkt A (1 | 2) gegeben.
Gib die Gleichung der Geraden g an.

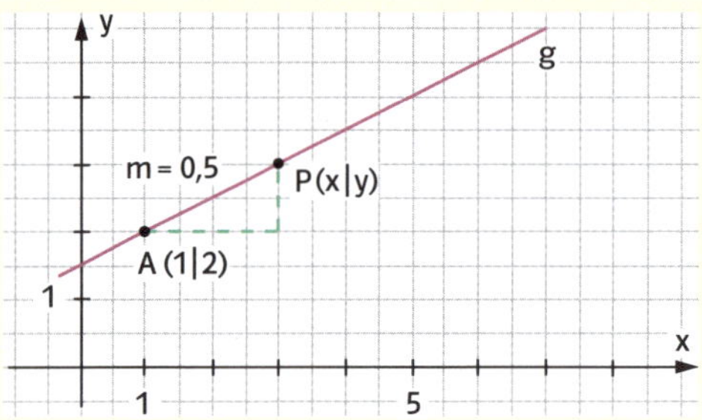

$$\frac{y - y_A}{x - x_A} = m$$

Einsetzen ergibt:

$$\frac{y - 2}{x - 1} = 0{,}5$$

$$y - 2 = 0{,}5(x - 1) \qquad | \cdot (x - 1)$$

$$y - 2 = 0{,}5x - 0{,}5 \qquad | +2$$

$$y = 0{,}5x + 1{,}5$$

also g: $y = 0{,}5x + 1{,}5$

Zweipunkteform der Geradengleichung

Sind zwei verschiedene Punkte $A(x_A \mid y_A)$ und $B(x_B \mid y_B)$ gegeben, die auf der Geraden liegen, so erhält man die Gleichung der Geraden wie folgt:

$$m = \frac{y - y_A}{x - x_A} = \frac{y_B - y_A}{x_B - x_A}$$

Löst man diese Gleichung nach y auf, so erhält man die Hauptform der Geradengleichung.

Von der Geraden g sind die beiden Punkte $A(2 \mid 1)$ und $B(8 \mid 5)$ gegeben.
Bestimme die Gleichung der Geraden.

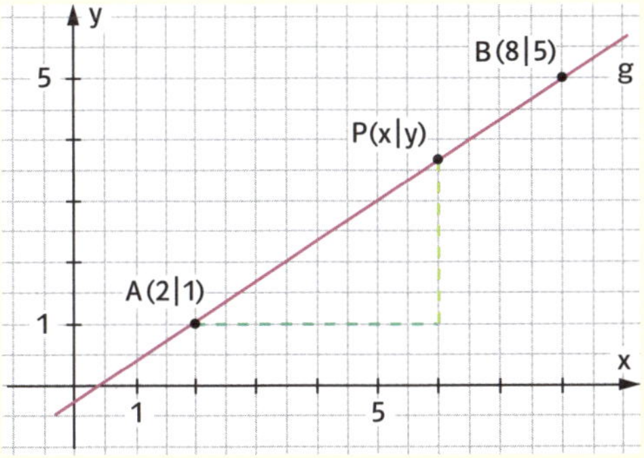

Einsetzen in $m = \frac{y - y_A}{x - x_A} = \frac{y_B - y_A}{x_B - x_A}$ ergibt:

$\frac{y-1}{x-2} = \frac{5-1}{8-2}$

$\frac{y-1}{x-2} = \frac{\cancel{4}^{2}}{\cancel{6}_{3}}$

$y - 1 = \frac{2}{3}(x-2) \qquad | \cdot (x-2)$

$y - 1 = \frac{2}{3}x - \frac{4}{3} \qquad | +1$

$y = \frac{2}{3}x - \frac{1}{3}$

also $g\colon\ y = \frac{2}{3}x - \frac{1}{3}$

Zusammenfassung

- Punktsteigungsform der Geradengleichung: $m = \frac{y - y_A}{x - x_A}$
- Zweipunkteform der Geradengleichung: $m = \frac{y - y_A}{x - x_A} = \frac{y_B - y_A}{x_B - x_A}$

Schnittpunkt und Schnittwinkel zweier Geraden

Bestimmung des Schnittpunktes zweier Geraden

Schneiden sich zwei Geraden g und h, so existiert ein Schnittpunkt S.
Die Koordinaten des Schnittpunktes erfüllen die Gleichungen beider Geraden g und h.

Zur Bestimmung des Schnittpunktes löst man das lineare Gleichungssystem.

Dazu kann man das Gleichsetzungs- oder das Additionsverfahren benutzen.

a) Bestimme den Schnittpunkt der beiden Geraden $g\colon\ 3x - 4y = 27$ und $h\colon\ x - y = 8$ mit dem Gleichsetzungsverfahren.

1. Löse beide Gleichungen nach y auf:
   $g\colon\ y = \frac{3}{4}x - \frac{27}{4};\quad h\colon\ y = x - 8$
2. Setze gleich und löse nach x auf:
   $$\frac{3}{4}x - \frac{27}{4} = x - 8$$
   $$x = 5$$
3. Setze das Ergebnis von x in eine der beiden Gleichungen ein:
   $$3 \cdot 5 - 4y = 27$$
   $$y = -3$$

Schnittpunkt $S(5\,|\,-3)$

b) Bestimme den Schnittpunkt der beiden Geraden $g\colon\ y = 1{,}5x - 3$ und $h\colon\ y = 9x - 6y = -2$ mit dem Additionsverfahren.

1. Umformen von g:
   $g\colon\ -1{,}5x + y = -3$
2. Eliminieren einer Variablen durch Addition:
   $$\begin{array}{rll} -1{,}5x - \ \ y = -3 & \text{(I)} & \\ \underline{9x - 6y = -2} & \underline{\text{(II)}} & \\ -1{,}5x + \ \ y = -3 & \text{(I)} & \\ \underline{0 + 0 = -20} & \underline{\text{(III)}} & \mid 6 \cdot \text{(I)} + \text{(II)} \end{array}$$

Kein Schnittpunkt, die beiden Geraden sind parallel.

Bestimmung des Schnittwinkels zweier Geraden

- Zeichne die Geraden g und h und ihren Schnittwinkel in ein Koordinatensystem.
- Überlege anhand der Skizze, wie sich der Schnittwinkel aus den Steigungswinkeln berechnen lässt.
- Berechne die Steigungswinkel und damit den Schnittwinkel.
  Als Schnittwinkel zwischen zwei Geraden nimmt man immer den kleineren der beiden Winkel.
  1. Subtrahiere den kleineren vom größeren Steigungswinkel.
     Rechne $\alpha_h - \alpha_g = 0$.
  2. Ist $0° \leq \delta \leq 90°$, so ist δ der gesuchte Schnittwinkel.
     Ist $\delta > 90°$, so erhält man den Schnittwinkel, indem man $180° - \delta$ rechnet.

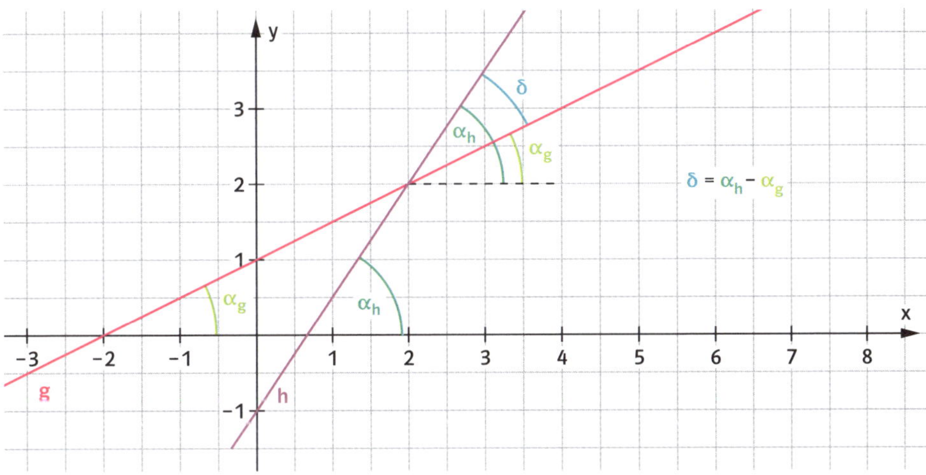

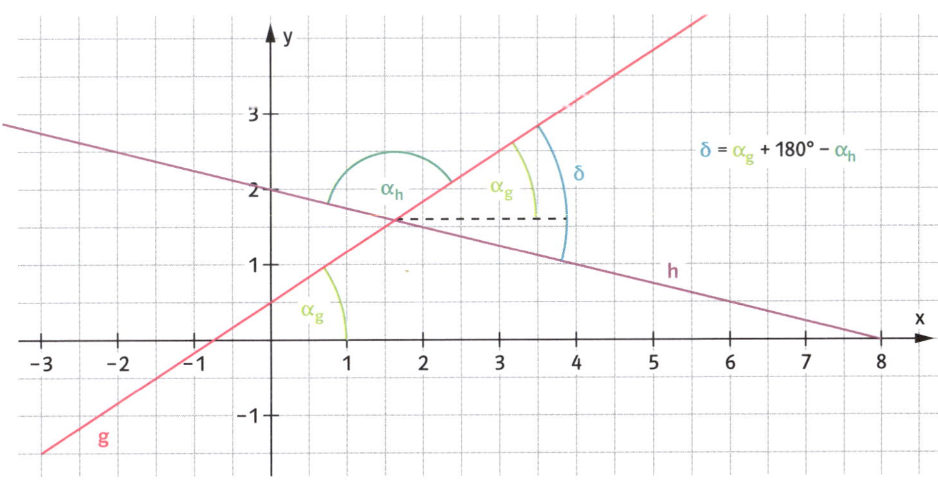

Punkte in Ebene und Raum

Um Körper im Koordinatensystem darstellen zu können, muss man das kartesische Koordinatensystem um eine zusätzliche Achse erweitern.

Punkte in der Ebene

Das ebene kartesische Koordinatensystem besteht aus zwei zueinander senkrechten Achsen. In ihm kann man Punkte in der Ebene durch zwei Koordinaten, x-Koordinate und y-Koordinate, beschreiben: P(x | y).

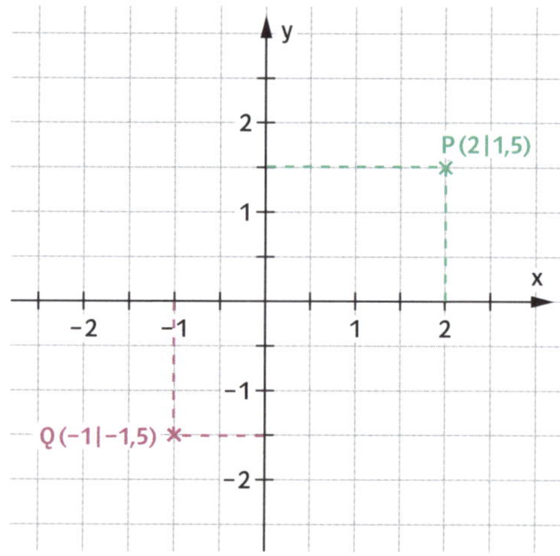

Punkte im Raum

Erweitert man das ebene kartesische Koordinatensystem durch eine zusätzliche Achse x_3, wobei alle drei Achsen paarweise senkrecht zueinander stehen, so erhält man ein **räumliches kartesisches Koordinatensystem**.
In ihm werden Punkte durch drei Koordinaten, x_1-Koordinate, x_2-Koordinate und x_3-Koordinate, beschrieben: $P(p_1 | p_2 | p_3)$.

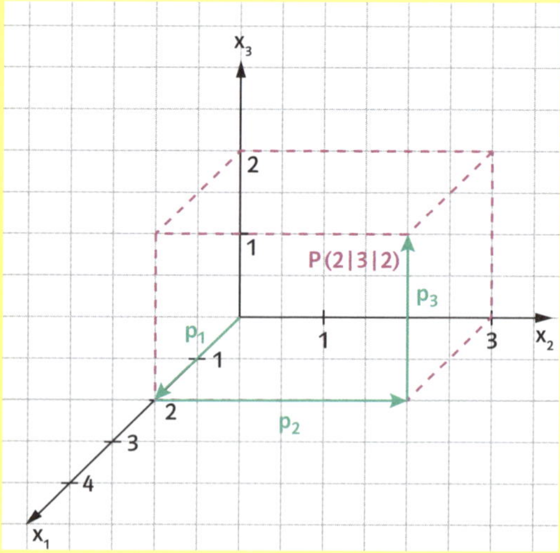

Achtung:
Da man beim Zeichnen eines Körpers im räumlichen Koordinatensystem in der Ebene (auf dem Blatt Papier) zeichnet, werden Längen und Winkel im Allgemeinen verzerrt dargestellt.
Will man also einen Wert durch Messen aus der Zeichnung entnehmen, so kann es sein, dass dieser Wert größer oder kleiner als der tatsächliche Wert ist.

Die Punkte O(0 | 0 | 0), A(1 | 0 | 0), C(0 | 1 | 0) und H(0 | 0 | 1) sind Eckpunkte eines Würfels.

a) Zeichne den Würfel in ein räumliches Koordinatensystem.

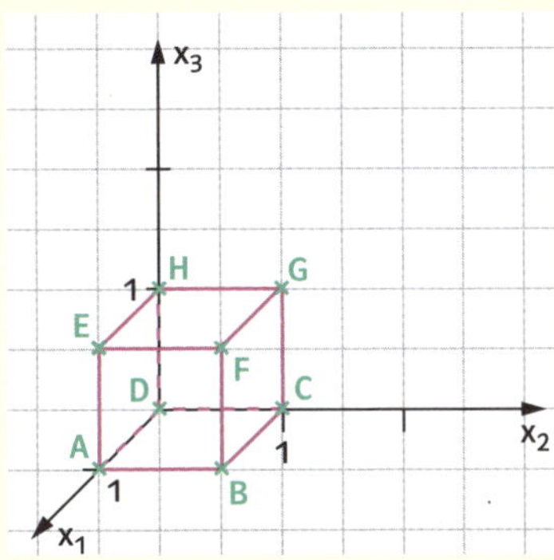

b) Bestimme die Koordinaten der Mittelpunkte der Würfelkanten.

M_1(0 | 0 | 0,5); M_2(0 | 0,5 | 0); M_3(0,5 | 0 | 0); M_4(0 | 1 | 0,5); M_5(1 | 0 | 0,5); M_6(0 | 0,5 | 1); M_7(11 | 0,5 | 0); M_8(0,5 | 0 | 1); M_9(0,5 | 1 | 0); M_{10}(1 | 1 | 0,5); M_{11}(1 | 0,5 | 1); M_{12}(0,5 | 1 | 1)

c) Bestimme die Koordinaten der Diagonalenmittelpunkte der Seitenflächen des Würfels.

D_1(0 | 0,5 | 0,5); D_2(0,5 | 0 | 0,5); D_3(0,5 | 0,5 | 0); D_4(1 | 0,5 | 0,5); D_5(0,5 | 1 | 0,5); D_6(0,5 | 0,5 | 1)

Zusammenfassung

- Ein ebenes kartesisches Koordinatensystem besteht aus zwei Achsen, der x- und der y-Achse, die senkrecht zueinander stehen.
- Punkte im ebenen kartesischen Koordinatensystem: P(x | y).
- Ein räumliches kartesisches Koordinatensystem besteht aus 3 Achsen, der x_1-, x_2- und der x_3-Achse.
- Punkte im räumlichen kartesischen Koordinatensystem: $P(p_1 | p_2 | p_3)$.

Vektoren

Eine Verschiebung, die einen Punkt P auf einen Punkt P' abbildet, wird durch einen **Vektor** dargestellt.

Verschiebt ein Vektor $\vec{v}$ einen Punkt P um

v_1 Einheiten in Richtung der x_1-Achse,
v_2 Einheiten in Richtung der x_2-Achse,
v_3 Einheiten in Richtung der x_3-Achse,

so schreibt man $\vec{v} = \begin{pmatrix} v_1 \\ v_2 \\ v_3 \end{pmatrix}$

v_1, v_2, v_3 nennt man die **Koordinaten des Vektors** $\vec{v}$.

Ein Vektor ist durch seine **Länge und Richtung** gekennzeichnet.

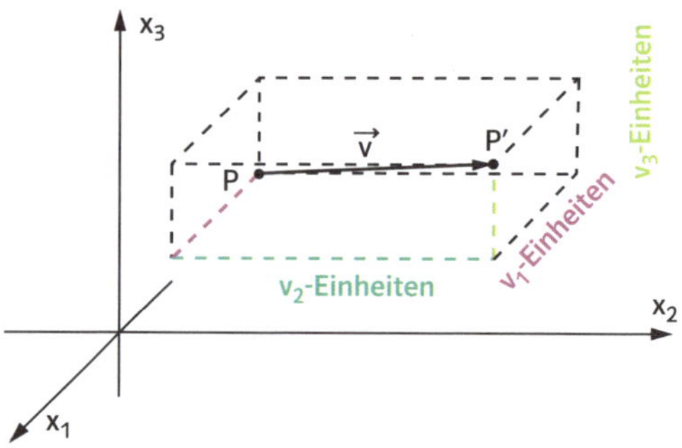

Bildet der Vektor $\vec{v}$ den Punkt $A(a_1 | a_2 | a_3)$ auf den Punkt $B(b_1 | b_2 | b_3)$ ab, so berechnet man die Koordinaten von $\vec{v}$ wie folgt:

$$\vec{v} = \overrightarrow{AB} = \begin{pmatrix} b_1 \\ b_2 \\ b_3 \end{pmatrix} - \begin{pmatrix} a_1 \\ a_2 \\ a_3 \end{pmatrix} = \begin{pmatrix} b_1 - a_1 \\ b_2 - a_2 \\ b_3 - a_3 \end{pmatrix}$$

Zu jedem Punkt $P(p_1 | p_2 | p_3)$ gibt es einen Vektor $\overrightarrow{OP}$, der den Ursprung O auf diesen Punkt P abbildet. Man nennt ihn den **Ortsvektor**.

Der Vektor $\vec{o} = \begin{pmatrix} 0 \\ 0 \\ 0 \end{pmatrix}$ heißt **Nullvektor**.

Vervielfachen eines Vektors

Multipliziert man einen Vektor mit einer positiven Zahl, so wird der ursprüngliche Vektor verlängert oder verkürzt. Seine Richtung behält er bei.

Multipliziert man einen Vektor mit einer negativen Zahl, so wird der ursprüngliche Vektor verlängert oder verkürzt und seine Richtung umgekehrt.

Multiplikation mit einer positiven Zahl

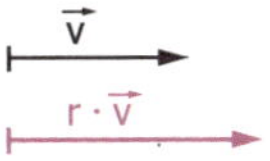

mit einer negativen Zahl

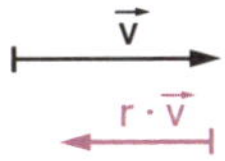

Für einen Vektor und eine Zahl $r \in \mathbb{R}$ gilt:

$$r \cdot \vec{v} = r \cdot \begin{pmatrix} v_1 \\ v_2 \\ v_3 \end{pmatrix} = \begin{pmatrix} r \cdot v_1 \\ r \cdot v_2 \\ r \cdot v_3 \end{pmatrix}$$ (skalare Multiplikation)

Gegenvektor

Multipliziert man einen Vektor $\vec{v}$ mit -1, so erhält man seinen Gegenvektor:

$$-\vec{v} = \begin{pmatrix} -v_1 \\ -v_2 \\ -v_3 \end{pmatrix}$$

Die Pfeile eines Vektors und seines Gegenvektors haben die gleiche Länge, aber die entgegengesetzte Richtung.

Betrag eines Vektors

Darunter versteht man die Länge des zum Vektor $\vec{v}$ gehörenden Pfeils.
Man schreibt kurz für den Betrag: $|\vec{v}|$

Es gilt: $|\vec{v}| = \sqrt{v_1^2 + v_2^2 + v_3^2}$

Zusammenfassung

- Ein Vektor $\vec{v}$ bildet einen Punkt P auf einen anderen Punkt P' ab. Er ist durch seine Länge und Richtung gekennzeichnet.
- Sind zwei Punkte A und B gegeben, so gilt:

  $$\vec{v} = \overrightarrow{AB} = \begin{pmatrix} b_1 - a_1 \\ b_2 - a_2 \\ b_3 - a_3 \end{pmatrix}$$

- Der Vektor $\overrightarrow{OP}$, wobei O der Ursprung ist, heißt Ortsvektor.

Rechnen mit Vektoren

Auch mit Vektoren kann man rechnen.

Addieren und Subtrahieren von Vektoren

Zwei Vektoren $\vec{a}$ und $\vec{b}$ werden **addiert**, indem man die **einzelnen Koordinaten** miteinander addiert.

$$\vec{c} = \vec{a} + \vec{b} = \begin{pmatrix} a_1 \\ a_2 \\ a_3 \end{pmatrix} + \begin{pmatrix} b_1 \\ b_2 \\ b_3 \end{pmatrix} = \begin{pmatrix} a_1 + b_1 \\ a_2 + b_2 \\ a_3 + b_3 \end{pmatrix}$$

Zeichnerisch:
Zwei Vektoren werden addiert, indem man das Ende des einen Vektors an die Spitze des anderen Vektors setzt.

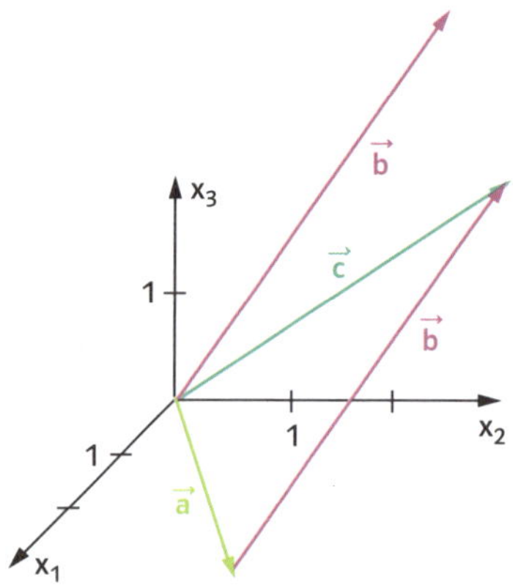

$$\vec{a} = \begin{pmatrix} 1 \\ 1 \\ -1 \end{pmatrix}$$

$$\vec{b} = \begin{pmatrix} -2 \\ 1{,}5 \\ 2{,}5 \end{pmatrix}$$

$$\vec{c} = \begin{pmatrix} 1 \\ 1 \\ -1 \end{pmatrix} + \begin{pmatrix} -2 \\ 1{,}5 \\ 2{,}5 \end{pmatrix} = \begin{pmatrix} -1 \\ 2{,}5 \\ 1{,}5 \end{pmatrix}$$

Zwei Vektoren $\vec{a}$ und $\vec{b}$ werden **subtrahiert**, indem man die **einzelnen Koordinaten** voneinander subtrahiert.

$$\vec{c} = \vec{a} - \vec{b} = \begin{pmatrix} a_1 \\ a_2 \\ a_3 \end{pmatrix} - \begin{pmatrix} b_1 \\ b_2 \\ b_3 \end{pmatrix} = \begin{pmatrix} a_1 - b_1 \\ a_2 - b_2 \\ a_3 - b_3 \end{pmatrix}$$

Zeichnerisch:
Zwei Vektoren werden subtrahiert, indem man den Gegenvektor $-\vec{b}$ addiert.

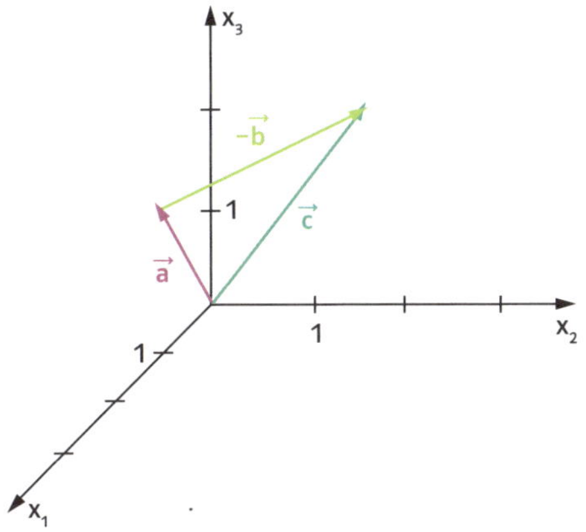

$$\vec{a} = \begin{pmatrix} 2 \\ 0{,}5 \\ 2 \end{pmatrix}$$

$$\vec{b} = \begin{pmatrix} -2 \\ -3 \\ -2 \end{pmatrix}$$

$$\vec{c} = \begin{pmatrix} 2 \\ 0{,}5 \\ 2 \end{pmatrix} - \begin{pmatrix} -2 \\ -3 \\ -2 \end{pmatrix} = \begin{pmatrix} 4 \\ 3{,}5 \\ 4 \end{pmatrix}$$

Rechengesetze

Für beliebige Vektoren $\vec{a}, \vec{b}, \vec{c}$ gilt:

Assoziativgesetz: $(\vec{a} + \vec{b}) + \vec{c} = \vec{a} + (\vec{b} + \vec{c})$

Kommutativgesetz: $\vec{a} + \vec{b} = \vec{b} + \vec{a}$

Für beliebige Vektoren $\vec{a}, \vec{b}$ und reelle Zahlen r, s gilt:

- $r \cdot (s \cdot \vec{a}) = (rs) \cdot \vec{a}$
- $r \cdot (-\vec{a}) = (-r) \cdot \vec{a} = -(r \cdot \vec{a})$
- $(r + s) \cdot \vec{a} = r \cdot \vec{a} + s \cdot \vec{a}$
- $r \cdot (\vec{a} + \vec{b}) = r \cdot \vec{a} + r \cdot \vec{b}$

Zusammenfassung

- Zwei Vektoren werden addiert bzw. subtrahiert, indem man die einzelnen Koordinaten des Vektors miteinander addiert bzw. voneinander subtrahiert.
- Für Vektoren gelten die gleichen Rechengesetze wie für reelle Zahlen.

Lineare Abhängigkeit von Vektoren

Stelle den Vektor $\vec{b}$ in Abhängigkeit von Vektor $\vec{a}$ dar.

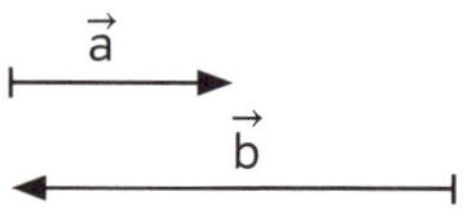

$\vec{b} = -2\vec{a}$

Linearkombination

Gegeben sind drei Vektoren $\vec{a}$, $\vec{b}$ und $\vec{c}$. Kann man den Vektor $\vec{c}$ durch

$$r \cdot \vec{a} + s \cdot \vec{b} = \vec{c} \qquad (r, s \in \mathbb{R})$$

darstellen, so nennt man $\vec{c}$ eine **Linearkombination** der Vektoren $\vec{a}$ und $\vec{b}$.

Lineare Abhängigkeit und Unabhängigkeit

Vektoren heißen **linear abhängig**, wenn man mindestens einen dieser Vektoren als Linearkombination der anderen Vektoren darstellen kann.

Ansonsten heißen die Vektoren **linear unabhängig**.

Für Vektoren **einer Ebene** gilt:
- Höchstens zwei Vektoren einer Ebene sind linear unabhängig.
- Jeder Vektor einer Ebene kann als Linearkombination zweier linear unabhängiger Vektoren dieser Ebene dargestellt werden.

Für Vektoren **des Raumes** gilt:
- Höchstens drei Vektoren des Raumes sind linear unabhängig.
- Jeder Vektor eines Raumes kann als Linearkombination dreier linear unabhängiger Vektoren dargestellt werden.

Überprüfe, ob die Vektoren linear abhängig oder unabhängig sind.

1. $\begin{pmatrix}-3\\17\\18\end{pmatrix}$; $\begin{pmatrix}5\\9\\7\end{pmatrix}$; $\begin{pmatrix}12\\-10\\9\end{pmatrix}$

Die Vektorgleichung $r\cdot\begin{pmatrix}-3\\17\\18\end{pmatrix}+s\cdot\begin{pmatrix}5\\9\\7\end{pmatrix}+t\cdot\begin{pmatrix}12\\-10\\9\end{pmatrix}=\vec{0}$

führt auf das Lineare Gleichungssystem (LGS):

$$\begin{aligned}-3r+5s+12t&=0\\17r+9s-10t&=0\\18r+7s+9t&=0\end{aligned}$$

Dieses LGS hat $r=s=t=0$ als einzige Lösung, die drei Vektoren sind linear unabhängig.

2. $\begin{pmatrix}23\\-5\\15\end{pmatrix}$; $\begin{pmatrix}-3\\20\\19\end{pmatrix}$; $\begin{pmatrix}37\\50\\87\end{pmatrix}$

Vektorgleichung: $r\cdot\begin{pmatrix}23\\-5\\15\end{pmatrix}+s\cdot\begin{pmatrix}-3\\20\\19\end{pmatrix}+t\cdot\begin{pmatrix}37\\50\\87\end{pmatrix}=\vec{0}$

LGS:
$$\begin{aligned}23r-3s+37t&=0\\-5r+20s-50t&=0\\15r+19s+87t&=0\end{aligned}$$

Das LGS hat von $r=s=t=0$ verschiedene Lösungen, z.B. $r=-2$, $s=-3$, $t=1$, also sind die drei Vektoren linear abhängig.

Zusammenfassung

- Für die Ebene gilt:
  Die Vektoren $\vec{a}$ und $\vec{b}$ sind genau dann linear unabhängig, wenn die Gleichung
  $$r\cdot\vec{a}+s\cdot\vec{b}=\vec{0}\quad(r,s\in\mathbb{R})$$
  genau eine Lösung mit $r=s=0$ besitzt.
- Für den Raum gilt:
  Die Vektoren $\vec{a}$, $\vec{b}$ und $\vec{c}$ sind genau dann linear unabhängig, wenn die Gleichung
  $$r\cdot\vec{a}+s\cdot\vec{b}+t\cdot\vec{c}=0\quad(r,s,t\in\mathbb{R})$$
  genau eine Lösung mit $r=s=t=0$ besitzt.

Geraden im Raum

Mithilfe von Vektoren können wir **Geraden im Raum darstellen**. Dazu nutzen wir die **Ortsvektoren**.

Sind zwei Punkte P und Q gegeben, die auf der Geraden g liegen, dann gilt für den Ortsvektor $\vec{x}$ jedes weiteren Punktes X auf der Geraden:

$$\vec{x} = \overrightarrow{OP} + \overrightarrow{PX} = \overrightarrow{OP} + r \cdot \overrightarrow{PQ}, \quad \text{weil gilt:} \quad \overrightarrow{PX} = r \cdot \overrightarrow{PQ}, \ \text{für eine reelle Zahl } r.$$

Parametergleichung der Geraden g: $\vec{x} = \vec{p} + r \cdot \vec{u}$ $(r \in \mathbb{R})$

Der Vektor $\vec{p}$ heißt **Stützvektor**, der Vektor $\vec{u}$ **Richtungsvektor** der Geraden.

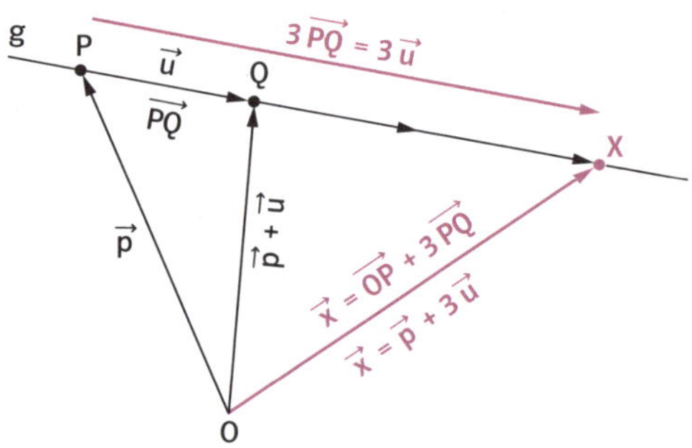

1. Zeichne die Gerade

$$g: \vec{x} = \begin{pmatrix} 1 \\ 2 \\ -1 \end{pmatrix} + r \cdot \begin{pmatrix} 1 \\ 2 \\ 2 \end{pmatrix}$$

in ein Koordinatensystem.

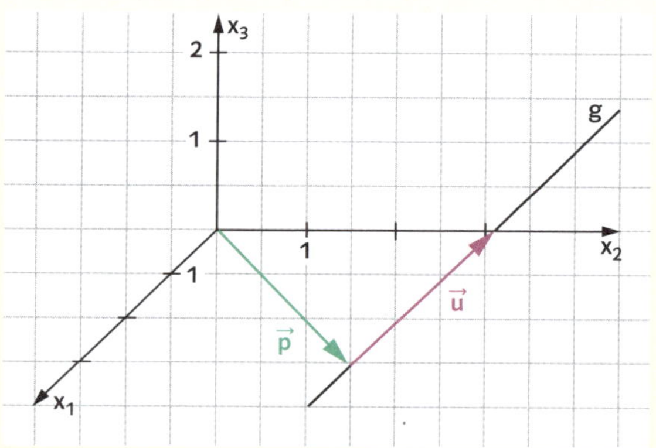

2. Bestimme die Parametergleichung der Geraden g, die durch die Punkte A(8 | 7 | 6) und B(−2 | −5 | −1) geht.

   Da der Punkt A auf g liegt, ist der Vektor $\vec{a} = \begin{pmatrix} 8 \\ 7 \\ 6 \end{pmatrix}$ ein möglicher Stützvektor der Geraden g. Da auch B auf g liegt, ist der Vektor $\overrightarrow{AB} = \begin{pmatrix} -2 \\ -5 \\ -1 \end{pmatrix} - \begin{pmatrix} 8 \\ 7 \\ 6 \end{pmatrix} = \begin{pmatrix} -10 \\ -12 \\ -7 \end{pmatrix}$ ein möglicher Richtungsvektor von g.

   Somit lautet die Geradengleichung: $g\colon \vec{x} = \begin{pmatrix} 8 \\ 7 \\ 6 \end{pmatrix} + t \cdot \begin{pmatrix} -10 \\ -12 \\ -7 \end{pmatrix} \quad (t \in \mathbb{R})$

3. Prüfe, ob der Punkt X(2 | 3 | −1) auf der Geraden mit der Gleichung

   $g\colon \vec{x} = \begin{pmatrix} 7 \\ 0 \\ 4 \end{pmatrix} + t \cdot \begin{pmatrix} 5 \\ -3 \\ 5 \end{pmatrix}$ liegt.

   Wenn X auf g liegt, so existiert ein $t \in \mathbb{R}$, für das gilt:

   $$\begin{pmatrix} 2 \\ 3 \\ -1 \end{pmatrix} = \begin{pmatrix} 7 \\ 0 \\ 4 \end{pmatrix} + t \cdot \begin{pmatrix} 5 \\ -3 \\ 5 \end{pmatrix}$$

   Aus $2 = 7 + t \cdot 5$ folgt $t = -1$.

   Setzt man $t = -1$ in die anderen Gleichungen $3 = 0 + t \cdot (-3)$ und $-1 = 4 + t \cdot 5$ ein, so folgt:

   $3 = (-1) \cdot (-3) = 3$ und $-1 = 4 + (-1) \cdot 5 = -1$.

   Da alle drei Gleichungen für $t = -1$ erfüllt sind, liegt der Punkt X auf der Geraden g.

Zusammenfassung

Parametergleichung der Geraden g: $g\colon \vec{x} = \vec{p} + r \cdot \vec{u} \quad (r \in \mathbb{R})$

$\vec{p}$: Stützvektor; $\vec{u}$: Richtungsvektor

Lage von Geraden

Für die **Lage zweier Geraden** gibt es folgende Möglichkeiten:

- Die Geraden schneiden sich.
- Die Geraden sind identisch.
- Die Geraden haben keinen gemeinsamen Punkt; sie sind parallel oder windschief.

Zur Untersuchung der Lage der beiden Geraden

$$g: \vec{x} = \vec{p} + t \cdot \vec{u} \quad \text{und} \quad h: \vec{x} = \vec{q} + r \cdot \vec{v}$$

setzt man die Parametergleichungen gleich und bestimmt die Lösungen für t und r.

Es gilt:
Sie **schneiden** sich in einem Punkt, wenn $\vec{p} + t \cdot \vec{u} = \vec{q} + r \cdot \vec{v}$ **genau eine Lösung** (r_0, t_0) hat.
Sie sind **identisch**, wenn $\vec{p} + t \cdot \vec{u} = \vec{q} + r \cdot \vec{v}$ **unendlich viele Lösungen** hat.
Sie haben **keinen gemeinsamen Punkt**, wenn $\vec{p} + t \cdot \vec{u} = \vec{q} + r \cdot \vec{v}$ **keine Lösung** hat.

Zu Geraden, die sich nicht schneiden und nicht parallel zueinander sind, sagt man auch:
Die Geraden sind **windschief**.

1. Untersuche die gegenseitige Lage der Geraden g und h. Bestimme gegebenenfalls den Schnittpunkt S.

$$g: \vec{x} = \begin{pmatrix} 0 \\ 1 \\ 1 \end{pmatrix} + r \cdot \begin{pmatrix} 1 \\ 0 \\ 1 \end{pmatrix}; \quad h: \vec{x} = \begin{pmatrix} 4 \\ 2 \\ 4 \end{pmatrix} + t \cdot \begin{pmatrix} 2 \\ 1 \\ 1 \end{pmatrix}$$

Gleichsetzen liefert: $\begin{pmatrix} 0 \\ 1 \\ 1 \end{pmatrix} + r \cdot \begin{pmatrix} 1 \\ 0 \\ 1 \end{pmatrix} = \begin{pmatrix} 4 \\ 2 \\ 4 \end{pmatrix} + t \cdot \begin{pmatrix} 2 \\ 1 \\ 1 \end{pmatrix}$

$$\begin{aligned} r &= 4 + 2t & & & r - 2t &= 4 \\ 1 + 0r &= 2 + t & &\text{bzw.} & -t &= 1, \quad \text{also } t = -1 \\ 1 + r &= 4 + t & & & r - t &= 3 \end{aligned}$$

Lösen des LGS: Setze $t = -1$ in I und III ein.
I $\quad r - 2 \cdot (-1) = 4$, also $r = 2$
III $\quad r - (-1) = 3$, also $r = 2$

Dieses Gleichungssystem hat die Lösungen: $r = 2$; $t = -1$.

Setzt man r oder t in die Geradengleichung g oder h ein, so folgt für den Schnittpunkt S:

$$\vec{x} = \begin{pmatrix} 0 \\ 1 \\ 1 \end{pmatrix} + 2 \cdot \begin{pmatrix} 1 \\ 0 \\ 1 \end{pmatrix} = \begin{pmatrix} 2 \\ 1 \\ 3 \end{pmatrix}; \quad \text{also } S(2 \mid 1 \mid 3)$$

2. Untersuche die gegenseitige Lage der Geraden g und h. Bestimme gegebenenfalls den Schnittpunkt S.

$$g\colon \vec{x} = \begin{pmatrix} 5 \\ 0 \\ 1 \end{pmatrix} + r \cdot \begin{pmatrix} 2 \\ 1 \\ -1 \end{pmatrix}; \quad h\colon \vec{x} = \begin{pmatrix} 7 \\ 1 \\ 2 \end{pmatrix} + t \cdot \begin{pmatrix} -6 \\ -3 \\ 3 \end{pmatrix}$$

Gleichsetzen liefert: $\begin{pmatrix} 5 \\ 0 \\ 1 \end{pmatrix} + r \cdot \begin{pmatrix} 2 \\ 1 \\ -1 \end{pmatrix} = \begin{pmatrix} 7 \\ 1 \\ 2 \end{pmatrix} + t \cdot \begin{pmatrix} -6 \\ -3 \\ 3 \end{pmatrix}$

$$\begin{aligned} 5 + 2r &= 7 - 6t & \qquad 2r + 6t &= 2 \\ r &= 1 - 3t & \text{bzw.} \qquad r + 3t &= 1 \\ 1 - r &= 2 + 3t & -r - 3t &= 1 \end{aligned}$$

Lösen des LGS:

$$\begin{aligned} 2r + 6t &= 2 \\ r + 3t &= 1 \\ -r - 3t &= 1 \end{aligned} \qquad \text{II + III}$$

$$\begin{aligned} 2r + 6t &= 2 \\ r + 3t &= 1 \\ 0 &= 2 \end{aligned}$$

$0 = 2$ ist eine falsche Aussage.

Dieses Gleichungssystem hat keine Lösung, also haben g und h keine gemeinsamen Punkte.

Zusammenfassung

Für zwei Geraden $g\colon \vec{x} = \vec{p} + t \cdot \vec{u}$ und $h\colon \vec{x} = \vec{q} + r \cdot \vec{v}$ gilt:

- Sie **schneiden** sich in einem Punkt, wenn $\vec{p} + t \cdot \vec{u} = \vec{q} + r \cdot \vec{v}$ **genau eine Lösung** (r_0, t_0) hat.
- Sie sind **identisch**, wenn $\vec{p} + t \cdot \vec{u} = \vec{q} + r \cdot \vec{v}$ **unendlich viele Lösungen** hat.
- Sie haben keinen gemeinsamen Punkt, wenn $\vec{p} + t \cdot \vec{u} = \vec{q} + r \cdot \vec{v}$ **keine Lösung** hat.

Grundbegriffe

Zufallsexperiment

Ein Zufallsexperiment beschreibt ein Experiment, das unter gleichen Voraussetzungen beliebig oft wiederholt werden kann und das einen zufälligen Ausgang (= Ergebnis) hat.

Die möglichen Ergebnisse können vorhergesagt und in der **Ergebnismenge S** zusammengefasst werden. Bevor das Experiment durchgeführt wird, weiß man nicht, welches Ergebnis aus der Ergebnismenge eintritt. Es können nie zwei Ergebnisse gleichzeitig eintreten.

Fasst man mehrere Ergebnisse zusammen, so spricht man von einem **Ereignis A**. Ein Ereignis kann in Worten oder durch eine Menge beschrieben werden.

Die **Wahrscheinlichkeit** eines Ereignisses A wird mit P(A) bezeichnet. Diese Wahrscheinlichkeit wird mit den bereits bekannten Regeln bestimmt.

Laplace-Experiment

Treten bei einem Zufallsexperiment alle Ergebnisse mit der gleichen Wahrscheinlichkeit auf, so nennt man es ein **Laplace-Experiment**.
Hat das Experiment n mögliche Ergebnisse, so beträgt die Wahrscheinlichkeit eines Ergebnisses: $\frac{1}{n}$.
Gibt es für ein Ereignis A mehrere Ergebnisse, so gilt die **Laplace-Formel**:

$$P(A) = \frac{\text{Anzahl der Ergebnisse, bei denen A eintritt}}{\text{Anzahl aller möglichen Ergebnisse}}.$$

Wahrscheinlichkeit

Die Wahrscheinlichkeit ist ein Wert, der angibt, wie groß die Chance ist, dass ein gewünschtes Ereignis eintritt. Ist die Wahrscheinlichkeit eines Ergebnisses wie z.B. beim Münzwurf schon im Vorfeld bekannt, spricht man von einer theoretischen Wahrscheinlichkeit.
Bei manchen Zufallsexperimenten kann man die Wahrscheinlichkeit nicht sofort angeben. Man muss das Experiment wiederholt durchführen und zählen, wie oft das gewünschte Ereignis eintritt. Diese Anzahl nennt man **absolute Häufigkeit**.

Dividiert man die absolute Häufigkeit durch die Anzahl der durchgeführten Versuche, so erhält man die **relative Häufigkeit**.

Bei einer sehr großen Anzahl von Versuchen erkennt man, dass sich die relative Häufigkeit einem stabilen Wert annähert. Dieser ist ein guter Schätzwert für die Wahrscheinlichkeit.
Der Wert für die Wahrscheinlichkeit kann nie größer als 1 sein. Addiert man die Wahrscheinlichkeiten aller Ergebnisse zusammen, so ist die Summe 1.

Ereignis – Gegenereignis

Ein Ereignis, das nie eintritt, heißt **unmögliches Ereignis** und hat die Wahrscheinlichkeit 0.
Ein Ereignis, das bei einem Versuch sicher eintritt, heißt **sicheres Ereignis** und hat die Wahrscheinlichkeit 1.

Das **Gegenereignis** eines Ereignisses A wird mit $\overline{\mathbf{A}}$ bezeichnet. Es gibt die Ereignisse an, die nicht zu A gehören.
Ereignis und Gegenereignis ergeben zusammen die Ergebnismenge S.
Die Wahrscheinlichkeit des Ereignisses P(A) berechnet sich mithilfe der Wahrscheinlichkeit des Gegenereignisses $P(\overline{A})$ wie folgt:

$$P(A) = 1 - P(\overline{A}).$$

Beispiel:
Werfen eines (idealen) Würfels

Ergebnismenge	$S = \{1;2;3;4;5;6\}$
Ereignis	$A = \{$alle geraden Zahlen: $2;4;6\}$
Gegenereignis	$\overline{A} = \{$alle ungeraden Zahlen: $1;3;5\}$

Das Glücksrad wird gedreht. Bestimme die Wahrscheinlichkeiten mithilfe des Gegenereignisses.

A: Es wird keine 1 oder 2 gezogen.
B: Die Zahl ist kleiner als 9.
C: Die Zahl ist ungerade.

$\overline{A}$: Es wird eine 1 oder 2 gezogen.

$$P(\overline{A}) = \frac{1}{6} + \frac{1}{12} = \frac{3}{12} = \frac{1}{4}; \quad P(A) = 1 - \frac{1}{4} = \frac{3}{4}$$

$\overline{B}$: Die Zahl ist größer gleich 9.

$$P(\overline{B}) = \frac{2}{6} = \frac{1}{3}; \quad P(B) = 1 - \frac{1}{3} = \frac{2}{3}$$

$\overline{C}$: Die Zahl ist gerade.

$$P(\overline{C}) = \frac{1}{12} + \frac{1}{12} + \frac{1}{16} + \frac{1}{16} = \frac{1}{6} + \frac{1}{8} = \frac{4}{24} + \frac{3}{24} = \frac{7}{24}; \quad P(C) = 1 - \frac{7}{24} = \frac{17}{24}$$

Summenregel

Mit der Laplace-Formel berechnen wir Wahrscheinlichkeiten von Ereignissen, zu denen mehrere Ergebnisse gehören, z. B. wie groß die Wahrscheinlichkeit ist, mit einem Würfel eine „ungerade Augenzahl" zu werfen.

Ergebnismenge: $S = \{1;2;3;4;5;6\}$;

Ereignismenge: $A = \{1;3;5\}$

$P(A) = \frac{3}{6} = \frac{1}{2}$

Diese Formel gilt jedoch nur, wenn jedes Ergebnis die gleiche Wahrscheinlichkeit hat.

Wie geht man aber vor, wenn jedes Ergebnis unterschiedliche Wahrscheinlichkeiten hat?

Summenregel

Um die Wahrscheinlichkeit eines Ereignisses mit mehreren Ergebnissen zu berechnen, **addiert** man die **Wahrscheinlichkeiten** der **einzelnen Ergebnisse**.

Beachte:
Die Summe aller Wahrscheinlichkeiten eines Zufallsversuches darf nicht größer als 1 sein!

Wenn alle Ergebnisse mit der gleichen Wahrscheinlichkeit auftreten, kannst du auch die Laplace-Formel verwenden.

1. In einer Bonbondose befinden sich 4 rote, 5 blaue und 6 grüne Bonbons.

   a) Wie groß ist die Wahrscheinlichkeit, ein rotes Bonbon zu ziehen?

   $P(„rot“) = \frac{4}{15}$

   b) Wie groß ist die Wahrscheinlichkeit, ein rotes oder ein blaues Bonbon zu ziehen?

   $P(„rot“ \text{ oder } „blau“) = P(„rot“) + P(„blau“) = \frac{4}{15} + \frac{5}{15} = \frac{9}{15} = \frac{3}{5}$

2. Lisa hat für ihren Geburtstag ein Glücksrad gebastelt.

Jeder Gast darf einmal drehen. Zeigt der Zeiger auf die Zahl 7, so gewinnt er den Hauptgewinn. Zeigt der Zeiger auf die Farbe rot oder grün, so erhält er eine Wundertüte.

   a) Wie groß ist die Wahrscheinlichkeit für einen Hauptgewinn?

   $P(„Hauptgewinn“) = \frac{1}{12}$

   b) Wie groß ist die Wahrscheinlichkeit, eine Wundertüte zu bekommen?

   $P(„Wundertüte“) = P(„rot“) + P(„grün“) = \frac{3}{12} + \frac{3}{12} = \frac{6}{12} = \frac{1}{2}$

   c) Wie groß ist die Wahrscheinlichkeit, den Hauptgewinn oder eine Wundertüte zu gewinnen?

   $P(„Gewinn“) = P(„Hauptgewinn“) + P(„Wundertüte“) = \frac{1}{12} + \frac{6}{12} = \frac{7}{12}$

Zusammenfassung

- Um die Wahrscheinlichkeit eines Ereignisses mit mehreren Ergebnissen zu berechnen, addiert man die Wahrscheinlichkeiten der einzelnen Ergebnisse.
- Die Summe aller Wahrscheinlichkeiten darf nicht größer als 1 sein.

Pfadregel

Meistens wird bei einem Zufallsexperiment nicht nur die Wahrscheinlichkeit für einen einmaligen Vorgang gesucht, sondern die Wahrscheinlichkeit für das Eintreten eines Ereignisses, wenn das Zufallsexperiment mehrfach ausgeführt wird.

Mehrstufige Zufallsexperimente

Ein Zufallsexperiment, das aus mehreren Vorgängen besteht, nennt man mehrstufig. Dabei können die Durchführungen **gleichzeitig** ablaufen wie z. B. das gleichzeitige Werfen mehrerer Würfel oder wie das mehrmalige Werfen eines Würfels.

Mit einem **Baumdiagramm** kannst du den Ablauf und die Ergebnisse eines solchen Zufallsexperiments übersichtlich darstellen.

Beispiel:
In einer Urne befinden sich 2 Kugeln (rot und grün). Es wird 2-mal gezogen. Nach jedem Zug wird die Kugel wieder zurückgelegt.

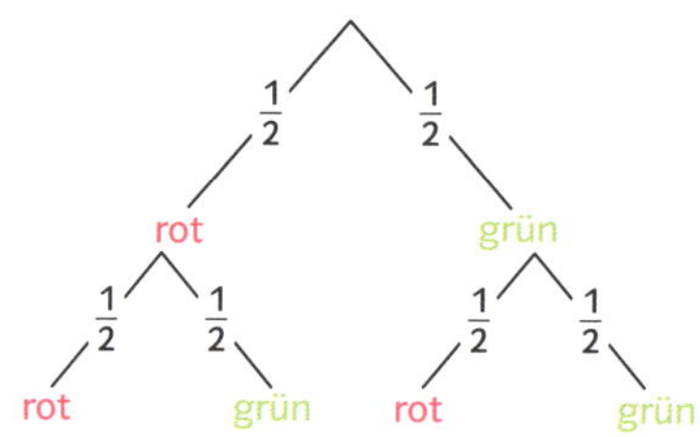

Ergebnismenge S = {rot-grün; rot-rot; grün-grün; grün-rot}

Die **Wahrscheinlichkeit** eines **Ereignisses** bei einem mehrstufigen Zufallsexperiment berechnet man mithilfe der **Pfadregel**.

Pfadregel

Die Wahrscheinlichkeit für ein Ereignis erhält man, indem man die Wahrscheinlichkeiten längs eines Pfades multipliziert.

Beachte:

1. Unterschiedliche Ergebnisse können unterschiedliche Wahrscheinlichkeiten haben. Deshalb können auch an den Ästen unterschiedliche Wahrscheinlichkeiten stehen.
2. Die einzelnen Stufen des Baumes können unterschiedlich viele Äste haben, z. B. wenn ein Zufallsexperiment mit unterschiedlichen Zufallsgeräten durchgeführt wird wie z. B. beim Werfen mit einem Würfel und einer Münze.

Eine Münze wird dreimal nacheinander geworfen.

a) Zeichne ein Baumdiagramm. Gib alle Ergebnisse und ihre Wahrscheinlichkeiten an.

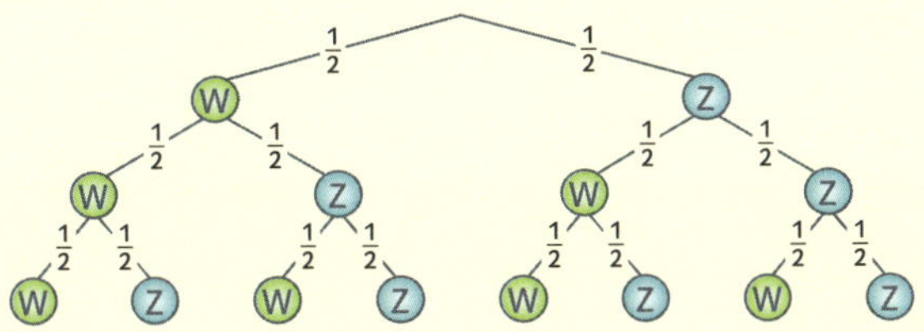

S = {WWW; WWZ; WZW; WZZ; ZWW; ZWZ; ZZW; ZZZ}

$P(WWW) = \frac{1}{2} \cdot \frac{1}{2} \cdot \frac{1}{2} = \frac{1}{8}$

$P(WWZ) = P(WZW) = P(WZZ) = P(ZWW) = P(ZWZ) = P(ZZW) = P(ZZZ) = \frac{1}{8}$

b) Wie groß ist die Wahrscheinlichkeit, ohne Berücksichtigung der Reihenfolge einmal Wappen und zweimal Zahl zu werfen?

$P(\text{„einmal W und zweimal Z“}) = P(WZZ) + P(ZZW) + P(ZWZ)$

$= \frac{1}{8} + \frac{1}{8} + \frac{1}{8}$

$= \frac{3}{8}$

Zusammenfassung

- Besteht ein Zufallsexperiment aus mehreren Stufen, so spricht man von einem mehrstufigen Zufallsexperiment.
- Mithilfe eines Baumdiagramms kann man ein mehrstufiges Zufallsexperiment anschaulich darstellen.
- Zur Berechnung der Wahrscheinlichkeit benutzt man die Pfad- und Summenregel.

Vereinfachte Baumdiagramme

Besteht ein Zufallsexperiment aus mehreren möglichen Ergebnissen und Durchführungen, wird ein Baumdiagramm aufgrund der hohen Anzahl der Äste schnell ziemlich unübersichtlich. Deshalb kannst du dir viel Arbeit beim Zeichnen ersparen, wenn du nur einen Teil des Baumdiagramms zeichnest.

Zeichnen eines vereinfachten Baumdiagramms

1. Betrachte nur die günstigen Ergebnisse eines Zufallsexperiments und ermittle deren Wahrscheinlichkeiten.
2. Zeichne ein Baumdiagramm, das nur aus diesen Ergebnissen besteht.
3. Markiere die Pfade, die zu dem gewünschten Ereignis führen und berechne die Wahrscheinlichkeit mithilfe der Pfadregeln.

Beispiel:
Wie groß ist die Wahrscheinlichkeit, beim dreimaligen Würfeln genau eine 6 zu werfen?

1. Betrachte nur die günstigen Ergebnisse und ermittle deren Wahrscheinlichkeiten.

   In diesem Beispiel ist nur „6“ oder „keine 6“ interessant.
   Die Wahrscheinlichkeiten dafür sind: $P(6) = \frac{1}{6}$ und $P(\text{keine } 6) = \frac{5}{6}$

2. Zeichne ein Baumdiagramm, das nur aus diesen zwei Ergebnissen besteht.

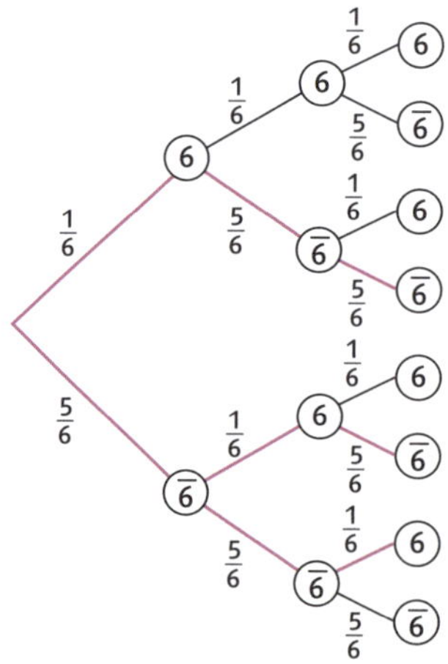

3. Markiere die Pfade, die zu dem gewünschten Ereignis führen und berechne die Wahrscheinlichkeit mithilfe der Pfadregeln.

$$P(\text{genau einmal } 6) = \frac{25}{216} + \frac{25}{216} + \frac{25}{216} = \frac{75}{216} \approx 34{,}7\,\%$$

Beachte:
Du kannst auch mit Überlegen alle Äste mit den Ergebnissen aufschreiben, die einzelnen Wahrscheinlichkeiten berechnen und sie dann addieren, ohne ein Baumdiagramm zu zeichnen:

$$P(\text{genau einmal } 6) = P(6;\text{ keine } 6;\text{ keine } 6) + P(\text{keine } 6;\ 6;\text{ keine } 6) + P(\text{keine } 6;\text{ keine } 6;\ 6)$$
$$= \frac{1}{6} \cdot \frac{5}{6} \cdot \frac{5}{6} + \frac{5}{6} \cdot \frac{1}{6} \cdot \frac{5}{6} + \frac{5}{6} \cdot \frac{5}{6} \cdot \frac{1}{6}$$
$$= \frac{75}{216} \approx 34{,}7\,\%$$

Zusammenfassung

- Bei einem vereinfachten Baumdiagramm zeichnest und betrachtest du nur die interessanten Ergebnisse und zeichnest die zugehörigen Äste.
- Die zugehörigen Wahrscheinlichkeiten können mithilfe der Pfadregeln berechnet werden.

Zufallsgröße und Wahrscheinlichkeitsverteilung

Mithilfe der Zufallsgröße X können alle Ergebnisse bzw. Ereignisse eines Zufallsexperiments systematisch untersucht werden.

Zufallsgröße

Die Funktion, die jedem Ergebnis eines Zufallsexperiments genau eine Zahl bzw. Größe zuordnet, heißt **Zufallsgröße** oder **Zufallsvariable**. Die zugeordneten Zahlen bzw. Größen heißen auch **Werte der Zufallsgröße** oder **Zufallsvariablen**.

Beispiele:

a) Beim Werfen mit zwei Würfeln kann die Zufallsgröße X die Augensumme beschreiben. X kann die Werte 2; 3; 4; 5; 6; 7; 8; 9; 10; 11; 12 annehmen.

b) Das Werfen mit zwei Würfeln wird zum Glücksspiel. Bei einem Einsatz von 1 € erhält man 5 € ausbezahlt, wenn die ausgesuchte Zahl zweimal erscheint, 1 €, wenn die ausgesuchte Zahl einmal erscheint und nichts ausgezahlt, wenn die gewünschte Zahl nicht erscheint. Die Zufallsgröße X kann z. B. den Gewinn beschreiben.
X kann dann die Werte –1 €; 0 € und 4 € annehmen.

Wahrscheinlichkeitsverteilung

Die Funktion, die jedem Wert der Zufallsgröße die zugehörige Wahrscheinlichkeit zuordnet, heißt **Wahrscheinlichkeitsverteilung** (kurz: Verteilung) **der Zufallsgröße**.

Die Wahrscheinlichkeitsverteilung kann mit einer **Tabelle** und einem **Histogramm** (Säulendiagramm) dargestellt werden.

Mithilfe der Wahrscheinlichkeitsverteilung kann man die Wahrscheinlichkeit für bestimmte Ereignisse berechnen, indem man die Einzelwahrscheinlichkeiten aus der Tabelle addiert bzw. als Gegenereignis von 1 subtrahiert.

Beachte:
Bei einer Wahrscheinlichkeitsverteilung gilt:
- Jede Wahrscheinlichkeit einer Zufallsgröße ist größer oder gleich Null.
- Die Summe aller Wahrscheinlichkeiten ist 1.

a) Gib die Wahrscheinlichkeitsverteilung beim Werfen mit zwei Würfeln an und die Wahrscheinlichkeit für eine Augensumme größer 9.

Augensumme beim Werfen mit zwei Würfeln

X = k	2	3	4	5	6	7	8	9	10	11	12
P(X = k)	$\frac{1}{36}$	$\frac{2}{36}$	$\frac{3}{36}$	$\frac{4}{36}$	$\frac{5}{36}$	$\frac{6}{36}$	$\frac{5}{36}$	$\frac{4}{36}$	$\frac{3}{36}$	$\frac{2}{36}$	$\frac{1}{36}$

Histogramm:

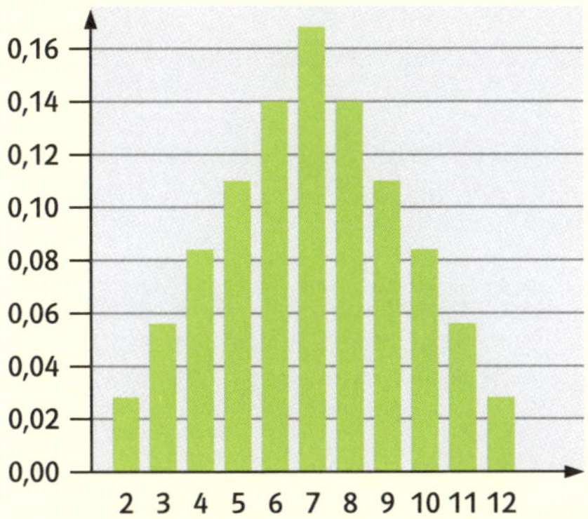

Wahrscheinlichkeit für „Augensumme größer als 9“:

$$P(X > 9) = P(X = 10) + P(X = 11) + P(X = 12)$$
$$= \frac{3}{36} + \frac{2}{36} + \frac{1}{36} = \frac{6}{36} = \frac{1}{6} \approx 16{,}7\,\%$$

b) Den Gewinn beim Werfen mit zwei Würfeln siehst du in der Tabelle.
Wie groß ist die Wahrscheinlichkeit, dass der Spieler nicht verliert?

Gewinn beim Werfen mit zwei Würfeln

X = k	−1 €	0 €	4 €
P(X = k)	$\frac{25}{36}$	$\frac{10}{36}$	$\frac{1}{36}$

Wahrscheinlichkeit für „kein Verlust“:

$$P(X \geq 0\,€) = 1 - P(X = -1\,€)$$
$$= 1 - \frac{25}{36} = \frac{11}{36} \approx 30{,}6\,\%$$

Histogramm:

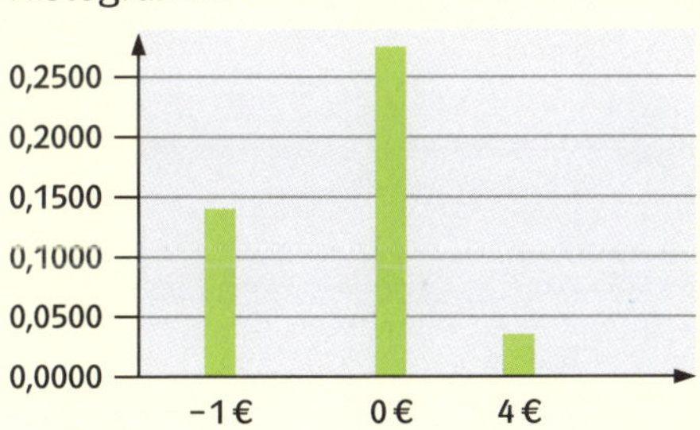

Zusammenfassung

- Die Zufallsgröße (Zufallsvariable) ordnet jedem Ergebnis eines Zufallsexperiments einen Wert zu.
- Ordnet man jeder Zufallsgröße die zugehörige Wahrscheinlichkeit zu, erhält man eine Wahrscheinlichkeitsverteilung. Diese kann in einer Tabelle aufgeschrieben und mit einem Histogramm dargestellt werden.

Erwartungswert einer Zufallsgröße

Bei vielen Anwendungen der Wahrscheinlichkeitsrechnung ist es wichtig, dass man den Ausgang eines Zufallsexperiments beurteilen kann oder es sollen Vorhersagen über die langfristige Art von Ereignissen gemacht werden können, beispielsweise, mit welchem Ausgang man zu rechnen hat.

Erwartungswert

Der Erwartungswert ist eine Kenngröße zur Beurteilung einer Zufallsgröße X.
Mit dem Erwartungswert kann man berechnen, welcher Wert für die Zufallsgröße bei einer großen Zahl von Durchführungen zu erwarten ist.
Der Erwartungswert entspricht dem **Mittelwert**, mit dem auf lange Sicht zu rechnen ist.

Den Erwartungswert berechnen

Eine Zufallsgröße X nimmt die Werte $x_1, x_2, \dots x_i$ an. $P(X = x_i)$ ist die zugehörige Wahrscheinlichkeit.

Den Erwartungswert $E(X) = \mu$ (sprich „mü") kann man wie den **Mittelwert** berechnen, indem man jeden Wert der Zufallsgröße mit seiner zugehörigen Wahrscheinlichkeit multipliziert und dann die Produkte addiert.

Kurz:

$$E(X) = \mu = \underbrace{x_1}_{\text{Wert der Zufallsgröße}} \cdot \underbrace{P(X = x_1)}_{\text{Wahrscheinlichkeit der Zufallsgröße}} + x_2 \cdot P(X = x_2) + \dots + x_i \cdot P(X = x_i)$$

Beachte: Der Erwartungswert muss kein mögliches Ergebnis sein!

Berechne jeweils den Erwartungswert.

a) Augensumme beim Werfen mit zwei Würfeln

$X = k$	2	3	4	5	6	7	8	9	10	11	12
$P(X = k)$	$\frac{1}{36}$	$\frac{2}{36}$	$\frac{3}{36}$	$\frac{4}{36}$	$\frac{5}{36}$	$\frac{6}{36}$	$\frac{5}{36}$	$\frac{4}{36}$	$\frac{3}{36}$	$\frac{2}{36}$	$\frac{1}{36}$

multiplizieren ⊙

addieren ⊕

Erwartungswert:

$$E(X) = 2 \cdot \frac{1}{36} + 3 \cdot \frac{2}{36} + 4 \cdot \frac{3}{36} + 5 \cdot \frac{4}{36} + 6 \cdot \frac{5}{36} + 7 \cdot \frac{6}{36} + 8 \cdot \frac{5}{36} + 9 \cdot \frac{4}{36} + 10 \cdot \frac{3}{36} + 11 \cdot \frac{2}{36} + 12 \cdot \frac{1}{36} = 7$$

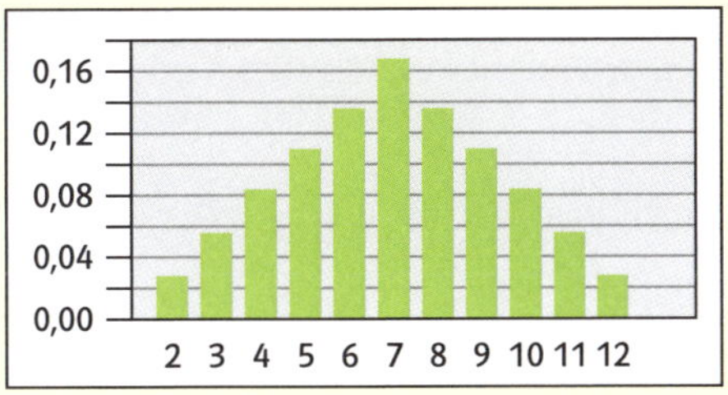

Der Erwartungswert entspricht dem k-Wert des höchsten Balkens im Histogramm.

b) Gewinn beim Werfen mit zwei Würfeln

$X = k$	−1 €	0 €	4 €
$P(X = k)$	$\frac{25}{36}$	$\frac{10}{36}$	$\frac{1}{36}$

Erwartungswert:

$$E(X) = -1\,€ \cdot \frac{25}{36} + 0\,€ \cdot \frac{10}{36} + 4\,€ \cdot \frac{1}{36} = -\frac{21}{36}\,€ \approx -0{,}58\,€$$

Es muss also bei diesem Spiel mit einem durchschnittlichen Verlust von etwa 0,58 € gerechnet werden.

Zusammenfassung

- Unter dem Erwartungswert $E(X) = \mu$ versteht man den Wert, den man bei vielen Durchführungen eines Zufallseperiments durchschnittlich erwartet.
- Den Erwartungswert kann man berechnen, indem man in der Tabelle der Wahrscheinlichkeitsverteilung die Werte einer Spalte miteinander multipliziert und die einzelnen Ergebnisse addiert. Es gilt:

$$E(X) = \mu = \underbrace{x_1}_{} \cdot \underbrace{P(X = x_1)}_{} + x_2 \cdot P(X = x_2) + \ldots + x_i \cdot P(X = x_i)$$

Wert der Zufallsgröße

Wahrscheinlichkeit der Zufallsgröße

Modellieren mit dem Erwartungswert

Der Erwartungswert ist eine Kenngröße um zu entscheiden, ob ein Glücksspiel fair ist.

Wann ist ein Spiel fair?

Die Zufallsgröße X beschreibt den Gewinn bei einem Glücksspiel.
Ist $E(X) > 0$, so nennt man das Spiel günstig für den Spieler.
Ist $E(X) = 0$, so nennt man das Spiel fair, d.h. auf lange Sicht gewinnt der Spieler nichts, er verliert aber auch nichts.
Ist $E(X) < 0$, so nennt man das Spiel ungünstig (unfair) für den Spieler.

Problemstellungen beim Modellieren mit dem Erwartungswert

Beim Modellieren mit dem Erwartungswert bei Glücksspielen gibt es also drei Problemstellungen:

- Ist ein Spiel fair?
- Wie groß muss der Einsatz sein, damit das Spiel fair ist?
- Wie groß müsste die Auszahlung sein, damit das Spiel fair wäre?

Das abgebildete Glücksrad wird zweimal gedreht.
Der Einsatz beträgt 1 €.
Bei 1; 1 und 3; 3 werden 2 € ausgezahlt, bei 2; 2 wird 1 € ausgezahlt.

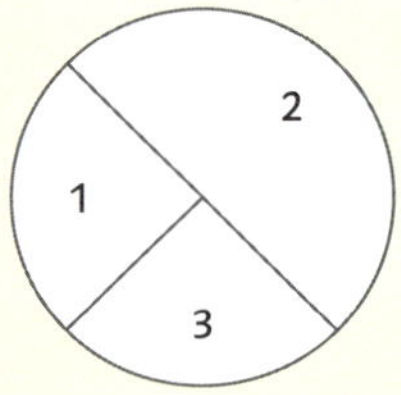

1. Ist das Spiel fair?

Wahrscheinlichkeitsverteilung:

g	−1 €	0 €	1 €
P(X = g)	$\frac{5}{8}$	$\frac{1}{2}\cdot\frac{1}{2}=\frac{1}{4}$	$2\cdot\frac{1}{16}=\frac{1}{8}$

Erwartungswert:

$$E(X) = -1\,€\cdot\frac{5}{8} + 0\,€\cdot\frac{1}{4} + 1\,€\cdot\frac{1}{8} = -\frac{4}{8}\,€ = -\frac{1}{2}\,€ = -0{,}50\,€$$

Da $E(X) = -0{,}5\,€ < 0$ ist das Spiel nicht fair.

2. Wie groß müsste der Einsatz sein, damit das Spiel fair wäre?

Wahrscheinlichkeitsverteilung: a: Einsatz

g	0 − a	1 − a	2 − a
P(X = g)	$\frac{5}{8}$	$\frac{1}{2} \cdot \frac{1}{2} = \frac{1}{4}$	$2 \cdot \frac{1}{16} = \frac{1}{8}$

Erwartungswert: E(X) = 0, damit das Spiel fair ist.

$$E(X) = -a \cdot \frac{5}{8} + (1 - a) \cdot \frac{1}{4} + (2 - a) \cdot \frac{1}{8} = 0$$

Gleichung nach a auflösen: $-\frac{5}{8}a + \frac{1}{4} - \frac{1}{4}a + \frac{2}{8} - \frac{1}{8}a = 0$

$$-a + \frac{1}{2} = 0$$

Der Einsatz müsste 0,50 €, also 50 ct betragen, damit das Spiel fair wäre.

3. Wie groß müsste die maximale Auszahlung sein, damit das Spiel fair wäre?

Wahrscheinlichkeitsverteilung: a: maximale Auszahlung

g	−1	0	a − 1
P(X = g)	$\frac{5}{8}$	$\frac{1}{4}$	$\frac{1}{8}$

Erwartungswert: E(X) = 0, damit das Spiel fair ist.

$$E(X) = -1 \cdot \frac{5}{8} + 0 \cdot \frac{1}{4} + (a - 1) \cdot \frac{1}{8} = 0$$

Gleichung nach a auflösen: $-\frac{5}{8} + \frac{1}{8}a - \frac{1}{8} = 0$

$$-\frac{6}{8} + \frac{1}{8}a = 0$$

$$a = 6$$

Der maximale Auszahlungsbetrag müsste also 6 € betragen, damit das Spiel fair wäre.

Zusammenfassung

Mithilfe des Erwartungswertes kann man beurteilen, ob ein Glücksspiel fair ist oder nicht.
Ist E(X) = 0, dann ist das Spiel fair.

Anzahlen bestimmen

Will man bei einem Laplace-Experiment die Wahrscheinlichkeit eines Ereignisses bestimmen, so benötigt man die Anzahl aller möglichen Ergebnisse und die Anzahl aller Ergebnisse, bei denen das Ereignis eintritt. Man kann diese Anzahlen durch Zählen ermittelt. Was macht man aber bei sehr großen Anzahlen, bei denen zählen sehr schwierig ist?

Urnenmodell

Viele Zufallsexperimente können mit dem Ziehen von unterschiedlichen Kugeln aus einem Gefäß, **Urne** genannt, dargestellt werden. In der Urne befinden sich **n** unterscheidbare **Kugeln**, von denen **k** gezogen werden, oder aus **k Urnen** wird genau **eine Kugel** gezogen.

Produktregel

Gegeben sind k Urnen mit n_1 bzw. n_2 bzw. … n_k Kugeln.
Dann existieren

$$n_1 \cdot n_2 \cdot \ldots \cdot n_k$$

verschiedene Möglichkeiten, aus jeder Urne genau eine Kugel zu ziehen.

a) Führe das Zufallsexperiment „eine Münze wird dreimal geworfen" auf ein Urnenmodell zurück.

1. Möglichkeit:
In drei Urnen befinden sich 2 verschiedene Kugeln. Aus jeder Urne wird einmal gezogen.

2. Möglichkeit:
In einer Urne befinden sich 2 verschiedene Kugeln. Aus der Urne wird dreimal gezogen. Nach jedem Zug wird die gezogene Kugel wieder in die Urne zurückgelegt.

b) Wie viele Telefonnummern mit 6 Ziffern kann man bilden, wenn die erste Ziffer keine Null sein darf?
Wie viele enden von diesen auf 77?

Zugehöriges Urnenmodell:
Es existieren 6 Urnen.
In der ersten Urne befinden sich 9 Kugeln mit den Nummern 1; 2; 3; 4; …; 9.
In den restlichen fünf Urnen befinden sich 10 Kugeln mit den Nummern 0; 1; 2; 3; 4; …; 9.
Es wird aus jeder Urne einmal gezogen.

Berechnen der Möglichkeiten:
Da die Zahl egal ist, hat man bei der 1. Urne 9 mögliche Zahlen zur Verfügung und bei den restlichen fünf Urnen jeweils 10 Zahlen. Es ergibt sich also:

$$9 \cdot 10 \cdot 10 \cdot 10 \cdot 10 \cdot 10 = 900\,000$$

Es gibt 900 000 mögliche Telefonnummern mit 6 Ziffern.

Berechnen der Wahrscheinlichkeit für „Nummer endet mit 77“:
Da bei den ersten 4 Ziffern die Zahl egal ist, hat man bei der 1. Urne 9 mögliche Zahlen zur Verfügung, bei der 2., 3. und 4. Urne je 10 Zahlen und bei den letzten beiden Urnen nur 1 Zahl.

Also folgt:
Möglichkeiten für „Nummer endet mit 77“:

$$9 \cdot 10 \cdot 10 \cdot 10 \cdot 1 \cdot 1 = 9000$$

$$P(\text{„Nummer endet auf 77“}) = \frac{9000}{900\,000} = 0{,}01$$

Zusammenfassung

Jedes Zufallsexperiment kann durch ein Experiment mit Urnen beschrieben werden.
Produktregel:
Gegeben sind k Urnen mit n_1 bzw. n_2 bzw. … n_k unterscheidbaren Kugeln.
Dann existieren

$$n_1 \cdot n_2 \cdot \ldots \cdot n_k$$

verschiedene Möglichkeiten, aus jeder Urne genau eine Kugel zu ziehen.

Ziehen mit und ohne Zurücklegen

Benutzt man ein Urnenmodell, so muss man darauf achten, ob man nach jedem Ziehen die Kugel zurücklegt oder nicht.

Ziehen mit Zurücklegen („Toto-Regel")

Es wird aus einer Urne mit n unterscheidbaren Kugeln k-mal eine Kugel mit Zurücklegen gezogen, dabei wird die Reihenfolge der gezogenen Kugeln notiert.

Dann sind

$$n^k$$

verschiedene Reihenfolgen möglich.

Ziehen ohne Zurücklegen („Renn-Regel")

Es wird aus einer Urne mit n Kugeln k-mal eine Kugel ohne Zurücklegen gezogen, dabei wird die Reihenfolge der gezogenen Kugeln notiert.

Dann sind

$$n \cdot (n-1) \cdot \ldots \cdot (n-k+1)$$

verschiedene Reihenfolgen möglich.

Sonderfall:
Wird so lange gezogen, bis alle Kugeln gezogen wurden, also $n = k$, dann gibt es $n \cdot (n-1) \cdot \ldots \cdot 2 \cdot 1$ mögliche Reihenfolgen. Oder kurz:

$n!$ (lies: n Fakultät)

1. Ein statistisches Institut will ermittelt haben, dass bei 53 % aller Geburten das Baby männlichen Geschlechts ist. Wie groß ist danach die Wahrscheinlichkeit, dass die Mutter aufeinanderfolgend 2 Jungen zur Welt bringt?

   In einer Urne befinden sich 100 Kugeln, davon sind 53 weiß (Jungen) und 47 rot (Mädchen).
   Es wird zweimal mit Zurücklegen gezogen.

   Ergebnismenge: $S = \{ww; wr; rw; rr\}$

   $P(w) = \frac{53}{100}$

   $P(ww) = \left(\frac{53}{100}\right)^2 = 0{,}28$

2. Ein idealer Würfel wird 5-mal geworfen. Mit welcher Wahrscheinlichkeit erhält man 5 verschiedene Augenzahlen?

   In einer Urne befinden sich 6 verschiedene Kugeln, für jede Augenzahl eine. Nun wird fünfmal gezogen.

   Für 5 verschiedene Augenzahlen gilt: Ziehen ohne Zurücklegen, also $6 \cdot 5 \cdot 4 \cdot 3 \cdot 2 = 720$ Möglichkeiten.

   Für die Gesamtzahl der Möglichkeiten gilt: Ziehen mit Zurücklegen: 6^5

   $P(\text{„5 verschiedene Augenzahlen“}) = \frac{6 \cdot 5 \cdot 4 \cdot 3 \cdot 2}{6^5} = \frac{5}{54} \approx 0{,}093$

3. Mit welcher Wahrscheinlichkeit haben 7 Schüler an verschiedenen Wochentagen Geburtstag, wenn die Wochentage als gleich wahrscheinlich angesehen werden?

   In einer Urne befinden sich 7 verschiedene Kugeln, für jeden Wochentag eine. Es wird 7-mal gezogen.

   Für 7 verschiedene Wochentage gilt: Ziehen ohne Zurücklegen:
   $7 \cdot 6 \cdot 5 \cdot 4 \cdot 3 \cdot 2 \cdot 1 = 7!$

   Für die Gesamtzahl der Möglichkeiten gilt: Ziehen mit Zurücklegen: 7^7

   $P = \frac{7!}{7^7} \approx 0{,}01$

Zusammenfassung

- k-mal ziehen mit Zurücklegen aus einer Urne mit n verschiedenen Kugeln:
  n^k Möglichkeiten.
- k-mal ziehen ohne Zurücklegen aus einer Urne mit n Kugeln:
  $n \cdot (n-1) \cdot \ldots \cdot (n-k+1)$ Möglichkeiten.

Ziehen mit einem Griff

Bei vielen Zufallsexperimenten kommt es auf die Reihenfolge bei einer Ziehung nicht an. Das entspricht dem Ziehen mit einem Griff. Das bekannteste Beispiel ist „6 aus 49“.

Ziehen mit einem Griff („Lotto-Regel“)

Es werden aus einer Urne mit n verschiedenen Kugeln k Kugeln mit einem Griff gezogen. Dabei spielt die Reihenfolge keine Rolle.

Dann gibt es

$$\binom{n}{k} = \frac{n \cdot (n-1) \cdot \ldots \cdot (n-k+1)}{1 \cdot 2 \cdot 3 \cdot \ldots \cdot k} \quad (k \leq n)$$

Möglichkeiten.

Die Zahlen $\binom{n}{k}$ heißen **Binomialkoeffizienten**.

a) Wie groß ist die Wahrscheinlichkeit, beim Lotto „6 aus 49“ 6 Richtige zu haben?

In einer Urne befinden sich 49 durchnummerierte Kugeln. Nun werden 6 Kugeln mit einem Griff gezogen. Die Reihenfolge spielt keine Rolle.

Somit existieren

$$\binom{49}{6} = \frac{49 \cdot 48 \cdot 47 \cdot 46 \cdot 45 \cdot 44}{1 \cdot 2 \cdot 3 \cdot 4 \cdot 5 \cdot 6} = 13\,983\,816$$

mögliche Ergebnisse.

Da alle Ergebnisse die gleiche Wahrscheinlichkeit besitzen, gilt:

$$P(\text{„6 Richtige aus 49“}) = \frac{1}{13\,983\,816} = 0{,}000\,000\,72$$

b) Wie groß ist die Wahrscheinlichkeit, beim Lotto „6 aus 49“ 4 Richtige zu haben?

Hier muss man von zwei unterschiedlichen Urnenmodellen ausgehen.
In einer Urne befinden sich die 6 Gewinnzahlen, davon werden 4 mit einem Griff gezogen.
In einer zweiten Urne befinden sich die $49 - 6 = 43$ Nicht-Gewinnzahlen, davon werden 2 mit einem Griff gezogen.

Die Anzahl der Möglichkeiten, von 6 Gewinnzahlen 4 anzukreuzen, ist:

$\binom{6}{4} = \frac{6 \cdot 5}{2 \cdot 1} = \frac{30}{2} = 15$

Die Anzahl der Möglichkeiten, von den 43 Nicht-Gewinnzahlen 2 anzukreuzen, ist:

$\binom{43}{2} = \frac{43 \cdot 42}{2 \cdot 1} = \frac{1806}{2} = 903$

Damit ist die Anzahl der Möglichkeiten für 4 Richtige im Lotto:

$\binom{6}{4} \cdot \binom{43}{2} = 15 \cdot 903 = 13\,545$

Es gibt also 13 545 Möglichkeiten von insgesamt 13 983 816 Möglichkeiten.

P(„4 Richtige aus 49“) $= \frac{13\,545}{13\,983\,816} \approx 0{,}000\,97$

Zusammenfassung

k Kugeln mit einem Griff aus einer Urne mit n verschiedenen Kugeln ziehen:

$\binom{n}{k} = \frac{n \cdot (n-1) \cdot \ldots \cdot (n-k+1)}{1 \cdot 2 \cdot 3 \cdot \ldots \cdot k}$

Bernoulli-Experimente

JAKOB BERNOULLI (1654–1705),
Schweizer Mathematiker.
Er gehörte zu der in Basel ansässigen Familie Bernoulli, deren Mitglieder bedeutende Leistungen in den Naturwissenschaften und der Mathematik vollbrachten.

Bernoulli-Experimente

Haben Zufallsexperimente nur zwei Ergebnisse, so werden sie **Bernoulli-Experimente** genannt.
Die beiden Ergebnisse werden mit **Treffer** und **Niete** bezeichnet.
Bezeichnet man die Wahrscheinlichkeit für einen Treffer mit p und für eine Niete mit q, so gilt: $q = 1 - p$.
Besteht ein Zufallsexperiment aus n unabhängigen Wiederholungen desselben Bernoulli-Experimentes, so nennt man es eine **Bernoulli-Kette der Länge n**.

Ist eine Bernoulli-Kette der Länge n mit der Trefferwahrscheinlichkeit p gegeben und gibt die Zufallsvariable X die Anzahl der Treffer k an, so gilt für die Wahrscheinlichkeit:

$$P(X = k) = \underbrace{\binom{n}{k}}_{\text{Anzahl der Pfade mit k Treffern}} \cdot \underbrace{p^k \cdot (1 - p)^{n-k}}_{\text{Wahrscheinlichkeit für einen Pfad mit k Treffern und n - k Nieten}} \qquad (k \in \{0; 1; 2; \ldots; n\})$$

Die Zuordnung, die jedem der möglichen Werte k die Wahrscheinlichkeit $P(X = k)$ zuordnet, nennt man **Binomialverteilung** mit den Parametern n und p.

Für die Wahrscheinlichkeit $P(X = k)$ schreibt man auch $B_{n;p}(k)$ und nennt X eine **$B_{n;p}$-verteilte Zufallsvariable**.

1. Die Zufallsvariable X sei $B_{n;p}$-verteilt. Stelle eine Tabelle der Binomialverteilung mit den Parametern $n = 6$ und $p = 0{,}45$ auf.

k	$P(X = k) = \binom{n}{k} \cdot p^k \cdot (1-p)^{n-k}$
0	0,0277
1	0,1359
2	0,2780
3	0,3032
4	0,1861
5	0,0609
6	0,0083

2. Von 100 Personen sind im Durchschnitt 15 Linkshänder. Wie groß ist die Wahrscheinlichkeit, dass von 25 zufällig ausgewählten Personen

a) genau eine Person Linkshänder ist;

b) mindestens eine Person Linkshänder ist.

Beeinflussen sich die Links- und Rechtshänder nicht, so kann man das Experiment als Bernoulli-Kette der Länge 25 mit $p = \frac{15}{100} = 0{,}15$ ansehen.
Die Zufallsvariable X gibt die Anzahl der Linkshänder unter 25 Personen an.

a) $P(X = 1) = \binom{25}{1} \cdot 0{,}15^1 \cdot (1 - 0{,}15)^{25-1} = 0{,}0759$
In fast 8 % der Fälle ist unter 25 Personen genau ein Linkshänder.

b) $P(X \geq 1) = 1 - P(X = 0) = 1 - \binom{25}{0} \cdot 0{,}15^0 \cdot (1 - 0{,}15)^{25-0} = 0{,}9828$
In fast 98 % der Fälle ist mindestens eine Person ein Linkshänder.

Zusammenfassung

- Ein Bernoulli-Experiment ist ein Zufallsexperiment mit den beiden Ergebnissen Treffer und Niete.
- Für die Wahrscheinlichkeit gilt:
$$P(X = k) = \binom{n}{k} \cdot p^k \cdot (1-p)^{n-k} \qquad (k \in \{0; 1; 2; \ldots; n\})$$
wobei X die Zufallsvariable ist, die die Anzahl der Treffer k angibt, n die Anzahl der Durchführungen und p die Wahrscheinlichkeit für einen Treffer.

Erwartungswert einer Binomialverteilung

Nimmt eine Zufallsgröße X die Werte $k = \{0; 1; 2; \ldots; n\}$ an, dann nennt man die Summe

$$0 \cdot P(X = 0) + 1 \cdot P(X = 1) + \ldots + n \cdot P(X = n) = E(X) = \mu$$

den **Erwartungswert** der Zufallsgröße X. Er wird mit E(X) oder μ bezeichnet.

Handelt es sich bei dem Zufallsexperiment um ein Bernoulli-Experiment, so gilt für den Erwartungswert:

$$E(X) = \mu = n \cdot p$$

1. In einer Fabrik werden die hergestellten Teile von einer Kontrolleurin überprüft, die jedes Teil mit einer Wahrscheinlichkeit von 0,95 % richtig beurteilt. X sei die Anzahl der falschen Entscheidungen der Kontrolleurin bei 100 Kontrollen. Berechne den Erwartungswert E(X).

   X: Anzahl der falschen Entscheidungen; $n = 100$

   $p = 1 - 0{,}95 = 0{,}05$

   $E(X) = n \cdot p = 100 \cdot 0{,}05 = 5$

   Führt die Kontrolleurin diese Tests sehr häufig durch, so entscheidet sie sich bei 100 Kontrollen im Mittel 5-mal falsch.

2. Bei der Fertigung von Spielzeugautos weist durchschnittlich jedes 15. Auto Mängel auf.

   a) Mit wie vielen mängelbehafteten Autos muss man in einem Jahr mit 220 Arbeitstagen rechnen, wenn pro Arbeitstag 630 Stück produziert werden?

   Anzahl der produzierten Autos pro Jahr: $n = 220 \cdot 630 = 138\,600$

   X: mängelbehaftete Autos unter 138 600; $p = \frac{1}{15}$

   $E(X) = 138\,600 \cdot \frac{1}{15} = 9240$

   Man muss mit 9240 mängelbehafteten Autos im Jahresdurchschnitt rechnen.

   b) Mit welcher Wahrscheinlichkeit ist unter 30 zufällig herausgegriffenen Autos höchstens eines mit Mängeln?

   Y: Anzahl der mängelbehafteten Autos unter 30 zufällig herausgegriffenen; $n = 30$

   $P(Y \leq 1) = P(Y = 0) + P(Y = 1)$
   $= 0{,}3967$

Kumulierte Wahrscheinlichkeiten

Mit der Bernoulli-Formel kannst du die Wahrscheinlichkeit für genau k Treffer direkt berechnen.

Wenn du die Wahrscheinlichkeit für **höchstens** k Treffer berechnen musst, musst du die Wahrscheinlichkeiten der zugehörigen Ereignisse addieren und es gilt:

$$P(X \leq k) = P(X = 0) + P(X = 1) + \ldots + P(X = k)$$

Dies nennt man **kumulierte Wahrscheinlichkeit** (von lat. *cumulare* = anhäufen).

Der GTR oder ein CAS können die kumulierte Wahrscheinlichkeit direkt berechnen, z. B. mit dem Befehl *binomcdf*.
Einzelwahrscheinlichkeiten kannst du mit der Bernoulli-Formel berechnen.

Beispiel:
Ein Würfel wird 10-mal geworfen. Wie groß ist die Wahrscheinlichkeit, dass höchstens 3 Einsen geworfen werden?

Veranschaulichung von höchstens 3:
--0--1--2--3--4--5--6--7--8--9--...

Es gilt: $n = 10$; $p = \frac{1}{6}$; $k \leq 3$

$P(X \leq 3) = P(X = 0) + P(X = 1) + P(X = 2) + P(X = 3) \approx 0{,}930$

Die Veranschaulichung hilft dir, die richtigen Anzahlen zu finden.

Berechnen von Wahrscheinlichkeiten mithilfe der kumulierten Wahrscheinlichkeiten

Um die Wahrscheinlichkeiten von Ereignissen direkt berechnen zu können, musst du die Berechnung der Wahrscheinlichkeit auf die Berechnung der kumulierten Wahrscheinlichkeit zurückführen.
Nur Anzahlen der Form $X \leq k$ können mit einem Hilfsmittel wie dem GTR oder einem CAS direkt berechnet werden.

Beispiele:

Ereignis	Beschreibung mit Zufallsgröße und Veranschaulichung	Beschreibung der Wahrscheinlichkeit mithilfe der kumulierten Wahrscheinlichkeit
höchstens 5 Treffer	$X \leq 5$ **--0--1--2--3--4--5**--6-...	$P(X \leq 5)$
weniger als 5 Treffer	$X < 5$ **--0--1--2--3--4**--5--6-...	$P(X \leq 4)$
mindestens 5 Treffer	$X \geq 5$ --0--1--2--3--4--**5--6-...**	„alles, was nicht kleiner als 5 ist" $P(X \geq 5) = 1 - P(X \leq 4)$
mehr als 5 Treffer	$X > 5$ --0--1--2--3--4--**5--6-...**	$P(X > 5) = 1 - P(X \leq 5)$

Zusammenfassung

Die kumulierte Wahrscheinlichkeit für **höchstens** k Treffer kann man berechnen, indem man die Wahrscheinlichkeiten der Ergebnisse für 0 bis k Treffer addiert.
Es gilt:

$$P(X \leq k) = P(X = 0) + P(X = 1) + \ldots + P(X = k)$$

Wissenstest

1 Was versteht man unter einer zentrischen Streckung?

2 Wann sind zwei Figuren ähnlich?

3 Wie lautet der 1. Strahlensatz?

4 Wie lautet der 2. Strahlensatz?

5 Was besagt der Satz des Pythagoras?

6 Was versteht man unter dem Kathetensatz?

7 Was versteht man unter dem Höhensatz?

8 Wie sind der Sinus, Kosinus und Tangens definiert?

9 Wie berechnet man den Umfang und den Flächeninhalt eines Kreises?

10 Wie berechnet man bei einem Kreisausschnitt den Kreisbogen und wie den Flächeninhalt?

11 Was ist ein Prisma und wie berechnet man sein Volumen?

12 Was ist ein Zylinder und wie berechnet man das Volumen, die Oberfläche und den Mantel?

13 Was ist eine Pyramide und wie berechnet man ihr Volumen?

14 Was ist ein Kegel und wie berechnet man sein Volumen, die Oberfläche und den Mantel?

15 Wie berechnet man das Volumen und die Oberfläche einer Kugel?

16 Wie berechnet man die Länge einer Strecke AB?

17 Wie berechnet man den Mittelpunkt einer Strecke $\overline{PQ}$?

18 Was ist eine Gerade und wodurch wird ihre Richtung bestimmt?

19 Wie berechnet man die Steigung und den Steigungswinkel einer Geraden?

20 Wann sind zwei Geraden orthogonal?

21 Wie lautet die Hauptform einer Geradengleichung und wie die allgemeine Form?

22 Wie lautet die Punktsteigungsform einer Geradengleichung?

23 Wie lautet die Zweipunkteform einer Geradengleichung?

24 Wie bestimmt man den Schnittpunkt zweier Geraden?

25 Wie bestimmt man den Schnittwinkel zweier Geraden?

26 Was versteht man unter einer Potenz und einer Zehnerpotenz?

27 Was gilt für Potenzen mit rationalen Exponenten?

28 Wie lautet das erste Potenzgesetz?

29 Wie lautet das zweite Potenzgesetz?

30 Wie lautet das dritte Potenzgesetz?

31 Was versteht man unter einer Potenzgleichung?

32 Wie lauten die Logarithmengesetze?

33 Was versteht man unter einer Funktion?

34 Wie leitet man Potenzfunktionen ab?

35 Wie lautet bei der Ableitung die Summen- und die Faktorregel?

36 Was gilt für eine achsensymmetrische Funktion?

37 Was gilt für eine punktsymmetrische Funktion?

38 Wie berechnet man die Nullstellen einer Funktion?

39 Wann ist eine Funktion streng monoton fallend und wann streng monoton steigend?

40 Wie berechnet man die Extrempunkte einer Funktion?

41 Was ist eine lineare Funktion?

42 Was ist eine Potenzfunktion?

43 Was ist eine Potenzfunktion mit negativem Exponenten?

44 Was ist eine Exponentialfunktion?

45 Was ist eine Logarithmusfunktion?

46 Was ist eine ganzrationale Funktion?

47 Was gilt für ein lineares Wachstum?

48 Was gilt für ein exponentielles Wachstum?

49 Was gilt für ein beschränktes Wachstum?

50 Was versteht man unter einem Vektor?

51 Wie lautet die Parametergleichung einer Geraden im Raum?

52 Wie können Geraden im Raum zueinander liegen?

53 Was ist ein Laplace-Experiment?

54 Wie berechnet man bei einem mehrstufigen Zufallsexperiment die Wahrscheinlichkeit?

55 Wie lautet in der Wahrscheinlichkeitsrechnung die Produktregel?

56 Was besagt die „Toto-Regel“?

57 Was besagt die „Renn-Regel“?

58 Was besagt die „Lotto-Regel“?

59 Was ist ein Bernoulli-Experiment und wie berechnet man die Wahrscheinlichkeit?

60 Was ist der Erwartungswert?

Lösung 1

Eine zentrische Streckung ist eine Abbildung, die jede Strecke in einem bestimmten Verhältnis vergrößert oder verkleinert.

Für eine zentrische Streckung mit dem Streckzentrum S und dem Streckfaktor k gilt:

$\overline{SP'} = |k| \cdot SP$

Lösung 2

Zwei Figuren sind ähnlich, wenn man durch zentrische Streckung oder Hintereinanderausführung einer zentrischen Streckung und einer Kongruenzabbildung die Figuren aufeinander abbilden kann.

Lösung 3

Werden zwei von einem Punkt S ausgehende Strahlen a und b von zwei zueinander parallelen Geraden g und h geschnitten, dann gilt:

Die Abschnitte auf dem einen Strahl verhalten sich wie die entsprechenden Abschnitte auf dem anderen Strahl.

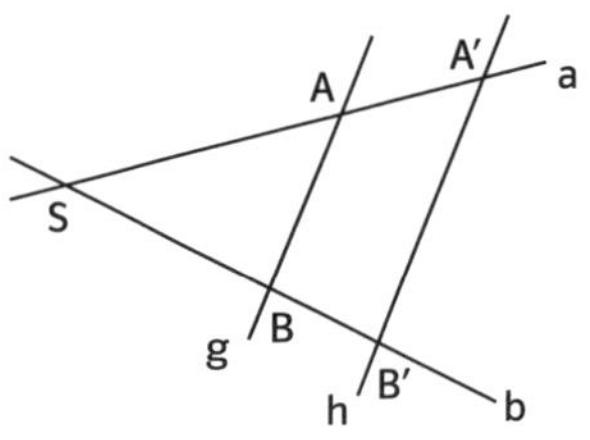

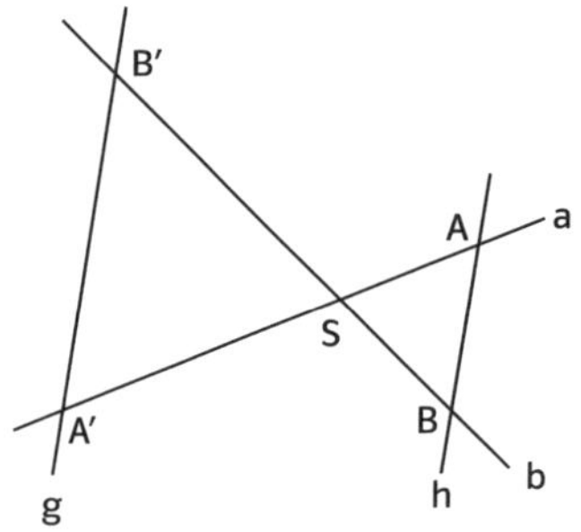

Lösung 4

Werden zwei von einem Punkt S ausgehende Strahlen a und b von zwei zueinander parallelen Geraden g und h geschnitten, dann gilt:

Die Abschnitte auf den Parallelen verhalten sich wie die von S aus gemessenen entsprechenden Abschnitte auf jedem Strahl.

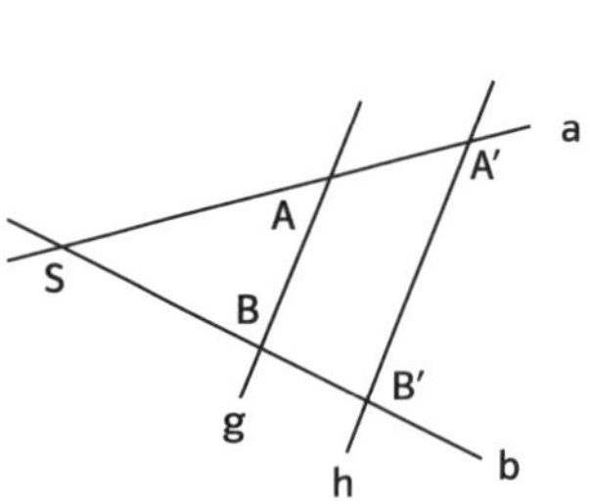

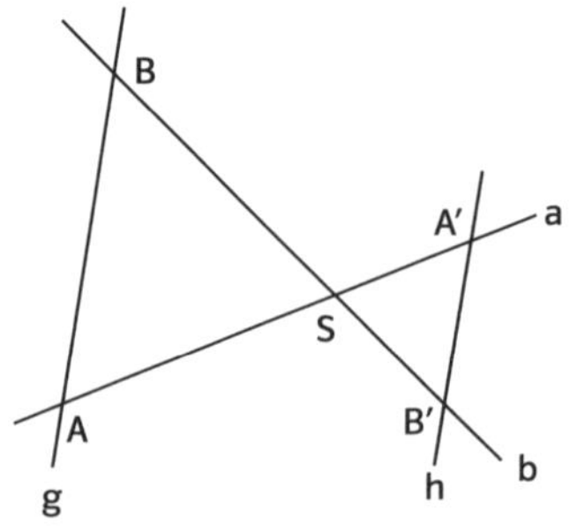

Lösung 5
In einem rechtwinkligen Dreieck ist die Summe der Flächeninhalte der Quadrate über den Katheten a und b gleich dem Flächeninhalt des Quadrates über der Hypotenuse c.

$a^2 + b^2 = c^2$

Lösung 6
In einem rechtwinkligen Dreieck ist der Flächeninhalt des Quadrates über der Kathete gleich dem Flächeninhalt des Rechteckes aus der Hypotenuse c und dem anliegenden Hypotenusenabschnitt p oder q:

$a^2 = c \cdot p; \quad b^2 = c \cdot q$

Lösung 7
In einem rechtwinkligen Dreieck ist der Flächeninhalt über der Höhe h gleich dem Flächeninhalt des Rechteckes aus den beiden Hypotenusenabschnitten p und q:

$h^2 = p \cdot q$

Lösung 8

$$\sin\alpha = \frac{\text{Gegenkathete von } \alpha}{\text{Hypotenuse}}$$

$$\cos\alpha = \frac{\text{Ankathete von } \alpha}{\text{Hypotenuse}}$$

$$\tan\alpha = \frac{\text{Gegenkathete von } \alpha}{\text{Ankathete von } \alpha}$$

Lösung 9
Für jeden Kreis mit dem Radius r gilt

Umfang: $u = 2\pi \cdot r = \pi d$

Flächeninhalt: $A = \pi r^2$

Lösung 10
Für einen Kreisausschnitt mit dem Mittelpunktswinkel α gilt

Kreisbogen: $b = 2\pi \cdot r \frac{\alpha}{360°}$

Flächeninhalt: $A = \pi \cdot r^2 \frac{\alpha}{360°}$

Lösung 11
Ein Prisma ist ein geometrischer Körper, den man sich durch Verschieben eines Vieleckes im Raum erzeugt denken kann.

Für das Volumen eines Prismas mit der Grundfläche G und der Höhe h gilt:

$V = G \cdot h$

Lösung 12

Ein Zylinder ist ein geometrischer Körper, den man sich durch Verschieben eines Kreises im Raum erzeugt denken kann.

Volumen V: $V = \pi r^2 h$

Mantel M: $M = 2\pi r h$

Oberfläche O: $O = 2\pi r^2 + M = 2\pi r(r + h)$

Lösung 13

Eine Pyramide ist ein Körper, bei dem jede Ecke eines Vielecks mit einem Punkt S außerhalb der Vielecksebene verbunden ist.

Für das Volumen einer Pyramide mit der Grundfläche G und der Höhe h gilt:

$V = \frac{1}{3} G \cdot h$

Lösung 14

Ein Kegel ist ein Körper, bei dem alle Punkte des Kreises mit einem Punkt S außerhalb der Kreisebene verbunden sind.

Volumen V: $V = \frac{1}{3}\pi r^2 h$

Mantel M: $M = \pi r s$

Oberfläche O: $O = \pi r^2 + M = \pi r(r + s)$

Lösung 15

Für jede Kugel mit dem Radius r gilt

Volumen V: $V = \frac{4}{3}\pi r^3$

Oberfläche O: $O = 4\pi r^2$

Lösung 16

Sind in einem kartesischen Koordinatensystem der Anfangspunkt $A(x_A \mid y_A)$ und der Endpunkt $B(x_B \mid y_B)$ einer Strecke gegeben, so gilt für die Länge d der Strecke $\overline{AB}$:

$d = \sqrt{(x_A - x_B)^2 + (y_A - y_B)^2}$

Lösung 17

Der Mittelpunkt $M(x_M \mid y_M)$ einer Strecke $\overline{PQ}$ berechnet sich mit

$x_M = \frac{1}{2}(x_P + x_Q)$; $y_M = \frac{1}{2}(y_P + y_Q)$.

Lösung 18

Verlängert man eine Strecke unbegrenzt über ihren Anfangs- und Endpunkt hinaus, so erhält man eine Gerade. Sie hat also keinen Anfang und kein Ende, sie ist unendlich lang.

Die Richtung der Geraden wird durch die Steigung bzw. den Steigungswinkel bestimmt.

Lösung 19

Die Steigung einer Geraden durch die Punkte $P(x_P \mid x_Q)$ und $Q(x_P \mid x_Q)$ berechnet sich durch:

$$m = \frac{y_Q - y_P}{x_Q - x_P}; \quad x_P \neq x_Q$$

Den Steigungwinkel berechnet man durch: $\tan\alpha = m \; (0 \leq \alpha < 180°)$

Lösung 20

Zwei Geraden g und h sind orthogonal, wenn für ihre Steigungen m_1 und m_2 gilt:

$m_1 \cdot m_2 = -1$

Lösung 21

Hauptform einer Geraden: $y = mx + c$,

wobei m die Steigung und c der y-Achsenabschnitt ist.

Allgemeine Gleichung:

$ax + by + c = 0 \quad (a \neq 0;\; b \neq 0)$

Lösung 22

Ist von einer Geraden die Steigung m und ein Punkt $A(x_A \mid y_A)$ gegeben, so erhält man die Gleichung der Geraden durch:

$$m = \frac{y - y_A}{x - x_A}$$

Löst man diese Gleichung nach y auf, so erhält man die Geradengleichung in der Hauptform.

Lösung 23

Sind von einer Geraden zwei verschiedene Punkte $A(x_A \mid y_A)$ und $B(x_B \mid y_B)$ gegeben, so erhält man die Gleichung der Geraden durch:

$$m = \frac{y - y_A}{x - x_A} = \frac{y_B - y_A}{x_B - x_A}$$

Löst man diese Gleichung nach y auf, so erhält man die Geradengleichung in der Hauptform.

Lösung 24

Schneiden sich zwei Geraden g und h, so existiert ein Schnittpunkt S. Die Koordinaten des Schnittpunktes erfüllen die Gleichungen beider Geraden.

Zur Bestimmung des Schnittpunktes löst man das zugehörige lineare Gleichungssystem. Dazu kann man das Gleichsetzungs- oder das Additionsverfahren benutzen.

Lösung 25

- Zeichne die Geraden g und h sowie ihren Schnittwinkel in ein Koordinatensystem.
- Überlege anhand der Skizze, wie sich der Schnittwinkel aus den Steigungswinkeln berechnen lässt.
- Berechne die Steigungswinkel und damit den Schnittwinkel.

Lösung 26

Ein Produkt aus lauter gleichen Faktoren a kann man als Potenz schreiben:

$$\underbrace{a \cdot a \cdot a \cdot \ldots \cdot a}_{n \text{ gleiche Faktoren}} = a^n$$

Eine Potenz mit der Basis 10 nennt man Zehnerpotenz.

Lösung 27

Für $p \in \mathbb{N}$, $q \in \mathbb{N} \setminus \{0;1\}$ und $a \in \mathbb{R}^+$ gilt:

$$a^{\frac{1}{q}} = \sqrt[q]{a}; \quad a^{-\frac{1}{q}} = \frac{1}{\sqrt[q]{a}}$$

$$a^{\frac{p}{q}} = \sqrt[q]{a^p}; \quad a^{-\frac{p}{q}} = \frac{1}{\sqrt[q]{a^p}}$$

Lösung 28

Potenzen mit gleicher Basis werden multipliziert, indem man die Exponenten addiert und die Basis beibehält:

$a^n \cdot a^m = a^{n+m}$

Lösung 29

Potenzen mit gleicher Basis werden dividiert, indem man die Exponenten subtrahiert und die Basis beibehält:

$a^n : a^m = \frac{a^n}{a^m} = a^{n-m}$

Lösung 30

Eine Potenz wird potenziert, indem man die Exponenten multipliziert und die Basis beibehält:

$(a^n)^m = a^{n \cdot m}$

Lösung 31

Eine Potenzgleichung ist eine Gleichung der Form:

$x^n = a$,

wobei $n \in \mathbb{N} \setminus \{0;1\}$.

Lösung 32

Für $b, u, v \in \mathbb{R}^+$ gilt:

$_b\log(u \cdot v) = {_b\log u} + {_b\log v}$

$_b\log\left(\frac{u}{v}\right) = {_b\log u} - {_b\log v}$

$_b\log u^v = v \cdot {_b\log u}$

Lösung 33

Wird bei einer Zuordnung $x \mapsto y$ jeder Größe (Zahl) x genau eine Größe (Zahl) y zugeordnet, so nennt man diese Zuordnung eine Funktion.

Die Menge aller Größen x nennt man Definitionsmenge D. Die einer Größe x zugeordnete Größe y heißt Funktionswert. Die Menge aller Funktionswerte nennt man Wertemenge.

Lösung 34

Ist die Potenzfunktion $f(x) = c \cdot x^n$ $(n \in \mathbb{N})$ an der Stelle $x \in D$ ableitbar, so gilt für die Ableitung der Funktion:

$f'(x) = c \cdot n \cdot x^{n-1}$

Lösung 35

Sind die Funktionen g und h an der Stelle $x \in D$ ableitbar, so ist die Funktion

- $f(x) = g(x) + h(x)$ dort ableitbar und es gilt: $f'(x) = g'(x) + h'(x)$
- $f(x) = c \cdot g(x)$ dort ableitbar und es gilt: $f'(x) = c \cdot g'(x)$

Lösung 36

Eine Funktion f heißt achsensymmetrisch zur Achse $x = x_0$, wenn für $x \in D$ und $h \in \mathbb{R}$ gilt:

$f(x_0 + h) = f(x_0 - h)$

Ist die Symmetrieachse die y-Achse ($x_0 = 0$), dann gilt:

$f(-x) = f(x)$

Lösung 37

Eine Funktion f heißt punktsymmetrisch zu einem Punkt $P(x_0 \mid y_0)$, wenn gilt:

$f(x_0 - h) - y_0 = y_0 - f(x_0 + h)$

Ist P der Ursprung, dann gilt:

$f(-x) = -f(x)$

Lösung 38

Schneidet oder berührt der Graph der Funktion f die x-Achse an der Stelle x_1, so nennt man diese Stelle eine Nullstelle der Funktion f.

Eine Zahl $x_1 \in D$ heißt Nullstelle der Funktion f, wenn gilt:

$f(x_1) = 0$

Um die Nullstelle zu berechnen, muss man also die Gleichung $f(x) = 0$ lösen.

Lösung 39

Die Funktion f sei auf einem Intervall I definiert. Wenn für alle $x_1, x_2 \in I$ gilt:

- aus $x_1 < x_2$ folgt $f(x_1) < f(x_2)$, dann ist f streng monoton steigend.
- aus $x_1 < x_2$ folgt $f(x_1) > f(x_2)$, dann ist f streng monoton fallend.

Lösung 40

Notwendige Bedingung: $f'(x_0) = 0$

Hinreichende Bedingung: Vorzeichenwechsel von $f'(x_0)$ bei x_0
von − nach +: lokales Minimum
Vorzeichenwechsel von $f'(x_0)$ bei x_0
von + nach −: lokales Maximum
ODER
$f''(x_0) > 0$: lokales Minimum
$f''(x_0) < 0$: lokales Maximum
Vorzeichenwechsel von $f'(x_0)$ bei x_0
von − nach +: lokales Minimum
Den Extremwert berechnet man, indem man x_0 in f einsetzt und $f(x_0)$ bestimmt.

Lösung 41

Eine Funktion f mit der Funktionsgleichung

$f(x) = mx + c \ (m, c, x \in \mathbb{R})$

heißt lineare Funktion.
Ihr Schaubild ist eine Gerade mit der Steigung m und dem y-Achsenabschnitt c.

Lösung 42

Eine Funktion f mit der Funktionsgleichung

$f(x) = c \cdot x^n \quad (x \in \mathbb{R}, c \in \mathbb{R} \setminus \{0\};\ n \in \mathbb{N} \setminus \{0\})$

heißt Potenzfunktion n-ten Grades.
Ihr Schaubild ist eine Parabel n-ter Ordnung.

Lösung 43
Eine Funktion f mit der Funktionsgleichung

$f(x) = x^{-n} \quad (x \in \mathbb{R};\ n \in \mathbb{Z} \setminus \{0\})$

heißt Potenzfunktion.

Es gilt: $x^{-n} = \frac{1}{x^n}$.

Das Schaubild hat eine senkrechte Asymptote (y-Achse) und eine waagrechte Asymptote (x-Achse).

Lösung 44
Eine Funktion f mit der Funktionsgleichung

$f(x) = a^x \quad (a \in \mathbb{R}^+ \setminus \{0\})$

heißt Exponentialfunktion zur Basis a.

Lösung 45
Eine Funktion f mit der Funktionsgleichung

$f(x) = {}_a\log x \quad (a > 0;\ a \neq 1;\ x \in \mathbb{R}^+)$

heißt Logarithmusfunktion.

Lösung 46
Eine Funktion f mit der Funktionsgleichung

$f(x) = a_n x^n + a_{n-1} x^{n-1} + \ldots + a_1 x + a_0$

heißt ganzrationale Funktion.

Lösung 47
Bei einem linearen Wachstum ist die Änderung des Bestandes pro Zeitschritt (Änderungsrate) konstant.

Für den Bestand B(t) nach t Zeitschritten gilt:

$B(t) = B(0) + m \cdot t;\quad t \in \mathbb{R};$ B(0): Anfangsbestand; m: Änderungsrate.

Das Schaubild ist eine Gerade.

Lösung 48
Bei einem exponentiellen Wachstum ist die Zu- oder Abnahme in einem Zeitintervall nicht konstant, sondern proportional zum vorhandenen Bestand.

$\text{Bestand}_{neu} = a \cdot \text{Bestand}_{alt}$

$B(t) = B(0) \cdot a^t;$ B(0): Anfangsbestand; a: Wachstumsfaktor

Lösung 49

Bei einem beschränkten Wachstum existiert eine Schranke S, die nicht überschritten werden kann. Die Änderungsrate k ist zum Sättigungsmanko proportional und der Bestand ändert sich im nächsten Zeitschritt um: $k \cdot (S - B(t))$

$B(t+1) = B(t) + k \cdot (S - B(t))$

Lösung 50

Ein Vektor stellt eine Verschiebung dar, die einen Punkt P auf einen Punkt P′ abbildet.
Ein Vektor ist durch seine Länge und Richtung gekennzeichnet.

Lösung 51

$g: \vec{x} = \vec{p} + r \cdot \vec{u} \quad (r \in \mathbb{R})$

$\vec{p}$: Stützvektor der Geraden; $\vec{u}$: Richtungsvektor der Geraden

Lösung 52

Zwei Geraden g und h im Raum können
- sich schneiden,
- identisch sein,
- keinen Punkt gemeinsam haben, d.h. sie sind entweder parallel oder windschief.

Lösung 53

Treten bei einem Zufallsexperiment alle Ergebnisse mit der gleichen Wahrscheinlichkeit auf, so nennt man es ein Laplace-Experiment.

Laplace-Formel: $P(A) = \frac{\text{Anzahl der Ergebnisse, bei denen A eintritt}}{\text{Anzahl aller möglichen Ergebnisse}}$

Lösung 54

Um bei einem mehrstufigen Zufallsexperiment die Wahrscheinlichkeit zu berechnen, benutzt man die Pfadregel:

Die Wahrscheinlichkeit für ein Ereignis erhält man, indem man die Wahrscheinlichkeiten längs eines Pfades multipliziert.

Lösung 55

Produktregel:

Gegeben sind k Urnen mit n_1 bzw. … n_k Kugeln.

Dann existieren $n_1 \cdot n_2 \cdot \ldots \cdot n_k$ Möglichkeiten, aus jeder Urne genau eine Kugel zu ziehen.

Lösung 56

Ziehen mit Zurücklegen („Toto-Regel"):

Es wird aus einer Urne mit n unterscheidbaren Kugeln k-mal eine Kugel mit Zurücklegen gezogen, dabei wird die Reihenfolge der gezogenen Kugeln notiert. Dann sind n^k verschiedene Reihenfolgen möglich.

Lösung 57

Ziehen ohne Zurücklegen („Renn-Regel"):

Es wird aus einer Urne mit n unterscheidbaren Kugeln k-mal eine Kugel ohne Zurücklegen gezogen, dabei wird die Reihenfolge der gezogenen Kugeln notiert.

Dann sind $n \cdot (n-1) \cdot \ldots \cdot (n-k+1)$ verschiedene Reihenfolgen möglich.

Lösung 58

Ziehen mit einem Griff („Lotto-Regel"):

Es werden aus einer Urne mit n unterscheidbaren Kugeln k Kugeln mit einem Griff gezogen. Dabei spielt die Reihenfolge keine Rolle.

Dann gibt es $\binom{n}{k} = \frac{n \cdot (n-1) \cdot \ldots \cdot (n-k+1)}{1 \cdot 2 \cdot \ldots \cdot k}$ Möglichkeiten.

Lösung 59

Haben Zufallsexperimente nur zwei mögliche Ergebnisse, so werden sie Bernoulli-Experiment genannt. Die Ergebnisse werden mit Treffer und Niete bezeichnet.

Für die Wahrscheinlichkeit, die die Anzahl der Treffer angibt, gilt:

$P(X-k) = \binom{n}{k} \cdot p^k \cdot (1-p)^{n-k}$

Lösung 60

Nimmt eine Zufallsgröße X die Werte $k = \{0; 1; \ldots; n\}$ an, dann nennt man die Summe

$0 \cdot P(X=0) + 1 \cdot P(X=1) + \ldots + n \cdot P(X=n)$

den Erwartungswert E(X) der Zufallsgröße X.

Spickzettel

Rechengesetze

Kommutativgesetz (Vertauschungsgesetz)

der Addition:	$a + b = b + a$	$2 + 4 = 4 + 2$
der Multiplikation:	$a \cdot b = b \cdot a$	$2 \cdot 4 = 4 \cdot 2$

Assoziativgesetz (Verbindungsgesetz)

der Addition:	$a + (b + c) = (a + b) + c$	$2 + (4 + 3) = (2 + 4) + 3$
der Multiplikation:	$a \cdot (b \cdot c) = (a \cdot b) \cdot c$	$2 \cdot (4 \cdot 3) = (2 \cdot 4) \cdot 3$

Distributivgesetz (Verteilungsgesetz)

$a \cdot (b + c) = a \cdot b + a \cdot c$	$2 \cdot (4 + 3) = 2 \cdot 4 + 2 \cdot 3$
bzw.	bzw.
$a \cdot (b - c) = a \cdot b - a \cdot c$	$2 \cdot (4 - 3) = 2 \cdot 4 - 2 \cdot 3$
$(b + c) \cdot a = b \cdot a + c \cdot a$	$(4 + 3) \cdot 2 = 4 \cdot 2 + 3 \cdot 2$
bzw.	bzw.
$(b - c) \cdot a = b \cdot a - c \cdot a$	$(4 - 3) \cdot 2 = 4 \cdot 2 - 3 \cdot 2$

Bruchrechnung

Brüche benutzt man, um Anteile an einem Ganzen zu beschreiben.

Erweitern: Brüche werden erweitert, indem man Zähler und Nenner mit der gleichen Zahl multipliziert.

$\frac{2}{3} = \frac{2 \cdot 2}{3 \cdot 2} = \frac{4}{6}$

Kürzen: Brüche werden gekürzt, indem man Zähler und Nenner durch die gleiche Zahl teilt.
Ein Bruch kann nur durch eine Zahl dividiert werden, die Zähler und Nenner ohne Rest dividiert.

$\frac{4}{6} = \frac{4 : 2}{6 : 2} = \frac{2}{3}$

Addieren und Subtrahieren:
Brüche mit dem gleichen Nenner werden addiert bzw. subtrahiert, indem man die Zähler miteinander addiert bzw. subtrahiert und den Nenner beibehält.

$\frac{4}{3} + \frac{1}{3} = \frac{4 + 1}{3} = \frac{5}{3}$ bzw. $\frac{2}{3} - \frac{1}{3} = \frac{2 - 1}{3} = \frac{1}{3}$

Brüche mit verschiedenen Nennern kann man addieren bzw. subtrahieren, wenn sie den gleichen Nenner haben. Dies geschieht durch Erweitern oder Kürzen.

$\frac{1}{3} + \frac{1}{2} = \frac{1 \cdot 2}{3 \cdot 2} + \frac{1 \cdot 3}{2 \cdot 3} = \frac{2}{6} + \frac{3}{6} = \frac{5}{6}$

bzw.

$\frac{1}{2} - \frac{1}{3} = \frac{1 \cdot 3}{2 \cdot 3} - \frac{1 \cdot 2}{3 \cdot 2} = \frac{3}{6} - \frac{2}{6} = \frac{1}{6}$

Bruchrechnung

Multiplizieren:

Brüche werden mit einer Zahl multipliziert, indem man den Zähler des Bruches mit der Zahl multipliziert. Der Nenner bleibt unverändert.

$\frac{2}{7} \cdot 3 = \frac{2 \cdot 3}{7} = \frac{6}{7}$

Brüche werden mit einem Bruch multipliziert, indem man Zähler mit Zähler und Nenner mit Nenner multipliziert.

$\frac{1}{4} \cdot \frac{2}{5} = \frac{1 \cdot 2}{4 \cdot 5} = \frac{2}{10} = \frac{1}{5}$

Dividieren:

Brüche werden durch eine Zahl dividiert, indem man den Nenner mit der Zahl multipliziert. Der Zähler bleibt unverändert.

$\frac{1}{6} : 3 = \frac{1}{6 \cdot 3} = \frac{1}{18}$

Brüche werden durch einen Bruch dividiert, indem man den Bruch mit dem Kehrwert des Bruches multipliziert.
Den Kehrwert eines Bruches erhält man, indem man den Zähler mit dem Nenner vertauscht.

$\frac{1}{2} : \frac{1}{3} = \frac{1}{2} \cdot \frac{3}{1} = \frac{1 \cdot 3}{2 \cdot 1} = \frac{3}{2}$

Zahlenmengen

Natürliche Zahlen:
$\mathbb{N} = \{0; 1; 2; 3; 4; \dots\}$

Ganze Zahlen:
$\mathbb{Z} = \{\dots; -4; -3; -2; -1; 0; 1; 2; 3; 4; \dots\}$

Rationale Zahlen:
Jede Dezimalzahl, die als Bruch dargestellt werden kann.

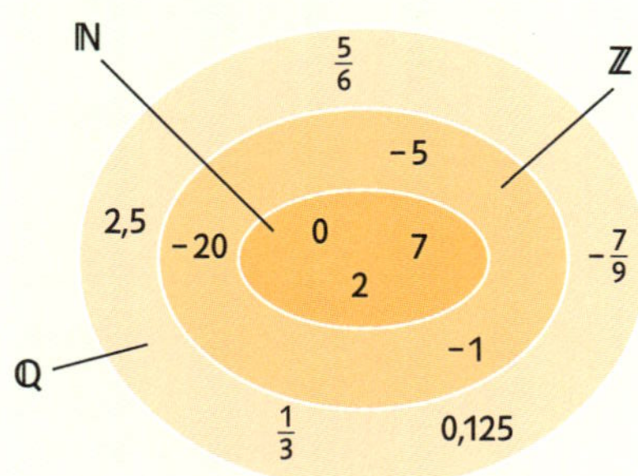

Runden von Zahlen

Abrunden:
Ist die Stelle rechts von der Rundungsziffer eine 0; 1; 2; 3 oder 4, so rundet man ab. Die Rundungsziffer bleibt erhalten.

Aufrunden:
Ist die Stelle rechts von der Rundungsziffer eine 5; 6; 7; 8 oder 9, so rundet man auf. Die Rundungsziffer erhöht sich um 1.

Rechnen mit Klammern

Plusklammern:
Eine Plusklammer löst man auf, indem man das Pluszeichen vor der Klammer und die Klammer weglässt.

$+(+a) = a \qquad +(+2) = 2$

$+(-a) = -a \qquad +(-2) = -2$

$+(-a + b - c) = -a + b - c$

$+(-2 + 4 - 3) = -2 + 4 - 3$

Minusklammern:
Eine Minusklammer löst man auf, indem man bei den Zahlen in der Klammer aus den Pluszeichen ein Minuszeichen und aus den Minuszeichen ein Pluszeichen macht.

Das Minuszeichen vor der Klammer und die Klammer werden dann weggelassen.

$-(+a) = -a \qquad -(+2) = -2$

$-(-a) = +a \qquad -(-2) = +2$

$-(-a + b - c) = a - b + c$

$-(-2 + 4 - 3) = 2 - 4 + 3$

Terme und Gleichungen

Gleichungen:

Eine Gleichung besteht aus zwei Termen, die durch das Gleichheitszeichen verbunden sind,

z. B. $a \cdot x + b = c$ $\qquad 2 \cdot x + 3 = 7$

Lösen von Gleichungen:

1. Geschicktes Probieren: Man setzt für x verschiedene Werte ein und probiert so lange, bis der Term den gewünschten Wert annimmt.
2. Rückwärts rechnen: Man überlegt, wie man von x aus zum richtigen Ergebnis kommt.

$$\begin{aligned} a \cdot x + b &= c && \mid -b \\ a \cdot x &= c - b && \mid : a \\ x &= (c - b) : a \end{aligned}$$

$$\begin{aligned} 2 \cdot x + 3 &= 7 && \mid -3 \\ 2 \cdot x &= 7 - 3 && \mid : 2 \\ x &= 4 : 2 \\ x &= 2 \end{aligned}$$

Umrechnen von Einheiten

Längen:

$1\,km = 1000\,m = 10\,000\,dm = 100\,000\,cm = 1\,000\,000\,mm$

$1\,m = 10\,dm = 100\,cm = 1000\,mm$

$1\,dm = 10\,cm = 100\,mm$

$1\,cm = 10\,mm$

Gewicht:

$1\,t = 1000\,kg = 1\,000\,000\,g = 1\,000\,000\,000\,mg$

$1\,kg = 1000\,g = 1\,000\,000\,mg$

$1\,g = 1000\,mg$

Flächen:

$1\,km^2 = 100\,ha$

$1\,ha = 100\,a$

$1\,a = 100\,m^2$

$1\,m^2 = 100\,dm^2$

$1\,dm^2 = 100\,cm^2$

$1\,cm^2 = 100\,mm^2$

Volumen:

$1\,m^3 = 1000\,dm^3$

$1\,dm^3 = 1000\,cm^3$

$1\,cm^3 = 1000\,mm^3$

$1\,l = 1\,dm^3 = 1000\,cm^3 = 1000\,ml$

$1\,cm^3 = 1\,ml$

Dreisatz

Proportionale Zuordnung:

Ein Auto verbraucht 8 l Benzin auf 100 km.
Wie weit kann der Fahrer mit 30 l fahren?

	Benzin	Kilometer	
	8 l	100	
: 8	1 l	12,5	: 8
· 30	30 l	375	· 30

Antiproportionale Zuordnung:

4 Vögel brauchen in 14 Tagen eine bestimmte Menge an Futter.
Wie lange würde die gleiche Menge Futter für 10 Vögel reichen?

	Vögel	Tage	
	4	14	
: 4	1	56	· 4
· 10	10	5,6	: 10

Zahlenmengen

Natürliche Zahlen: $\mathbb{N} = \{0; 1; 2; 3; \ldots\}$

Ganze Zahlen: $\mathbb{Z} = \{\ldots; -3; -2; -1; 0; 1; 2; 3; \ldots\}$

Rationale Zahlen $\mathbb{Q}$: alle Zahlen, die als Bruch dargestellt werden können

Irrationale Zahlen: alle Zahlen, die nicht als Bruch dargestellt werden können; Dezimalzahlen mit unendlich vielen, nicht periodischen Nachkommastellen

Reelle Zahlen $\mathbb{R}$: Menge der rationalen und irrationalen Zahlen

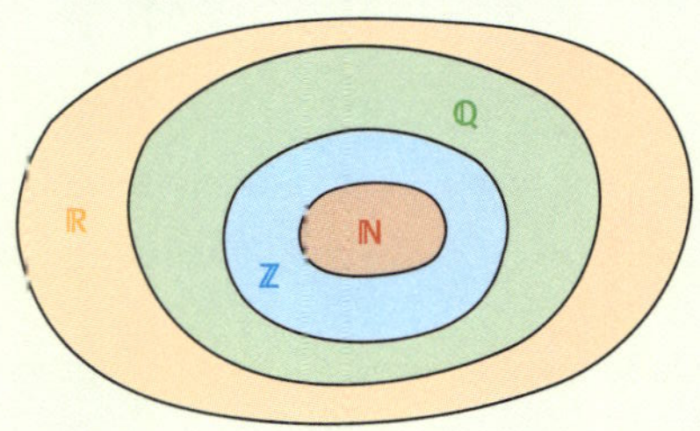

$\mathbb{R}$: reelle Zahlen
$\mathbb{Q}$: rationale Zahlen
$\mathbb{Z}$: ganze Zahlen
$\mathbb{N}$: natürliche Zahlen

Prozent- und Zinsrechnung

Anteile an einem Ganzen kann man in Prozent angeben. Es gilt: $p\,\% = \frac{p}{100}$

Grundbegriffe der Prozentrechnung:

p %: Prozentsatz; W: Prozentwert; G: Grundwert

Prozentwert: $W = G \cdot p\,\% = G \cdot \frac{p}{100}$

Prozentsatz: $p\,\% = \frac{W}{G} \cdot 100\,\%$

Grundwert: $G = \frac{W}{p\,\%} = W \cdot \frac{100}{p}$

Prozentrechnung	Zinsrechnung
Grundwert G	Guthaben, Kapital
Prozentwert W	Zinsen
Prozentsatz p %	Zinssatz

Bei der Zinsrechnung werden die gleichen Formeln verwendet wie bei der Prozentrechnung.

Terme und Gleichungen

Ein Term ist ein Rechenausdruck, der neben Zahlen und Rechenzeichen auch Buchstaben als Platzhalter, sogenannte Variablen, enthalten kann.
Zwei Terme sind äquivalent, wenn beide nach Einsetzen der gleichen Zahl für die gleiche Variable dasselbe Ergebnis haben.

Rechenregeln:

- Nur gleiche Variablen dürfen addiert bzw. subtrahiert werden.
- Variablen können multipliziert bzw. dividiert werden.
- Klammern werden zuerst berechnet.
  Es gilt: innere Klammer vor äußerer Klammer.
- Enthält der Term keine Klammern, so rechnet man von links nach rechts.
- Potenz- vor Punkt- vor Strichrechnung

Äquivalenzumformungen bei Gleichungen:

- Addieren bzw. Subtrahieren der gleichen Zahl oder des gleichen Terms auf beiden Seiten
- Multiplizieren und Dividieren beider Seiten mit der gleichen Zahl

Geometrische Grundkonstruktionen

Dreiecke:
Gleichschenklige Dreiecke:
Zwei Seiten sind gleich lang.

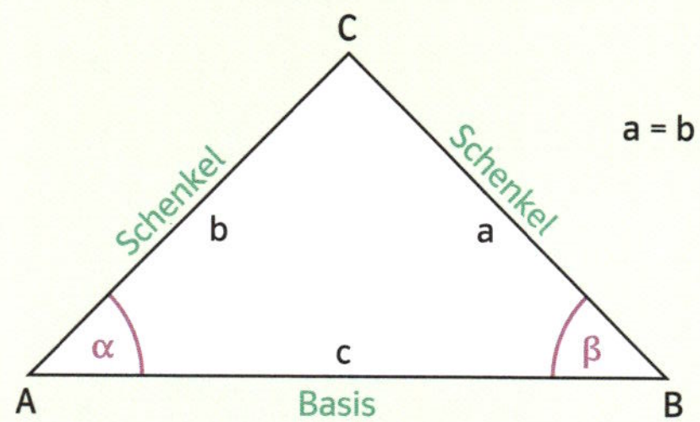

a = b

Gleichseitige Dreiecke:
Alle Seiten sind gleich lang.

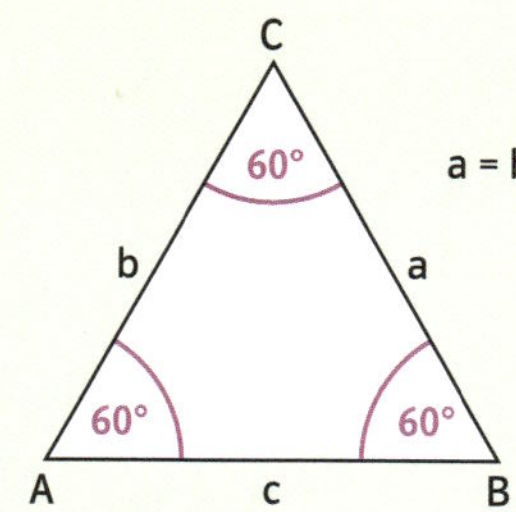

a = b = c

Mittelsenkrechte einer Strecke $\overline{AB}$:
Geometrischer Ort aller Punkte, die von den Punkten A und B den gleichen Abstand haben.

Winkelhalbierende:
Geometrischer Ort aller Punkte, die von den beiden Schenkeln den gleichen Abstand haben.

Kongruenz

Stimmen zwei Figuren in Form und Größe überein, so sind sie kongruent oder deckungsgleich.

Kongruenzsätze:

sss
Sind bei zwei Dreiecken alle entsprechenden Seiten gleich lang, so sind die Dreiecke kongruent.

sws
Sind bei zwei Dreiecken zwei entsprechende Seiten gleich lang und der eingeschlossene Winkel gleich groß, dann sind die Dreiecke kongruent.

Ssw
Sind bei zwei Dreiecken zwei entsprechende Seiten gleich lang und der Winkel, der der größeren Seite gegenüberliegt, gleich groß, dann sind die Dreiecke kongruent.

wsw
Ist bei zwei Dreiecken eine entsprechende Seite gleich lang und sind die beiden anliegenden Winkel gleich groß, dann sind die Dreiecke kongruent.

Quadratische Gleichungen und binomische Formeln

Gleichung in allgemeiner Form:

$ax^2 + bx + c = 0$

$x_{1,2} = \frac{-b \pm \sqrt{b^2 - 4ac}}{2a}$ $\qquad D = b^2 - 4ac$

Gleichung in Normalform:

$x^2 + px + q = 0$

$x_{1,2} = -\frac{p}{2} \pm \sqrt{\left(\frac{p}{2}\right)^2 - q}$ $\qquad D = \left(\frac{p}{2}\right)^2 - q$

Die Gleichung besitzt
- zwei Lösungen, wenn $D > 0$
- eine Lösung, wenn $D = 0$
- keine Lösung, wenn $D < 0$

Binomische Formeln:

$(a + b)^2 = a^2 + 2ab + b^2$

$(a - b)^2 = a^2 - 2ab + b^2$

$(a + b) \cdot (a - b) = a^2 - b^2$

Winkel an Geraden

Scheitel- und Nebenwinkel:
Bei sich schneidenden Geraden heißen gegenüberliegende Winkel Scheitelwinkel. Nebeneinanderliegende Winkel heißen Nebenwinkel.

Stufenwinkel:

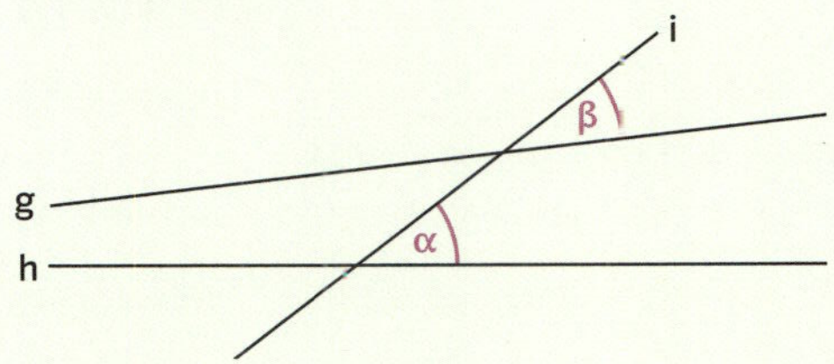

α und β sind Stufenwinkel.

Ist $g \parallel h$, dann gilt: $\alpha = \beta$.

Wechselwinkel:

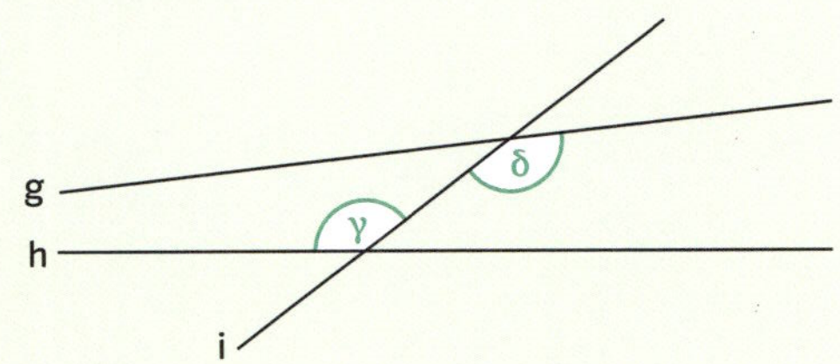

δ und γ sind Wechselwinkel.

Ist $g \parallel h$, dann gilt: $\delta = \gamma$.

Funktionsuntersuchungen

Ableitungsregeln

Die Funktion f', die x auf $f'(x)$ abbildet, heißt Ableitung der Funktion f.

Potenzregel: $f'(x) = n \cdot x^{n-1}$

Summenregel: $f'(x) = g'(x) + h'(x)$

Faktorregel: $f'(x) = c \cdot g'(x)$

Symmetrie: Achsensymmetrisch zur y-Achse: $f(-x) = f(x)$
Punktsymmetrisch zum Ursprung: $f(-x) = -f(x)$

Nullstellen: $f(x) = 0$

Extrempunkte

Notwendige Bedingung: $f'(x_0) = 0$

Hinreichende Bedingung:
$f'(x_0) = 0$ und Vorzeichenwechsel von $f'(x)$ bei x_0 von − nach +: lokales Minimum.
$f'(x_0) = 0$ und Vorzeichenwechsel von $f'(x)$ bei x_0 von + nach −: lokales Maximum.

ODER

$f'(x_0) = 0$ und $f''(x_0) > 0$: lokales Minimum. $f'(x_0) = 0$ und $f''(x_0) < 0$: lokales Maximum.

Wahrscheinlichkeit

Das Werfen einer Münze ist ein Zufallsexperiment mit bekannter Ergebnismenge S.
Eine Teilmenge dieser Ergebnismenge heißt Ereignis.
Bei einem Laplace-Experiment treten alle Ergebnisse mit der gleichen Wahrscheinlichkeit auf.
Bei n möglichen Ergebnissen ist die Wahrscheinlichkeit $\frac{1}{n}$.

Laplace-Formel: $P(A) = \frac{\text{Anzahl der Ergebnisse, bei denen A eintritt}}{\text{Anzahl aller möglichen Ergebnisse}}$

Summenregel:
Um die Wahrscheinlichkeit eines Ereignisses mit mehreren Ergebnissen zu berechnen, **addiert** man die **Wahrscheinlichkeiten** der **einzelnen Ergebnisse**.

Pfadregel:
Die Wahrscheinlichkeit für ein Ereignis erhält man, indem man die Wahrscheinlichkeiten längs eines Pfades multipliziert.

Beachte:
Die Summe aller Wahrscheinlichkeiten eines Zufallsversuches darf nicht größer als 1 sein!

Kombinatorik

Produktregel:
Gegeben sind k Urnen mit n_1 bzw. n_2 bzw. … n_k unterscheidbaren Kugeln.
Dann existieren $n_1 \cdot n_2 \cdot \ldots \cdot n_k$ Möglichkeiten, aus jeder Urne genau eine Kugel zu ziehen.

Für eine Urne mit n unterscheidbaren Kugeln gilt:

k-mal Ziehen mit Zurücklegen („Toto-Regel"):

n^k Möglichkeiten.

k-mal Ziehen ohne Zurücklegen („Renn-Regel"):

$n \cdot (n-1) \cdot \ldots \cdot (n-k+1)$ Möglichkeiten.

k Kugeln mit einem Griff ziehen („Lotto-Regel"):

$$\binom{n}{k} = \frac{n \cdot (n-1) \cdot \ldots \cdot (n-k+1)}{1 \cdot 2 \cdot 3 \cdot \ldots \cdot k} \quad (k \leq n)$$

Die Zahlen heißen Binomialkoeffizienten.

Binomialverteilung

Ein **Bernoulli-Experiment** ist ein Zufallsexperiment mit den beiden Ergebnissen Treffer und Niete.

Für die Wahrscheinlichkeit gilt:

$$P(X = k) = \binom{n}{k} \cdot p^k \cdot (1 - p)^{n-k} \quad (k \in \{0; 1; 2; \ldots; n\})$$

wobei X die Zufallsvariable ist, die die Anzahl der Treffer k angibt, n die Anzahl der Durchführungen und p die Wahrscheinlichkeit für einen Treffer.

Für den Erwartungswert gilt:

$$E(x) = \mu = n \cdot p$$

Die kumulierte Wahrscheinlichkeit für **höchstens** k Treffer kann man berechnen, indem man die Wahrscheinlichkeiten der Ergebnisse für 0 bis k Treffer addiert.
Es gilt:

$$P(X \leq k) = P(X = 0) + P(X = 1) + \ldots + P(X = k)$$

Potenzen und Logarithmen

Potenz: $\underbrace{a \cdot a \cdot a \cdot \ldots \cdot a \cdot a}_{\text{n gleiche Faktoren}} = a^n \quad (n \in \mathbb{N};\ n > 1)$

Es gilt: $a^0 = 1;\ \frac{1}{a^n} = a^{-n}$

Potenzen mit rationalen Exponenten:
Es gilt für $p \in \mathbb{N};\ q \in \mathbb{N} \setminus \{0; 1\};\ a \in \mathbb{R}^+$: $a^{\frac{1}{q}} = \sqrt[q]{a};\quad a^{-\frac{1}{q}} = \frac{1}{\sqrt[q]{a}};\quad a^{\frac{p}{q}} = \sqrt[q]{a^p};\quad a^{-\frac{p}{q}} = \frac{1}{\sqrt[q]{a^p}}$

Potenzgesetze:

- $a^n \cdot a^m = a^{n+m}$
- $a^n : a^m = \frac{a^n}{a^m} = a^{n-m}$
- $a^n \cdot b^n = (a \cdot b)^n$
- $a^n : b^n = \left(\frac{a}{b}\right)^n$
- $(a^n)^m = a^{n \cdot m}$

Logarithmus:

Ist $b \in \mathbb{R}^+ \setminus \{1\}$ und $a = b^x$, so gilt: $x = {}_b\log a$

Funktionstypen

Bei einer Funktion wird jeder Größe x aus der Definitionsmenge D genau eine Größe f(x) aus der Wertemenge W zugeordnet.

Lineare Funktion: $f(x) = mx + c$

Potenzfunktion: $f(x) = x^n$

Exponentialfunktion: $f(x) = a^x$

Logarithmusfunktion: $f(x) = {}_a\log x$

Ganzrationale Funktion: $f(x) = a_n x^n + a_{n-1} x^{n-1} + \ldots + a_1 x + a_0$

Gebrochenrationale Funktion: $f(x) = \frac{a_n x^n + a_{n-1} x^{n-1} + \ldots + a_1 x + a_0}{b_m x^m + b_{m-1} x^{m-1} + \ldots b_1 x + b_0}$

Wachstumsvorgänge

Lineares Wachstum: $B(t) = B(0) + mt$ Änderungsrate m; Anfangsbestand B(0)

Exponentielles Wachstum: $B(t) = B(0) \cdot a^t$ Anfangsbestand B(0); Wachstumsfaktor a

Beschränktes Wachstum: $B(t-1) = B(t) + k \cdot (S - B(t))$ Änderungsrate k; Schranke S.

Rechtwinklige Dreiecke

Satz des Pythagoras
In einem rechtwinkligen Dreieck ist die Summe der Flächeninhalte der Quadrate über den Katheten a und b gleich dem Flächeninhalt des Quadrates über der Hypotenuse c.
$a^2 + b^2 = c^2$

Kathetensatz
In einem rechtwinkligen Dreieck ist der Flächeninhalt des Quadrates über der Kathete gleich dem Flächeninhalt des Rechtecks aus der Hypotenuse und dem Hypotenusenabschnitt p oder q:
$a^2 = c \cdot p$; $b^2 = c \cdot q$

Höhensatz
In einem rechtwinkligen Dreieck ist der Flächeninhalt über der Höhe h gleich dem Flächeninhalt des Rechteckes aus den beiden Hypotenusenabschnitten p und q:
$h^2 = p \cdot q$

Winkelfunktionen
$\sin \alpha = \frac{\text{Gegenkathete}}{\text{Hypotenuse}}$; $\cos \alpha = \frac{\text{Ankathete}}{\text{Hypotenuse}}$; $\tan \alpha = \frac{\text{Gegenkathete}}{\text{Ankathete}}$

Strecken und Geraden

Länge einer Strecke $\overline{PQ}$: $d = \sqrt{(x_Q - x_P)^2 + (y_Q - y_P)^2}$

Mittelpunkt $M(x_M \mid y_M)$ einer Strecke $\overline{PQ}$: $x_M = \frac{1}{2}(x_P + x_Q)$; $y_M = \frac{1}{2}(y_P + y_Q)$

Hauptform einer Geradengleichung: $y = mx + c$

Steigung m: $m = \frac{y_Q - y_P}{x_Q - x_P}$; $x_P \neq x_Q$ y-Achsenabschnitt c

Punktsteigungsform: $m = \frac{y - y_A}{x - x_A}$

Zweipunkteform: $\frac{y - y_A}{x - x_A} = \frac{y_B - y_A}{x_B - x_A}$

Geraden im Raum

Parametergleichung: $g: \vec{x} = \vec{p} + t \cdot \vec{u} \quad (t \in \mathbb{R})$

Stützvektor $\vec{p}$; Richtungsvektor $\vec{u}$.

Ähnliche Figuren – Strahlensätze

Für eine zentrische Streckung mit dem Streckzentrum S und dem Streckfaktor k gilt:

$SP' = |k| \cdot SP$

Für den Flächeninhalt gilt: $A' = k^2 \cdot A$

Zwei Figuren F und G heißen ähnlich, wenn man F durch eine zentrische Streckung oder Hintereinanderausführung einer zentrischen Streckung und Kongruenzabbildung abbilden kann.

Strahlensätze

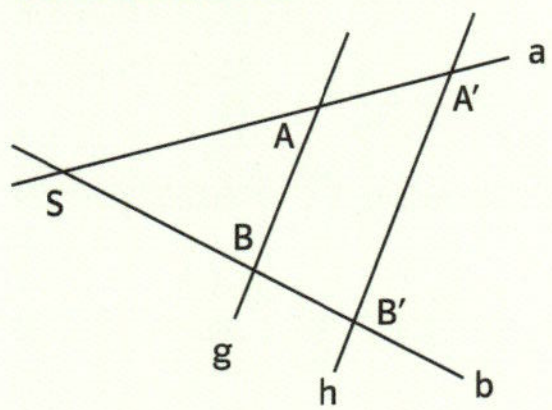

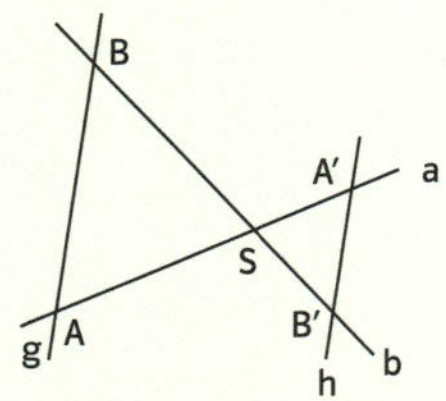

1. Strahlensatz:

$\frac{SA}{AA'} = \frac{SB}{BB'}$ oder $\frac{SA}{SA'} = \frac{SB}{SB'}$

2. Strahlensatz:

$\frac{AB}{A'B'} = \frac{SA}{SA'} = \frac{SB}{SB'}$

Kreise und Körper

Umfang und Flächeninhalt eines Kreises mit Radius r

Umfang:	$u = 2\pi r$
Flächeninhalt:	$A = \pi r^2$

Kreisausschnitt mit dem Mittelpunktswinkel α

Kreisbogen:	$b = 2\pi r \cdot \frac{\alpha}{360°}$
Flächeninhalt:	$A = \pi r^2 \cdot \frac{\alpha}{360°} = \frac{1}{2} br$

Körper

Quader:	$V = a \cdot b \cdot c$		
Prisma:	$V = G \cdot h$		
Zylinder:	$V = \pi r^2 h$;	$M = 2\pi rh$;	$O = 2\pi r^2 + M = 2\pi r(r + h)$
Pyramide:	$V = \frac{1}{3} G \cdot h$		
Kegel:	$V = \frac{1}{3}\pi r^2 h$;	$M = \pi rs$;	$O = \pi r^2 + M = \pi r(r + s)$
Kugel:	$V = \frac{4}{3}\pi r^3$;	$O = 4\pi r^2$	

Stichwortverzeichnis

Q

R

S

Stichwortverzeichnis

Bildnachweise

iStockphoto, Calgary, Alberta: **100.1** (Armin Staudt); **398** (ZU_09); Jähde, Steffen, Sundhagen: **296**; Klett-Archiv, Stuttgart: **257**, **381**; PONS Archiv, Stuttgart: **115**, **118**, **119**, **119**; Shutterstock, New York: **U1** (Dean Drobot); **U1** (elwynn); **100.2** (Kostsov); **100.3** (Photoongraphy); **100.4** (Andrew Angelov); **114** (Africa Studio); **114** (Snipergraphics); **286** (Everett Historical); Sven Palmowksi, Barcelona **102**

Der Verlag hat sich nach bestem Wissen und Gewissen bemüht, alle Inhaber von Urheberrechten an Texten und Abbildungen zu diesem Werk ausfindig zu machen. Sollte das in irgendeinem Fall nicht korrekt geschehen sein, bitten wir um Entschuldigung und bieten an, gegebenenfalls in einer nachfolgenden Auflage einen korrigierten Quellennachweis zu bringen.